大学物理通用教程　主编　钟锡华　陈熙谋

《电磁学》内容简介

全套教程包括《力学》《热学》《电磁学》《光学》《近代物理》，并配有《习题解答》.

《电磁学》包括静电场、静电场中的导体和电介质、直流电、恒定磁场、磁介质、电磁感应、交流电、麦克斯韦电磁场理论八章.本书在阐述电磁学中基本的实验、概念、规律、理论时，有重点地介绍相关发现的历史过程，借以加深理解、提高能力、培育创新意识.本书以电磁场理论为主干，从电磁场的性质与区别、电磁场对物质的作用和物质的电磁性质、电磁场的内在联系和运动变化规律等方面逐步展现这一极具现代精神的经典内容，在加强基础的同时，适当介绍近代发展和相关应用.

本书是一本通用教程，其分量大体上与讲授 40 学时相匹配，适合理、工、农、医和师范院校使用.

大学物理通用教程

电磁学

（第二版）

陈秉乾　王稼军　编著

北京大学出版社
PEKING UNIVERSITY PRESS

图书在版编目(CIP)数据

大学物理通用教程. 电磁学/陈秉乾,王稼军编著. —2 版. —北京:北京大学出版社,2012.2

ISBN 978-7-301-19894-0

Ⅰ.①电… Ⅱ.①陈… ②王… Ⅲ.① 电磁学-高等学校-教材 Ⅳ.①O441

中国版本图书馆 CIP 数据核字(2011)第 257592 号

书　　　名:大学物理通用教程・电磁学(第二版)

著作责任者:陈秉乾　王稼军　编著

责 任 编 辑:瞿　定　顾卫宇

标 准 书 号:ISBN 978-7-301--19894-0/O・0856

出 版 发 行:北京大学出版社

地　　　址:北京市海淀区成府路 205 号　100871

网　　　址:http://www.pup.cn　电子邮箱:zpup@pup.pku.edu.cn

电　　　话:邮购部 62752015　发行部 62750672　编辑部 62752021
　　　　　　出版部 62754962

印　刷　者:河北滦县鑫华书刊印刷厂

经　销　者:新华书店

890 毫米×1240 毫米　A5　12.25 印张　350 千字

2003 年 5 月第 1 版

2012 年 2 月第 2 版　2024 年12月第14次印刷

印　　　数:55001—60000 册(总 83001—88000 册)

定　　　价:32.00 元

大学物理通用教程

第二版说明

这套教程自本世纪初陆续面世以来，至今已重印七次. 这第二版的主要变化是，将原《光学·近代物理》一本书改版为《光学》和《近代物理》两本书，均以两学分即 30 学时的体量来扩充内容，以适应不同专业或不同教学模块的需求.

这第二版大学物理通用教程全套包括《力学》《热学》《电磁学》《光学》《近代物理》《习题解答》. 在每本书的第二版说明中作者将给出各自修订、改动和变化之处，以便于查对.

这第二版大学物理通用教程系普通高等教育"十一五"国家级规划教材. 作者感谢广大师生多年来对本套教材赐予的许多宝贵意见和建议，感谢北京大学教材建设委员会给予本套教材建设立项的支持，感谢北京大学出版社及其编辑出色而辛勤的工作.

钟锡华　陈熙谋

2009 年 7 月 22 日日全食之日
于北京大学物理学院

《电磁学》第二版说明

《大学物理通用教程·电磁学》第二版与第一版(2003 年)的基本内容相同,除少量勘误、订正外,有两处作了增补和扩展.

1. 第一版第 8 章 8.1 节内有“历史回顾”一段,扼要介绍了韦伯力公式和麦克斯韦建立电磁场理论的三篇论文.第二版把上述内容予以增补和扩展,单列一节“8.1 简要的历史回顾”,包括“两个基本问题,两种不同观点,两类理论探索”,“韦伯的电磁力公式——超距作用的电磁理论”,“麦克斯韦建立电磁场理论的三篇论文”,“洛伦兹力公式——基本的电磁力公式”.其中,回顾了贯穿电磁学史的两个基本问题(“什么是电”,“电磁作用是超距作用还是近距作用”),介绍了场、源两派代表人物韦伯和麦克斯韦的观点和主要贡献,以及综合两派把经典电磁理论推向顶峰的洛伦兹的观点和主要贡献,阐明了麦克斯韦电磁场方程和洛伦兹力公式的由来、含义和地位,指出了它们是经典电磁理论的两大支柱(犹如力学中的牛顿定律和热学中的热力学定律).学习历史,可以了解真实的发现过程,领略前辈大师的创新精神,又有助于加深对基本内容的理解.

2. 第一版磁介质(第 5 章)以“分子电流”观点贯彻始终,“磁荷”观点只在“附注”中寥寥数语,一笔带过.当时的主要考虑是非物理专业学时较少,难以兼顾,且磁单极迄今未见可靠的实验证据,磁荷观点从根本上难以确立.但鉴于磁荷观点曾是磁学发展中的一种理论,且可与静电理论类比,使某些问题的计算较为简单,所得结果又与分子电流观点并行不悖,仍有应用价值,为求全面,在第二版中增补“磁荷观点”一节,作了较为系统的介绍,可供选用也可作为阅读材料.

《大学物理通用教程·电磁学》第一、二版的内容、要求大体上与 40 学时的非物理类普物课程的电磁学部分相匹配,并具有相当的弹性.自 2003 年第一版面世以来,北京大学有三类普物课选用本书,电磁学部分的学时分别是 45 学时(如电子类,化学,工学类专业),30

学时(如数学专业),20学时(如环境,心理,医学专业).关于学时的掌控,我们的建议是“确保主干,削减枝蔓”.所谓主干,是指静电场、恒磁场、电磁感应、电磁场方程和电磁波、洛伦兹力公式等内容,以场为纲,贯彻始终,应予确保.至于电介质、磁介质、直交流电路以及主干各章节中引伸、发挥、证明、应用的内容及相应习题,则可视学时的多少、各专业的要求以及与后继课(如电路课)的关系予以削减.教材与讲课无需一一对应,教材内容更丰富些,留有阅读的余地,当更有益.

衷心感谢各校师生对本书的鼓励支持,恳切期望批评指正.

陈秉乾　王稼军

2011年春

大学物理通用教程

第一版序

概况与适用对象　这套大学物理通用教程分四册出版，即《力学》《热学》《电磁学》和《光学·近代物理》，共计约130万字．原本是为化学系、生命科学系、力学系、数学系、地学系和计算机科学系等非物理专业的系科，所开设的物理学课程而编写的，其内容和分量大体上与一学年课程140学时数相匹配．本教程还配有《习题指导》分册，旨在辅导学生准确地掌握基本规律并能正确地解决具体问题，包括某些技巧和方法．这套教程具有较大的通用性，也适用于工科、农医科和师范院校同类课程．编写此书是希望非物理类专业的学生熟悉物理学，应用物理学，并对物理学原理是如何形成的有个较深入的理解，从而使他们意识到，物理学的学习在帮助他们提出和解决他们各自领域中的问题时所具有的价值．为此，首先让我们大略地认识一下物理学．

物理学概述　物理学成为一门自然科学，这起始于伽利略-牛顿时代，经350多年的光辉历程发展到今天，物理学已经是一门宏大的有众多分支的基础科学．这些分支是，经典力学、热学、热力学与经典统计力学、经典电磁学与经典电动力学、光学、狭义相对论与相对论力学、广义相对论与万有引力的基本理论、量子力学、量子电动力学、量子统计力学．其中的每个分支均有自己的理论结构、概念体系和独特的数理方法．将这些理论应用于研究不同层次的物质结构，又形成了原子物理学、原子核物理学、粒子物理学、凝聚态物理学和等离子体物理学，等等.

从而，我们可以概括地说，物理学研究物质存在的各种主要的基本形式，它们的性质、运动和转化，以及内部结构；从而认识这些结构的组元及其相互作用、运动和转化的基本规律. 与自然科学的其他门类相比较，物理学既是一门实验科学，一门定量科学，又是一门崇尚理性、注重抽象思维和逻辑推理的科学，一门富有想象力的科学. 正是具有了这些综合品质，物理学在诸多自然科学门类中成为一门伟大的处于先导地位的科学.

在物理学基础性研究的过程中所形成和发展起来的基本概念、基本理论、基本实验方法和精密测试技术，越来越广泛地应用于其他学科，从而产生了一系列交叉学科，诸如化学物理、生物物理、大气物理、海洋物理、地球物理和天体物理，以及电子信息科学，等等. 总之，物理学以及与其他学科的互动，极大地丰富了人类对物质世界的认识，极大地推动了科学技术的创新和革命，极大地促进了社会物质生产的繁荣昌盛和人类文明的进步.

编写方针 一本教材，在内容选取、知识结构和阐述方式上与作者的学识——科学观、知识观和教学思想，是密切相关的. 我们在编写这套以非物理专业的学生为对象的大学物理通用教程时，着重地明确了以下几个认识，拟作编写方针.

1. 确定了以基本概念和规律、典型现象和应用为教程的主体内容；对主体内容的阐述应当是系统的，以合乎认识逻辑或科学逻辑的理论结构铺陈主体内容. 知识结构，如同人体的筋骨和脉络，是知识更好地被接受、被传承和被应用的保证，是知识生命力之本源，是知识再创新之基础. 知识的力量不仅取决于其本身价值的大小，更取决于它是否被传播，以及被传播的深度和广度. 而决定知识被传播的深度和广度的首要因素，乃是知识的结构和表述.

2. 然而，本课程学时总数毕竟也仅有物理专业普通物理课程的40%，故降低教学要求是必然的出路. 我们认为，降低要求应当主要体现在习题训练上，即习题的数量和难度要降低，对解题的熟练程度和技巧性要求要降低. 降低教学要求也体现在简化或省略某些定理证明、理论推导和数学处理上.

3. 重点选择物理专业后继理论课程和近代物理课程中某些篇章于这套通用教程中,以使非物理专业的学生在将来应用物理学于本专业领域时,具有更强的理论背景,也使他们对物理学有更为全面和深刻的认识.《力学》中的哈密顿原理,《热学》中的经典统计和量子统计原理,《电磁学》中的电磁场理论应用于超导介质,《光学·近代物理》中的变换光学原理、相对论和量子力学,均系这一选择的结果.

4. 积极吸收现代物理学进展和学科发展前沿成果于这套通用教程中,以使它更具活力和现代气息.这在每册书中均有不少节段给予反映,在此恕不一一列举,留待每册书之作者前言中明细.值得提出的是,本教程对那些新进展新成果的介绍或论述是认真的,是充分尊重初学者的可接受性而恰当地引入和展开的.

应当写一套新的外系用的物理学教材,这在我们教研室已闲散地议论多年,终于在室主任舒幼生和王稼军的积极策划和热心推动下,得以启动并实现.北大出版社编辑周月梅和瞿定,多次同我们研讨编写方针和诸多事宜,使这套教材得以新面貌而适时面世.北大出版社曾于1989年前后,出版了一套非物理专业用普通物理学教材共四册,系我教研室包科达、胡望雨、励子伟和吴伟文等编著,它们在近十年的教学过程中发挥了很好的作用.现今这套通用教程,在编撰过程中作者充分重视并汲取前套教材的成功经验和学识.本套教材的总冠名,经多次议论最终赞赏陈秉乾教授的提议——大学物理通用教程.

一本教材,宛如一个人.初次见面,观其外表和容貌;接触多了,知其作风和性格;深入打交道,方能度其气质和品格.我们衷心期望使用这套教程的广大师生给予评论和批判.愿这套通用教程,迎着新世纪的曙光,伴你同行于科技创新的大道上,助年轻的朋友茁壮成长.

钟锡华　陈熙谋

2000年8月8日于北京大学物理系

作者前言

“电磁学”是《大学物理通用教程》的第 3 分册，包括静电场、静电场中的导体和电介质、直流电、恒定磁场、磁介质、电磁感应、交流电、麦克斯韦电磁场理论共 8 章. 本书的内容、结构、体系与国内流行的各类电磁学教程相仿，为广大教师所熟知. 现仅就使用时值得注意的几个问题稍加说明，以供参考.

1. 在阐述电磁学中基本的实验、概念、规律、理论时，本书结合相关内容，选取库仑、毕奥-萨伐尔、安培、法拉第、麦克斯韦等人的工作为例，适当介绍提出问题、抓住要害、克服困难、寻找联系、揭示本质、作出发现的历史过程. 希望读者能有身临其境之感，体会前辈大师的研究方法、物理思想和科学精神，领略前辈大师的非凡智慧和创新意识，从中汲取营养. 进而，再从现代的高度加以审视，达到正确理解、恰当评价、加强基础的效果. 如果感到其中有些内容(如安培定律的建立，麦克斯韦关于电磁场理论的三篇论文)不适合课堂教学，可改作阅读材料或讲座.

2. 法拉第和麦克斯韦建立的电磁场理论是 19 世纪物理学最伟大的成就，也是极具现代精神的经典内容. 本书以电磁场理论为主干，从静电场、恒定磁场的性质和它们之间的区别，电磁场对物质的作用和物质的电磁性质，电磁场的内在联系和运动变化规律等方面逐步展现这一宏伟绚丽的历史画卷. 多年的实践表明，坚持主干，纲举目张，贯彻始终，是提高教学质量的可靠保证. 同时，应注意克服由于研究对象变化(从实物变为场)所导致的不适应和困难，其实这也正是提高学生素质的契机.

3. 电磁学基本规律的广泛应用和近代发展对技术进步和人类文明产生了不可磨灭的深远影响. 在本书中，除直流电、交流电作为基本内容单列两章外，其他应用则分散在各章之中，作适当的原理性介绍.对此,请注意把握基础研究与应用研究的联系和区别、基本概念的延伸或更新、视野的拓展、新研究领域的开辟和对应用前景的关注,借以弘扬物理学固有的"崇尚理性,崇尚实践"的精神.就具体内容而言,如超导体、铁电体、铁磁材料,如磁单极子,如尖端放电、分布电容,如变压器、三相电,如矢势、边条件、场方程的微分形式,如电磁辐射,等等,各具特色,差别很大,或讲授或作为阅读材料或删节,酌情处置可也.

本书的内容、要求大体上与约40学时的B类电磁学课程相匹配.

陈秉乾、舒幼生、胡望雨的《电磁学专题研究》(高等教育出版社,2001年12月)以及陈熙谋、胡望雨、舒幼生、陈秉乾的《物理教学的理论思考》(论文集)(北京教育出版社,1997年7月)两书可供教师备课时参阅.

陈熙谋教授审阅本书,提出了许多宝贵的意见,谨此致谢.限于水平,本书疏漏谬误之处在所难免,欢迎批评指正.

陈秉乾 王稼军

2003年春节于北京大学物理系

目　录

1 静 电 场

1.1 库 仑 定 律

· 扭秤实验及其他实验 电力平方反比律
· 库仑定律的物理内涵
· 库仑定律的成立条件
· 电荷守恒定律 电荷的量子性

● 扭秤实验及其他实验 电力平方反比律

电闪雷鸣的观察、摩擦起电的发现、避雷针的应用、导体与绝缘体的区分、莱顿瓶与伏打电池的发明、电荷是否守恒以及什么是电的探索，等等，粗略地勾画出人类对电现象从观察、应用、研制设备乃至试图作出解释的早期历史轨迹. 它宣告：物理学一个新的研究领域——电学诞生了.

物体因带电而彼此吸引或排斥是一个重要的新发现，因为它表明，在非接触物体之间，除了此前已知的万有引力和磁力外，又有了电力. 尽管三者有某些雷同之处（如都出现在非接触物体之间，都是有心力等），但也有显著的不同. 例如，电力有吸引和排斥，带电有正负之区分，而万有引力则总是彼此吸引，并无负质量的物体；又如，电力与磁力虽都有吸引和排斥，带电有正负，犹如磁体有南北极，但带电物体不受地磁及磁体的作用，不指向南北方向，且正电和负电可以单独存在；等等. 所有这些早期的观察都表明，电力是一种尚待探索的新的作用力.

受牛顿力学的深刻影响，寻找电力遵循的规律成为引人注目的研究课题，它的发现迎来了电学历史上第一个重要的突破. 为了撇开带电物体形状、大小等次要因素的影响，人们自然地把注意力集中在两个点电荷之间的电力作用上.

在实验研究尚未开展之前，富兰克林注意到一个重要的现象：将细线悬挂的带电软木小球放在带电金属筒外时，小球明显地受电力作用使细线倾斜；将小球放入筒内时则几乎不受电力作用，细线竖直下垂. 富兰克林把这一发现告诉了他的好友普里斯特利. 普里斯特利通过类比，认为电力与万有引力一样，也应具有与距离平方成反比的特征. 因为，均匀物质球壳对球外物质小球有非零的万有引力作用，而当小球置于球壳内任意位置时，所受万有引力为零，这是万有引力与距离平方成反比的结果(读者可试做证明). 类似的现象暗示着类似的特征，普里斯特利的类比猜测为尔后的实验研究指引了方向. 善于观察、勤于思索往往是有所发现的开端.

库仑(Charles Auguste de Coulomb，1736—1806，法国)是试图通过直接测量来寻找电力规律的第一人. 当时的困难在于充电有限、容易漏电，使得电力微弱且有所变化，难以准确测量. 库仑原先研究力学，曾发现固体间的滑动摩擦定律：$f=\mu N$. 库仑还是研究和制作扭秤的专家，他曾得出：扭秤金属悬丝所受转矩与扭转角成正比，比例系数与细丝的长度、直径、切变弹性模量等有关.

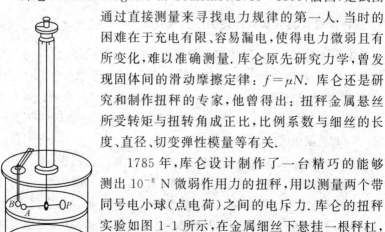

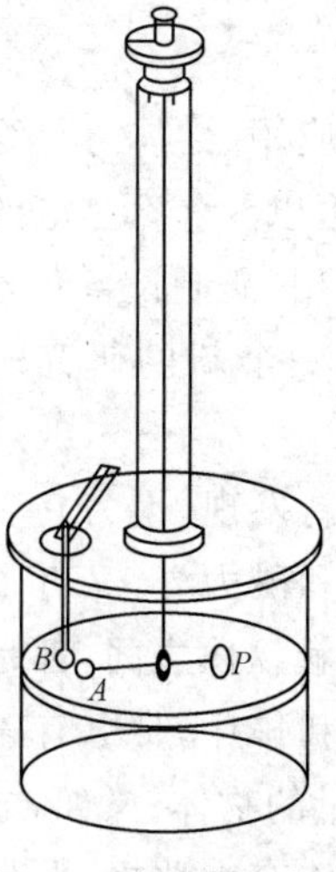

图 1-1 库仑的电斥力扭秤实验

1785 年，库仑设计制作了一台精巧的能够测出 10^{-8} N 微弱作用力的扭秤，用以测量两个带同号电小球(点电荷)之间的电斥力. 库仑的扭秤实验如图 1-1 所示，在金属细丝下悬挂一根秤杆，秤杆的一端是带电木髓小球 A，另一端有平衡体 P，另一与 A 相同大小的带电木髓小球 B 用夹子固定. 因 A 球受 B 球的电力使秤杆偏转，转动细丝上端的旋钮,可使 A 球回复原来位置.由于细丝所受扭力矩即 A 球所受电力矩,与旋钮指针转过的角度(扭转角)成正比,所以电力矩的大小可以通过扭转角来比较(相对测量).另外,A 和 B 两球间的距离容易测量.库仑测出,当两球间距之比为 36∶18∶8.5 时,相应的扭转角为 36°,144°,576°,即当两球间距减小为一半和约四分之一时,其间的电力增大为 4 倍和 16 倍.由此得出:“两个带同种电荷的小球之间的相互排斥力和它们之间距离的平方成反比.”这就是库仑电斥力扭秤实验的结论.

与电斥力不同,在异号电荷电引力情形,由于扭秤的平衡不稳定,难于测量,也不精确.为此,库仑改做了电引力单摆实验.

大家知道,在万有引力(如地球重力)的作用下,单摆的振动周期为

$$T = 2\pi\sqrt{\frac{L}{Gm}}r,$$

式中 r 是摆锤到引力中心的距离(如地球半径),L 是摆长,m 是产生引力的物体的质量(如地球质量),G 是万有引力常数.因此,当 L 与 m 给定时,T 应与 r 成正比,这是万有引力与距离平方成反比的结果.

库仑的电引力单摆实验如图 1-2 所示,细线下悬挂的水平绝缘细棒,一端是带电小球 A,另一端是平衡体 P,固定的金属球 B 带异号电荷.受电引力作用,细棒在水平面内摆动.库仑测出,当摆锤 A

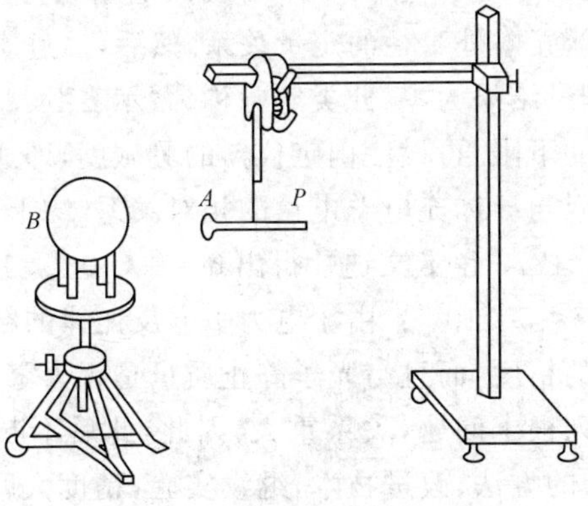

图 1-2 库仑的电引力单摆实验

与电引力中心(B球球心)的距离之比为3∶6∶8时,摆锤的振动周期之比为20∶41∶60(与预期的20∶40∶53.3稍有差别,原因是漏电).由此确定,电引力也应与距离平方成反比.显然,这是典型的类比研究.

总之,库仑通过电斥力扭秤实验和电引力单摆实验的直接测量,发现电力f与距离r的平方成反比,称为**电力平方反比律**,表为

$$f \propto r^{-2\pm\delta},$$

式中δ是偏离平方反比律的修正数,库仑实验的结果是$\delta<4\times10^{-2}$,这一误差在当年的技术条件下,实属不易.不难设想,随着技术的进步,库仑实验的精度可以有所改善,但难以期望大幅度的提高,直接测量的限制即在于此.

在库仑实验之前,1772年卡文迪什提出了另一种精确验证电力平方反比律的理论和实验方法,并得出了结果,但没有发表,不为人知.百年之后的1873年,麦克斯韦担任第一任卡文迪什实验室主任,在整理卡文迪什的遗稿时,才发现有关工作,于是重新进行了详尽的理论分析和实验工作.

卡文迪什-麦克斯韦的想法是,对于均匀带电的球形空腔导体,在腔内无带电体时,若$\delta=0$,则导体内表面完全不带电(若$\delta=0$,静电场的高斯定理成立,可由此证明,见1.3节),若$\delta\neq0$,则导体内表面应带电(若$\delta\neq0$,静电场高斯定理失效).经过理论分析,卡文迪什-麦克斯韦得出了球形空腔导体内表面电量与导体充电总电量、修正数δ以及球壳内外半径的定量关系.然后,通过实验测量内表面的电量,实际测量结果为零(此类实验称为"示零"实验),即小于测量仪器所能测出的下限.再设法确定仪器的灵敏度,即通过实验比较内表面电量的下限与导体充电总电量的相对关系.综上,便可得出δ小于多少的结果.1772年卡文迪什得出$\delta<2\times10^{-2}$.19世纪70年代麦克斯韦得出$\delta<5\times10^{-5}$.由于电力平方反比律的精度不仅直接影响电磁场理论的精度,而且与光子静止质量是否为零密切相关,涉及物理学中一系列根本问题,关系重大,因此,此后不断有人沿用卡文迪什-麦克斯韦的方法,改进技术,继续实验,精度大幅度提高.1971年威廉斯等的结果是

$$\delta < 2.7 \times 10^{-16}.$$

二百年来,电力平方反比律的精度提高了十几个量级,它已经成为迄今物理学中最精确的实验定律之一,卡文迪什-麦克斯韦方法的威力由此可见一斑.

- **库仑定律的物理内涵**

库仑定律:两个静止点电荷 q_1 与 q_2 之间相互作用力的大小与 q_1 和 q_2 的乘积成正比,与它们之间距离 r 的平方成反比;作用力的方向沿着它们的连线;同号电荷相斥,异号电荷相吸. 令 $\boldsymbol{f}_{12}$ 表示 q_1 对 q_2 的库仑力(也称电力),$\hat{\boldsymbol{r}}_{12}$ 表示由 q_1 指向 q_2 的单位矢量,库仑定律的定量公式为

$$\boldsymbol{f}_{12} = \frac{1}{4\pi\varepsilon_0}\frac{q_1 q_2}{r^2}\hat{\boldsymbol{r}}_{12}. \tag{1.1}$$

(1.1)式采用国际单位制(SI).它的电磁学部分,称为 MKSA 单位制. MKSA 制以长度(米)、质量(千克)、时间(秒)、电流(安培)为四个基本单位,其他物理量的单位可由基本单位根据规定的公式和顺序导出(见附录一).在(1.1)式中,r 的单位是米(m),f 的单位是牛[顿](N),q 的单位是库[仑](C),1 C=1 A·s(1 库=1 安·秒).由于各量单位都已选定,比例系数 $\frac{1}{4\pi\varepsilon_0}$ 需经实验测定,其中 ε_0 称为真空介电常量是基本物理常量之一,1986 年推荐值为

$$\varepsilon_0 = 8.854\,187\,817 \times 10^{-12}\ \mathrm{C^2/(N\cdot m^2)},$$

近似值为

$$\varepsilon_0 = 8.85\times 10^{-12}\ \mathrm{C^2/(N\cdot m^2)}, \quad \frac{1}{4\pi\varepsilon_0} = 8.99\times 10^{9}\ \mathrm{N\cdot m^2/C^2}.$$

熟知的库仑定律(1.1)式具有丰富的物理内涵:

1. 电力平方反比律:两静止点电荷之间的作用力与其间距离的平方成反比,即 $f \propto r^{-2}$.这一结论已为库仑电斥力扭秤实验、电引力单摆实验以及卡文迪什-麦克斯韦实验、威廉斯实验等一再证实,极为精确,不再赘述.

2. 电力与电量的乘积成正比,即 $f \propto q_1 q_2$. 这是电量(电荷)的定义.由于电力来自带电物体,与带电状况有关,在电力的表达式中

需要引入定量描述两点电荷带电多少的物理量——电量，于是规定作用力大小与两点电荷电量乘积成正比. 这样，既能表明是电力，又能通过 q_1，q_2 的大小、正负区分电力的大小以及吸引还是排斥. 在物理学中，新的研究领域的开辟，新的基本规律的发现，往往同时伴随着新概念的引入和新物理量的定义. 牛顿定律定义了惯性质量，万有引力定律定义了引力质量，热力学定律定义了内能和熵，诸如此类，概莫能外.

3. 两静止点电荷之间作用力的方向沿连线，即静止点电荷在各点的电场强度的方向沿径向(场强的定义见 1.2 节)，以及电力具有球对称性，即只与距离有关而与连线的空间方位无关. 应该指出，电力的径向性和球对称性虽则与上述实验大抵相符，但并非后者的严格结果. 实际上当年认为理所当然的这一结论是空间各向同性的必然要求. 试想，如果点电荷 Q 在某点 P 的场强方向不沿径向 PQ 而有所偏斜，则绕直线 PQ 旋转后，P 点场强的方向将有所改变，与空间的各向同性矛盾，破坏了空间的对称性，明显不合理(注意，静止点电荷作为理想模型不具有任何特殊方向). 这一事例表明，物理学的规律是分层次、有联系的，低层次的具体规律要受到高层次的普遍规律(基本法则)的制约，不得违背.

另外，如果点电荷 q_0 同时受到许多点电荷 q_1，q_2，… 的作用，则所受合力 $\boldsymbol{f}$ 是各点电荷单独存在时对 q_0 作用力 $\boldsymbol{f}_1$，$\boldsymbol{f}_2$，… 的矢量和，在电荷连续分布时为各电荷微元 $\mathrm{d}q$ 对 q_0 作用力 $\mathrm{d}\boldsymbol{f}$ 的矢量积分，即

$$\boldsymbol{f} = \sum_i \boldsymbol{f}_i = \frac{1}{4\pi\varepsilon_0}\sum_i \frac{q_i q_0}{r_i^2}\hat{\boldsymbol{r}}_i$$

或

$$\boldsymbol{f} = \int \mathrm{d}\boldsymbol{f} = \frac{q_0}{4\pi\varepsilon_0}\int \frac{\hat{\boldsymbol{r}}}{r^2}\mathrm{d}q, \tag{1.2}$$

式中 r_i(或 r)分别是 q_i(或 $\mathrm{d}q$)与 q_0 的距离，$\hat{\boldsymbol{r}}_i$(或 $\hat{\boldsymbol{r}}$)分别是由 q_i(或 $\mathrm{d}q$)指向 q_0 的径向单位矢量. (1.2)式称为**电力叠加原理**，满足(1.2)式的叠加称为**线性叠加**. 叠加原理是独立于库仑定律的另一规律，它表明电力具有可叠加性.

综上,电力的基本特征是:**平方反比律、与电量成正比、径向性和球对称性、可叠加性**.弄清楚各自的由来,对于正确理解基本规律十分重要.

• 库仑定律的成立条件

库仑定律的成立条件是**静止**,即两点电荷相对静止,且相对于观察者静止.静止条件可以适当放宽,即静止点电荷对运动点电荷的作用力仍遵循(1.1)式.但反之,运动点电荷对静止点电荷的作用力却并不遵循(1.1)式,因为此时作用力(或运动点电荷产生的电场)不仅与两者的距离有关,还与运动点电荷的速度有关.

关于静止条件可以适当放宽的讨论表明,两静止点电荷之间的相互作用力遵循牛顿第三定律,但静止点电荷与运动点电荷之间的相互作用力却并不遵循牛顿第三定律.如何理解这一结果呢?众所周知,牛顿第三定律实际上是更普遍的动量守恒定律在特殊条件下的产物.如果两个物体构成封闭系统,即只此两者,别无其他,且不受外界作用,则系统动量守恒,其一动量的增或减应等于另一动量的减或增,于是其间的相互作用力必定大小相等、方向相反、在同一连线上,即遵循牛顿第三定律.接触物体之间的作用力如摩擦力、弹性力等都是如此,两静止点电荷之间的库仑力也是如此.现在,静止点电荷与运动点电荷之间的库仑力不遵循牛顿第三定律,表明其一动量的增或减并不等于另一动量的减或增.原因何在呢?这是因为电力是以电场为媒介物传递的,电场是特殊形式的物质,具有自身的动量(以及能量、角动量等).由此,在讨论两点电荷相互作用时,构成封闭系统的成员除两点电荷外,还有第三者——电场.当两点电荷都静止时,虽然第三者——电场依然存在,但其动量不变,于是牛顿第三定律适用;当两点电荷一静一动时,伴随着电荷的运动,相应电场的动量有所变化,于是牛顿第三定律失效.由此可见,关于库仑定律静止条件的上述讨论,有助于理解电场的存在,有助于理解动量守恒定律与牛顿第三定律的关系.

有些教材在叙述库仑定律时还加了一个**真空**条件,其实无需.所谓真空条件,无非是指两点电荷只受到对方的作用,别无其他.当真空条件被破坏时，除了这两个点电荷外，还可能存在其他电荷，如空间的自由电荷、导体中的感应电荷、电介质中的极化电荷等，此时，这两个点电荷之间的作用力仍遵循库仑定律，并不因其他电荷的存在而有所影响，这正是叠加原理的结果，所以真空条件并非必要.

库仑定律和叠加原理揭示了电力的特征，解决了带电体相互作用的问题，决定了静电场的性质，不仅是静电学的基础，而且是麦克斯韦电磁场理论赖以建立的实验定律之一. 库仑定律还和物理学中一系列根本问题如光子静止质量是否为零等密切相关，使之至今仍然受到关注. 所有这些都说明了库仑定律的重要性. 随着本课程的进展，读者将会对库仑定律的理论地位有正确的认识和恰当的评价.

- **电荷守恒定律　电荷的量子性**

在库仑定律(1.1)式中，定义了电学中第一个物理量——电量(或电荷)，用以描述物体带电的多少. 显然，阐明电荷的基本特征，丰富对它的认识是必要的.

电荷的基本特征是遵循守恒定律，并具有量子性. 从近代的观点看，世间万物都由各种原子构成，原子由电子和原子核构成，原子核包括质子和中子，电子带负电，质子带正电，中子不带电，所谓“电”既不是某种流体也不是物体的某种运动状态，而应归结为带电的基本粒子：电子和质子. 1983 年的实验结果表明，电子与质子电量(指绝对值)的差别小于 $10^{-20}|e|$，极为相近，因而具有相同电子数和质子数的各种原子以及由各种原子构成的各种物体得以保持严格的电中性. 所谓“带电”，无非是电子与质子数量的失衡，物体失去一定量电子便带正电，获得一定量电子便带负电. 在此过程中，电荷只能转移，不能创生或消灭，并且物体的电量只能是电子电量的整数倍，这就是**电荷守恒和电荷的量子性**.

下面，简要回顾得出上述结论的历史过程及实验证据.

关于电荷守恒. 早年，物体因摩擦彼此吸引或排斥而称为带电，并区分为带正电和负电. 富兰克林规定：玻璃与丝绢摩擦后，玻璃带正电，凡与之相吸的物体带负电，沿用至今. 1747 年富兰克林提出电荷守恒，认为电像流体一样，可以在物体间转移，但不能创生或消灭,孤立物体的电量保持不变. 1843 年法拉第的冰桶实验,为电荷守恒提供了第一个实验证据.法拉第把白铁皮制成的冰桶经导线与金箔验电器相连,用丝线把带电的黄铜小球逐渐吊入桶内,验电器的金箔随之张开并达到最大,此后,无论黄铜小球再深入甚至与冰桶接触,也无论桶内是否放置其他东西,验电器的金箔张开程度都不再变化,从而表明,电荷可以转移,但总量守恒.此后,大量实验一再直接或间接地证实电荷守恒.近代实验表明,电荷守恒也为一切微观过程所遵循.例如,高能光子(γ 射线)与原子核相碰,会产生一对正负电子;反之,一对正负电子高速相碰,会融合而湮没,同时产生 γ 辐射.因光子不带电,正负电子的电荷等量异号,故在电子对产生和湮没的微观过程中,过程前后的电荷仍守恒.

关于电荷的量子性. 1834 年法拉第由实验得出电解定律:等量电荷通过不同电解液时,电极上析出物质的质量与该物质的化学当量成正比.化学当量是相对原子质量与原子价之比.电解定律表明,为了析出 1 mol 单价元素(如 1 克氢,35.5 克氯等)需要相等的电量——称为法拉第常数 F. 1 mol 物质的原子数为阿伏伽德罗常数 N_A. 因此,电解定律可以解释为:在电解过程中,形成电流的是正、负离子的运动,这些离子的电荷是基本电荷的整数倍,这个倍数也就是离子的价数.既然析出 1 mol 单价元素,即析出 N_A 个单价离子所需总电量为 F,那么一个单价离子的电量 e 应为 F 与 N_A 之比,即

$$e=\frac{F}{N_A}.$$

换言之,e 应是电荷的最小单位,称为基本电荷,一切物体所带电量应是 e 的整数倍,这就是电荷的量子性,它是电解定律的必然结果.

1891 年斯通尼把基本电荷 e 取名为 electron,并根据 F 和 N_A,首次估算出 e 的大小.

1897 年 J.J.汤姆孙的阴极射线实验(见 4.5 节)确定阴极射线是负电粒子流,并测出其荷质比为氢离子的千余倍,从而发现了比氢原子更小的带电粒子,也称其为 electron——译为电子.从此,电子(electron)不仅是基本电荷,而且是第一个基本粒子.此后,进一步确定原子由电子和带正电的原子核构成.

1909年密立根的油滴实验直接测量油滴的电荷，结果总是基本电荷的整数倍，直接证实了电荷的量子性，并给出 e 的精确值. 1986年基本电荷 e 的推荐值为

$$e = 1.602\,177\,33(46) \times 10^{-19}\ \mathrm{C}.$$

综上，可将**电荷守恒定律**表为，**电荷既不能被创造，也不能被消灭，电荷只能从一个物体转移到另一个物体，或者从物体的一部分转移到另一部分，在任何物理过程中，电荷的代数和守恒**. 电荷守恒定律是一切宏观过程和微观过程都必须遵循的基本规律.

电荷守恒定律可能与电荷的量子性密切相关，如果基本电荷可以随意分割，那么，要平衡衰变过程的方程并保持电荷守恒将十分困难，反之则十分自然. 电荷守恒定律还与电子的稳定性有关，电子作为最轻的带电粒子，不能衰变，否则必将违背电荷守恒定律. 所以从电子的寿命可以判断电荷守恒定律的有效性，1965年的实验表明，电子的寿命超过 10^{21} 年，远大于目前推测的宇宙年龄，可见电荷守恒定律是十分可靠的. 还应指出，电荷是与速度无关的相对论不变量，电荷守恒定律在所有惯性系中都成立，符合相对性原理的要求.

本节比较详尽地讲到了库仑定律的方方面面，目的不仅在于加深对它的理解，更希望读者能借此懂得如何考察物理定律. 一般说来，物理定律具有丰富的内涵和外延，从观察现象、提出问题、猜测结果、设计实验并测量、发现规律，到定义新物理量并定量表述，进一步判定成立的条件和精度，乃至阐明理论地位、近代发展等，往往需要经过漫长的历史过程，涉及广泛的相关背景，只有这样才能正确地认识，恰当地评价.

1.2 电场 电场强度 场强叠加原理

· 电场 电场强度矢量 · 场强叠加原理

● 电场 电场强度矢量

对于非接触物体之间的作用力（如电力），除了寻找作用力遵循的规律（如库仑定律）外，还关心另一个更深刻的问题：这些力是“怎

样"作用的? 即：是否需要媒介物的传递? 是否需要传递时间? 对此，自古以来就有两种截然不同的观点，长期争论不休. 超距作用观点认为：非接触物体之间的作用力不需要任何媒介物的传递，也不需要传递时间. 近距作用观点则认为：需要媒介物的传递，这种媒介物就是无所不在的、充满空间的弹性介质——以太；也需要传递时间，尽管这个时间可能非常短暂. 传递电磁作用力的媒介物称为电磁以太，也称为力线(电力线，磁力线)或场(电场，磁场)，近距作用观点就是场观点.

从某种意义上说，电磁学的历史就是两种观点争论的历史. 以法拉第和麦克斯韦为代表的场观点者，锲而不舍，以电磁场为研究对象，认为电磁场是特殊形式的物质，从电磁场的描绘和分布、电磁场作为矢量场的基本性质、电磁场的物理属性(如能量、动量、角动量等)、电磁场对实物的作用以及实物对电磁场的响应、电场与磁场的内在联系、电磁场的运动变化规律、电磁波、电磁现象与光现象的统一性等等方面)对电磁场进行了逐步深入的、全面的研究，同时大量汲取超距作用观点的许多重要成果，建立了麦克斯韦电磁场理论，并获实验证实，宣告了电磁场理论的胜利，成为物理学中继牛顿力学以后又一划时代的伟大成就. 凡此种种，构成了电磁学史的一条主线，也理所当然地成为本课程的基本框架和主要内容.

在逐步展示这样一幅宏伟绚丽的历史画卷之前，应该提醒读者：电磁场作为全新的研究对象，需要新的物理概念、研究方法、描绘手段和数学工具，需要一系列相关的实验工作，并将发现新的规律，产生新的理论，开辟新的应用前景. 前辈大师的开拓创新精神也正体现在这些方面，务必予以关注.

本节根据近距作用观点，引入描绘电场的电场强度矢量.

物理学的近代研究表明，电荷在其周围的空间激发**电场**，电场的基本性质是能给予其中任何其他电荷以作用力——电场力，电荷与电荷之间的相互作用是以电场为媒介物传递的. 上述结论可用下面的图式概括：

电荷 ⟷ [电场] ⟷ 电荷

电场对其中电荷的作用力，为检测、比较、描绘各种电场提供了依据.为此,在电场中引入试探电荷 q_0,它将受到电场的作用力 $\boldsymbol{f}$. 显然,$\boldsymbol{f}$ 既与电场有关又与 q_0 有关,但其比值 $\boldsymbol{f}/q_0$ 与 q_0 无关,只与电场有关,能够有效地描绘电场,称为电场强度矢量.试探电荷 q_0 的电量应充分地小,以便不影响产生电场的电荷的分布,即不改变它所描绘的电场的分布;q_0 的几何线度也应充分地小,即应是点电荷,以便能精确地描绘空间各点的电场.

电场强度矢量 $\boldsymbol{E}$ 简称场强,定义为

$$\boldsymbol{E} = \frac{\boldsymbol{f}}{q_0}, \tag{1.3}$$

其大小等于单位电荷所受电场力的大小,其方向与正电荷所受电场力的方向一致.

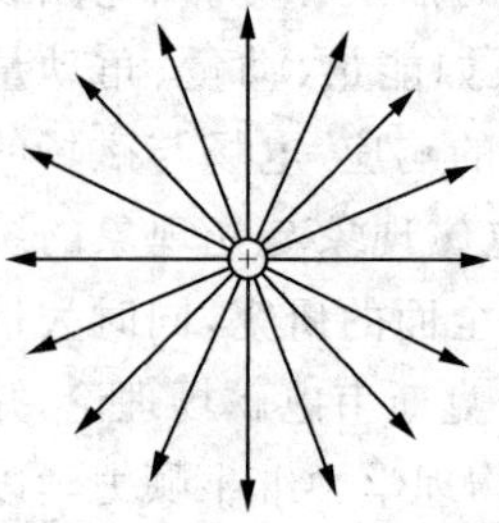

图 1-3　正点电荷产生的场强分布

对于点电荷 q 产生的静电场,根据库仑定律,与 q 相距为 r 的 P 点的场强为

$$\boldsymbol{E} = \frac{\boldsymbol{f}}{q_0} = \frac{1}{4\pi\varepsilon_0}\frac{q}{r^2}\hat{\boldsymbol{r}}, \tag{1.4}$$

式中 $\hat{\boldsymbol{r}}=\boldsymbol{r}/r$ 是从 q 指向 P 点的单位矢量.正点电荷产生的场强分布如图 1-3 所示,各点场强矢量连成的曲线(在图 1-3 中为直线)称为**电场线**.

- **场强叠加原理**

如果静电场由许多点电荷 $q_1,q_2,\cdots$产生,则在空间某点的试探电荷 q_0 所受的作用力 $\boldsymbol{f}$ 是各点电荷单独存在时所产生的电场对 q_0 的作用力 $\boldsymbol{f}_1,\boldsymbol{f}_2,\cdots$的矢量和,在电荷连续分布时为各电荷微元产生的电场对 q_0 作用力 $\mathrm{d}\boldsymbol{f}$ 的矢量积分,此即 1.1 节中的电力叠加原理,表为

$$\boldsymbol{f} = \sum_i \boldsymbol{f}_i \quad 或 \quad \boldsymbol{f} = \int \mathrm{d}\boldsymbol{f},$$

除以 q_0,得

$$\boldsymbol{E} = \sum_i \boldsymbol{E}_i = \frac{1}{4\pi\varepsilon_0}\sum_i \frac{q_i}{r_i^2}\hat{\boldsymbol{r}}_i \tag{1.5a}$$

或
$$\boldsymbol{E}=\int \mathrm{d}\boldsymbol{E}=\frac{1}{4\pi\varepsilon_0}\int\frac{\mathrm{d}q}{r^2}\hat{\boldsymbol{r}},\tag{1.5b}$$

式中 $\boldsymbol{E}_1=\boldsymbol{f}_1/q_0$，$\boldsymbol{E}_2=\boldsymbol{f}_2/q_0$，…代表 q_1，q_2，…在某点单独产生的场强，$\mathrm{d}\boldsymbol{E}=\mathrm{d}\boldsymbol{f}/q_0$ 是电荷微元 $\mathrm{d}q$ 在某点的场强，$\boldsymbol{E}=\boldsymbol{f}/q_0$ 是某点的总场强. 注意，(1.5)式是矢量和或矢量积分.

(1.5)式表明，**点电荷组(或连续分布电荷)的电场在某点的场强等于各点电荷(或各电荷微元)单独存在时产生的电场在该点场强的矢量叠加**，称为**场强叠加原理**.

在已知电荷分布的条件下，场强叠加原理(1.5)式提供了计算场强的一种方法.

电偶极子由两个等量异号点电荷 $\pm q$ 构成，从 $-q$ 到 $+q$ 的径矢为 $\boldsymbol{l}$，$\boldsymbol{p}=q\boldsymbol{l}$ 称为电偶极矩，简称电矩，是描述电偶极子属性的物理量. 在讨论电介质极化和电磁振荡时都要用到电偶极子的模型.

例 1 试计算电偶极子延长线上和中垂面上的场强分布.

解 (1) 如图 1-4，在电偶极子延长线上任取 P 点，P 点与电偶极子中点 O 的距离为 r，$+q$ 和 $-q$ 在 P 点的场强的大小 E_+ 和 E_- 为

$$E_+=\frac{1}{4\pi\varepsilon_0}\frac{q}{\left(r-\dfrac{l}{2}\right)^2},\qquad E_-=\frac{1}{4\pi\varepsilon_0}\frac{q}{\left(r+\dfrac{l}{2}\right)^2},$$

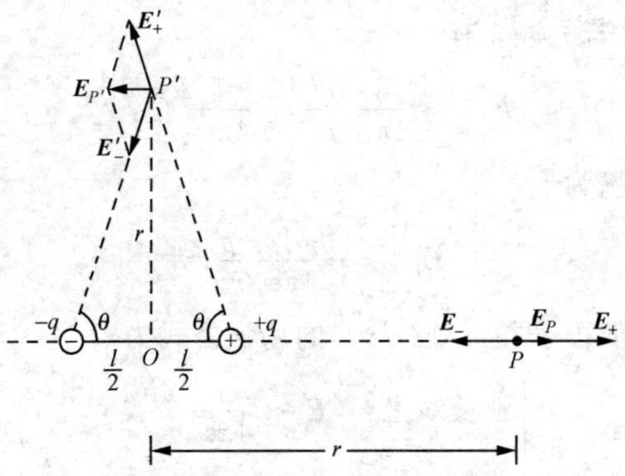

图 1-4 电偶极子的场强

$\boldsymbol{E}_+$ 指向右方，$\boldsymbol{E}_-$ 指向左方，故 P 点总场强为

$$E_P = E_+ - E_- = \frac{q}{4\pi\varepsilon_0} \frac{2rl}{\left(r^2 - \frac{l^2}{4}\right)^2},$$

$\boldsymbol{E}_P$ 指向右方. 若 $r \gg l$，有

$$E_P \approx \frac{1}{4\pi\varepsilon_0} \frac{2ql}{r^3} = \frac{1}{4\pi\varepsilon_0} \frac{2p}{r^3}, \quad p = ql,$$

式中 p 为电偶极矩，$\boldsymbol{p}$ 是矢量，方向从 $-q$ 指向 $+q$. 写成矢量形式，为

$$\boldsymbol{E}_P \approx \frac{1}{4\pi\varepsilon_0} \frac{2\boldsymbol{p}}{r^3}.$$

(2) 在电偶极子中垂面上任取 P' 点，P' 点与电偶极子中点 O 的距离为 r，$+q$ 和 $-q$ 在 P' 点的场强的大小 E'_+ 和 E'_- 为

$$E'_+ = E'_- = \frac{1}{4\pi\varepsilon_0} \frac{q}{\left(r^2 + \frac{l^2}{4}\right)},$$

$\boldsymbol{E}'_+$ 与 $\boldsymbol{E}'_-$ 方向如图 1-4 所示，故 P' 点总场强为

$$E_{P'} = E'_+ \cos\theta + E'_- \cos\theta = \frac{2}{4\pi\varepsilon_0} \frac{q}{\left(r^2 + \frac{l^2}{4}\right)} \frac{\frac{l}{2}}{\sqrt{r^2 + \frac{l^2}{4}}}$$

$$= \frac{1}{4\pi\varepsilon_0} \frac{ql}{\left(r^2 + \frac{l^2}{4}\right)^{3/2}},$$

$\boldsymbol{E}_{P'}$ 指向左方. 若 $r \gg l$，有

$$E_{P'} \approx \frac{1}{4\pi\varepsilon_0} \frac{ql}{r^3} = \frac{1}{4\pi\varepsilon_0} \frac{p}{r^3},$$

写成矢量形式，为

$$\boldsymbol{E}_{P'} \approx -\frac{1}{4\pi\varepsilon_0} \frac{\boldsymbol{p}}{r^3}.$$

总之，电偶极子在远处($r \gg l$)的场强公式为

$$\begin{cases} \text{延长线上：} \quad \boldsymbol{E} \approx \dfrac{1}{4\pi\varepsilon_0} \dfrac{2\boldsymbol{p}}{r^3}, \\ \text{中垂面上：} \quad \boldsymbol{E} \approx -\dfrac{1}{4\pi\varepsilon_0} \dfrac{\boldsymbol{p}}{r^3}, \end{cases} \tag{1.6}$$

可见，电偶极子在远处的场强与 r 的三次方成反比，比点电荷的场强

随 r 的变化快得多.通常,中性原子或分子,或者正、负电中心重合,分子电偶极矩为零,或者可以看作由一个或多个电偶极子组成,由于每个电偶极子的电场都集中在电偶极子附近,远处电场十分微弱,所以处理宏观问题时,一般不考虑中性原子或分子在宏观距离上的电场.

例 2　设均匀带电圆环的半径为 R,带电总量为 Q,试求圆环轴线上的场强分布.

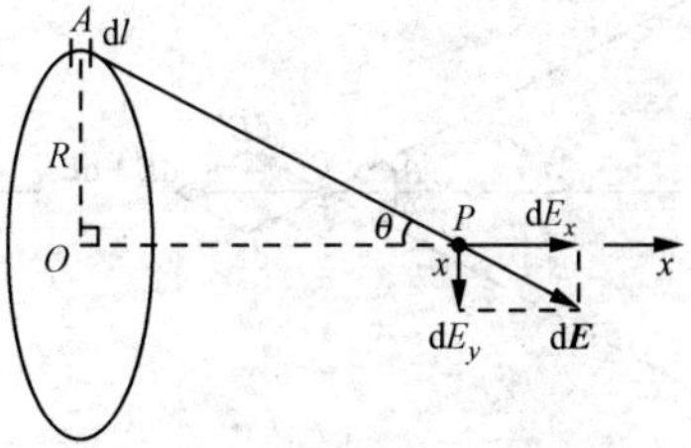

图 1-5　带电圆环轴线上的场强分布

解　如图 1-5,环上任意线元 $\mathrm{d}l$ 带电 $\mathrm{d}q=\lambda\mathrm{d}l$,电荷线密度 $\lambda=\frac{Q}{2\pi R}$,它在轴上任一点 P 产生的场强 $\mathrm{d}\boldsymbol{E}$ 沿 AP 方向,可分解为沿 x 轴的 $\mathrm{d}E_x$ 和垂直 x 轴的 $\mathrm{d}E_y$ 两个分量.根据圆环的对称性及均匀带电,各电荷线元在轴线上任一点 P 产生的场强在垂直轴方向的分量应互相抵消,沿 x 轴的分量互相加强,故有

$$
\begin{aligned}
E &= E_x = \int \mathrm{d}E_x = \int \mathrm{d}E\cos\theta \\
&= \int \frac{\lambda\mathrm{d}l}{4\pi\varepsilon_0(x^2+R^2)}\frac{x}{(x^2+R^2)^{1/2}} = \frac{\lambda x}{4\pi\varepsilon_0(x^2+R^2)^{3/2}}\int_0^{2\pi R}\mathrm{d}l \\
&= \frac{Qx}{4\pi\varepsilon_0(x^2+R^2)^{3/2}}.
\end{aligned}
$$

当 $x=0$ 时,$E=0$,表明圆环中心场强为零;当 $x\gg R$ 时,$E=\frac{Q}{4\pi\varepsilon_0 x^2}$,表明圆环在远处的场强与点电荷的场强相同.这些都是合理的.

例 3　设均匀带电细棒长为 $2l$,带电总量为 Q,试求细棒中垂面上的场强分布.

解　由于细棒具有轴对称性,凡包含细棒在内的每一个平面内的场强分布都应相同.现取如图 1-6 所示的纸平面为代表,细棒中垂面与纸面的交线为中垂线,细棒中点 O 与中垂线上任一点 P 的距离 $OP=x$.

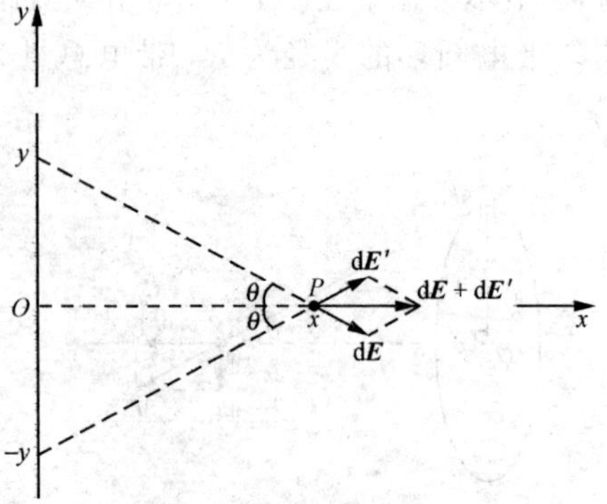

图 1-6　均匀带电细棒中垂面上的场强分布

以 OP 为中垂线,把细棒分割成一对对对称的线元,任意一对线元在 P 点的元场强之和($\mathrm{d}\boldsymbol{E}+\mathrm{d}\boldsymbol{E}'$)沿中垂线方向即 x 方向,其大小为 $2\mathrm{d}E\cos\theta$, 其中

$$\mathrm{d}E=\mathrm{d}E'=\frac{1}{4\pi\varepsilon_0}\frac{\lambda\mathrm{d}y}{(y^2+x^2)},$$

$$\cos\theta=\frac{x}{(y^2+x^2)^{1/2}}.$$

式中 $\lambda=Q/2l$ 为电荷线密度. P 点的总场强是各对线元贡献之和,应沿 x 方向,故有

$$E=E_x=\int 2\mathrm{d}E\cos\theta=\frac{2\lambda}{4\pi\varepsilon_0}\int_0^l\frac{x\mathrm{d}y}{(x^2+y^2)^{3/2}}=\frac{\lambda}{2\pi\varepsilon_0}\frac{l}{x\sqrt{x^2+l^2}}.$$

当细棒无限长时,任何与它垂直的平面都可看作中垂面,即无限长均匀带电细棒周围任意点的场强方向都与棒垂直,其大小为上式在 $l\to\infty$ 时的极限,为

$$E=\frac{\lambda}{2\pi\varepsilon_0 x}.$$

对于有限长均匀带电细棒,如果中垂面上的 P 点离棒很远,即 $x\gg l$, 该点场强为

$$E=\frac{\lambda l}{2\pi\varepsilon_0 x^2}=\frac{Q}{4\pi\varepsilon_0 x^2},$$

与点电荷场强公式一致，是合理的.

由以上例题可见，应用场强叠加原理，在电荷分布已知的条件下，原则上可以计算任意带电体的场强分布.但一般情形严格求解有困难，通常只在具有一定对称性的条件下，才能完成积分，得出答案，利用场强叠加原理求解的限制即在于此.因此，在计算时，应注意对称性的分析，并考察解的渐近行为.

1.3 静电场的高斯定理

· 源与旋 通量与环流　　　· 静电场的高斯定理

● 源与旋 通量与环流

为了描绘电场的总体分布，获得形象直观的图像，在引入场强概念后，可进一步画出电场线.所谓电场线，就是电场中各点场强矢量连成的曲线.确切地说，**如果在电场中画出许多曲线，使曲线每一点的切线方向与该点的场强方向一致，那么这样作出的曲线称为电场的电场线**（又称**电力线**）.为了使电场线不仅描绘场强的方向，而且能反映场强的大小，在画电场线图时，可使电场中任一点电场线的数密度与该点场强的大小成正比，即场强较小处的电场线稀疏，场强较大处的电场线稠密.图 1-7 就是按照上述规定画出的几种电场的电场线图.

电场线从总体上描绘了电场的空间分布.与此类似，磁感应线从总体上描绘了磁场的空间分布.同样，对于恒定流动的不可压缩流体，流速线从总体上描绘了流速的空间分布.凡此种种，抽象地说，都是每一点有一个矢量，这些矢量的总体构成矢量场，用数学的语言来说，**矢量场是空间坐标的矢量函数，在一定的空间范围内连续分布.**

画出电场线、磁感应线、流速线等固然可以形象地描绘各种矢量场，但也有琳琅满目或杂乱无章之感，能否通过仔细的观察和分析，由此及彼、由表及里，逐步把握各种矢量场的性质，以便从总体上加以比较和区分呢？流体力学对流速场的研究，首先作出了突破.

对于恒定流动的不可压缩流体，尽管流速场的分布各异，但人们

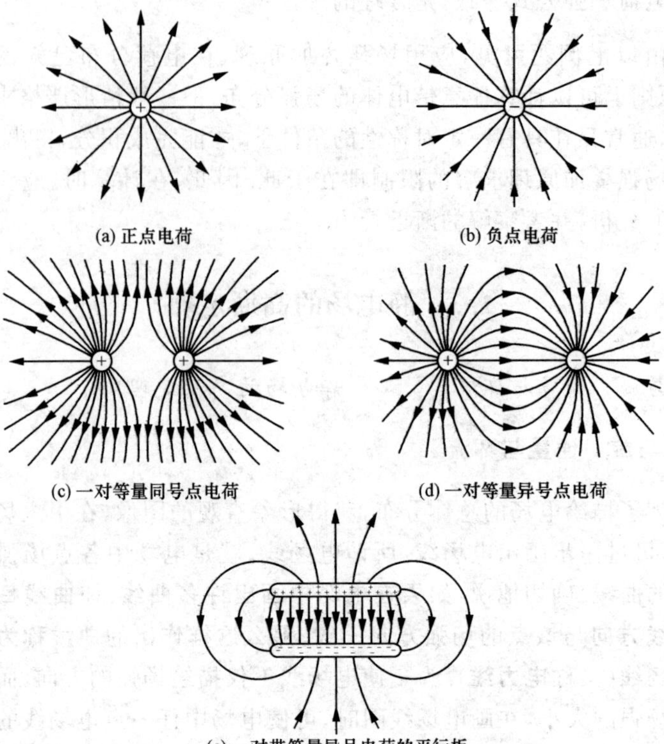

(a) 正点电荷 (b) 负点电荷

(c) 一对等量同号点电荷 (d) 一对等量异号点电荷

(e) 一对带等量异号电荷的平行板

图 1-7 几种带电体系的电场线

发现,从总体上说,仍然有一些值得注意的表观特征. 例如,有的流速线有头有尾不闭合,有的流速线首尾相接形成闭合曲线,等等. 并且流速线总体分布的这些表观特征,又与是否存在喷发流体的"源头"和宣泄聚敛流体的"汇"(也称漏、壑、尾闾)以及流体的流动是否形成"涡旋"密切相关. 容易设想,对于稳态分布的流速场,如果存在喷发流体的源头和聚敛流体的汇,那么,相应的流速线就是有头有尾而不闭合的,称为"有源";反之,若处处既无源头又无汇,则称为"无源". 另一方面,如果流体的流动形成"涡旋",那么,相应的流速线就是首尾相接无头无尾的闭合线,称为"有旋";反之,若处处无涡旋,则称为"无旋". 总之,流速场总体分布所呈现的表观特征,乃是否有源和是否有旋的结果. "**源**"和"**旋**"的概念,揭示了流速场的本质,利用它们可以把纷繁各异的流速场从总体上加以区分和比较，例如，有的有源无旋，有的无源有旋，有的有源有旋.

注意到流速场总体分布的表观特征，把握住流速场内在的物理本质，建立了源和旋的概念之后，还需要进一步给予准确的定量表述. 为此，引入“通量”和“环流”(也称环量，即环路积分)的概念.

所谓通量，对于流速场而言，就是流量. 通过面元 $\mathrm{d}S$ 的流量即单位时间经面元 $\mathrm{d}S$ 通过的流体体积为 $\boldsymbol{v}\cdot\mathrm{d}\boldsymbol{S}=v\mathrm{d}S\cos\theta$，其中 $\boldsymbol{v}$ 是流速，$\mathrm{d}\boldsymbol{S}$ 是面元矢量，大小为 $\mathrm{d}S$，指向面元法线方向，θ 是 $\boldsymbol{v}$ 与 $\mathrm{d}\boldsymbol{S}$ 的夹角，通过任意闭合曲面 S 的流量为 $\oiint_{(S)}\boldsymbol{v}\cdot\mathrm{d}\boldsymbol{S}$.

所谓环流，对于流速场而言，就是流速 $\boldsymbol{v}$ 沿任意闭合回路 L 的积分 $\oint_{(L)}\boldsymbol{v}\cdot\mathrm{d}\boldsymbol{l}$，其中 $\mathrm{d}\boldsymbol{l}$ 是积分回路的线元，$\mathrm{d}\boldsymbol{l}$ 的方向沿回路的切线方向.

显然，如果流速场有源，那么，作一个包围源头或汇的闭合曲面，则通过该闭合曲面 S 的流量必不为零，即 $\oiint_{(S)}\boldsymbol{v}\cdot\mathrm{d}\boldsymbol{S}\neq 0$；反之，若流速场处处无源，则通过任意闭合曲面的通量均应为零，即 $\oiint_{(S)}\boldsymbol{v}\cdot\mathrm{d}\boldsymbol{S}=0$. 如果流速场有旋，那么沿闭合涡旋线的环流必不为零，即 $\oint_{(L)}\boldsymbol{v}\cdot\mathrm{d}\boldsymbol{l}\neq 0$；反之若流速场处处无旋，则沿任意闭合回路的环流均应为零，即 $\oint_{(L)}\boldsymbol{v}\cdot\mathrm{d}\boldsymbol{l}=0$. 由此可见，引入通量与环流的概念，并确定通过任意闭合曲面的通量是否为零(高斯定理)以及沿任意闭合回路的环流是否为零(环路定理)，正是定量地描述和确定流速场是否有源和是否有旋的有效手段和恰当方式.

推而广之，**源**与**旋**，**通量**与**环流**以及相应的**高斯定理**和**环路定理**，不仅适用于描绘流速场的性质，也适用于描述包括电场和磁场在内的各种矢量场的性质.

- **静电场的高斯定理**

麦克斯韦把流体力学的上述重要成果移植到电场和磁场，借助于电场和磁场的通量、环流以及相应的高斯定理和环路定理，揭示了电场和磁场作为矢量场的基本性质，把对电场和磁场的研究向前推进了一大步.

本节和下节讨论静电场作为一个矢量场的基本性质.

统观各种由电荷产生的静电场，尽管分布各异，但其电场线图从总体上说具有明显的共同表观特征. 如图 1-7 所示，电场线起自正电荷（或伸向无穷远）、止于负电荷（或来自无穷远），电场线不会在没有电荷的地方中断；在没有电荷的空间里，任何两条电场线都不会相交；电场线不形成闭合线. 通过与流速场的类比，不难猜出，作为矢量场，静电场的基本性质是有源无旋. 具体地说，正电荷是喷发电场线的源头，负电荷是聚敛电场线的汇，总之，电荷就是静电场的源；另外，静电场中不存在电场线的“涡旋”，表明静电场无旋. 当然，这一定性的猜测还有待严格的证明.

仿照流速场，对于静电场，引入**电通量**的概念，通过面元 $\mathrm{d}\boldsymbol{S}$ 的电通量 $\mathrm{d}\Phi_e$ 定义为该点场强的大小 E 与 $\mathrm{d}\boldsymbol{S}$ 在场强方向的投影 $\mathrm{d}S' = \mathrm{d}S\cos\theta$ 的乘积，即

$$\mathrm{d}\Phi_e = E\mathrm{d}S\cos\theta = \boldsymbol{E}\cdot\mathrm{d}\boldsymbol{S},$$

式中 θ 是面元 $\mathrm{d}\boldsymbol{S}$ 的法线方向与该处场强 $\boldsymbol{E}$ 方向的夹角. 通过任意曲面或任意闭合曲面的电通量 Φ_e 表为 $\iint\limits_{(S)}\boldsymbol{E}\cdot\mathrm{d}\boldsymbol{S}$ 或 $\oiint\limits_{(S)}\boldsymbol{E}\cdot\mathrm{d}\boldsymbol{S}$. 电通量可以形象地理解为电场线的根数，但不要因此产生离散的错觉，而应注意静电场是连续分布的. 另外，对于闭合曲面，通常取它的外法线方向为正，若 $\theta < 90°$, $\cos\theta > 0$, 电通量 $\mathrm{d}\Phi_e > 0$ 为正；若 $\theta > 90°$, $\cos\theta < 0$, 电通量 $\mathrm{d}\Phi_e < 0$ 为负.

静电场的高斯定理：通过任意闭合曲面 S 的电通量 Φ_e，等于该闭合曲面所包围的所有电荷电量的代数和 $\sum\limits_{(S内)}q$ 除以 ε_0，与闭合曲面外的电荷无关，即

$$\Phi_e = \oiint\limits_{(S)}\boldsymbol{E}\cdot\mathrm{d}\boldsymbol{S} = \frac{1}{\varepsilon_0}\sum_{(S内)}q. \tag{1.7}$$

闭合曲面 S 习惯上叫做**高斯面**，通常是一个假想的闭合曲面. 由于(1.7)式的右边可以不为零，故通过闭合曲面的电通量可以不为零，

表明静电场是**有源**的.

静电场的高斯定理可由库仑定律和场强叠加原理证明.

证明 (1) 如图 1-8，设静电场由正点电荷 q 产生，作以 q 为球心、半径为 r 的球面为高斯面. 根据库仑定律，球面上各点场强的大小均为 $E=\frac{1}{4\pi\varepsilon_0}\frac{q}{r^2}$，场强的方向沿径向向外，与面元 d$\boldsymbol{S}$ 的外法线 $\boldsymbol{n}$ 方向一致，故 $\theta=0$，$\cos\theta=1$，通过球面上任意面元 dS 的电通量为

$$\mathrm{d}\Phi_\mathrm{e}=\boldsymbol{E}\cdot\mathrm{d}\boldsymbol{S}=E\cos\theta\,\mathrm{d}S=\frac{1}{4\pi\varepsilon_0}\frac{q}{r^2}\mathrm{d}S,$$

通过整个闭合球面的电通量为

$$\Phi_\mathrm{e}=\oint\!\!\!\oint_{(S)}\frac{1}{4\pi\varepsilon_0}\frac{q}{r^2}\mathrm{d}S=\frac{1}{4\pi\varepsilon_0}\frac{q}{r^2}\oint\!\!\!\oint_{(S)}\mathrm{d}S$$

$$=\frac{1}{4\pi\varepsilon_0}\frac{q}{r^2}4\pi r^2=\frac{q}{\varepsilon_0}.$$

这样，在点电荷情形，取球形高斯面，证明了静电场的高斯定理. 显然，上述证明与点电荷的正负以及球面半径的大小无关.

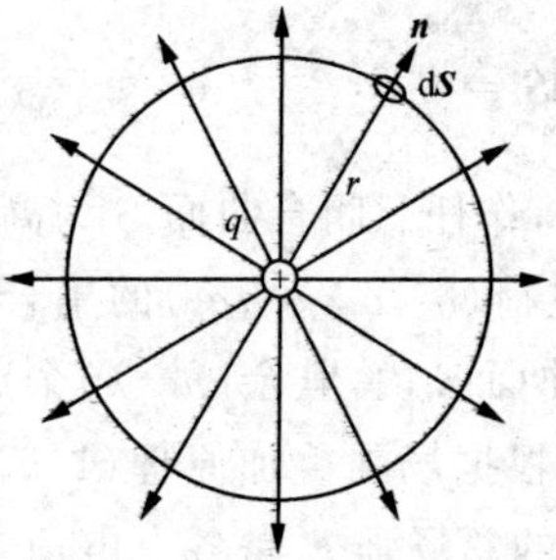

图 1-8 通过包围点电荷的同心球面的电通量

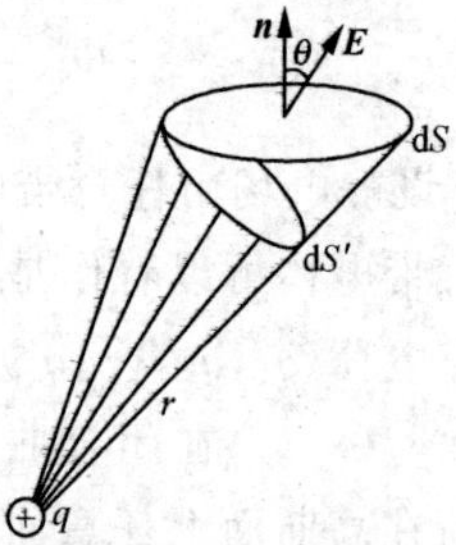

图 1-9 通过包围点电荷的任意闭合曲面的电通量

(2) 设静电场由正点电荷 q 产生，作包围 q 的任意闭合曲面 S 为高斯面. 图 1-9 为 S 面上的任一面元 dS，通过 dS 的电通量为

$$\mathrm{d}\Phi_\mathrm{e}=\boldsymbol{E}\cdot\mathrm{d}\boldsymbol{S}=E\cos\theta\,\mathrm{d}S$$

$$=\frac{q}{4\pi\varepsilon_0}\frac{\mathrm{d}S'}{r^2}=\frac{q}{4\pi\varepsilon_0}\mathrm{d}\Omega,$$

式中 θ 是面元 $\mathrm{d}\boldsymbol{S}$ 的法线方向 $\boldsymbol{n}$ 与 $\boldsymbol{E}$ 之间的夹角，$\mathrm{d}S\cos\theta=\mathrm{d}S'$ 是面元 $\mathrm{d}\boldsymbol{S}$ 在垂直于径矢方向的投影面积，即 $\mathrm{d}S'$ 是以 q 为球心 r 为半径的球面上的面元，$\mathrm{d}S'/r^2=\mathrm{d}\Omega$ 是 $\mathrm{d}S'$ 对 q 点所张的立体角. 积分得

$$\Phi_{\mathrm{e}}=\oiint_{(S)}\frac{q}{4\pi\varepsilon_0}\mathrm{d}\Omega=\frac{q}{4\pi\varepsilon_0}4\pi=\frac{q}{\varepsilon_0}.$$

(3) 设静电场由正点电荷 q 产生，作不包围 q 的任意闭合曲面 S 为高斯面，即 q 在闭合曲面 S 之外. 如图 1-10 所示，由于点电荷电场的电场线是沿径向呈辐射状的直线，当 q 在闭合曲面 S 之外时，从某个面元 $\mathrm{d}S_1$ 进入闭合曲面的电场线必定会从另一相应的面元 $\mathrm{d}S_2$ 穿出. 换言之，因这一对面元 $\mathrm{d}S_1$ 和 $\mathrm{d}S_2$ 对点电荷 q 所张的立体角相同，但外法线方向不同，由前式，进入 $\mathrm{d}S_1$ 的电通量和穿出 $\mathrm{d}S_2$ 的电通量数值相同、符号相反，总和为零. 通过整个闭合曲面 S 的总电通量就是通过这一对对面元的电通量之和，必定为零，即

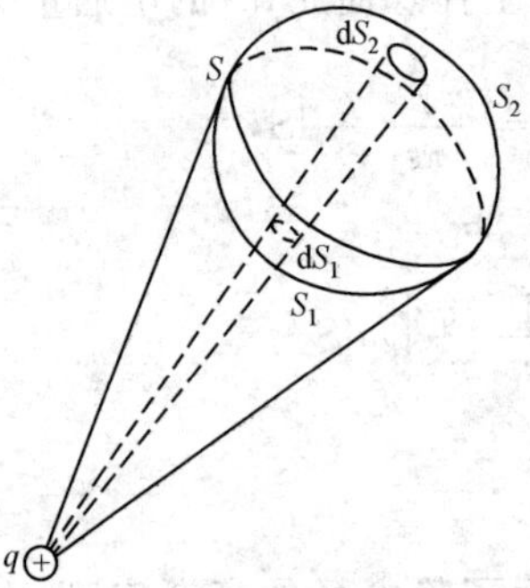

图 1-10　通过不包围点电荷的任意闭合曲面的电通量

$$\Phi_{\mathrm{e}}=\oiint_{(S)}\boldsymbol{E}\cdot\mathrm{d}\boldsymbol{S}=0.$$

(4) 设静电场由任意带电体产生，作任意闭合曲面 S 为高斯面.

任意带电体可以看作是 n 个点电荷($q_1,q_2,\cdots,q_n$)的集合，设其中 k 个点电荷($q_1,q_2,\cdots,q_k$)在闭合曲面 S 内，其余($n-k$)个点电荷($q_{k+1},q_{k+2},\cdots,q_n$)在闭合曲面 S 外. 根据场强叠加原理(1.5)式，n 个点电荷在高斯面上任意面元 $\mathrm{d}S$ 处的总场强 $\boldsymbol{E}$ 是各点电荷单独存在时在该处的场强 $\boldsymbol{E}_1,\boldsymbol{E}_2,\cdots,\boldsymbol{E}_n$ 的矢量和，即

$$\boldsymbol{E}=\boldsymbol{E}_1+\boldsymbol{E}_2+\cdots+\boldsymbol{E}_k+\boldsymbol{E}_{k+1}+\cdots+\boldsymbol{E}_n,$$

通过面元 $\mathrm{d}S$ 的电通量为

$$\begin{aligned}\mathrm{d}\Phi_{\mathrm{e}}&=\boldsymbol{E}\cdot\mathrm{d}\boldsymbol{S}\\&=\boldsymbol{E}_1\cdot\mathrm{d}\boldsymbol{S}+\boldsymbol{E}_2\cdot\mathrm{d}\boldsymbol{S}+\cdots+\boldsymbol{E}_k\cdot\mathrm{d}\boldsymbol{S}+\boldsymbol{E}_{k+1}\cdot\mathrm{d}\boldsymbol{S}+\cdots+\boldsymbol{E}_n\cdot\mathrm{d}\boldsymbol{S}\\&=\mathrm{d}\Phi_{\mathrm{e1}}+\mathrm{d}\Phi_{\mathrm{e2}}+\cdots+\mathrm{d}\Phi_{\mathrm{e}k}+\mathrm{d}\Phi_{\mathrm{e}k+1}+\cdots+\mathrm{d}\Phi_{\mathrm{e}n},\end{aligned}$$

积分，利用(2)和(3)的结果，前 k 个积分不为零，后($n-k$)个积分为

零,故通过闭合曲面 S 的电通量为

$$\begin{aligned}\Phi_e &= \oiint_{(S)} d\Phi_e \\ &= \oiint_{(S)} d\Phi_{e1} + \oiint_{(S)} d\Phi_{e2} + \cdots + \oiint_{(S)} d\Phi_{ek} + \oiint_{(S)} d\Phi_{ek+1} + \cdots + \oiint_{(S)} d\Phi_{en} \\ &= \Phi_{e1} + \Phi_{e2} + \cdots + \Phi_{ek} + 0 \\ &= \frac{1}{\varepsilon_0}(q_1 + q_2 + \cdots + q_k) = \frac{1}{\varepsilon_0}\sum_{(S内)} q_i.\end{aligned}$$

至此,根据库仑定律和场强叠加原理证明了静电场的高斯定理.它表明,由电荷产生的静电场作为一个矢量场,其基本性质之一是有源,电荷就是它的源.

值得注意的是,在上述证明中,由于球面积等于 $4\pi r^2$ 或球面对球心所张立体角为 4π 都是严格的几何结果,要求电力平方反比律严格成立,即要求修正数 δ 严格为零,否则静电场的高斯定理(以及由它得出的推论)不再严格成立而应有所修正.同时,还用到电力与电量成正比,在从点电荷推广到任意带电体时应用了叠加原理.总之,电力的平方反比律、与电量成正比、可叠加性是静电场高斯定理成立的必要条件.

另外,在静电场高斯定理(1.7)式中,场强 $\boldsymbol{E}$ 是全部电荷(包括高斯面内、外的全部电荷)产生的,但等号右边的 $\sum\limits_{(S内)} q$ 只涉及高斯面内的电荷,这是因为高斯面外的电荷虽然对场强有贡献,却对通过高斯面的电通量无贡献.

前已指出,场强叠加原理(1.5)式提供了计算场强的一种方法.现在,静电场高斯定理(1.7)式提供了计算场强的另一种方法.

用静电场高斯定理计算场强时,由(1.7)式,首先,右边的 $\sum\limits_{(S内)} q$ 应易求,即需已知电荷的分布,这是前提;其次,左边除待求的某点场强 E 外,还涉及高斯面上其他各点的场强以及相应的 θ 和面积,若均未知且不同,显然无从求解.实际上,能够用高斯定理求解的问题,要求(1.7)式可以简化为只包含一个待求未知量 E 的代数方程.所以,用高斯定理计算场强时,要求电荷的分布以及由此产生的电场的分布具有很强的对称性(比用场强叠加原理计算场强时对电荷和电场分布对称性的要求更强),因而可以求解的问题屈指可数.同时,也提醒我们,应该根据问题的对称性,适当选取高斯面,这正是求解的关键.当满足上述要求,成功地将(1.7)式简化为一个代数方程后,求解将简捷方便,这又是这种方法的优点.

例 4 设均匀带电球壳的带电总量为 $Q(Q>0)$,半径为 R,试求球壳内外的场强.

解 若用场强叠加原理求解,需以球心和所求场点为轴将带电球壳分割成许多环形球带,先求出各球带在该场点的场强(参看 1.2 节例题 2)再作积分,比较复杂.现用高斯定理求解.

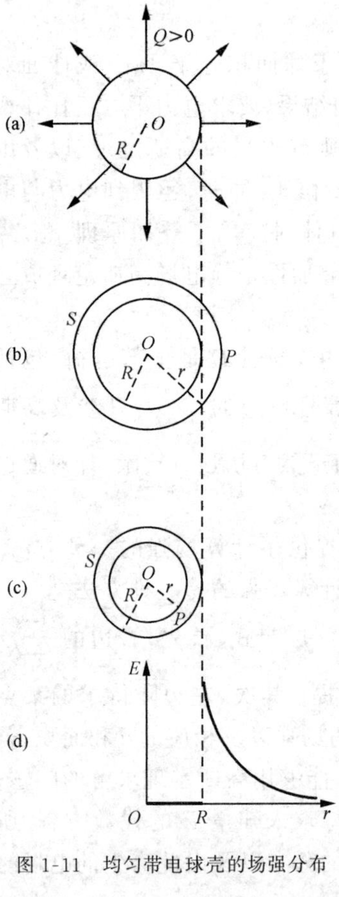

图 1-11 均匀带电球壳的场强分布

先分析电场分布的对称性.因电荷分布具有球对称性,故电场分布也应具有球对称性,即同心球面上各点场强的大小应相等,方向应沿径向,呈辐射状,见图 1-11(a).由此,为求任一点 P 的场强,应选取过 P 点的同心球面为高斯面.在此球面上,各点场强的大小都与待求的 P 点场强相同,方向均沿径向向外,即 $\cos\theta$ 处处相等均为 1.球面积易求,高斯面内的电量已知,于是由(1.7)式即可求解.

由高斯定理,若 P 点在带电球壳外,P 点与球心 O 相距为 r $(r>R)$(见图 1-11(b)),则有

$$\Phi_e = \oint\!\!\!\oint_{(S)} \boldsymbol{E}\cdot \mathrm{d}\boldsymbol{S} = \oint\!\!\!\oint_{(S)} E\cos\theta\,\mathrm{d}S$$

$$= E\oint\!\!\!\oint_{(S)} \mathrm{d}S = E\cdot 4\pi r^2$$

$$= \frac{Q}{\varepsilon_0},$$

故

$$E=\frac{1}{4\pi\varepsilon_0}\frac{Q}{r^2}\quad \text{或}\quad \boldsymbol{E}=\frac{1}{4\pi\varepsilon_0}\frac{Q}{r^2}\hat{\boldsymbol{r}},$$

式中 $\hat{\boldsymbol{r}}$ 为径向单位矢量. 上式表明，均匀带电球壳在外部的场强，与球壳上全部电荷集中在球心时产生的场强相同.

若 P 点在带电球壳内即 $r<R$(见图 1-11(c))，因高斯面内无电荷，故

$$\Phi_e=E\cdot 4\pi r^2=0,$$

即

$$E=0.$$

上式表明，均匀带电球壳内部的场强处处为零.

综上，场强分布的全貌如图 1-11(d)中 $E(r)$ 曲线所示，可见场强大小在球壳表面($r=R$)处有跃变.

顺便指出，若将本题改为导体球壳，设外半径为 R，内半径为 r，总电量为 Q，球壳内一无所有. 与本题类似，利用静电场的高斯定理及导体平衡条件可以证明，球壳内部场强为零，全部电荷应均匀分布在导体球壳的外表面，内表面无电量，球壳外场强分布与本题相同. 但若电力平方反比律稍有偏差，即若 $\delta\neq 0$，则静电场高斯定理不再严格成立，内表面将带少许电量. 当年，卡文迪什-麦克斯韦精确验证电力平方反比律的理论和实验即源于此(参看 1.1 节). 由此可见，若静电场高斯定理不能严格成立，许多熟知的结论将有所修正.

例 5 设无限长均匀带电细棒的电荷线密度为 $\lambda(\lambda>0)$，试求场强分布.

解 均匀带电细棒的电场分布具有轴对称性，又因无限长，各点场强的方向应垂直于棒，与棒垂直距离相同各点的场强大小也应相同，据此，如图 1-12 所示，为求任一点 P 的场强，可作以细棒为中轴的圆柱面为高斯面. P 为圆柱面上一点，与棒的垂直距离为 r，圆柱长为 l. 由静电场高斯定理，有

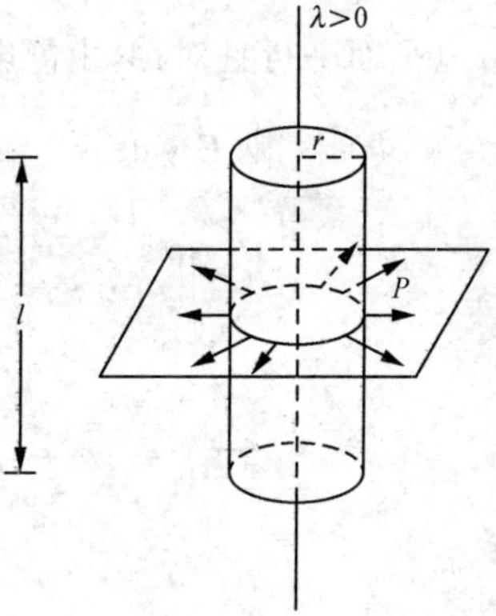

图 1-12 无限长均匀带电细棒外的场强分布

$$\Phi_e = \oint\!\!\!\oint_{\text{圆柱面}} \boldsymbol{E} \cdot \mathrm{d}\boldsymbol{S} = \iint_{\text{侧面}} \boldsymbol{E} \cdot \mathrm{d}\boldsymbol{S} + \iint_{\text{上底面}} \boldsymbol{E} \cdot \mathrm{d}\boldsymbol{S} + \iint_{\text{下底面}} \boldsymbol{E} \cdot \mathrm{d}\boldsymbol{S}$$

$$= \iint_{\text{侧面}} E\cos\theta\,\mathrm{d}S = E\iint_{\text{侧面}} \mathrm{d}S = E \cdot 2\pi rl$$

$$= \sum_{(\text{圆柱面内})} \frac{q}{\varepsilon_0} = \frac{\lambda l}{\varepsilon_0},$$

故
$$E = \frac{\lambda}{2\pi\varepsilon_0 r}.$$

如果均匀带电细棒为有限长，就无法用高斯定理求解，只能采用场强叠加原理，见 1.2 节例 3.

例 6 设均匀带电的无限大平面的电荷面密度为 $\sigma(\sigma>0)$，试求平面外的场强分布.

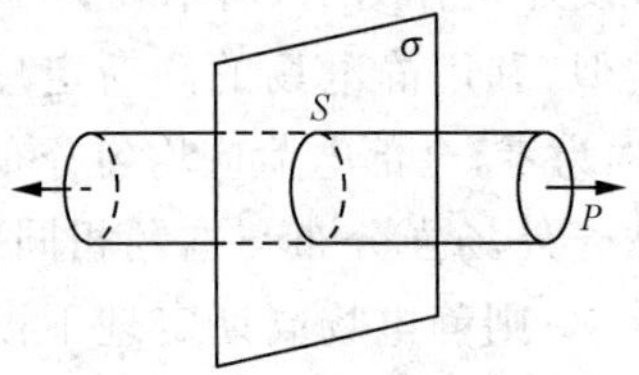

图 1-13 均匀带电无限大平面外的场强分布

解 均匀带电平面的电场具有面对称性（镜对称性），即平面两侧对应点的场强大小相同. 又因平面无限大，各点场强方向均应与平面垂直，且与平面垂直距离相同各点的场强大小应相同. 据此，为求带电平面外任一点 P 的场强，作高斯面为如图 1-13 所示的圆柱面，其侧面与带电平面垂直，两底面与带电平面平行且对称，由静电场的高斯定理，有

$$\Phi_e = \oint\!\!\!\oint_{\text{圆柱面}} \boldsymbol{E} \cdot \mathrm{d}\boldsymbol{S} = \iint_{\text{侧面}} \boldsymbol{E} \cdot \mathrm{d}\boldsymbol{S} + \iint_{\text{左底面}} \boldsymbol{E} \cdot \mathrm{d}\boldsymbol{S} + \iint_{\text{右底面}} \boldsymbol{E} \cdot \mathrm{d}\boldsymbol{S}$$

$$= 0 + \iint_{\text{左底面}} E\mathrm{d}S + \iint_{\text{右底面}} E\mathrm{d}S = 2ES$$

$$= \sum_{(\text{圆柱面内})} \frac{q}{\varepsilon_0} = \frac{\sigma S}{\varepsilon_0},$$

故
$$E = \frac{\sigma}{2\varepsilon_0}.$$

可见，均匀带电无限大平面外是匀强电场，场强方向与带电平面垂直，场强大小与场点和平面的距离无关.

推广：根据静电场的高斯定理和场强叠加原理，对于两无限大均匀带异号电荷的平行薄板，设两平板上的电荷面密度为$\pm\sigma$，则其间场强的大小为$E=\sigma/\varepsilon_0$，场强的方向垂直带电平面，由正电板指向负电板；在两平板外的场强为零.

在以上三例中，适当地选取高斯面是顺利求解的关键. 例 4 取高斯面为球面，与电场线垂直，$\cos\theta=1$，球面各点场强大小与待求点相同. 例 5 取高斯面为圆柱面，上下底面与电场线平行，$\cos\theta=0$；侧面与电场线垂直，$\cos\theta=1$，侧面各点场强大小与待求点相同. 例 6 取高斯面为圆柱面，两底面与电场线垂直，$\cos\theta=1$，底面上各点场强大小与待求点相同；侧面与电场线平行，$\cos\theta=0$. 由此可见，所谓适当选取高斯面，就是充分利用问题的对称性，在分析电场线分布的基础上，选取与电场线平行或垂直的面构成高斯面，并使待求点在与电场线垂直的那部分高斯面上，且该面上各点场强的大小均应与待求点相同，这样，就能把用积分形式表述的高斯定理简化为只包含一个待求未知量 E 的代数方程，于是可解. 当然，如果对称性不够强，无法找到满足上述要求的高斯面，就不能只用高斯定理求解.

例 7 如图 1-14 所示，设在半径为 R、电荷体密度为 ρ 的均匀带电球体内部，完整地挖去半径为 R'的一个小球. 已知小球球心 O'与大球球心 O 相距为 a. (1) 试求 O'点的场强，(2) 证明空腔小球内电场均匀.

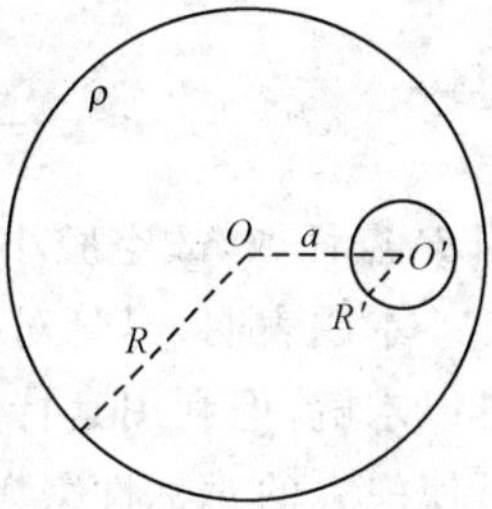

图 1-14

解 (1) 均匀带电球体内外的场强分布，利用高斯定理不难求出. 但挖去一小球后，原有的对称性丧失了许多，无论用高斯定理或场强叠加原理均难求解. 幸而，挖去的是一个完整的小球，可把它等效地看作由均匀带电大球(R,ρ)与均匀带异号电的小球$(R',-\rho)$重叠构成，用高斯定理分别求出大小球各自在 O'的场强，再叠加即得 $\boldsymbol{E}_{O'}$.

在小球内任取另一点 P，用同样方法求出 $\boldsymbol{E}_P$，比较 $\boldsymbol{E}_P$ 和 $\boldsymbol{E}_{O'}$，即可证明空腔小球内电场均匀.

设均匀带电大球(无空腔)在O'点的场强为$\boldsymbol{E}_{\text{大球},O'}$，作以$O$点为球心、$a$为半径的球形高斯面，由高斯定理，有

$$\oiint \boldsymbol{E}_{\text{大球},O'} \cdot \mathrm{d}\boldsymbol{S} = E_{\text{大球},O'} 4\pi a^2 = \frac{1}{\varepsilon_0} \frac{4\pi}{3} a^3 \rho,$$

故

$$\boldsymbol{E}_{\text{大球},O'} = \frac{\rho}{3\varepsilon_0}\boldsymbol{a},$$

式中$\boldsymbol{a}$是从O点指向O'点的矢量.

同样，均匀带电小球$(R',-\rho)$在球心O'点的场强为

$$\boldsymbol{E}_{\text{小球},O'} = 0.$$

由场强叠加原理，O'点的场强$\boldsymbol{E}_{O'}$为大球小球两者之和，

$$\boldsymbol{E}_{O'} = \boldsymbol{E}_{\text{大球},O'} + \boldsymbol{E}_{\text{小球},O'} = \frac{\rho}{3\varepsilon_0}\boldsymbol{a}.$$

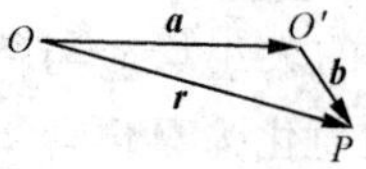

图 1-15

(2) 如图 1-15 所示，在空腔小球内任取另一P点，设$O'P$为$\boldsymbol{b}$，OP为$\boldsymbol{r}$，则P点的场强为大球(R,ρ)与小球$(R',-\rho)$各自在P点的场强之和(矢量和)，即

$$\boldsymbol{E}_P = \boldsymbol{E}_{\text{大球},P} + \boldsymbol{E}_{\text{小球},P} = \frac{\rho}{3\varepsilon_0}\boldsymbol{r} + \frac{-\rho}{3\varepsilon_0}\boldsymbol{b}$$

$$= \frac{\rho}{3\varepsilon_0}(\boldsymbol{r}-\boldsymbol{b}) = \frac{\rho}{3\varepsilon_0}\boldsymbol{a} = \boldsymbol{E}_{O'},$$

因P点任取，故空腔小球内的电场是均匀的.

本题表明，尽管对称性不足，单独采用高斯定理或场强叠加原理难以求解，但利用其特点，把它凑成由若干具有对称性的带电体后，可使失去的对称性得以弥补，顺利求解. 可见，将高斯定理和场强叠加原理并用，会使求解的范围有所扩展. 又，对于本题第(2)问，采用矢量表述，可使证明简单明确，这也是值得汲取的经验.

1.4　静电场的环路定理　电势

- 静电场的环路定理
- 电势
- 关于静电场高斯定理和环路定理的几点说明
- 场强与电势的微分关系

• 静电场的环路定理

1.3 节的静电场高斯定理表明静电场是有源的,1.4 节的静电场环路定理将表明静电场是无旋的. 两者结合,完整地揭示静电场作为一个矢量场的基本性质: **有源无旋**.

静电场的环路定理: 在静电场中,场强沿任意闭合环路的线积分恒等于零. 简言之,静电场的环量处处为零,静电场是无旋场,表为

$$\oint_{(L)} \boldsymbol{E} \cdot \mathrm{d}\boldsymbol{l} = 0. \tag{1.8}$$

现在,根据库仑定律和场强叠加原理加以证明.

证明 如图 1-16, 对于点电荷 q 产生的静电场,场强 $\boldsymbol{E}$ 沿任意闭合环路 L 的线积分为

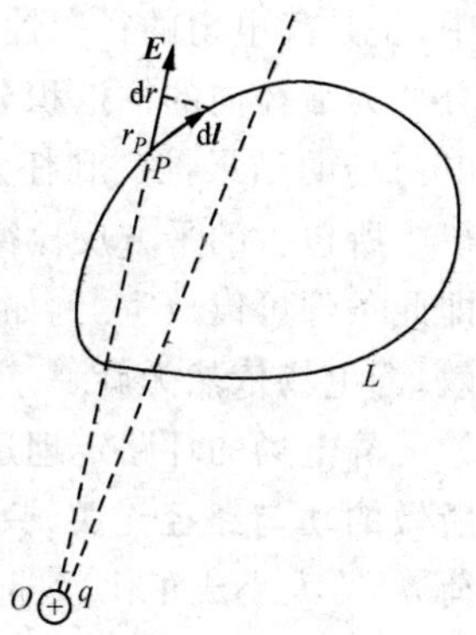

图 1-16

$$\begin{aligned}\oint_{(L)} \boldsymbol{E} \cdot \mathrm{d}\boldsymbol{l} &= \frac{q}{4\pi\varepsilon_0}\oint_{(L)} \frac{1}{r^2}\hat{\boldsymbol{r}} \cdot \mathrm{d}\boldsymbol{l} \\ &= \frac{q}{4\pi\varepsilon_0}\oint \frac{\mathrm{d}r}{r^2} \\ &= \frac{q}{4\pi\varepsilon_0}\left(-\frac{1}{r}\right)\Bigg|_{r_P}^{r_P} = 0.\end{aligned}$$

式中第一个等式利用了由库仑定律给出的点电荷场强公式 $\boldsymbol{E} = \dfrac{q}{4\pi\varepsilon_0}\dfrac{1}{r^2}\hat{\boldsymbol{r}}$, 其中 $\hat{\boldsymbol{r}}$ 是以点电荷 q 为原点的径向单位矢量. 式中第二个等式中用到$(\hat{\boldsymbol{r}} \cdot \mathrm{d}\boldsymbol{l}) = \mathrm{d}r$, 即把 L 上任意线元 $\mathrm{d}\boldsymbol{l}$ 在径向的投影表为 $\mathrm{d}r$. 式中第三个等式把环路积分取为从任一点 P 开始经 L 回到 P 的积分,因在任意线元 $\mathrm{d}\boldsymbol{l}$ 上的积分都可以变为沿径向在相应 $\mathrm{d}r$ 上的积分,又因各 $\mathrm{d}r$ 的积分都等于沿 OP 方向的相应积分,故沿闭合环路 L 积分一周,相当于沿径向从 r_P 开始又回到 r_P 的积分,应恒为零,其中 $\overline{OP} = r_P$.

任何带电体系可以看作是许多点电荷的集合,由场强叠加原

理有

$$\oint_{(L)} \boldsymbol{E} \cdot \mathrm{d}\boldsymbol{l} = \oint_{(L)} \boldsymbol{E}_1 \cdot \mathrm{d}\boldsymbol{l} + \oint_{(L)} \boldsymbol{E}_2 \cdot \mathrm{d}\boldsymbol{l} + \cdots = 0,$$

式中 $\boldsymbol{E}$ 是带电体系产生的静电场的总场强，$\boldsymbol{E}_1, \boldsymbol{E}_2, \cdots$ 是各点电荷场的场强. 证毕.

应该指出，在上述证明中，虽然用到了点电荷的场强公式，但不难看出，静电场环量为零只是点电荷的场强方向沿径向并具有球对称性以及叠加原理的结果. 若点电荷场强不沿径向，就不能把环路线元 $\mathrm{d}l$ 变为径向线元 $\mathrm{d}r$；若点电荷场不具有球对称性，则两段都沿径向但在不同方位的积分并不相等，不能互相取代. 因此，在上述证明中，正是静电力的径向性和球对称性，确保把沿任意闭合环路的线积分变为沿径向的往返积分，使得结果为零. 另外，叠加原理则是把点电荷场的结果推广到任意带电体系的场时必须的条件. 至于库仑定律中所包含的平方反比律以及与 q 成正比，在上述证明中并未用到，即此条件可以放宽. 例如，若场强为距离的任意函数，上述证明仍有效，静电场依然无旋.

静电场的环路定理还可以等价地表述为：**静电场力对试探电荷所做的功与路径无关，只与起点终点的位置有关**（当然，还与试探电荷 q_0 的大小成正比），即

$$q_0 \int_{P\,(L_1)}^{Q} \boldsymbol{E} \cdot \mathrm{d}\boldsymbol{l} = q_0 \int_{P\,(L_2)}^{Q} \boldsymbol{E} \cdot \mathrm{d}\boldsymbol{l}. \tag{1.9}$$

证明 由(1.8)式，设试探电荷 q_0 在静电场中沿任意闭合环路 L 绕行一周，则电场力对 q_0 所做的功为

$$A = \oint_{(L)} q_0 \boldsymbol{E} \cdot \mathrm{d}\boldsymbol{l} = q_0 \oint_{(L)} \boldsymbol{E} \cdot \mathrm{d}\boldsymbol{l} = 0.$$

在 L 上任取两点 P 和 Q，把试探电荷 q_0 从 P 点沿 L_1 移到 Q 点，再从 Q 点沿 L_2 返回 P 点，L_1 和 L_2 合成环路 L，则

$$\begin{aligned} q_0 \oint_{(L)} \boldsymbol{E} \cdot \mathrm{d}\boldsymbol{l} &= q_0 \int_{P\,(L_1)}^{Q} \boldsymbol{E} \cdot \mathrm{d}\boldsymbol{l} + q_0 \int_{Q\,(L_2)}^{P} \boldsymbol{E} \cdot \mathrm{d}\boldsymbol{l} \\ &= q_0 \int_{P\,(L_1)}^{Q} \boldsymbol{E} \cdot \mathrm{d}\boldsymbol{l} - q_0 \int_{P\,(L_2)}^{Q} \boldsymbol{E} \cdot \mathrm{d}\boldsymbol{l} = 0, \end{aligned}$$

故 $$q_0 \int_{P \atop (L_1)}^{Q} \boldsymbol{E} \cdot \mathrm{d}\boldsymbol{l} = q_0 \int_{P \atop (L_2)}^{Q} \boldsymbol{E} \cdot \mathrm{d}\boldsymbol{l}.$$ 证毕.

- **关于静电场高斯定理和环路定理的几点说明**①

1. 静电场的高斯定理和环路定理描绘了静电场的性质：有源无旋

静电场是由静止电荷产生的电场，是一个矢量场.静电场的高斯定理表明，静电场是有源的，源就是电荷；静电场的环路定理表明，静电场是无旋的，可以引进电势概念.两者结合，完整地描绘了静电场作为一个矢量场的性质：有源无旋.

2. 静电场的高斯定理和环路定理等价于库仑定律和叠加原理

库仑定律和叠加原理是实验规律，着眼于静电力的特征：平方反比律，径向性和球对称性，与电量成正比，可叠加性.静电场的高斯定理和环路定理则着眼于静电场作为矢量场的性质.静电场的高斯定理和环路定理是由库仑定律和叠加原理证明的，两者等价.

但应注意，在证明静电场高斯定理时，只用到平方反比律、与电量成正比、可叠加性，并不需要径向性和球对称性；在证明静电场环路定理时，只用到径向性、球对称性、可叠加性，并不需要平方反比律、与电量成正比.换言之，静电场的高斯定理和环路定理分别反映了静电力的部分特征，两者合在一起才反映静电力的全部特征，与库仑定律和叠加原理等价.

3. 静电场的高斯定理可以推广，静电场的环路定理不能推广

由于在证明静电场高斯定理时，不要求径向性和球对称性，限制条件的减少意味着适用范围有可能拓宽.

运动点电荷的运动方向是一个特殊方向，这表明它产生的电场必定不具有球对称性.例如，匀速运动点电荷的场强为

$$\boldsymbol{E} = \frac{1}{4\pi\varepsilon_0}\frac{q}{r^2}\frac{1-\beta^2}{(1-\beta^2\sin^2\theta)^{3/2}}\hat{\boldsymbol{r}}, \tag{1.10}$$

---

① 参看：易溥藤等，《高斯定理、静电场环路定理的成立条件和物理内涵》，《大学物理》1994 年第 3 期.

式中 r 和 θ 分别是场源点电荷 q 到场点的距离和方位角，$\beta=v/c$ 是点电荷速度 v 与真空光速 c 之比.但是运动点电荷产生的电场仍满足高斯定理

$$\oiint_{(S)} \boldsymbol{E}\cdot \mathrm{d}\boldsymbol{S}=\frac{q}{\varepsilon_0}. \tag{1.11}$$

在第 6 章中将指出，变化磁场产生无源有旋的涡旋电场，这是产生原因和性质都有别于静电场的另一种电场，涡旋电场不具有径向性和球对称性，涡旋电场的高斯定理为

$$\oiint_{(S)} \boldsymbol{E}_{旋}\cdot \mathrm{d}\boldsymbol{S}=0. \tag{1.12}$$

把(1.11)和(1.12)两式相加，得出总电场的高斯定理为

$$\oiint_{(S)} \boldsymbol{E}_{总}\cdot \mathrm{d}\boldsymbol{S}=\frac{q}{\varepsilon_0}, \tag{1.13}$$

式中 $\boldsymbol{E}_{总}=\boldsymbol{E}+\boldsymbol{E}_{旋}$ 是电荷产生的电场与变化磁场产生的涡旋电场之和，可称为总电场或简称电场.(1.13)式就是普遍的电场高斯定理，它的形式与静电场高斯定理(1.7)式相同，是后者的推广，不受静止、恒定条件的限制.

普遍的电场高斯定理(1.13)式表明总电场是有源的，其核心是给出了电场的通量(电通量)与电场的源(电荷)之间的定量关系，即无论静止或运动电荷，单位电荷发出或吸收的电通量为 $1/\varepsilon_0$.

然而，由于涡旋电场是有旋的(即总电场是有源有旋的)，总电场的环路定理不能由静电场环路定理推广得出.

4. 静电场的高斯定理和环路定理缺一不可，不能互推

(1.11)式与(1.13)式形式相仿，表明静电场与总电场都是有源的，但静电场无旋，总电场有旋(确切地说，其中的涡旋电场有旋)，可见高斯定理并不排除涡旋电场，仅由高斯定理不能确定是否有旋.所以在描绘静电场时，除了高斯定理外，必须加上静电场的环路定理，以便排除涡旋电场，确定静电场是无旋的.

静电场环路定理表明静电场无旋、有势，排除了有旋的涡旋电场，但由于其中不反映平方反比律，仅由静电场环路定理不能给出电势的定量表述，需要求助于静电场高斯定理才能给出电势的定量

结果.

由此可见,静电场的高斯定理和环路定理是两个独立的定理,不能彼此取代,合起来才能全面地描绘静电场.

● 电势

在物理学中,对于循环往复的过程,如果某个过程量在任意循环过程中的积分为零,则表明存在着一个相应的描绘该过程各状态性质的物理量.在力学中,把沿任意闭合环路做功为零(或做功与路径无关)的力场称为保守力场或势场,相应的作用力称为保守力.对于保守力场必定存在着一个描绘系统状态性质的物理量,由于做功过程是能量的交换,该物理量应该是某种能量,由于该能量只取决于保守力场中各物体之间的相对位置,所以称为势能或位能.重力、万有引力、弹性力等都具有做功与路径无关的性质,可以引入相应的重力势能、万有引力势能、弹性势能等概念.这些势能都为相互作用体系所具有,势能的大小取决于其间的相对位置.以弓箭为例,拉满弓弦,蓄势待发,一旦松手,箭出如飞.在松手后的过程中,弹性力做功,箭被加速,与此同时弓箭系统的位置发生了变化,其弹性势能转化为箭的动能.

静电力做功与路径无关,静电力是保守力,可以引入**电势能**概念.设静电场中的试探电荷 q_0 在静电力作用下从 P 点移到 Q 点,在此过程中**静电力**对 q_0 **做功** A_{PQ} 定义为**电势能的减少**,即

$$A_{PQ} = q_0\int_P^Q \boldsymbol{E}\cdot \mathrm{d}\boldsymbol{l} \xlongequal{\text{def}} W_{PQ} = W_P - W_Q, \qquad (1.14)$$

式中"$\xlongequal{\text{def}}$"表示"定义为".若 $A_{PQ}>0$, 静电力作正功,则 q_0 的动能增加,电势能相应减少,即 $W_P>W_Q$, 可见上述定义合理.确切地说,电势能是由产生静电场的电荷与试探电荷 q_0 构成的带电体系所共同具有的,只取决于其间的相对位置,与 q_0 移动的路径无关.

电势能差的定义(1.14)式表明, W_{PQ} 不仅与静电场有关,还与 q_0 成正比,其比值 W_{PQ}/q_0 则与 q_0 无关,反映了静电场在 P,Q 两点的性质,故可定义静电场中 P,Q 两点的电势差为

$$U_{PQ}=U_P-U_Q\xlongequal{\text{def}}\frac{W_{PQ}}{q_0}=\int_P^Q \boldsymbol{E}\cdot \mathrm{d}\boldsymbol{l}. \tag{1.15}$$

静电场中任意两点 P,Q 之间的电势差,定义为把单位正电荷从 P 点沿任意路径移到 Q 点时,静电力所做的功. 简言之,电势差即单位正电荷的电势能差.

为了确定静电场中各点的电势值,需选定参考点的电势值,以便由各点与参考点的电势差得出各点的电势值.从原则上说,参考点及其电势值的选取具有任意性,通常规定无穷远点的电势为零,即

$$U_\infty \xlongequal{\text{def}} 0. \tag{1.16}$$

于是,任一点 P 的电势为

$$U_P=U_P-U_\infty=\int_P^\infty \boldsymbol{E}\cdot \mathrm{d}\boldsymbol{l}. \tag{1.17}$$

静电场中任一点的电势等于把单位正电荷从该点沿任意路径移到无穷远时,静电力所做的功.

电势的单位是伏[特](V),1 V=1 J/C(1 伏=1 焦/库).

为什么选取 $U_\infty=0$ 呢?由于在几乎一切实际的静电问题中,带电体系的电量总是有限的,分布范围也是有限的,带电体系附近的电场较强、电势变化剧烈,远处的电场较弱、电势变化和缓,因而把距离带电体系足够远、场强几乎为零、电势几乎恒定的广大区域统称为无穷远点,并规定其电势为零,便于确定近处各点的电势、比较其大小.换言之,选取 $U_\infty=0$ 具有广泛适用、方便自然的优点.反之,以点电荷的静电场为例,若选取点电荷所在处为电势零点,则有限远各点的电势将均为无穷大,无从比较.其原因在于,点电荷附近的电场太强,电势变化过于急剧,选取点电荷所在处为电势零点会掩盖任意两点间有限的电势差,显然不恰当.实际上,在这种情况下,点电荷的模型已经失效.

另外,在实际工作中常常把电器外壳接地,使之与地球联成一体,保持电势稳定,并选取地球电势为零 $U_{地}=0$.那么,在什么条件下可以选取 $U_{地}=0$,并使之与 $U_\infty=0$ 相容呢?条件是,地球的电势稳定且地球与无穷远之间的电势差在讨论的问题中可以忽略.不难设想,通常在研究由接地导体及带电体构成的带电体系附近的电势

分布时,由于附近的电场远大于地球远端与无穷远之间的电场,使得地球(作为导体)与无穷远之间的电势差可略,地球电势稳定,$U_{地}=0$ 与 $U_{\infty}=0$ 相容. 但若讨论与地球大小可相比拟的空间范围的电势分布,且需考虑地球电场的影响时,则因地球表面与电离层之间存在着垂直地面的法向电场,其间的电势差达数十万伏之多,就不能再同时选取 $U_{地}=0$ 和 $U_{\infty}=0$ 了.

电势的引入是静电场无旋的必然结果,它提供了除场强外描绘静电场的新手段. 由于电势是标量,电势的空间分布可以用等势面(电势相同点的轨迹)来描绘,形象直观,一目了然. 另外,电势来源于电势能,作为能量家族的新成员,不仅丰富了对能量概念的认识,而且为电现象与其他现象之间的联系提供了沟通的渠道,意义重大.

例 8 试求点电荷 q 产生的静电场的电势分布.

解 在空间任取一点 P, 点电荷 q 与 P 点的距离为 r_P, 则 P 点的电势为

$$\begin{aligned} U_P &= \int_P^{\infty} \boldsymbol{E} \cdot \mathrm{d}\boldsymbol{l} \\ &= \int_{r_P}^{\infty} E\,\mathrm{d}r \\ &= \frac{q}{4\pi\varepsilon_0}\int_{r_P}^{\infty} \frac{\mathrm{d}r}{r^2} \\ &= \frac{q}{4\pi\varepsilon_0 r_P}. \end{aligned} \tag{1.18}$$

式中第一个等式是电势的定义,取 $U_{\infty}=0$; 第二个等式利用积分与路径无关,选取积分路径为便于积分的从 r_P 沿径向到达无穷远的直线,则 $\boldsymbol{E}\cdot\mathrm{d}\boldsymbol{l}=E\cos\theta\,\mathrm{d}l=E\mathrm{d}r$, 即 $\mathrm{d}r$ 是 $\mathrm{d}l$ 在径向的投影;第三个等式采用点电荷的场强公式 $E=\dfrac{q}{4\pi\varepsilon_0 r^2}$; 最后完成积分.

(1.18)式表明,点电荷电场的等势面是以点电荷为中心的一系列同心球面,任一点 P 的电势 U_P 与 r_P 成反比.

利用点电荷的电势公式(1.18)式和场强叠加原理(1.5)式,可以给出任意带电体的电势公式. 设任意带电体产生的静电场的场强为 $\boldsymbol{E}$, 由场强叠加原理,任一点 P 的电势可表为

$$U_P = \int_P^{\infty} \boldsymbol{E} \cdot \mathrm{d}\boldsymbol{l} = \int_P^{\infty} \boldsymbol{E}_1 \cdot \mathrm{d}\boldsymbol{l} + \int_P^{\infty} \boldsymbol{E}_2 \cdot \mathrm{d}\boldsymbol{l} + \cdots$$
$$= U_{P1} + U_{P2} + \cdots = \sum_i U_{Pi},$$

或

$$U_P = \int \mathrm{d}U_P,$$

式中 U_{Pi} 是构成带电体的各点电荷 $q_1, q_2, \cdots$ 中 q_i 产生的静电场在 P 点的电势;或在电荷连续分布情形,电荷微元 $\mathrm{d}q$ 在 P 点的电势为 $\mathrm{d}U_P$. 再由点电荷电势公式(1.18)式,得

$$U_P = \sum_i U_{Pi} = \frac{1}{4\pi\varepsilon_0} \sum_i \frac{q_i}{r_i} \tag{1.19a}$$

或

$$U_P = \int \mathrm{d}U_P = \frac{1}{4\pi\varepsilon_0} \int \frac{\mathrm{d}q}{r}, \tag{1.19b}$$

式中 r_i 是点电荷 q_i 到 P 点的距离, r 是电荷微元 $\mathrm{d}q$ 到 P 点的距离.(1.19)式称为**电势叠加原理:带电体的静电场中某点 P 的电势,等于构成带电体的各点电荷或各电荷微元的静电场在该点电势的代数和或标量积分.**

(1.17)式和(1.19)式提供了计算静电场电势分布的两种基本方法.前者是电势的定义式,需先求出场强分布,再由场强计算电势,关键是根据场强分布的特点,选取适当的积分路径,以便于积分.后者是电势叠加原理,利用已知的电荷分布作标量积分,关键是根据电荷分布的对称性,适当分割,完成积分.

例 9 设均匀带电球壳的总电量为 q, 半径为 R, 试求电势分布.

解 *方法一*:取球心 O 为坐标原点,由 1.3 节例 4,均匀带电球壳内外的场强分布为

$$\begin{cases} E = \dfrac{q}{4\pi\varepsilon_0 r^2}, & r > R, \\ E = 0, & r < R, \end{cases}$$

场强的方向沿径向.

球壳外任一点 $P(r>R)$ 的电势为

$$U_P = \int_P^{\infty} \boldsymbol{E} \cdot \mathrm{d}\boldsymbol{l} = \int_r^{\infty} E\,\mathrm{d}r = \frac{q}{4\pi\varepsilon_0 r},$$

式中 $r=r_P$ 是 P 点与 O 点的距离. 上述结果与点电荷的电势(即全

部电荷集中在 O 点)相同.

计算球壳内任一点 $P(r<R)$ 的电势时,因球壳内外场强的分布有所不同,需分段积分,为

$$U_P=\int_P^{\infty}\boldsymbol{E}\cdot\mathrm{d}\boldsymbol{l}=\int_r^{\infty}E\,\mathrm{d}r=\int_r^R E\,\mathrm{d}r+\int_R^{\infty}E\,\mathrm{d}r$$

$$=0+\frac{q}{4\pi\varepsilon_0}\int_R^{\infty}\frac{\mathrm{d}r}{r^2}=\frac{q}{4\pi\varepsilon_0 R}.$$

综上,电势分布如图 1-17 所示.

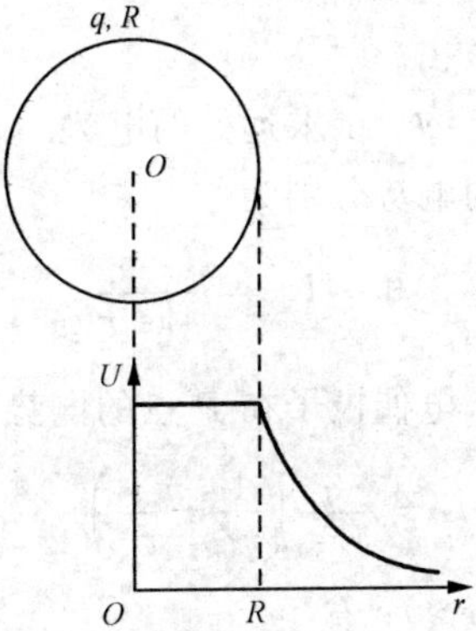

图 1-17 均匀带电球壳内外的电势分布

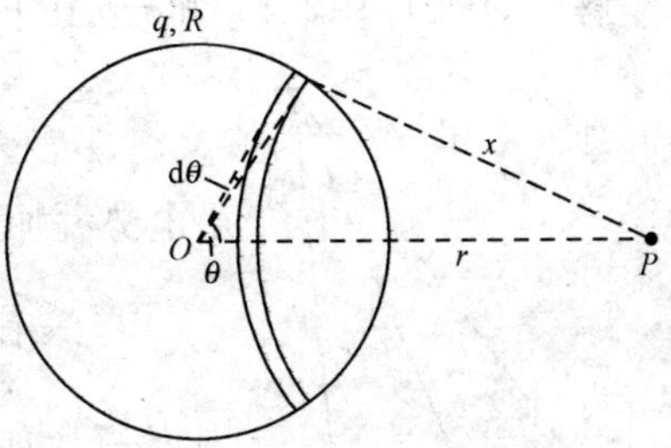

图 1-18 均匀带电球壳内外的电势分布

方法二:用电势叠加原理(1.19b)式求解.如图 1-18,取球心 O 为坐标原点,为求任一点 P 的电势,根据电荷分布的对称性,以 OP 为轴把球面分割成许多环状窄带,任一环带上各部分与 P 点的距离均为 x,故该环带的静电场在 P 点的电势为

$$\mathrm{d}U=\frac{\mathrm{d}q}{4\pi\varepsilon_0 x}=\frac{\sigma\cdot 2\pi R\sin\theta\cdot R\mathrm{d}\theta}{4\pi\varepsilon_0 x},$$

式中 $\mathrm{d}q$ 是图 1-18 中环带的电量,σ 是球壳的电荷面密度.再利用几何关系,统一积分变量(如图 1-18):

$$x^2=R^2+r^2-2Rr\cos\theta,$$

微分,得

$$2x\mathrm{d}x=2Rr\sin\theta\,\mathrm{d}\theta,$$

即

$$\frac{R\sin\theta\,\mathrm{d}\theta}{x}=\frac{\mathrm{d}x}{r}.$$

代入 dU，得

$$dU=\frac{\sigma 2\pi R}{4\pi\varepsilon_0 r}dx.$$

由电势叠加原理(1.19b)式，当 P 点在球壳外时，$r>R$，则

$$U=\int dU=\frac{\sigma\cdot 2\pi R}{4\pi\varepsilon_0 r}\int_{r-R}^{r+R}dx=\frac{\sigma\cdot 4\pi R^2}{4\pi\varepsilon_0 r}=\frac{q}{4\pi\varepsilon_0 r};$$

当 P 点在球壳内时，$r<R$，则

$$U=\int dU=\frac{\sigma 2\pi R}{4\pi\varepsilon_0 r}\int_{R-r}^{R+r}dx=\frac{\sigma 4\pi R^2}{4\pi\varepsilon_0 R}=\frac{q}{4\pi\varepsilon_0 R}.$$

两种计算方法的结果相同.

例 10 设电偶极子的电偶极矩为 $\boldsymbol{p}=q\boldsymbol{l}$，试求远处的电势.

解 如图 1-19，$+q$ 和 $-q$ 在 P 点的电势分别为

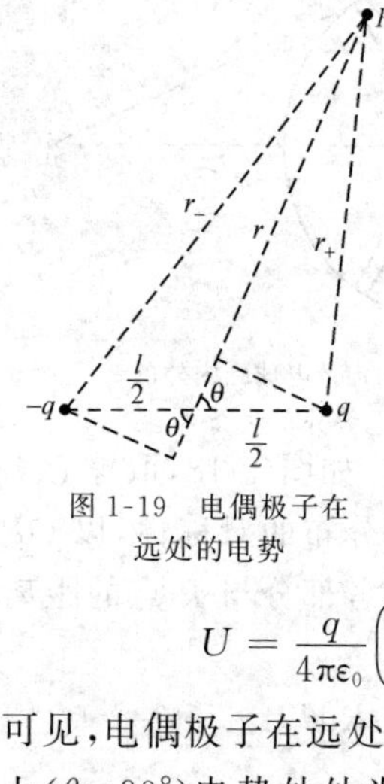

图 1-19 电偶极子在远处的电势

$$U_+=\frac{q}{4\pi\varepsilon_0 r_+} \quad 和 \quad U_-=\frac{-q}{4\pi\varepsilon_0 r_-}.$$

由电势叠加原理，电偶极子在 P 点的电势

$$U=U_++U_-=\frac{q}{4\pi\varepsilon_0}\left(\frac{1}{r_+}-\frac{1}{r_-}\right).$$

因 P 点在远处，$r\gg l$，有

$$r_+\approx r-\frac{l}{2}\cos\theta,\quad r_-\approx r+\frac{l}{2}\cos\theta,$$

$$r_--r_+\approx l\cos\theta,\quad r_+r_-\approx r^2,$$

代入，得

$$U=\frac{q}{4\pi\varepsilon_0}\left(\frac{r_--r_+}{r_+r_-}\right)\approx\frac{q}{4\pi\varepsilon_0}\frac{l\cos\theta}{r^2}=\frac{\boldsymbol{p}\cdot\boldsymbol{r}}{4\pi\varepsilon_0 r^3}.$$

可见，电偶极子在远处的电势由电偶极矩 $\boldsymbol{p}$ 表征. 电偶极子中垂面上($\theta=90°$)电势处处为零，在 r 相同的条件下，电偶极子连线两侧($\theta=0°$或 180°)电势(绝对值)最大.

- **场强与电势的微分关系**

场强和电势作为描述静电场的两个基本物理量，其间必定存在着紧密的内在联系和确定的对应关系. 电势的定义 $U_P=\int_P^\infty \boldsymbol{E}\cdot d\boldsymbol{l}$ 表明，任一点的电势取决于整个静电场的场强分布，这是场强与电势之间的

积分关系,是两者联系的一个方面.下面将证明,**电场强度矢量等于电势的负梯度**,这是场强与电势之间的微分关系,是两者联系的另一方面.两方面结合,将使我们对场强与电势的关系有了全面的认识.

静电场的电势是空间坐标的标量函数,构成一个标量场.**等势面**是电势相同点的轨迹,可用来形象地描绘电势分布.图 1-20 画出了几种带电体系静电场的等势面和电场线的分布.从图 1-20 中可以看

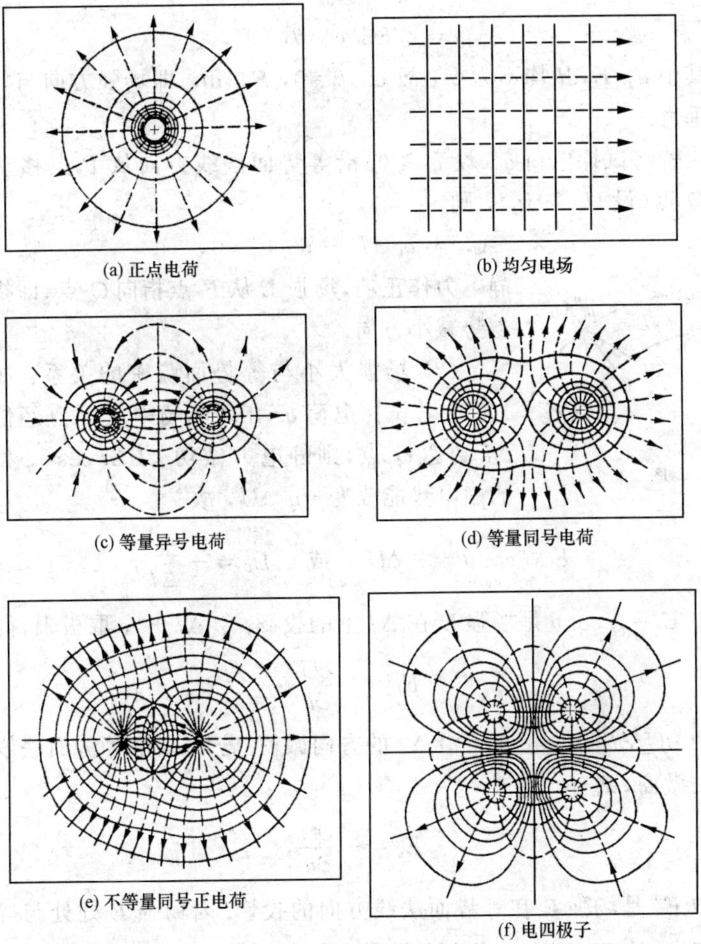

图 1-20　几种带电体系的等势面(实线)与电场线(虚线)的分布

出场强与电势的关系：(1) 等势面与电场线处处正交，场强指向电势减小方向；(2) 等势面密集处场强较大，等势面稀疏处场强较小. 上述定性结果是场强与电势微分关系的表现，可以严格证明准确表述.

证明 (1) 若将试探电荷 q_0 沿等势面从 M 点移动 $\mathrm{d}l$ 到 N 点，则静电力做功

$$A_{MN}=q_0(U_M-U_N)=0,$$

又

$$A_{MN}=q_0E\mathrm{d}l\cos\theta,$$

因其中 q_0，E，$\mathrm{d}l$ 均不为零，故 $\cos\theta=0$，$\boldsymbol{E}\perp\mathrm{d}\boldsymbol{l}$，即场强方向与等势面垂直.

若将试探电荷 q_0（设 $q_0>0$）沿等势面法线方向从 P 点移动 $\mathrm{d}l$ 到 Q 点（设 $U_P>U_Q$），则

$$A_{PQ}=q_0(U_P-U_Q)>0,$$

静电力作正功，场强 $\boldsymbol{E}$ 从 P 点指向 Q 点，即指向电势减小方向.

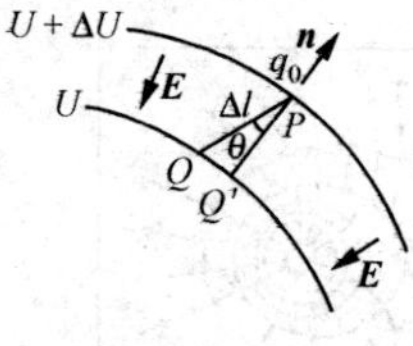

图 1-21

(2) 场强大小与等势面疏密的关系：如图 1-21，若试探电荷 q_0 在静电场中从 P 点经位移 Δl 到达 Q 点，则静电力做功 $q_0E\Delta l\cos\theta$，相应的静电势能改变 $-q_0\Delta U$，故

$$E\Delta l\cos\theta=-\Delta U \quad 或 \quad E_l=-\frac{\Delta U}{\Delta l},$$

式中 $E_l=E\cos\theta$ 是场强 $\boldsymbol{E}$ 在 Δl 上的投影. 令 $\Delta l\to0$，取极限，得

$$E_l=-\frac{\partial U}{\partial l},$$

式中 $\partial U/\partial l$ 叫做电势 U 沿 Δl 的**方向微商**. 若取 U 沿等势面法线方向的微商，则有

$$E_n=-\frac{\partial U}{\partial n},$$

式中 E_n 是场强 $\boldsymbol{E}$ 在等势面法线方向的投影. 因场强 $\boldsymbol{E}$ 处处与等势面正交，故 E_n 是 $\boldsymbol{E}$ 在各方向投影中的最大值，$E_n=E$. 又因 $\boldsymbol{E}$ 指向电势减小方向，上式可表为

$$\boldsymbol{E}=-\frac{\partial U}{\partial n}\boldsymbol{n}=-\operatorname{grad}U=-\nabla U, \tag{1.20}$$

式中 $\boldsymbol{n}$ 是等势面法线方向的单位矢量,指向电势增加方向. $\frac{\partial U}{\partial n}\boldsymbol{n}$ 或 $\operatorname{grad}U$ 或 ∇U 称为电势梯度,是一个矢量.(1.20)式表明,场强大小等于电势沿等势面法线方向的变化率(电势的梯度),场强方向指向电势减小的方向.简言之,**静电场中任意一点的电场强度矢量等于该点电势梯度的负值**.(1.20)式就是场强与电势的微分关系.

总之,(1.20)式既包含了场强方向与等势面的关系,又定量地揭示了场强大小与电势变化率的关系.实际上图 1-20 就是根据这些结论绘制的.

此外,(1.20)式还提供了由电势计算场强的方法,这是继场强叠加原理和高斯定理后第三种计算场强的方法.

例 11 试由电偶极子的电势分布求其场强分布.

解 由例 10,电偶极子在远处的电势分布为

$$U=\frac{p\cos\theta}{4\pi\varepsilon_0 r^2},$$

是用极坐标表示的,对于直角坐标(如图 1-22 所示),有

$$r=\sqrt{x^2+y^2},$$

$$\cos\theta=\frac{x}{\sqrt{x^2+y^2}}.$$

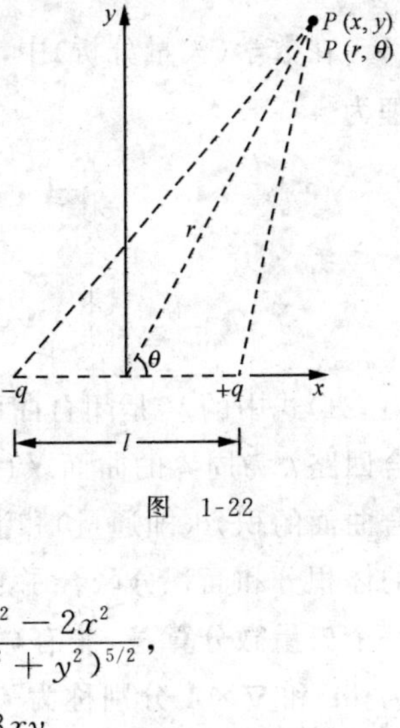

图 1-22

代入,得

$$U=\frac{p}{4\pi\varepsilon_0}\frac{x}{(x^2+y^2)^{3/2}}.$$

由(1.20)式,场强的 x,y 分量为

$$E_x=-\frac{\partial U}{\partial x}=-\frac{p}{4\pi\varepsilon_0}\frac{y^2-2x^2}{(x^2+y^2)^{5/2}},$$

$$E_y=-\frac{\partial U}{\partial y}=\frac{p}{4\pi\varepsilon_0}\frac{3xy}{(x^2+y^2)^{5/2}},$$

场强的大小为

$$E = \sqrt{E_x^2 + E_y^2} = \frac{p}{4\pi\varepsilon_0} \frac{(4x^2 + y^2)^{\frac{1}{2}}}{(x^2 + y^2)^2},$$

场强方向与 x 轴的夹角 θ 为

$$\theta = \arctan \frac{E_y}{E_x} = \arctan \frac{3xy}{y^2 - 2x^2},$$

在 $y=0$ 处,即在电偶极子延长线上的场强为

$$E = \frac{1}{4\pi\varepsilon_0} \frac{2p}{x^3},$$

在 $x=0$ 处,即在电偶极子中垂面上的场强为

$$E = \frac{1}{4\pi\varepsilon_0} \frac{p}{y^3}.$$

与 1.2 节例 1 的结果(1.6)式相同.

1.5 静电场的基本微分方程

在数学(矢量分析)中,任意矢量场 $\boldsymbol{A}$ 的高斯定理和斯托克斯定理为

$$\oiint_{(S)} \boldsymbol{A} \cdot \mathrm{d}\boldsymbol{S} = \iiint_{(V)} \nabla \cdot \boldsymbol{A} \mathrm{d}V, \tag{1.21}$$

$$\oint_{(L)} \boldsymbol{A} \cdot \mathrm{d}\boldsymbol{l} = \iint_{(S)} (\nabla \times \boldsymbol{A}) \cdot \mathrm{d}\boldsymbol{S}. \tag{1.22}$$

(1.21)式中的 V 是闭合曲面 S 包围的体积,(1.22)式中的 S 是以闭合回路 l 为周界的曲面.(1.21)式和(1.22)式分别把矢量场 $\boldsymbol{A}$ 沿闭合曲面的积分(即通量)和沿闭合回路的积分(即环流或环量)与相应的体积分和面积分联合了起来. 两式中的 ∇ 称为**哈密顿算符**,它是一个**矢量微分算符**,兼有微分运算和表示矢量两种功能. 两式中的 $\nabla \cdot \boldsymbol{A}$ 和 $\nabla \times \boldsymbol{A}$ 分别称为矢量场 $\boldsymbol{A}$ 的**散度**和**旋度**,另外 $\nabla \varphi$ 称为标量场 φ 的**梯度**(1.4 节的电势梯度 ∇U 就是一例). 这些算符在直角坐标系中的表达式如下:

$$\begin{cases}\nabla = \boldsymbol{i}\dfrac{\partial}{\partial x} + \boldsymbol{j}\dfrac{\partial}{\partial y} + \boldsymbol{k}\dfrac{\partial}{\partial z}, \\ \nabla^2 = \nabla \cdot \nabla = \dfrac{\partial^2}{\partial x^2} + \dfrac{\partial^2}{\partial y^2} + \dfrac{\partial^2}{\partial z^2}, \\ \nabla \varphi = \boldsymbol{i}\dfrac{\partial \varphi}{\partial x} + \boldsymbol{j}\dfrac{\partial \varphi}{\partial y} + \boldsymbol{k}\dfrac{\partial \varphi}{\partial z}, \\ \nabla \cdot \boldsymbol{A} = \dfrac{\partial A_x}{\partial x} + \dfrac{\partial A_y}{\partial y} + \dfrac{\partial A_z}{\partial z}, \\ \nabla \times \boldsymbol{A} = \left(\dfrac{\partial A_z}{\partial y} - \dfrac{\partial A_y}{\partial z}\right)\boldsymbol{i} + \left(\dfrac{\partial A_x}{\partial z} - \dfrac{\partial A_z}{\partial x}\right)\boldsymbol{j} + \left(\dfrac{\partial A_y}{\partial x} - \dfrac{\partial A_x}{\partial y}\right)\boldsymbol{k},\end{cases} \tag{1.23}$$

式中 $\boldsymbol{i},\boldsymbol{j},\boldsymbol{k}$ 是 x,y,z 方向的单位矢量.

把(1.21),(1.22)式用于静电场,可将静电场的高斯定理和环路定理表为

$$\begin{cases}\oiint\limits_{(S)} \boldsymbol{E} \cdot \mathrm{d}\boldsymbol{S} = \iiint\limits_{(V)} \nabla \cdot \boldsymbol{E}\,\mathrm{d}V = \dfrac{q}{\varepsilon_0} = \dfrac{1}{\varepsilon_0}\iiint\limits_{(V)} \rho\,\mathrm{d}V, \\ \oint\limits_{(L)} \boldsymbol{E} \cdot \mathrm{d}\boldsymbol{l} = \iint\limits_{(S)} (\nabla \times \boldsymbol{E}) \cdot \mathrm{d}\boldsymbol{S} = 0,\end{cases}$$

即

$$\begin{cases}\nabla \cdot \boldsymbol{E} = \dfrac{\rho}{\varepsilon_0}, \\ \nabla \times \boldsymbol{E} = 0,\end{cases} \tag{1.24}$$

(1.24)式是**静电场基本方程的微分形式**,表明静电场有源无旋,式中 ρ 是电荷体密度.

利用 1.4 节的静电场场强 $\boldsymbol{E}$ 与电势 U 的微分关系,

$$\boldsymbol{E} = -\nabla U,$$

代入(1.24)式,得

$$\nabla \cdot \boldsymbol{E} = -\nabla \cdot (\nabla U) = -\nabla^2 U = \frac{\rho}{\varepsilon_0},$$

即

$$\nabla^2 U = -\frac{\rho}{\varepsilon_0}, \tag{1.25}$$

(1.25)式称为**泊松方程**. 若 $\rho=0$, (1.25)式简化为

$$\nabla^2 U = 0, \tag{1.26}$$

(1.26)式称为**拉普拉斯方程**.泊松方程或拉普拉斯方程是**静电场的基本微分方程**,都是偏微分方程.

习 题

1.1 根据卢瑟福实验,当两个原子核之间的距离小到 10^{-15} m 时,它们之间的排斥力仍然遵守库仑定律.金的原子核中有 79 个质子,氦的原子核(即 α 粒子)中有 2 个质子. 已知每个质子带电 $e=1.60\times10^{-19}$ C,α 粒子的质量为 6.68×10^{-27} kg. 当 α 粒子与金核相距为 6.90×10^{-15} m 时(设都可当作点电荷),试求(1) α 粒子所受的力;(2) α 粒子所获得的加速度.

1.2 两个点电荷分别带电 q 和 $2q$,相距 l,试问将第三个点电荷放在何处它所受的合力为零?

1.3 如图,在竖直平面内有两光滑固定细棒,分别与竖直轴夹角 30°,两棒上各串有一带电小球,可自由滑动. 已知两小球各带电 $q=2.0\times10^{-7}$ C,质量都为 $m=0.10$ g,试求两小球的平衡位置及所受棒的支持力.

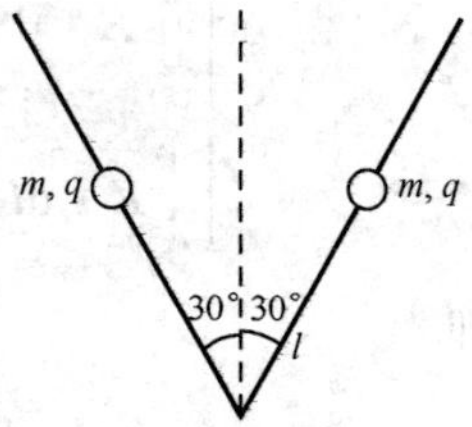

习题 1.3

1.4 两个带电都是 q 的固定点电荷,相距 l,连线中点为 O;现将另一点电荷 Q 放置在连线中垂面上距 O 点为 x 处.(1) 试求点电荷 Q 所受的力;(2) 若点电荷 Q 开始是静止的,然后让它自由运动,试问它将如何运动?分别就 Q 和 q 同号以及异号两种情况加以讨论.

1.5 如图,一电偶极子的电偶极矩 $\boldsymbol{p}=q\boldsymbol{l}$,$P$ 点到电偶极子中心 O 点的距离为 r,$\boldsymbol{r}$ 与 $\boldsymbol{l}$ 的夹角为 θ,设 $r\gg l$. 试求 P 点的电场强度 $\boldsymbol{E}$ 在 $\boldsymbol{r}$ 方向的分量 E_r 和在垂直于 $\boldsymbol{r}$ 方向上的分量 E_θ.

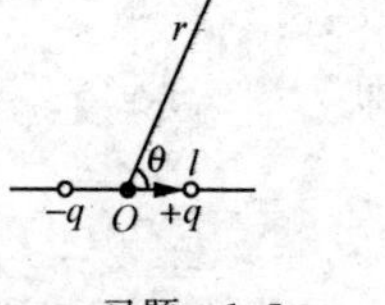

习题 1.5

1.6 如图,把电偶极矩为 $\boldsymbol{p}=q\boldsymbol{l}$ 的电偶极子放在点电荷 Q 的电场中,电偶极子的中心 O 到 Q 的距离为 r,设 $r\gg l$,试求:$\boldsymbol{p}\parallel QO$(图(a))和 $\boldsymbol{p}\perp QO$(图(b))时电偶极子所受的力和力矩.

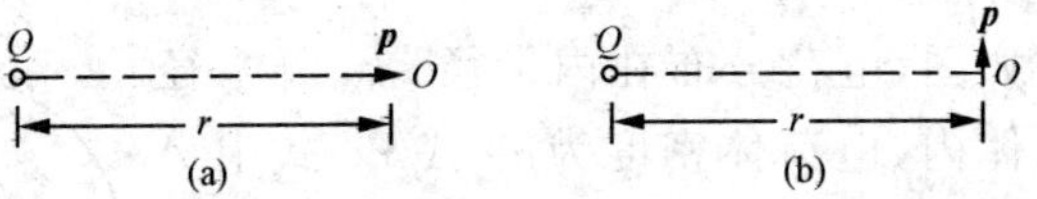

习题　1.6

1.7　如图为一种电四极子,它由两个相同的电偶极子 $\boldsymbol{p}=q\boldsymbol{l}$ 组成,这两个电偶极子在同一直线上,但方向相反,它们的负电荷重合在一起. 试证明在它们的延长线上离中心(即负电荷所在处)r 处 P 点的场强为 $E=\dfrac{3Q}{4\pi\varepsilon_0 r^4}$(当 $r\gg l$ 时),式中的 $Q=2ql^2$ 叫做电四极矩.

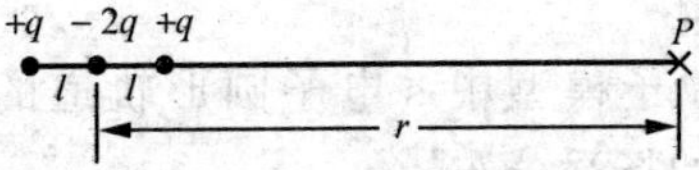

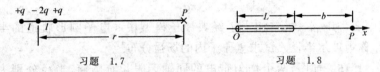

习题　1.7

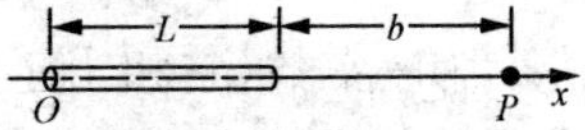

习题　1.8

1.8　如图,一根非均匀带电细棒,长为 L,其一端在坐标原点 O,沿 $+x$ 轴放置,设电荷线密度 $\lambda=Ax$,其中 A 为常数. 试求 x 轴上 P 点($OP=L+b$)的电场强度. 若 $\lambda=A(L+b-x)^2$,结果如何呢?

1.9　一均匀带电薄圆盘,半径为 R,电荷面密度为 σ. 试求:(1) 轴线上的场强分布;(2) 保持 σ 不变,若 $R\to 0$ 或 $R\to\infty$,结果如何?(3) 保持总电量 $Q=\pi R^2\sigma$ 不变,若 $R\to 0$ 或 $R\to\infty$,结果如何?

1.10　半径为 R 的半球面上均匀带电,电荷面密度为 σ. 试求球心处的电场强度.

1.11　如图,无限长带电圆柱面的电荷面密度按 $\sigma=\sigma_0\cos\varphi$ 分布,式中 σ_0 是常量,φ 是面积元的法线方向与 x 方向之间的夹角. 试求圆柱轴线 z 上的场强.

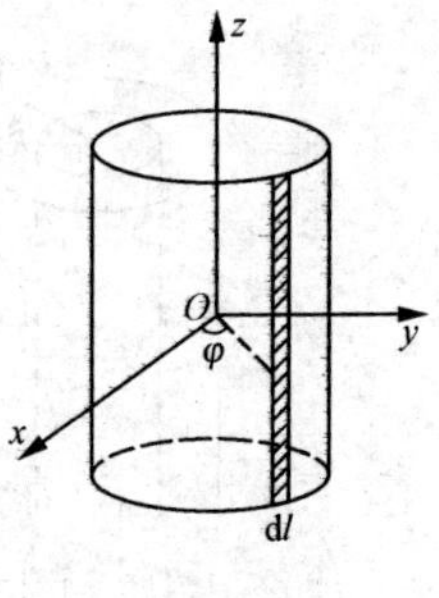

习题　1.11

1.12　一无限大均匀带电平面,电荷的面密度为 σ,其上挖去一半径为 R 的圆洞. 试求洞的轴线上离洞心

为 r 处的电场强度.

1.13　如图,电荷分布在内半径为 a 外半径为 b 的球壳体内,电荷体密度为 $\rho=A/r$, 式中 A 是常数, r 是壳体内某一点到球心的距离. 今在球心放一个点电荷 Q, 为使球壳体内各处电场强度的大小都相等,试求 A 的值.

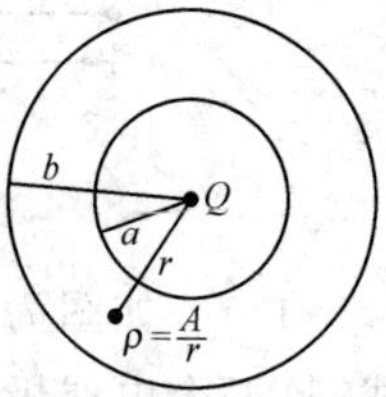

习题　1.13

1.14　根据量子理论,氢原子中心是一个带正电 q_e 的原子核(可以看成点电荷),外面是带负电的电子云. 在正常状态(核外电子处在 s 态)下,电子云的电荷密度分布是球对称的,可表为

$$\rho(r)=-\frac{q_e}{\pi a_0^3}\,\mathrm{e}^{-2r/a_0},$$

式中 a_0 为一常数(它相当于经典原子模型中 s 电子圆形轨道的半径,称为玻尔半径). 试求氢原子内的场强分布.

1.15　如图,两个均匀带电的同轴无限长直圆筒,半径分别为 R_1 和 R_2. 设在内、外筒两面上所带电荷的面密度分别为 $+\sigma$ 和 $-\sigma$, 试求离轴为 r 处的 P 点的场强. 分别就下述三个区域: (1) $r<R_1$; (2) $R_1<r<R_2$; (3) $r>R_2$ 进行讨论.

1.16　如图为一无限长带电体系,其横截面由两个半径分别为 R_1 和 R_2 的圆相交而成,两圆中心相距为 a, $a<(R_1+R_2)$, 半径为 R_1 的区域内充满电荷体密度为 ρ 的均匀正电荷,半径为 R_2 的区域内充满电荷体密度为 $-\rho$ 的均匀负电荷. 试求重叠区域内的电场强度.

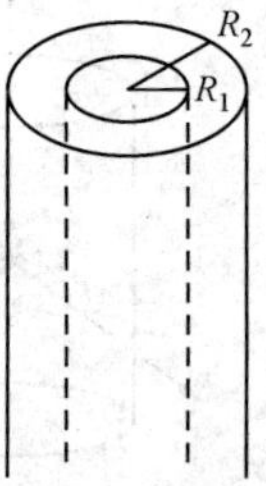

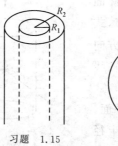

习题　1.15

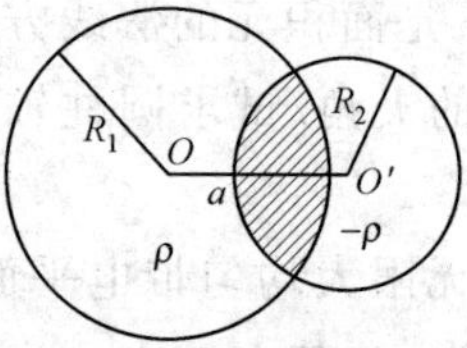

习题　1.16

1.17　两无限大平行平面均匀带电，电荷面密度分别为 $+\sigma$ 和 $-\sigma$. 试求各个区域的场强分布.

1.18　一厚度为 d 的无限大平板内均匀带电，电荷体密度为 ρ. 试求板内、外的场强分布.

1.19　如图，$AB=2l$，$\overset{\frown}{CDE}$ 是以 B 为中心、l 为半径的半圆. A 点放置正点电荷 $+q$，B 点放置负点电荷 $-q$.

(1) 把单位正点电荷 q_0 从 C 点沿 $\overset{\frown}{CDE}$ 移到 E 点，试问电场力对它做了多少功?

(2) 把单位负点电荷 $-q_0$ 从 E 点沿 AB 的延长线移到无穷远处，试问电场力对它做了多少功?

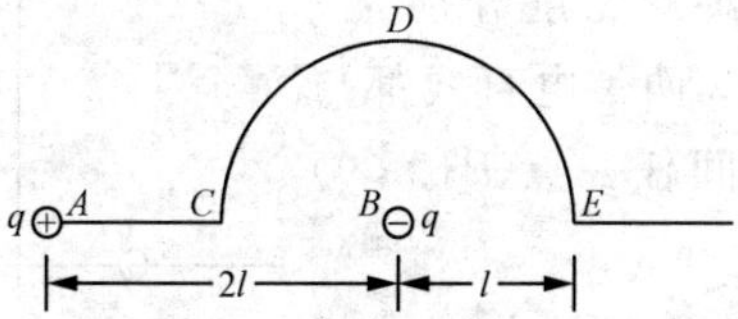

习题　1.19

1.20　如图为一电四极子. 试证明：当 $r\gg l$ 时，它在 $P(r,\theta)$ 点的电势为

$$U=-\frac{3ql^2\sin\theta\cos\theta}{4\pi\varepsilon_0 r^3}\quad(r\gg l),$$

图中极轴通过正方形中心 O 点，且与一对边平行.

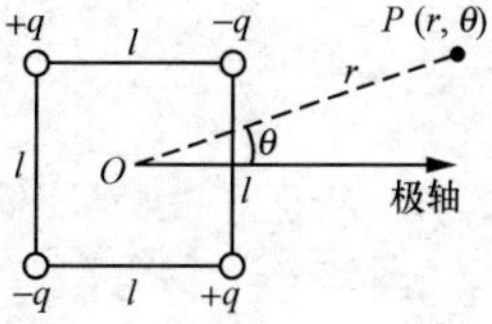

习题　1.20

1.21　试求均匀带电圆平面轴线上的电势分布，并画出 $U(x)$ 图线. 设圆半径为 R，带电总量为 Q.

1.22　两无限长共轴直圆筒，筒面上均匀带电，半径分别为 R_1 和 R_2，沿轴线单位长度的电量分别为 λ_1 和 λ_2，且 $\lambda_1=-\lambda_2$. 以 R_2 处为电势零点求两圆筒间任意一点的电势.

1.23　如图，两个同心的半球面相对放置，半径分别为 R_1 和 R_2，都均匀带电，电荷面密度分别为 σ_1 和 σ_2，两个半球面的底面重合，球心也重合. 试求公共底面上离球心为 r 处的电势.

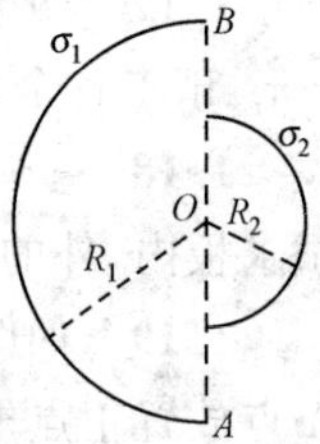

习题　1.23

1.24　在氢原子中，正常状态下电子到质子的距离为 5.29×10^{-11} m，已知氢原子核（质子）和电子带电各为 $\pm e$. 把氢原子中的电子从正常状态移到无穷远处所需的能量叫做氢原子的电离能. 试问此电离能是多少 eV，多少 J？

1.25　如图，两条均匀带电的无穷长平行直线，电荷线密度分别为 η 和 $-\eta$，相距为 $2a$，两带电直线都与纸面垂直. 试求空间任一点 $P(x,y)$ 的电势.

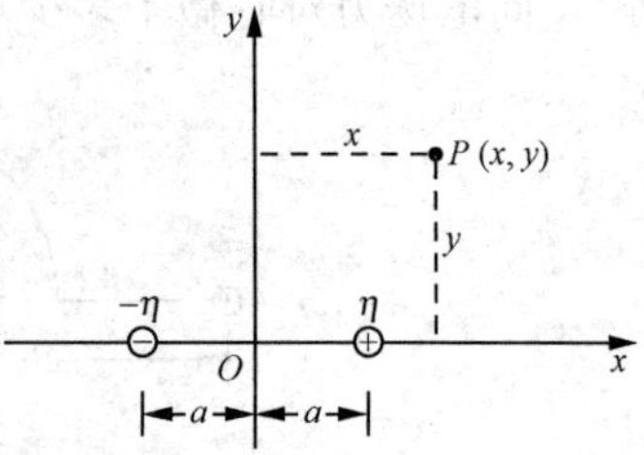

习题　1.25

1.26　电量 q 均匀地分布在长为 $2l$ 的直线段上，试求下列各处的电势 U，并由 U 求场强 $\boldsymbol{E}$ 在 $\boldsymbol{r}$ 方向的分量：

（1）关于直线段的中垂面上离中心 O（直线段中点）为 r 处；

（2）直线段延长线上离中心 O 为 r 处；

（3）通过直线段一端的垂面上离该端为 r 处.

2 静电场中的导体和电介质

2.1 导体和电介质

电磁场对物质的作用和物质对电磁场的响应是一个宏大的研究课题,因为它不仅意味着对电磁场研究的深入,而且意味着对物质电磁性质研究的开始.本章讨论静电场对物质的作用和物质对静电场的响应,这是对物质电磁性质研究迈出重要的第一步.

静电场何以会对宏观上处处电中性的物质有所作用呢?笼统地说,固体、液体、气体都由分子、原子组成,原子又由带负电的电子和带正电的原子核组成,因此,尽管宏观上处处电中性,但静电场对电子、原子核的相反作用,会使电中性受到破坏,出现某种宏观的电荷分布并产生附加电场.换言之,静电场对物质作用的内在根据是物质固有的电结构,作用后出现的宏观电荷分布和附加电场是物质对静电场的响应,两者相互影响、相互制约,最终达到平衡.人们正是通过对相关现象的观察、分析、解释,逐步由表及里地达到对物质电磁性质乃至内在电磁结构的认识.

世间万物,种类繁多,结构性质,差别显著,相关过程,千变万化.导体和电介质(绝缘体)的区分,为研究静电场对物质的作用和物质的电性质打开了局面.

顾名思义，所谓**导体**指的是能够导电的物体，即电荷能够转移或传导到各处的物体．金属、石墨、电解液（酸、碱、盐的水溶液）、人体、地球、电离气体、等离子体等都是导体．导体所以能够导电，是因为其中存在着大量可以自由移动的电荷——**自由电荷**．以金属为例，在金属原子中，原子核对最外层电子（价电子）的作用力较弱，当受到某种影响时，价电子很容易摆脱原子核的束缚，在整个金属中自由运动，成为自由电子，原子中失去价电子的其余部分是带正电的正离子，排列成整齐的点阵，称为晶格（曾称为晶体点阵），自由电子在晶格间作无规则的热运动．又如，当酸、碱、盐溶于水时，会电离成正离子或负离子，它们就是可在电解液中自由运动的自由电荷．

所以，导体的基本特征是，存在着大量的作无规则热运动的自由电荷，例如，在金属中，自由电子的数密度可达 10^{22} 个/cm^3．当金属本身不带电也不受外电场作用时，自由电子的负电荷与晶格的正电荷在宏观上处处相等，呈电中性．加外电场后，自由电子受电场力作用，除热运动外，还要相对于晶格作宏观的定向运动，造成某种宏观的电荷分布并产生附加电场．附加电场与外电场之和为总电场，它改变了外电场的分布，又将影响自由电子的运动，经过相互影响、相互制约的复杂过程，最终达到平衡．

电介质又称**绝缘体**，是指不导电的物质，其中的电荷被束缚在原子范围内不能宏观移动，称为**束缚电荷**或**极化电荷**．原先宏观上处处电中性的电介质，在外电场的作用下，尽管不存在自由电荷，但被束缚的电子和原子核受力反向，仍然会出现某种宏观的电荷分布，详见 2.4 节．

总之，原先宏观上处处电中性的导体或电介质，在外电场作用下，达到平衡后，会出现某种宏观的电荷分布并产生附加电场，这两种现象分别称为**静电感应**或**极化**．（对于导体，如果原先带电，则加外电场并达到平衡后，电荷分布会有所改变，这种现象也称为静电感应．）

就导电性能而言，理想的导体和理想的电介质（绝缘体）是两个极端，实际上许多物体的导电性能介乎其间，静电感应和极化往往并存，但有主次之分．而且，在一定条件下（例如高温或低温，再例如高电压）导体和绝缘体的导电性能会发生显著的变化，甚至相互转化．

2.2 静电场中的导体

· 导体的静电平衡条件
· 静电平衡导体的基本性质
· 尖端放电及其应用
· 导体空腔与静电屏蔽
· 静电场边值问题的唯一性定理

本节讨论静电场中的导体达到平衡后的基本性质,即场强、电势、电荷的分布,以及相关的应用.

● 导体的静电平衡条件

因导体内具有大量自由电荷,故**导体的静电平衡条件是导体内部的电场强度处处为零**,即

$$\boldsymbol{E}_{内} = 0. \tag{2.1}$$

证明 若静电平衡导体内部某处场强不为零,则该处的自由电荷将受电场力作用移动,表明尚未达到平衡.

$\boldsymbol{E}_{内}=0$ 是讨论导体其他静电平衡性质的出发点.

● 静电平衡导体的基本性质

1. 电势分布:**静电平衡导体是等势体,导体表面是等势面.**

证明 在静电平衡导体内部或表面上任取两点 A 和 B,其间的电势差 $U_{AB}=\int_A^B \boldsymbol{E}\cdot \mathrm{d}\boldsymbol{l}$,取积分路径沿导体内部,因 $\boldsymbol{E}=\boldsymbol{E}_{内}=0$,故 $U_{AB}=0$.

2. 电荷分布:**静电平衡导体内部不存在宏观的净电荷**(即电荷体密度处处为零),**电荷只分布在导体表面上.**

证明 若静电平衡导体内部某处存在非零的宏观电荷,则可在导体内作一高斯面将它包围,由高斯定理 $\oiint_{(S)} \boldsymbol{E}\cdot \mathrm{d}\boldsymbol{S}=\frac{1}{\varepsilon_0}\sum_{(S内)} q \neq 0$.
但因 $\boldsymbol{E}=\boldsymbol{E}_{内}=0$,故 $\oiint_{(S)} \boldsymbol{E}\cdot \mathrm{d}\boldsymbol{S}=0$,矛盾,前提不成立.

3. 电场强度分布：**静电平衡导体表面外附近空间的场强方向与导体表面垂直，场强大小与该处导体表面的电荷面密度 σ 成正比，为**

$$E_{表面外} = \frac{\sigma}{\varepsilon_0}. \tag{2.2}$$

证明　因静电场中电场线与等势面处处正交，因静电平衡导体表面为等势面，故表面外附近任一点的场强方向应与该处导体表面垂直.

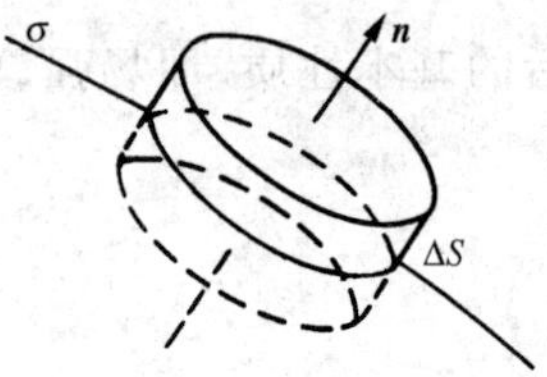

图 2-1　静电平衡导体表面的电荷面密度与场强的关系

为证明(2.2)式，在静电平衡导体表面任取一小面元 ΔS，设该处电荷面密度为 σ，则面元上带电 $\Delta q=\sigma\Delta S$. 如图 2-1 所示，作扁圆柱形高斯面，其上、下底面均与 ΔS 平行，面积均为 ΔS，分别在导体外和导体内，侧面与 ΔS 正交. 由高斯定理，有

$$\oiint_{(S)} \boldsymbol{E}\cdot \mathrm{d}\boldsymbol{S} = \iint_{上底面} \boldsymbol{E}\cdot \mathrm{d}\boldsymbol{S} + \iint_{侧面} \boldsymbol{E}\cdot \mathrm{d}\boldsymbol{S} + \iint_{下底面} \boldsymbol{E}\cdot \mathrm{d}\boldsymbol{S}$$

$$= \frac{1}{\varepsilon_0}\sum_{(S内)} q = \frac{\sigma\Delta S}{\varepsilon_0}.$$

因 $\boldsymbol{E}_{内}=0$，又导体表面外附近的场强方向垂直于导体表面，故通过下底面和侧面的电通量均为零. 又因面元很小，可认为上底面各点场强大小相同，方向与上底面垂直，故有

$$\iint_{上底面} \boldsymbol{E}\cdot \mathrm{d}\boldsymbol{S} = \iint_{\Delta S} E\cos\theta\,\mathrm{d}S = E\Delta S.$$

由以上两式，即得(2.2)式. 它表明，导体外附近的场强大小由该处的电荷面密度决定，点点对应.

静电平衡导体表面的电荷分布与曲率有关. (2.2)式给出了导体表面上每一点的电荷面密度 σ 与导体外该点附近场强大小的点点对应关系，却没有说明导体表面电荷是如何分布的. 的确，这是一个比较复杂的问题. 不难设想，导体表面的电荷分布，除与导体形状有关,还与周围的带电体有关.对于孤立导体,周围不存在任何带电体,其电荷分布将只取决于导体自身的形状.大致说来,导体表面各处电荷面密度的大小与该处的表面曲率有关.如图 2-2 所示,导体表面凸出尖锐处,曲率大,曲率半径小,电荷密集,电荷面密度较大;导体表面较平坦处,曲率小,曲率半径大,电荷稀疏,电荷面密度较小;导体表面凹陷处,曲率为负,电荷面密度更小.但应注意,孤立导体表面的电荷面密度 σ 与该处的曲率之间并不存在单一的函数关系,即并不点点对应.换言之,某处的 σ 不仅与该处导体的形状有关,还与整个导体的形状有关.以上只是定性的描绘.在孤立导体具有简单几何形状(如椭球,旋转椭球面,旋转双叶双曲面,旋转抛物面,椭圆柱面,抛物柱面,双曲柱面等)的情形,可通过求解静电学基本微分方程,得出表面电荷分布的定量结果.

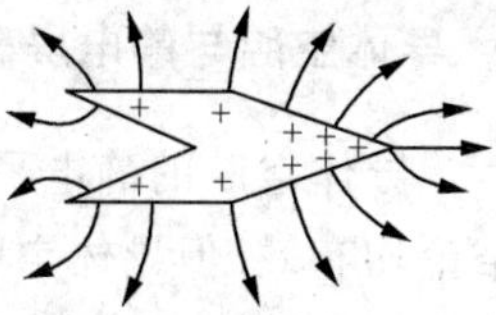

图 2-2 导体表面的电荷分布与曲率有关

应该指出,实际上导体的带电表面层总会有一定厚度,例如,当场强 E 为 10^9 V/m 时,感应电荷分布在导体表面厚度约为 10^{-10} m 的范围内.所以,静电平衡导体的场强分布是从内部的 $E_{内}=0$ 经表面层逐步增大为表面外的 $E_{表面外}=\sigma/\varepsilon_0$. 导体的表面性质是很重要的,限于课程性质,不再赘述.

• 尖端放电及其应用

导体尖端处电荷面密度大,场强也大,如果场强大到足以使周围空气电离,将出现所谓"尖端放电"现象.尖端放电既有危害,也可利用.

例如,当带电云层接近地面时,由于静电感应,会使地面物体带异号电荷,随着电荷的积累,云层与地面间产生强电场,击穿空气,火花放电,这就是雷击现象.因通常电荷集中在地面突出物体(如高层建筑,烟囱,大树等)上,雷击对它们的破坏最大.为避免雷击,利用尖端放电,在建筑物顶上安装避雷针,用粗铜电缆将避雷针通地,通地的一端深埋于潮湿泥土中以保持避雷针与大地电接触良好.当带电的云层接近时,放电就通过避雷针和通地粗铜导体这条最易导电的通路局部持续不断地进行,以免损坏建筑物.

例如，高压设备电极的尖端放电会在周围笼罩着一层光晕——称为电晕，它使电能消耗在气体分子的电离和发光过程中——称为电晕损耗，为避免这种损失，电极做成光滑圆球，即将高压输电线做得很光滑.

• 导体空腔与静电屏蔽

导体空腔的静电平衡性质与实心导体在本质上并无不同，以上结论均有效. 但导体空腔又有其新的特点，使之在静电屏蔽，能精确验证电力与距离平方成反比，以及制造范德格拉夫起电机（静电加速器）等方面获得重要应用.

1. **在静电平衡条件下，若导体空腔内无带电体，则空腔的内表面不带电，电荷只分布在空腔的外表面，空腔内处处场强为零，整个空腔为等势体.**

证明　如图 2-3 所示，在导体空腔内、外表面之间取高斯面 S，因静电平衡时导体内 $\boldsymbol{E}_{内}$ 处处为零，由高斯定理，得

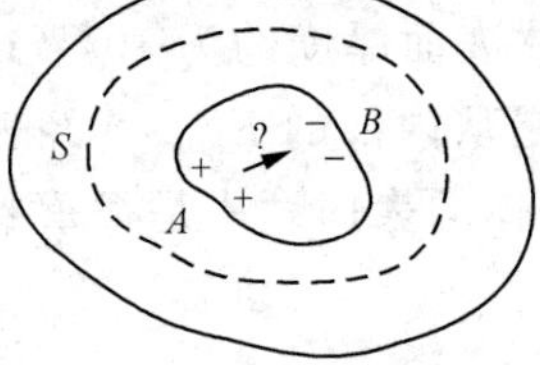

图 2-3　导体空腔内无带电体

$$\oiint_{(S)} \boldsymbol{E} \cdot \mathrm{d}\boldsymbol{S} = \frac{1}{\varepsilon_0} \sum_{(S内)} q = 0.$$

可见 S 内即导体空腔内表面上电荷的代数和为零. 这有两种可能：其一，内表面处处不带电；其二，内表面某些部分 A 带正电，某些部分 B 带负电，代数和为零. 若为后者，则从 A 处正电荷发出的电场线只能经空腔到达 B 处负电荷（因静电平衡时，导体内处处场强为零，故电场线不可能穿过导体），因电场线上场强不为零，故沿电场线所作场强积分 $\int_A^B \boldsymbol{E} \cdot \mathrm{d}\boldsymbol{l} = U_{AB} \neq 0$，表明 A，B 间有电势差，与静电平衡时导体为等势体矛盾. 因此，当导体空腔内无带电体时，导体内表面处处不带电. 由此，空腔内处处场强为零（若某处场强不为零，即有电场线，但既无可供起止的正负电荷，又不可能自成闭合线——静电场是无旋的），空腔内处处电势相等.

当导体空腔内无带电体时，空腔内处处场强为零的结论表明，导

体空腔能够有效地“保护”它所包围的空间,使之不受任何空腔外部电场的影响,这就是**静电屏蔽**.

以上论证和结论都是以静电场高斯定理为根据的,而高斯定理又要求电力平方反比律严格成立.因此,若偏离平方反比律的修正数$\delta\neq 0$,则高斯定理将不再严格成立,上述结论都将有所修正,例如导体空腔内表面就有可能带有少量电荷.当年,卡文迪什-麦克斯韦正是由此提出精确验证电力平方反比律的实验和理论分析的(详见第1章).

2. **在静电平衡条件下,若导体空腔内有带电体,则导体空腔内表面所带电荷与空腔内电荷的代数和为零,空腔内各点的场强分布由空腔内电荷及空腔内表面电荷的分布唯一地确定.**

证明 如图2-4所示,在导体空腔内外表面之间取高斯面S,因静电平衡时导体内$\boldsymbol{E}_{内}$处处为零,由高斯定理,得

$$\oiint_{(S)} \boldsymbol{E}\cdot \mathrm{d}\boldsymbol{S} = \frac{1}{\varepsilon_0}\sum_{(S内)} q = 0,$$

可见S内总电量为零,现在空腔内有带电体q,故内表面必定带电$-q$,其分布由空腔内带电体的分布以及内表面的形状确定.

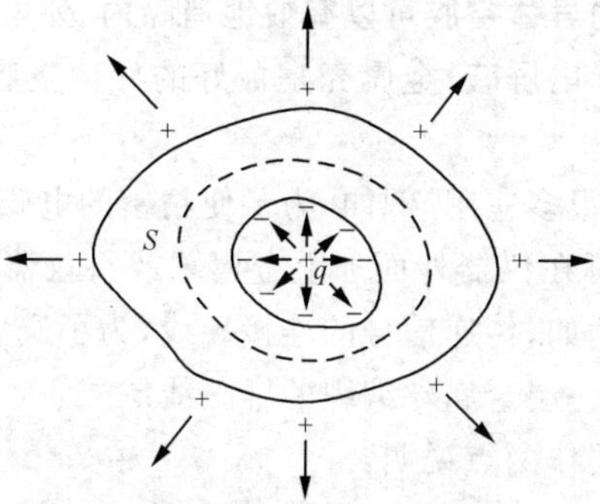

图2-4 导体空腔内有带电体

由于静电平衡时,导体内场强处处为零,电场线不能穿越,因此,导体空腔将空间“分割”成了两个部分.空腔内的场强分布由空腔内带电体及空腔内表面电荷的分布唯一地确定,与空腔外表面及空腔外是否带电、带电多少、如何分布均无关.换言之,不论空腔内有无带电体,导体空腔都能使它所包围的空间,不受外部电场的影响,起着

静电屏蔽的作用.

空腔外如何呢？若导体空腔内外均无带电体，空腔本身也不带电，显然处处场强为零.若导体空腔原先不带电，当腔内有带电体 q 时，如上，空腔内表面带电 $-q$，由电荷守恒，空腔外表面应带电 q，于是空腔外将有不为零的场强分布.形象地说，由腔内带电体 q 发出的电场线全部终止于空腔内表面的 $-q$ 之上，因导体内部场强为零，导体内部是电场线的“空白”区，然后，再从空腔外表面的 q 向外发出电场线.由此可见，导体空腔虽然能使它包围的空间不受外部电荷产生的电场的影响，却无法阻止空腔内部电荷对外部电场的影响.为了消除内对外的影响，只需将导体空腔接地，使外表面不再带电，外部便无电场.若导体空腔原先带电 Q，腔内又有带电体 q，则外表面应带电 $Q+q$，接地后外表面不再带电，外部无电场，内对外的影响即被消除.但若除腔内有带电体外，导体空腔外也有带电体，则空腔外表面会因静电感应出现电荷分布，在后两者共同的贡献下，空腔外将有不为零的电场分布，但只要导体空腔接地，仍可消除内对外的影响，即外部电场与腔内带电体无关，详见本节末段.

总之，**接地的导体空腔可以有效地消除内、外电荷产生的电场的相互影响，实现静电屏蔽**.金属壳是极好的导体空腔，金属网虽有空隙，效果也不错.

静电屏蔽有很多应用.例如，为了使精密的电磁测量仪器不受外界电场的干扰，可在仪器外面加上金属罩或将仪器置于用金属网制成的屏蔽室中.例如，传递信号的连接导线，为了避免外电场的干扰，可在导线外面包一层金属丝编织的屏蔽线层.

最后，还需要作两点说明：

(1) 怎样正确理解静电屏蔽效应与库仑定律、场强叠加原理的关系呢？试举一例.设真空中有两个静止点电荷，显然，其间的相互作用遵循库仑定律.若用空腔导体将一个点电荷包围其中，另一点电荷在空腔外，则两点电荷之间的作用并未因其间横亘着导体空腔而有所变化，但空腔外的点电荷会在空腔外表面产生感应电荷，由于两者产生的静电场在空腔内彼此抵消，才使空腔内点电荷不受外电场的作用，出现了静电屏蔽效应.所以，静电屏蔽效应正是库仑定律和场强叠加原理的结果,其间并无矛盾.

(2) 静电屏蔽效应的严格论证和透彻理解,需根据下面介绍的静电场边值问题的唯一性定理.

● 静电场边值问题的唯一性定理

典型的静电问题是,给定导体系中各导体的形状、相对位置以及各导体的电量或电势(统称边界条件),求空间场强分布.这类静电场的边值问题,可由静电场的基本微分方程(泊松方程(1.25)式或拉普拉斯方程(1.26)式)在一定边界条件下求解得出.

静电场边值问题的唯一性定理:边界条件可将静电场的空间分布唯一地确定下来. 换言之,给定边界条件之后,不可能存在不同的静电场分布.唯一性定理对包括静电屏蔽在内的许多静电问题的正确解释至关重要.

如图 2-5(a)是一个任意形状的导体空腔,接地,腔外有带电体,在腔外产生一定的电场分布,但腔内无带电体,腔内场强 $\boldsymbol{E}_{内}=0$. 图 2-5(b)是形状相同的空腔导体,接地,腔内有带电体,在腔内产生一定的电场分布,但腔外无带电体,腔外场强 $\boldsymbol{E}_{外}=0$.

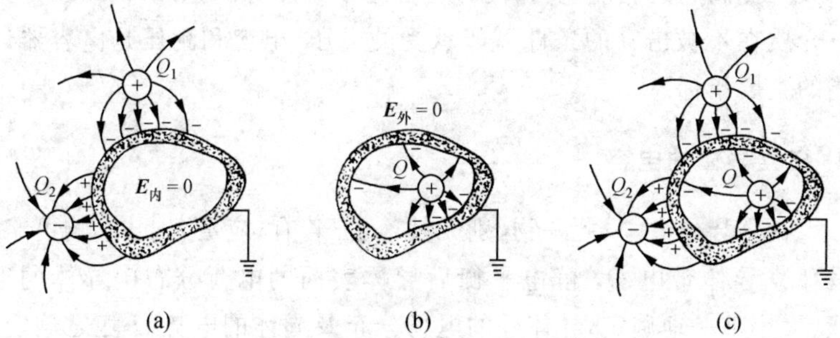

图 2-5 用唯一性定理解释静电屏蔽

现将两图合并成图 2-5(c),试问腔内、外的电场分布是否仍与图(a)(b)相同? 首先可以肯定,这是可能的,因为当腔外电荷、电场分布如图(a)时,它在腔内不产生电场,从而腔内带电体所处环境与图(b)相同,可以产生与图(b)相同的电场分布.同样,当腔内电荷、电场分布如图(b)时,它在腔外不产生电场,从而腔外带电体所处环境与图(a)相同,可以产生与图(a)相同的电场分布.所以,当腔内外电荷分布与图(a)(b)相同时,如果腔内外的电场与图(a)(b)的分布相同,则电场可以达到平衡.

唯一性定理确保合理的尝试解就是唯一的平衡分布,别无其他.于是,静电屏蔽问题彻底解决了,接地的导体空腔确实使腔内、外的电场彼此不受影响.

2.3　电容和电容器

· 孤立导体的电容
· 电容器及其电容
· 平行板电容器　球形电容器
　同轴柱形电容器
· 分布电容
· 电容器的串并联

电容器是重要的储能(电能)元件之一,电容描绘电容器储能能力的大小,电容取决于电容器的几何性质.在电容器中填充电介质可以大大提高它的储能能力,同时也引起了耐压等问题.所谓耐压是指电介质在不被击穿的条件下能承受的电压.**电容**和**耐压**是电容器性能的主要指标.

● 孤立导体的电容

孤立导体者,只此一物,别无其他也.若有,应足够远,影响可略.设孤立导体带电 Q,静电平衡后导体表面的电荷分布由导体的形状、大小唯一地确定,导体外的电场分布及导体的电势 U 随之确定.根据电势叠加原理,当孤立导体的电量增减时,导体电势相应增减,两者成正比,比例系数 C 反映孤立导体容纳电荷的能力,称为**孤立导体的电容**,定义为

$$C=\frac{Q}{U}. \tag{2.3}$$

孤立导体的电容是使导体升高单位电势所需的电量.在 SI 制中,电

容的单位是法[拉](F)，1 F=1 C/V(1 法=1 库/伏)，这个单位太大，常用 μF，pF，1 F=10^6 μF=10^{12} pF.

例如，孤立导体球带电 Q，平衡后电荷均匀分布在球表面上，电势为(取无穷远为电势零点)$U=Q/4\pi\varepsilon_0 R$，由(2.3)式，

$$C=\frac{Q}{U}=4\pi\varepsilon_0 R,$$

R 为导体球半径. 可见孤立导体的电容是取决于其形状、大小的几何量.

● 电容器及其电容

两个互不连接导体构成的闭合、或近似闭合的导体空腔称为**电容器**，这两个导体称为电容器的两极板. 例如同心球电容器、平行板电容器、同轴柱形电容器等，后两者都有缝隙，不完全封闭，可采用卷成筒状或另加屏蔽罩等办法减少边缘的影响. 若两导体 A,B 的内表面(即构成空腔的相对表面)分别带电 $\pm Q$，静电平衡后，电荷分布确定，空腔内的电场分布及 A,B 之间的电势差 $U_{AB}=U_A-U_B$ 随之确定. 由于导体空腔的静电屏蔽效应，U_{AB} 将不受腔外电荷、电场的影响. 随着两极板电量 $\pm Q$ 的增减，U_{AB} 成正比地增减，两者之比称为电容器的电容，定义为

$$C=\frac{Q}{U_A-U_B}. \tag{2.4}$$

电容器的电容是使电容器两极板之间具有单位电势差所需的电量. 电容器的电容描绘电容器储存电能的能力(见 2.7 节). 电容器的电容取决于它的形状、大小、相对位置等几何性质，与是否带电、带电状态如何无关，与外围其他带电体亦无关(见下段). 电容器的电容还与其中填充的电介质的电容率有关(见 2.4 节).

● 平行板电容器　球形电容器　同轴柱形电容器

平行板电容器如图 2-6 所示. 两平行的板状导体(称为两极板)面积为 S，其线度远大于两极板之间的距离 d，可忽略边缘效应，即可看作是“无限大”的平行平板. 设两极板分别带电 $\pm Q$，静电平衡

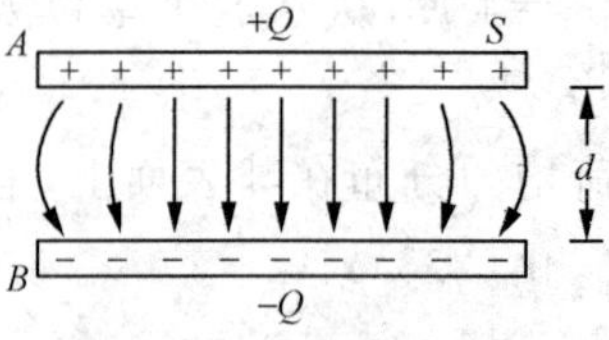

图 2-6　平行板电容器

后，因导体极板无限大，导体表面的电荷将均匀分布. 如图 2-6，可以证明静电平衡后，全部电荷均匀分布在两极板的内表面(即相对的表面)上(可通过完成本章习题 2.1 的证明得到此结论)，电荷面密度分别为 $\pm\sigma=\pm Q/S$，在两极板间产生均匀电场 $\boldsymbol{E}$，使两极板间具有电势差 U_{AB}，由(2.4)式，平行板电容器的电容为

$$C=\frac{Q}{U_A-U_B}=\frac{Q}{\int_A^B \boldsymbol{E}\cdot \mathrm{d}\boldsymbol{l}}=\frac{\sigma S}{Ed}=\frac{\sigma S}{\dfrac{\sigma}{\varepsilon_0}d}=\frac{\varepsilon_0 S}{d}. \tag{2.5}$$

球形电容器如图 2-7 所示，由两个同心的导体球壳组成. 设内球壳外表面的半径为 R_A，外球壳内表面的半径为 R_B(图中未画出内球壳的内表面和外球壳的外表面)，设内、外球壳分别带电 $\pm Q$. 静电平衡后，因球对称，内外球壳四个表面上的电荷应均匀分布. 在内球壳导体中作球形高斯面，因静电平衡后导体内场强为零，故由高斯定理通过此高斯面的电通量为零，即内球壳内表面不带电，$+Q$ 电量应全部均匀分布在内球壳的外表面上. 再在外球壳导体中作球形高斯面，可同样证明，均匀分布在外球壳内表面的电量应为 $-Q$，即外球壳外表面不带电. 于是，均匀分布在内外球壳相对表面上的 $\pm Q$ 将在其间产生球对称的非均匀径向电场 $\boldsymbol{E}$，其中与球心相距 r 处的电场的大小可由高斯定理求出为 $Q/4\pi\varepsilon_0 r^2$，内外球壳间的电势差 $U_{AB}=\int_A^B \boldsymbol{E}\cdot\mathrm{d}\boldsymbol{l}$. 由(2.4)式，球形电容器的电容为

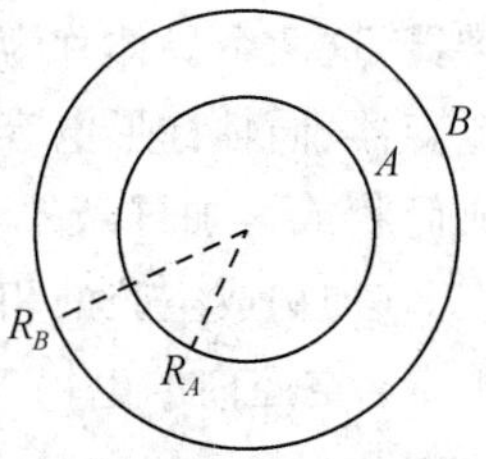

图 2-7　球形电容器

$$C=\frac{Q}{U_A-U_B}=\frac{Q}{\int_A^B \boldsymbol{E}\cdot\mathrm{d}\boldsymbol{l}}=\frac{Q}{\int_{R_A}^{R_B}\dfrac{Q}{4\pi\varepsilon_0 r^2}\mathrm{d}r}=4\pi\varepsilon_0\frac{R_A R_B}{R_B-R_A}, \tag{2.6}$$

式中计算积分时取沿径向的积分路径，即

$$\int_A^B \boldsymbol{E}\cdot \mathrm{d}\boldsymbol{l} = \int_{R_A}^{R_B} E\,\mathrm{d}r.$$

同轴柱形电容器如图 2-8 所示.两同轴圆柱形导体长 L，内外半径 R_A, R_B，$L \gg R_B - R_A$，边缘效应可略，圆柱体可看作无限长.设两极板带等量异号电荷，静电平衡后，电荷均匀分布，单位长度带电 $\pm\eta$，η 为常量，其间为轴对称非均匀电场 $\boldsymbol{E}$，两极板电势差为 U_{AB}．由(2.4)式，同轴柱形电容器的电容为

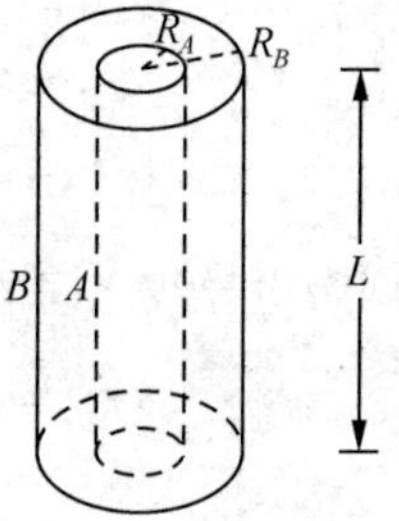

图 2-8　同轴柱形电容器

$$C = \frac{Q}{U_A - U_B} = \frac{Q}{\int_A^B \boldsymbol{E}\cdot \mathrm{d}\boldsymbol{l}} = \frac{Q}{\int_{R_A}^{R_B} \frac{\eta}{2\pi\varepsilon_0 r}\mathrm{d}r}$$

$$= \frac{\eta L}{\frac{\eta}{2\pi\varepsilon_0}\ln\frac{R_B}{R_A}} = \frac{2\pi\varepsilon_0 L}{\ln\frac{R_B}{R_A}}. \tag{2.7}$$

以上三例表明，真空电容器的电容只与几何量有关.

• 分布电容

实际上任何导体之间都存在电容，例如导线之间、人体与仪器之间等，称为分布电容.通常，因分布电容较小，往往可略，但在某些情况下仍会有一定的影响.如果分布电容产生于形状、位置都很复杂的导体之间，则严格计算有困难.如果形状、位置比较规则，则可设法作数量级的估计.

例 1　如图 2-9 所示为两平行无限长直细导线 A 和 B，相距 d，导线半径 r，$d \gg r$，求两导线单位长度之间的分布电容.

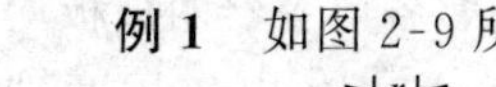

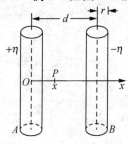

图 2-9　分布电容

解　当两导线带等量异号电荷静电平衡后，设电荷线密度分别为 $\pm\eta$，可认为 η 是常量.取 x 轴如图，由高斯定理，可求出两带电导线在其间任一 P 点的场强，因场强方向均沿 x 轴正方向，故 P 点的总场强的大小为

$$E = E_A + E_B = \frac{\eta}{2\pi\varepsilon_0 x} + \frac{\eta}{2\pi\varepsilon_0 (d-x)}$$

$$= \frac{\eta}{2\pi\varepsilon_0}\left(\frac{1}{x} + \frac{1}{d-x}\right).$$

两带电导线之间的电势差为

$$U_{AB} = \int_r^{d-r} \boldsymbol{E} \cdot \mathrm{d}\boldsymbol{l} = \int_r^{d-r} \frac{\eta}{2\pi\varepsilon_0}\left(\frac{1}{x} + \frac{1}{d-x}\right)\mathrm{d}x$$

$$= \frac{\eta}{2\pi\varepsilon_0} \ln \frac{x}{d-x}\Bigg|_r^{d-r} = \frac{\eta}{\pi\varepsilon_0} \ln \frac{d-r}{r}$$

$$\approx \frac{\eta}{\pi\varepsilon_0} \ln \frac{d}{r}.$$

两导线之间单位长度的分布电容为

$$C = \frac{\eta}{U_{AB}} = \frac{\pi\varepsilon_0}{\ln \frac{d}{r}}.$$

设 $r=0.1\,\mathrm{mm}$，$d=5.0\,\mathrm{cm}$，则 $C=7.1\times10^{-12}\ \mathrm{F/m}=7.1\,\mathrm{pF/m}$，相当小，通常可略.

● 电容器的串并联

在实际使用时，如果已有电容器的电容值和耐压值不符所需，可采用串联和并联的方法加以调整.

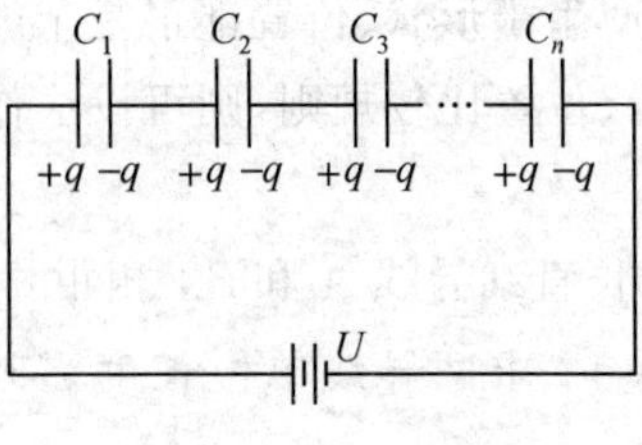

图 2-10　电容器的串联

所谓电容器的**串联**是将各电容器首尾相接，连成一串. 如图 2-10 是 n 个电容器 $C_1, C_2, \cdots, C_n$ 串联，两端加总电压 U. 因串联，各电容器两极板均带等量异号电荷 $\pm q$，各电容器两端的电压为

$$U_1 = \frac{q}{C_1},\ U_2 = \frac{q}{C_2},\ \cdots,\ U_n = \frac{q}{C_n},$$

即各电容器上分配到的电压与其电容值成反比，为

$$U_1 : U_2 : \cdots : U_n = \frac{1}{C_1} : \frac{1}{C_2} : \cdots : \frac{1}{C_n},$$

总电压为

$$U = U_1 + U_2 + \cdots + U_n$$
$$= q\left(\frac{1}{C_1} + \frac{1}{C_2} + \cdots + \frac{1}{C_n}\right) = \frac{q}{C},$$

式中 C 是 n 个电容器串联后的等效电容(即总电容),故

$$\frac{1}{C} = \frac{1}{C_1} + \frac{1}{C_2} + \cdots + \frac{1}{C_n}. \tag{2.8}$$

上式表明,电容器串联后,等效电容的倒数等于各电容器电容倒数之和,即等效电容比各电容器的电容都小,同时各电容器承受的电压只是总电压的一部分,也减小了.

所谓电容器的**并联**是将各电容器的一端连在一起,另一端也连在一起. 如图 2-11 是 n 个电容 $C_1, C_2, \cdots, C_n$ 并联,两端加电压 U. 因并联,各电容器两端的电压均为 U,但因各电容器电容不同,极板

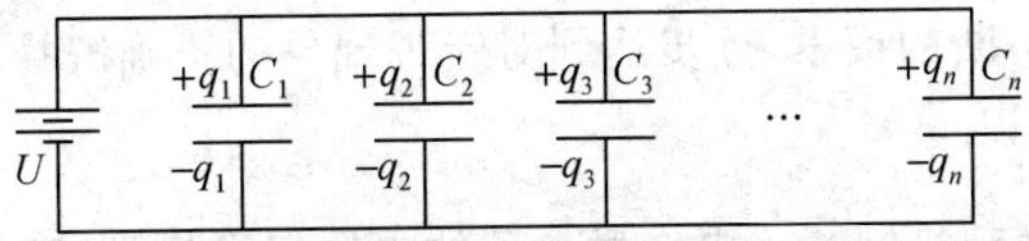

图 2-11 电容器的并联

上的电量有所不同,为

$$q_1 = C_1 U, \quad q_2 = C_2 U, \quad \cdots, \quad q_n = C_n U,$$

即各电容器极板上分配到的电量与其电容值成正比,为

$$q_1 : q_2 : \cdots : q_n = C_1 : C_2 : \cdots : C_n,$$

极板上的总电量为

$$q = q_1 + q_2 + \cdots + q_n = (C_1 + C_2 + \cdots + C_n)U = CU,$$

式中 C 为 n 个电容器并联后的等效电容(即总电容),故

$$C = C_1 + C_2 + \cdots + C_n. \tag{2.9}$$

上式表明,电容器并联后,等效电容为各电容器电容之和,增大了,同时各电容器承受的电压相同,仍均为总电压.

以上讨论了单纯的串联或并联,实际使用时可以串并联兼而有之,尽力满足所需的电容值,又不超过各电容器的工作电压(耐压).

2.4 电介质的极化

- 极化的微观机制
- 极化的描绘
- 极化强度矢量 $\boldsymbol{P}$ 和极化电荷 q' 的关系
- 极化强度矢量 $\boldsymbol{P}$ 和总电场 $\boldsymbol{E}$ 的关系——极化规律
- 各向异性电介质 铁电体
- 例题

为了研究电介质的极化，首先需要对电介质固有的电结构作出某种简化假设，建立模型，提出极化现象的微观机制；再据此确立定量描绘极化的相关物理量；进而寻找其间的关系——极化规律. 如果所得结果与实验相符，就表明上述研究是成功的，反之则需要修正. 总之，通过不断的摸索，逐步达到对宏观现象的正确解释和对微观机制的正确认识.

- **极化的微观机制——电介质分子的电偶极子模型，有极分子和无极分子，取向极化和位移极化**

电介质的主要特征是几乎不存在可以自由地宏观移动的电荷——自由电荷. 换言之，在电介质中电荷被束缚在分子内. 就每个分子而言，其中正、负电荷的代数和为零，分子呈电中性. 若将分子中的全部正、负电荷用等效的正、负点电荷（称为正、负电荷的等效中心或“重心”）代替，则可将电介质的分子看作是等量异号电荷构成的**电偶极子**（称为分子等效电偶极子）. 于是，电介质就是大量分子电偶极子的集合.

这个模型虽然简单，却抓住了要害. 首先，分子电偶极子中的正、负电荷都被束缚在分子之中，不能宏观移动，电介质导电性能差的原因即在于此. 其次，无外加电场时，分子电偶极子的空间取向混乱，宏观上处处电中性；外加电场后，分子电偶极子在电场力作用下趋于整齐排列，与之对抗的因素是热运动；这样，虽然电荷均被束缚并未宏观移动，仍会产生宏观的面电荷分布，内部非均匀处还可能出现宏观的体电荷分布，极化的原因即在于此.

应该指出,电介质分子的电偶极子模型以及对极化的种种解释早在19世纪中叶已由法拉第等人提出,尽管当时对电子、原子核、原子结构等一无所知.前辈大师丰富的想象力、揭示本质的深刻洞察力以及行之有效的研究方法令人叹服,值得记取.

分子电偶极子的电偶极矩表为

$$\boldsymbol{p}_{分子} = q\boldsymbol{l},$$

式中 q 是分子正、负电"重心"的电量,$\boldsymbol{l}$ 是正负电重心之间的距离,$\boldsymbol{l}$ 和 $\boldsymbol{p}_{分子}$ 的方向由负电的"重心"指向正电的"重心".按 $\boldsymbol{p}_{分子}$ 是否为零,将电介质分子区分为**有极分子**和**无极分子**两类.有极分子的正、负电"重心"不重合,$\boldsymbol{l}\neq 0$,固有电偶极矩 $\boldsymbol{p}_{分子}\neq 0$;无极分子的正、负电"重心"重合,$\boldsymbol{l}=0$,固有电偶极矩 $\boldsymbol{p}_{分子}=0$.下面的例子是电介质分子电偶极子模型的现代说明.

例如,所有惰性气体如氦(He)、氖(Ne)等的分子都是无极分子.它们的最外层电子壳层已填满,电子分布球对称,可以等效于电量集中在球心的负点电荷,所以球心既是负电荷的"重心"又是带正电荷的原子核的"重心",两者重合,成为无极分子.此外,有些双原子分子如氮(N_2)、氢(H_2)、氯(Cl_2)以及甲烷(CH_4)等多原子分子,都是具有对称性的分子.如甲烷分子的四个氢原位于正四面体的四个顶点,碳原子位于四面体的中心,这些都是无极分子(见图2-12).

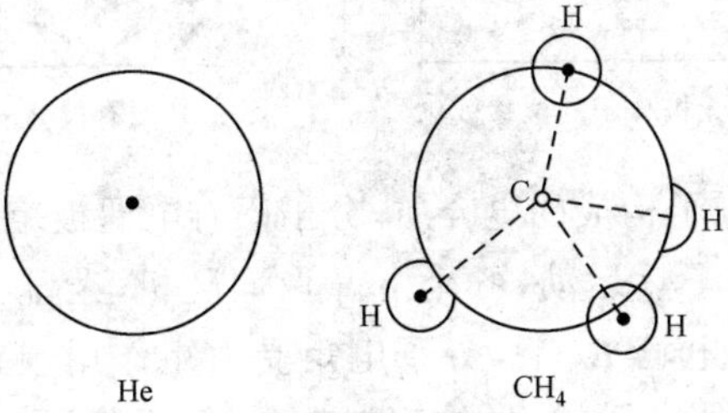

图 2-12 无极分子

例如,盐酸(HCl)、水(H_2O)、氨(NH_3)分子等,正、负电荷的"重心"错开一小段距离,都是有极分子(见图2-13).

对于无极分子构成的电介质,无外电场时 $\boldsymbol{p}_{分子}=0$,宏观上处处电中性.加外电场 $\boldsymbol{E}_0$ 后,分子中的正、负电荷受力相等反向,其"重

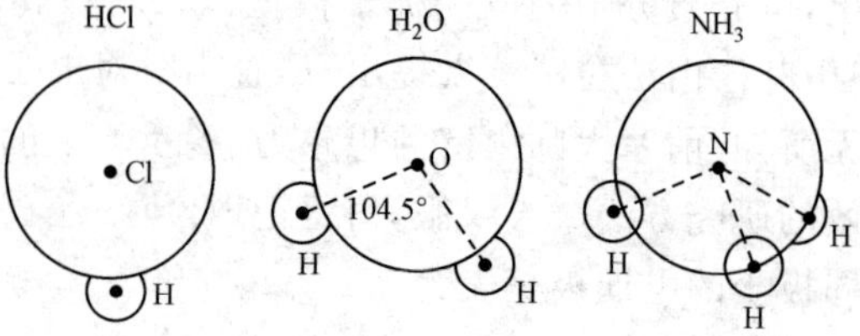

图 2-13　有极分子

心”被拉开微小距离，不再重合，使 $\boldsymbol{p}_{分子}\neq 0$ 并沿外场方向整齐排列. 这种在外电场作用下产生的分子电偶极矩称为感生电矩. 感生电矩随外电场的加强或减弱而增大或减小. 在电介质均匀的条件下，在电介质表面将出现宏观的面电荷分布（如图 2-14）. 如果电介质不均匀，还可能出现宏观的体电荷分布. 这种极化电荷的出现，来源于无极分子中正、负电荷“重心”的位移，称为**位移极化**.

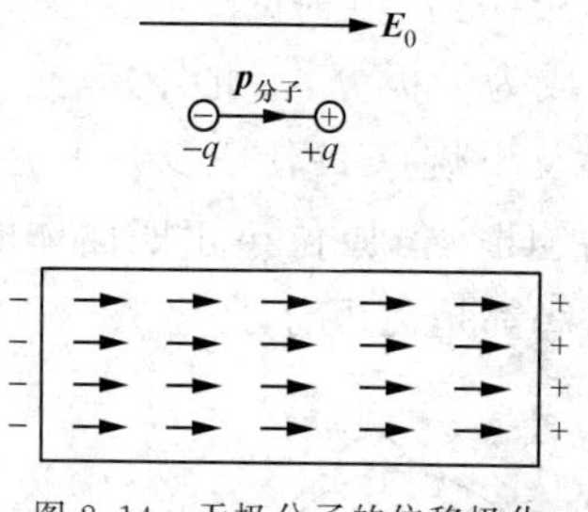

图 2-14　无极分子的位移极化

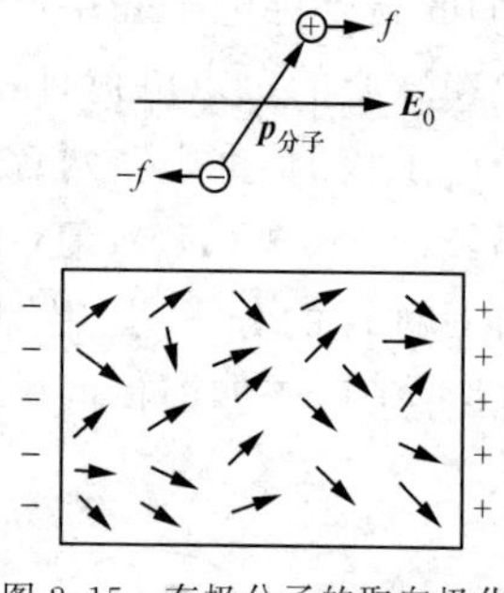

图 2-15　有极分子的取向极化

对于有极分子构成的电介质，分子固有电偶极矩 $\boldsymbol{p}_{分子}\neq 0$，无外电场时，由于分子热运动，各个 $\boldsymbol{p}_{分子}$ 取向随机，杂乱无章，宏观上处处电中性. 加外电场 $\boldsymbol{E}_0$ 后，分子电矩受力矩作用，趋向于沿外电场方向整齐排列，外电场越强，排列越整齐，结果如图 2-15 所示，会出现宏观的面电荷分布，如果介质不均匀，还可能出现宏观的体电荷分布. 这种极化电荷的出现，来源于有极分子固有电偶极矩空间取向的整齐排列，称为**取向极化**. 当然，对于有极分子构成的电介质，除取向极化外，同时还存在位移极化，但因前者的效应大于后者（约大一个数量级），通常强调前者.

- **极化的描绘——极化强度矢量 $\boldsymbol{P}$，极化电荷 q'，退极化场 $\boldsymbol{E}'$**

电介质分子的电偶极子模型、无极分子和有极分子的区分、位移极化和取向极化的图像，揭示了极化的微观机制，为电介质的极化提供了简明合理的定性解释. 应该循此继进，提出适当的定量描绘，为确立电介质的极化规律奠定基础.

为了定量地宏观地描绘电介质的极化，引入**极化强度矢量 $\boldsymbol{P}$**，定义为单位体积内分子电偶极矩的矢量和，即

$$\boldsymbol{P}=\frac{1}{\Delta V}\sum_{(\Delta V内)}\boldsymbol{p}_{分子}, \tag{2.10}$$

式中 ΔV 是宏观小微观大的体元，宏观量 $\boldsymbol{P}$ 的单位是 $\mathrm{C/m^2}$. 显然，$\boldsymbol{P}$ 的引入是以电介质分子的电偶极子模型为根据的，既适用于无极分子也适用于有极分子，既适用于位移极化也适用于取向极化. $\boldsymbol{P}$ 的分布(大小和方向)从宏观上定量地描绘了电介质各处的极化状况. 如果 $\boldsymbol{P}$ 处处相同，称为均匀极化，否则为非均匀极化. 注意，均匀极化是电介质均匀并且外加电场也均匀的结果.

电介质极化后，从原来的宏观上处处电中性变成出现了宏观的**极化电荷** q'，q' 又表现为极化电荷面密度 σ' 和极化电荷体密度 ρ' 的某种分布.

q'(或 σ'，ρ')当然会产生**附加的电场** $\boldsymbol{E}'$. 于是，在有电介质存在时，总电场 $\boldsymbol{E}$ 应是外加电场 $\boldsymbol{E}_0$ 与附加电场 $\boldsymbol{E}'$ 之和

$$\boldsymbol{E}=\boldsymbol{E}_0+\boldsymbol{E}'. \tag{2.11}$$

容易设想，在极化过程中，开始时外加电场引起极化，产生极化电荷和附加电场，附加电场与外加电场之和的总电场又改变了极化，经过相互影响、相互制约的复杂过程，最终达到静电平衡. 这时的总电场 $\boldsymbol{E}$ 决定了电介质的极化.

图 2-16 画出了均匀电介质球置于均匀外电场 $\boldsymbol{E}_0$(图(a))中，达到静电平衡后极化电荷产生的附加电场 $\boldsymbol{E}'$(图(b))，以及两者之和的总电场 $\boldsymbol{E}$(图(c)). 通常，在电介质内部 $\boldsymbol{E}'$ 往往与 $\boldsymbol{E}_0$ 反向，使电介质内部的总电场减小，起着削弱极化的作用，因而附加电场 $\boldsymbol{E}'$ 又称

为**退极化场**.但在电介质外部,$\boldsymbol{E}'$可使总电场得到加强.

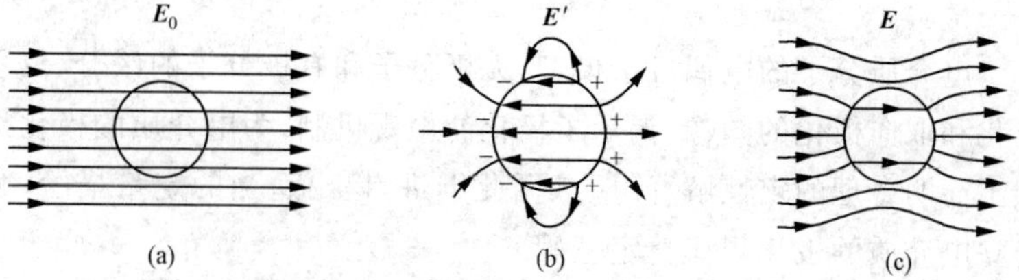

图 2-16　置于均匀外电场 $\boldsymbol{E}_0$ 中的均匀电介质球极化后产生的退极化场 $\boldsymbol{E}'$以及总电场 $\boldsymbol{E}$

不难看出,$\boldsymbol{P}$,q'(或 σ',ρ'),$\boldsymbol{E}'$(或 $\boldsymbol{E}$)三者从不同角度定量地描绘了电介质极化的后果,因此,三者之间理应存在着密切的关系,这些关系就是电介质极化遵循的规律.

- **极化强度矢量 $\boldsymbol{P}$ 和极化电荷 q' 的关系**

极化强度矢量 $\boldsymbol{P}$ 和极化电荷 q'或极化电荷体密度 ρ'的关系为

$$\oiint_{(S)} \boldsymbol{P} \cdot \mathrm{d}\boldsymbol{S} = -\sum_{(S内)} q', \tag{2.12}$$

或

$$\nabla \cdot \boldsymbol{P} = -\rho', \tag{2.13}$$

即极化强度矢量 $\boldsymbol{P}$ 经任意闭合曲面 S 的通量等于该闭合曲面内极化电荷总量的负值,或极化强度矢量的散度等于极化电荷体密度的负值.

证明　采用位移极化模型,设电介质极化后,每个分子的正电荷"重心"相对不动的负电荷"重心"位移了 $\boldsymbol{l}$,设正、负电荷的电量为 $\pm q$,设单位体积内有 N 个分子,则极化后,每个分子的电偶极矩 $\boldsymbol{p}_{分子}$以及电介质的极化强度矢量 $\boldsymbol{P}$ 分别为

$$\boldsymbol{p}_{分子} = q\boldsymbol{l},$$
$$\boldsymbol{P} = N\boldsymbol{p}_{分子} = Nq\boldsymbol{l}.$$

在已极化的电介质内部取面元矢量 $\mathrm{d}\boldsymbol{S}=\boldsymbol{n}\mathrm{d}S$,$\boldsymbol{n}$ 为面元的单位法线矢量.如图 2-17,因极化穿过 $\mathrm{d}S$ 的极化电荷所占据的体积是以 $\mathrm{d}S$ 为底、$l\cos\theta$ 为高的斜柱体,其体积为 $\mathrm{d}S \cdot l\cos\theta$,柱体中极化

电荷的总电量为

$$Nql\,\mathrm{d}S\cos\theta = Nq\boldsymbol{l}\cdot\mathrm{d}\boldsymbol{S} = \boldsymbol{P}\cdot\mathrm{d}\boldsymbol{S}.$$

上式表明,极化强度矢量 $\boldsymbol{P}$ 经面元 $\mathrm{d}S$ 的通量等于因极化穿过该面元的极化电荷的数量.

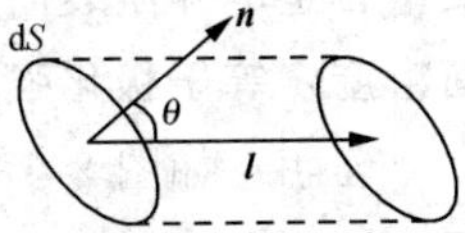

图 2-17 因极化穿过面元 dS 的极化电荷

在电介质内部任取闭合曲面 S,以曲面的外法线 $\boldsymbol{n}$ 的方向为正,则极化强度矢量 $\boldsymbol{P}$ 经整个闭合曲面 S 的通量应等于因极化穿出该闭合曲面的极化电荷总量 $\sum q'$. 根据电荷守恒定律,穿出 S 的极化电荷等于 S 内净余的等量异号极化电荷 $-\sum\limits_{(S内)} q'$,故

$$\oiint\limits_{(S)} \boldsymbol{P}\cdot\mathrm{d}\boldsymbol{S} = -\sum_{(S内)} q',$$

这就是(2.12)式.

设极化电荷的体密度为 ρ',则

$$\sum_{(S内)} q' = \iiint\limits_{(V)} \rho'\,\mathrm{d}V,$$

式中 V 是闭合曲面 S 包围的体积. 由以上两式,得

$$\oiint\limits_{(S)} \boldsymbol{P}\cdot\mathrm{d}\boldsymbol{S} = -\iiint\limits_{(V)} \rho'\,\mathrm{d}V,$$

利用矢量分析的高斯定理,得

$$\iiint\limits_{(V)} \nabla\cdot\boldsymbol{P}\,\mathrm{d}V = -\iiint\limits_{(V)} \rho'\,\mathrm{d}V,$$

故

$$\nabla\cdot\boldsymbol{P} = -\rho'.$$

这就是(2.13)式. 若电介质均匀极化,即 $\boldsymbol{P}$ 为常量,$\nabla\cdot\boldsymbol{P}=0$,则 $\rho'=0$,可见均匀极化的电介质内部无极化体电荷,极化电荷只能分布在电介质表面. 另外,可以证明:若均匀电介质(不要求均匀极化)内无自由电荷,则极化后其内部无净余的极化电荷,即 $\rho'=0$,极化电荷只能出现在电介质表面. 但非均匀电介质极化后,除极化面电荷外还可能有极化体电荷即 ρ' 可不为零.

极化强度矢量 $\boldsymbol{P}$ 与极化电荷面密度 σ' 的关系为

$$\sigma' = \boldsymbol{P}\cdot\boldsymbol{n} = P_n, \tag{2.14}$$

式中 $\boldsymbol{n}$ 是电介质表面外法线方向的单位矢量. 上式表明,**极化电荷的面密度 σ' 等于极化强度矢量在电介质表面的法向分量.**

证明　如图 2-18 所示,在电介质表面上,θ 为锐角处将出现一层正极化电荷,θ 为钝角处将出现一层负极化电荷,表面电荷层的厚度为 $|l\cos\theta|$,故电介质表面任意面元 $\mathrm{d}S$ 上因极化穿过 $\mathrm{d}S$ 的极化电荷的电量为

$$\mathrm{d}q' = \sigma'\mathrm{d}S = Nql\,\mathrm{d}S\cos\theta = Nq\boldsymbol{l}\cdot\mathrm{d}\boldsymbol{S} = \boldsymbol{P}\cdot\boldsymbol{n}\mathrm{d}S,$$

即

$$\sigma' = \boldsymbol{P}\cdot\boldsymbol{n} = P_n,$$

式中 P_n 是 $\boldsymbol{P}$ 沿电介质表面外法向 $\boldsymbol{n}$ 的投影. 若 $\theta<90°$, $\sigma'=P_n>0$,电介质表面的极化电荷为正电荷;若 $\theta>90°$, $\sigma'=P_n<0$,电介质表面的极化电荷为负电荷.

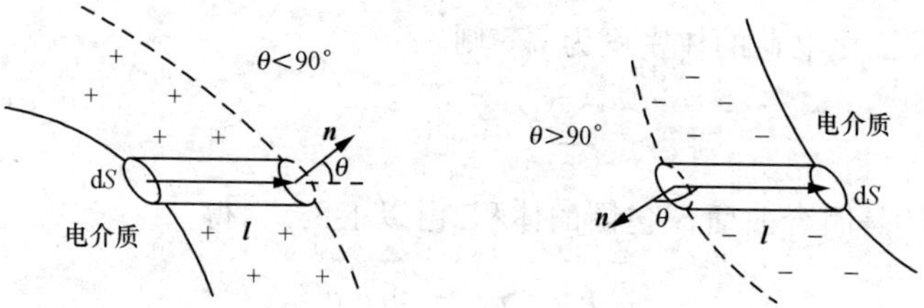

图 2-18　电介质表面 $\boldsymbol{P}$ 与 σ' 的关系

• 极化强度矢量 $\boldsymbol{P}$ 和总场强 $\boldsymbol{E}$ 的关系——极化规律

静电平衡后,一般说来,电介质的极化强度矢量 $\boldsymbol{P}$ 应由总电场 $\boldsymbol{E}$ 确定,其间的关系就是电介质的极化规律. 但由于电介质种类繁多,性质各异,这种关系的形式不会是统一的. 如果 $\boldsymbol{P}$ 与 $\boldsymbol{E}$ 成正比,即两者成线性关系,则称为**线性**电介质,有

$$\boldsymbol{P} = \varepsilon_0\chi_e\boldsymbol{E}. \tag{2.15}$$

式中的比例系数 χ_e 称为**电极化率**,是描绘电介质极化性质的物理量,与总场强 $\boldsymbol{E}$ 无关,χ_e 是一个无量纲的量. 上式是线性电介质遵循的极化规律,非线性电介质不满足上式. 如果电介质的极化性质各向同性,即与空间方位无关,则 χ_e 为标量;如果电介质均匀,则 χ_e 为

常量,对于非均匀电介质,χ_e 是电介质中各点坐标的函数.

• 各向异性电介质 铁电体

有些电介质的物理性质与方向有关,称为各向异性电介质.例如一些晶体材料(石英),各方向的极化性质有所不同,它们的极化规律虽然也是线性的,但与方向有关,$\boldsymbol{P}$ 和 $\boldsymbol{E}$ 的关系可表为

$$\begin{cases} P_x = \varepsilon_0 \chi_{xx} E_x + \varepsilon_0 \chi_{xy} E_y + \varepsilon_0 \chi_{xz} E_z, \\ P_y = \varepsilon_0 \chi_{yx} E_x + \varepsilon_0 \chi_{yy} E_y + \varepsilon_0 \chi_{yz} E_z, \\ P_z = \varepsilon_0 \chi_{zx} E_x + \varepsilon_0 \chi_{zy} E_y + \varepsilon_0 \chi_{zz} E_z, \end{cases} \tag{2.16}$$

式中的极化率为二阶张量,有 9 个分量,在直角坐标系中可用 3×3 的矩阵表示,为

$$\boldsymbol{\chi}_e = \begin{bmatrix} \chi_{xx} & \chi_{xy} & \chi_{xz} \\ \chi_{yx} & \chi_{yy} & \chi_{yz} \\ \chi_{zx} & \chi_{zy} & \chi_{zz} \end{bmatrix}.$$

于是,(2.16)式也可表为

$$\boldsymbol{P} = \varepsilon_0 \boldsymbol{\chi}_e \boldsymbol{E}. \tag{2.17}$$

由(2.16)式,若 $\boldsymbol{E}=E_x\boldsymbol{e}_i$,则 $\boldsymbol{P}$ 的三个分量均不为零,

$$\begin{cases} P_x = \varepsilon_0 \chi_{xx} E_x, \\ P_y = \varepsilon_0 \chi_{yx} E_x, \\ P_z = \varepsilon_0 \chi_{zx} E_x. \end{cases}$$

可见,对各向异性电介质,电场不仅能使它在场的方向上极化,也能同时使它在其他方向上极化.

若电场很强,$\boldsymbol{P}$ 还会与 $\boldsymbol{E}$ 的高次方有关,这时其间的关系是非线性的.

有一些特殊的电介质,如酒石酸钾钠($NaKC_4H_4O_6 \cdot 4H_2O$),钛酸钡($BaTiO_3$)等,$\boldsymbol{P}$ 和 $\boldsymbol{E}$ 的关系如图 2-19 所示,呈非线性、不一一对应、与极化历史有关、具有与铁磁体磁滞效应类似的电滞效应.还有一类电介质(如石蜡),当外电场撤消后,极化并不消失,与永磁体类似,它们称为驻极体.

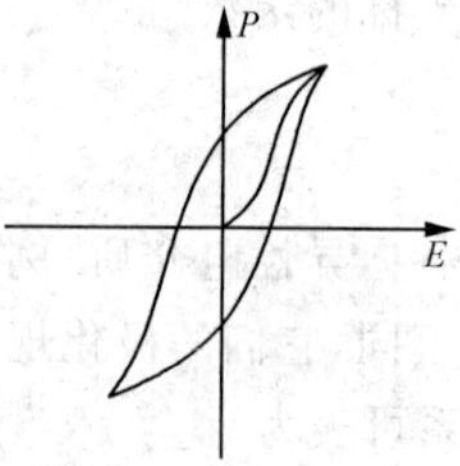

图 2-19 铁电体的极化规律

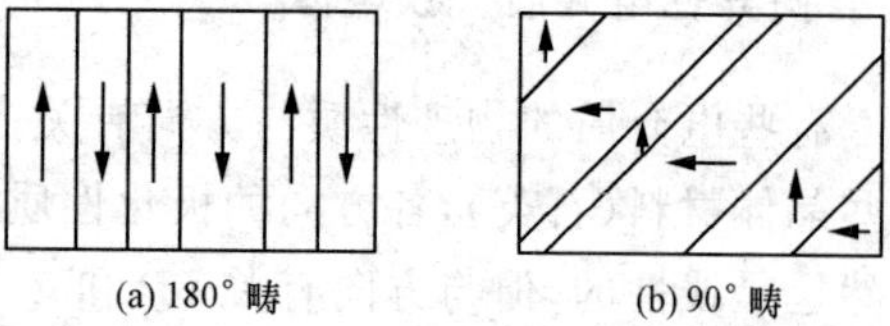

图 2-20 $BaTiO_3$ 晶片的电畴结构

铁电体内部有自发极化的小区域——电畴,其中极化均匀、方向相同,形成固有电矩.电畴不能任意取向,例如钛酸钡的自发极化方向是三个结晶轴的方向,如图 2-20 所示.

铁电体的特点是,极化率大,非线性效应强,有显著的温度依赖性和频率依赖性,有很强的压电效应和电致伸缩效应.铁电体作为一类重要的功能材料,在高科技中的应用日益广泛,除绝缘和储能外,还涉及换能、热电探测、电光调制、非线性光学、光信息存储和实时处理等.铁电体的研究发展很快,已经成为当代凝聚态物理学的重要分支——铁电体物理学.

- **例题**

例 2 试求均匀极化的电介质球表面上极化电荷的分布以及球心的退极化场.设极化强度为 $\boldsymbol{P}$.

解 如图 2-21,取球坐标系,球心 O 为原点,极轴 z 与 $\boldsymbol{P}$ 平行.由轴对称性,球面任一点 A 的极化电荷面密度 σ' 只与角 θ 有关,θ 就是 A 点的外法线 $\boldsymbol{n}$ 与 $\boldsymbol{P}$ 的夹角.由(2.14)式,

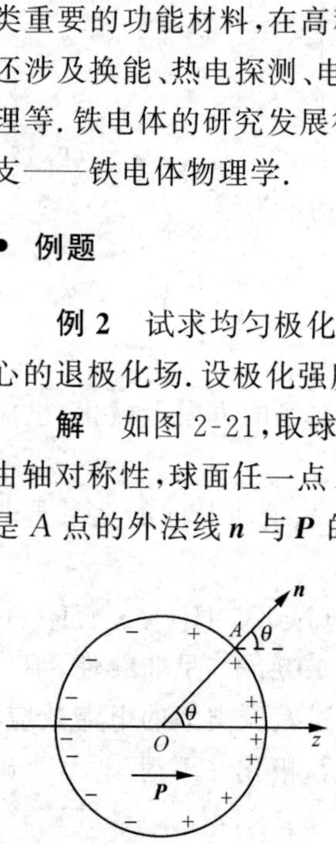

图 2-21 均匀极化的电介质球

$$\sigma' = P_n = P\cos\theta.$$

上式表明,σ' 随 θ 变,右半球 $\cos\theta>0$,σ' 为正;左半球 $\cos\theta<0$,σ' 为负;在 $\theta=0$ 或 π 处,$|\sigma'|$ 最大;在 $\theta=\pm\pi/2$ 处,$\sigma'=0$.

已知电荷分布后,可用场强叠加原理来求退极化场 $\boldsymbol{E}'$.由轴对称性,球心 O 点

的电场只有 z 分量,只需计算球面上各面元 $\mathrm{d}S$ 在球心 O 产生的元电场 $\mathrm{d}\boldsymbol{E}'$ 的 z 分量的代数和即可.

在球坐标系中,面元 $\mathrm{d}S=R^2\sin\theta\,\mathrm{d}\theta\mathrm{d}\varphi$, 其中 φ 为该面元的方位角, R 为球半径. 面元 $\mathrm{d}S$ 上的极化电荷为

$$\mathrm{d}q' = \sigma'\mathrm{d}S = P\cos\theta\,\mathrm{d}S = PR^2\cos\theta\sin\theta\,\mathrm{d}\theta\mathrm{d}\varphi.$$

由库仑定律, $\mathrm{d}q'$ 在球心 O 点产生的元电场的大小为

$$\mathrm{d}E' = \frac{1}{4\pi\varepsilon_0}\frac{\mathrm{d}q'}{R^2} = \frac{P}{4\pi\varepsilon_0}\cos\theta\sin\theta\,\mathrm{d}\theta\mathrm{d}\varphi.$$

$\mathrm{d}\boldsymbol{E}'$ 的方向从 $\mathrm{d}S$ 所在的 A 点指向球心 O 点,即 $\mathrm{d}\boldsymbol{E}'$ 与 z 轴的夹角为 $(\pi-\theta)$, 故 $\mathrm{d}\boldsymbol{E}'$ 的 z 分量为

$$\mathrm{d}E_z' = \mathrm{d}E'\cos(\pi-\theta) = -\frac{P}{4\pi\varepsilon_0}\cos^2\theta\sin\theta\,\mathrm{d}\theta\mathrm{d}\varphi.$$

整个球面的极化电荷在球心 O 点产生的退极化场为

$$E' = E_z' = \oiint_{\text{球面}}\mathrm{d}E_z' = -\frac{P}{4\pi\varepsilon_0}\int_0^{\pi}\cos^2\theta\sin\theta\,\mathrm{d}\theta\int_0^{2\pi}\mathrm{d}\varphi$$

$$= -\frac{P}{3\varepsilon_0}.$$

$\boldsymbol{E}'$ 的方向与极轴 z 相反,即与 $\boldsymbol{P}$ 反向,起着削弱极化的作用.

例 3 平行板电容器,极板面积为 S, 当两极板间为真空时,两极板上自由电荷的面密度为 $\pm\sigma_0$. 若维持 σ_0 不变,在两极板间充满均匀电介质,其极化率为 χ_e. 试求:(1) 电介质中的总场强 $\boldsymbol{E}$; (2) 充满电介质后电容器的电容 C.

解 两极板上的自由电荷在极板间产生的场强大小为

$$E_0 = \frac{\sigma_0}{\varepsilon_0},$$

$\boldsymbol{E}_0$ 的方向如图 2-22 所示.

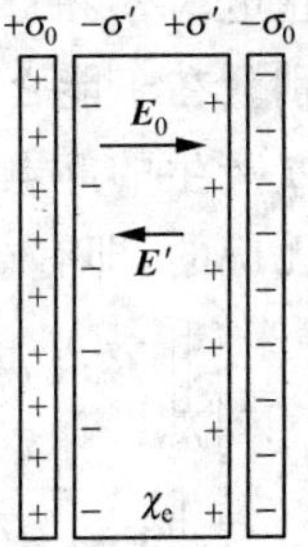

图 2-22 平行板电容器

充满均匀电介质后,在 $\boldsymbol{E}_0$ 的作用下电介质极化,极化电荷出现在垂直于 $\boldsymbol{E}_0$ 的表面上,设极化电荷面密度为 σ', 它在电介质中产生的退极化场的大小为

$$E' = \frac{\sigma'}{\varepsilon_0},$$

$\boldsymbol{E}'$与$\boldsymbol{E}_0$反向.故电介质内总场强的大小为

$$E = E_0 - E' = \frac{\sigma_0 - \sigma'}{\varepsilon_0},$$

式中$\sigma' = P = \varepsilon_0 \chi_e E$，代入上式，得

$$E = E_0 - \frac{P}{\varepsilon_0} = E_0 - \chi_e E,$$

故
$$E = \frac{E_0}{1+\chi_e} = \frac{\sigma_0}{\varepsilon_0(1+\chi_e)},$$

$\boldsymbol{E}$与$\boldsymbol{E}_0$同向.上式表明，充满电介质后，总电场$\boldsymbol{E}$是原电场$\boldsymbol{E}_0$与退极化场$\boldsymbol{E}'$的叠加，因$\boldsymbol{E}'$与$\boldsymbol{E}_0$反向，使总电场$E < E_0$.

由电容定义，充满电介质后，平行板电容器的电容为

$$C = \frac{Q_0}{U} = \frac{\sigma_0 S}{Ed} = \frac{(1+\chi_e)\sigma_0 S}{E_0 d} = \frac{(1+\chi_e)\sigma_0 S}{\dfrac{\sigma_0}{\varepsilon_0} d}$$

$$= (1+\chi_e)\frac{\varepsilon_0 S}{d} = (1+\chi_e) C_0.$$

可见，充满电介质后电容器的电容C是真空电容器电容C_0的$(1+\chi_e)$倍，电容增大了.

2.5 有电介质存在时的静电场

在第1章中，根据库仑定律和场强叠加原理证明了真空中静电场的高斯定理和环路定理，它们表明，真空中的静电场作为一个矢量场是有源无旋的.如果静电场中有电介质存在，就会出现极化电荷.极化电荷q'和自由电荷q_0都遵循库仑定律和场强叠加原理，其间的区别只在于能否宏观移动，因此，可以预料也可以同样证明，极化电荷q'产生的静电场$\boldsymbol{E}'$与自由电荷q_0产生的静电场$\boldsymbol{E}_0$一样，也是有源无旋的，即有

$$\begin{cases} \oint\!\!\oint_{(S)} \boldsymbol{E}_0 \cdot \mathrm{d}\boldsymbol{S} = \dfrac{1}{\varepsilon_0} \sum\limits_{(S内)} q_0, \\ \oint_{(L)} \boldsymbol{E}_0 \cdot \mathrm{d}\boldsymbol{l} = 0 \end{cases} \quad 和 \quad \begin{cases} \oint\!\!\oint_{(S)} \boldsymbol{E}' \cdot \mathrm{d}\boldsymbol{S} = \dfrac{1}{\varepsilon_0} \sum\limits_{(S内)} q', \\ \oint_{(L)} \boldsymbol{E}' \cdot \mathrm{d}\boldsymbol{l} = 0. \end{cases}$$

毋庸置疑，在有电介质存在时，总静电场 $\boldsymbol{E}=\boldsymbol{E}_0+\boldsymbol{E}'$ 必定仍是有源无旋的，其高斯定理和环路定理为

$$\begin{cases}\displaystyle\oiint_{(S)}\boldsymbol{E}\cdot\mathrm{d}\boldsymbol{S}=\frac{1}{\varepsilon_0}\sum_{(S内)}(q_0+q'),\\ \displaystyle\oint_{(L)}\boldsymbol{E}\cdot\mathrm{d}\boldsymbol{l}=0.\end{cases}\tag{2.18}$$

然而，由于 q' 和 $\boldsymbol{E}$ 互相牵扯，难于测量和控制，通常是未知的，因此，从场强的计算来说，以已知电荷分布为前提的场强叠加原理和高斯定理的方法遇到了麻烦，需要补充或附加有关电介质极化性质的已知条件才能克服这一困难.

利用 q' 和极化强度矢量 $\boldsymbol{P}$ 的关系(2.12)式，把(2.18)第一式改写为

$$\oiint_{(S)}\boldsymbol{E}\cdot\mathrm{d}\boldsymbol{S}=\frac{1}{\varepsilon_0}\sum_{(S内)}q_0-\frac{1}{\varepsilon_0}\oiint_{(S)}\boldsymbol{P}\cdot\mathrm{d}\boldsymbol{S},$$

即
$$\oiint_{(S)}(\varepsilon_0\boldsymbol{E}+\boldsymbol{P})\cdot\mathrm{d}\boldsymbol{S}=\sum_{(S内)}q_0.$$

定义辅助的物理量——**电位移矢量 $\boldsymbol{D}$**，为

$$\boldsymbol{D}=\varepsilon_0\boldsymbol{E}+\boldsymbol{P},\tag{2.19}$$

于是有
$$\oiint_{(S)}\boldsymbol{D}\cdot\mathrm{d}\boldsymbol{S}=\sum_{(S内)}q_0.\tag{2.20}$$

经过上述变换，把有电介质存在时的高斯定理(2.18)第一式改写为(2.20)式，称为 $\boldsymbol{D}$ 的高斯定理. 它表明，**有电介质存在时，通过电介质中任意闭合曲面的电位移通量，等于该闭合曲面所包围的自由电荷的代数和，与极化电荷无关.** 在 SI 单位制中，D 的单位是 $\mathrm{C/m^2}$. (2.20)式的好处是，若 q_0 已知，则 $\boldsymbol{D}$ 可求. 但是，由于 q' 未知，即 $\boldsymbol{P}$ 未知，即使求出了 $\boldsymbol{D}$ 仍无法从(2.19)式求出 $\boldsymbol{E}$ 来.

为了由 $\boldsymbol{D}$ 求出 $\boldsymbol{E}$，需要补充 $\boldsymbol{D}$ 和 $\boldsymbol{E}$ 的关系式，并需已知描述电介质极化性质的**极化率** χ_e. 对于线性各向同性电介质，由(2.15)式，$\boldsymbol{P}$ 和 $\boldsymbol{E}$ 的关系是

$$\boldsymbol{P}=\chi_e\varepsilon_0\boldsymbol{E},$$

代入(2.19)式，得

$$\boldsymbol{D} = \varepsilon_0 \boldsymbol{E} + \boldsymbol{P} = \varepsilon_0 (1 + \chi_e) \boldsymbol{E} = \varepsilon_0 \varepsilon_r \boldsymbol{E}, \tag{2.21}$$

式中 $\varepsilon_r = 1 + \chi_e$ 称为电介质的**相对介电常量或相对电容率**. 因此，有电介质存在时，描绘静电场性质并可用于计算场强的完备方程组(适用于线性各向同性介质)是

$$\begin{cases} \oiint\limits_{(S)} \boldsymbol{D} \cdot \mathrm{d}\boldsymbol{S} = \sum\limits_{(S内)} q_0, \\ \oint\limits_{(L)} \boldsymbol{E} \cdot \mathrm{d}\boldsymbol{l} = 0, \\ \boldsymbol{D} = \varepsilon_0 \varepsilon_r \boldsymbol{E}. \end{cases} \tag{2.22}$$

把(2.22)式与(2.18)式相比，静电场有源无旋的性质依旧，只是通过补充描绘电介质极化性质的介质方程((2.22)第三式)并需已知 χ_e 或 ε_r，才克服了 q' 未知的困难.

顺便指出，若 q' 未知，经场强叠加原理求 $\boldsymbol{E}$ 的方法失效，只能经高斯定理((2.22)第一式)求 $\boldsymbol{D}$，再由已知的 ε_r 求 $\boldsymbol{E}$. 用高斯定理求 $\boldsymbol{D}$ 要求很强的对称性，从而大大限制了可能求解的范围.

例 4 如图 2-23 所示，已知平行板电容器两极板间充满两层电介质，相对介电常量分别为 ε_{r1} 和 ε_{r2}，厚度分别为 d_1 和 d_2，$d_1 + d_2 = d$，两极板上自由电荷面密度为 $\pm\sigma_0$，极板面积为 S. 忽略边缘效应. 试求：

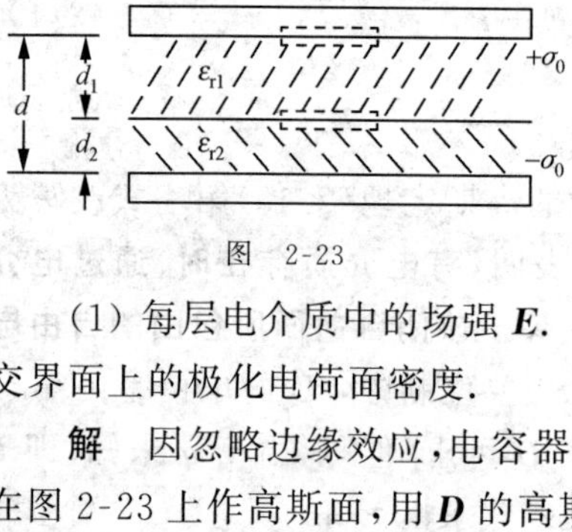

图 2-23

(1) 每层电介质中的场强 $\boldsymbol{E}$. (2) 电容器的电容 C. (3) 电介质交界面上的极化电荷面密度.

解 因忽略边缘效应，电容器中 $\boldsymbol{E}$ 和 $\boldsymbol{D}$ 的方向都与极板垂直. 在图 2-23 上作高斯面，用 $\boldsymbol{D}$ 的高斯定理求出

$$D_1 = D_2 = \sigma_0,$$

由 $\boldsymbol{D} = \varepsilon_0 \varepsilon_r \boldsymbol{E}$ 得出

$$E_1 = \frac{\sigma_0}{\varepsilon_0 \varepsilon_{r1}}, \qquad E_2 = \frac{\sigma_0}{\varepsilon_0 \varepsilon_{r2}}.$$

可见在两电介质的界面上，$\boldsymbol{D}$ 连续，$\boldsymbol{E}$ 突变.

两极板之间的电势差为

$$U_{12}=U_1-U_2=E_1d_1+E_2d_2=\frac{\sigma_0}{\varepsilon_0}\left(\frac{d_1}{\varepsilon_{r1}}+\frac{d_2}{\varepsilon_{r2}}\right),$$

电容器的电容为

$$C=\frac{Q_0}{U_{12}}=\frac{\sigma_0 S}{\dfrac{\sigma_0}{\varepsilon_0}\left(\dfrac{d_1}{\varepsilon_{r1}}+\dfrac{d_2}{\varepsilon_{r2}}\right)}=\frac{\varepsilon_0\varepsilon_{r1}\varepsilon_{r2}S}{\varepsilon_{r2}d_1+\varepsilon_{r1}d_2}.$$

两层电介质中的极化强度矢量分别为

$$\boldsymbol{P}_1=\chi_{e1}\varepsilon_0\boldsymbol{E}_1=\frac{\chi_{e1}}{\varepsilon_{r1}}\boldsymbol{D},\qquad \boldsymbol{P}_2=\chi_{e2}\varepsilon_0\boldsymbol{E}_2=\frac{\chi_{e2}}{\varepsilon_{r2}}\boldsymbol{D}.$$

在两层电介质的交界面处，由于介质 1 的外法线方向与 $\boldsymbol{D}$ 一致，所以极化电荷面密度为正，

$$\sigma_1'=P_{1n}=\frac{\varepsilon_{r1}-1}{\varepsilon_{r1}}\sigma_0>0,$$

电介质 2 表面的外法线方向与 $\boldsymbol{D}$ 相反，所以极化电荷面密度为负

$$\sigma_2'=P_{2n}=-\frac{\varepsilon_{r2}-1}{\varepsilon_{r2}}\sigma_0<0.$$

例 5　击穿场强.

实际的电介质中或多或少会有一些自由电荷，它们在外电场作用下也会运动，形成电流，表明电介质具有一定的电导率. 若电场较弱，电流可略，电介质仍是很好的绝缘体. 当电场增大并达到某一临界值时，许多分子电离，自由电荷剧增，电介质的电导率剧增，电流剧增，电介质从绝缘体变成导体，此即所谓介质击穿. **击穿场强**或**击穿电压**是电介质被击穿的临界场强或临界电压，这是充有电介质的电容器的重要性能指标之一.

如图 2-24 所示，已知球形电容器内外半径分别为 R_1 和 R_2，其间充满相对介电常量分别为 ε_{r1} 和 ε_{r2} 的两种均匀电介质，两电介质交界面的半径为 R.

(1) 试求电容器的电容.

(2) 若内外两层电介质的击穿场强分别为 E_1 和 E_2，且 $E_1<E_2$，为合理使用材

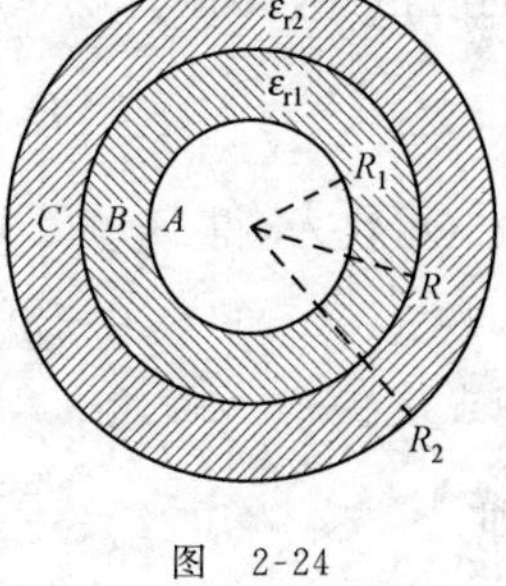

图　2-24

料,最好使两种电介质同时击穿.试求此时 R 的大小.

解　用 $\boldsymbol{D}$ 的高斯定理求出各区域的 D, E 如下:

$$r < R_1,\quad D_A = 0,\quad E_A = 0,$$

$$R_1 < r < R,\quad D_B = \frac{Q_0}{4\pi r^2},\quad E_B = \frac{Q_0}{4\pi\varepsilon_0\varepsilon_{r1} r^2},$$

$$R < r < R_2,\quad D_C = \frac{Q_0}{4\pi r^2},\quad E_C = \frac{Q_0}{4\pi\varepsilon_0\varepsilon_{r2} r^2}.$$

电容器两极板之间的电势差 U 和电容 C 为

$$U = \int_{R_1}^{R_2} \boldsymbol{E}\cdot \mathrm{d}\boldsymbol{l} = \int_{R_1}^{R} \boldsymbol{E}_B \cdot \mathrm{d}\boldsymbol{l} + \int_{R}^{R_2} \boldsymbol{E}_C \cdot \mathrm{d}\boldsymbol{l}$$

$$= \frac{Q_0}{4\pi\varepsilon_0}\left[\frac{1}{\varepsilon_{r1}}\left(\frac{1}{R_1} - \frac{1}{R}\right) + \frac{1}{\varepsilon_{r2}}\left(\frac{1}{R} - \frac{1}{R_2}\right)\right]$$

$$= \frac{Q_0}{4\pi\varepsilon_0}\left[\frac{R_1R_2(\varepsilon_{r1} - \varepsilon_{r2}) + (\varepsilon_{r2}R_2 - \varepsilon_{r1}R_1)R}{\varepsilon_{r1}\varepsilon_{r2}R_1R_2R}\right],$$

$$C = \frac{Q_0}{U} = \frac{4\pi\varepsilon_0\varepsilon_{r1}\varepsilon_{r2}R_1R_2R}{R_1R_2(\varepsilon_{r1} - \varepsilon_{r2}) + (\varepsilon_{r2}R_2 - \varepsilon_{r1}R_1)R}.$$

要求两种电介质内的场强同时达到击穿值 E_1,E_2(注意 $E_1 < E_2$).因电容器内为非均匀场,r 越小 E 越大,所以内层电介质 R_1 处最先达到击穿值,只要取 $r = R_1$ 处的场强为内层电介质的击穿场强 E_1, 即可确定加在电容器两极板的最大电量 Q_0,

$$E_1 = E_B\,|_{r=R_1} = \frac{Q_0}{4\pi\varepsilon_0\varepsilon_{r1}R_1^2},$$

即

$$Q_0 = 4\pi\varepsilon_0\varepsilon_{r1}R_1^2E_1.$$

对于外层电介质,应使 $r = R$ 处的场强刚好达到击穿场强 E_2, 以便同时击穿,故有

$$E_2 = E_C\,|_{r=R} = \frac{Q_0}{4\pi\varepsilon_0\varepsilon_{r2}R^2}.$$

把 Q_0 代入,得

$$R^2 = \frac{\varepsilon_{r1}R_1^2E_1}{\varepsilon_{r2}E_2},$$

即

$$R = \sqrt{\frac{\varepsilon_{r1}E_1}{\varepsilon_{r2}E_2}}R_1.$$

2.6 静电场的边界条件

· **D** 的法向分量连续　　　　· **E** 的切向分量连续

静电场基本方程的积分形式是(2.22)式,它的微分形式是

$$\begin{cases}\nabla\cdot\boldsymbol{D}=\rho_0,\\ \nabla\times\boldsymbol{E}=0,\\ \boldsymbol{D}=\varepsilon_0\varepsilon_r\boldsymbol{E}.\end{cases}\tag{2.23}$$

对于边界突变处,上式不适用,需代之以边界条件.从数学上说,上述偏微分方程组只在一定的边界条件下才能构成定解问题.从物理上说,边界条件是将积分形式(2.22)式用于两种介质的分界面上得出的,它给出了分界面两侧场量 **D** 和 **E** 应遵从的关系.

● D 的法向分量连续

如图 2-25,设分界面两侧介质 1 和 2 的相对介电常量分别为 ε_{r1} 和 ε_{r2},设分界面上无自由电荷,在分界面上作扁圆柱形高斯面,其上下底面与分界面平行,分别位于介质 1 和 2 中,面积为 ΔS,由 **D** 的高斯定理,因 $q_0=0$,有

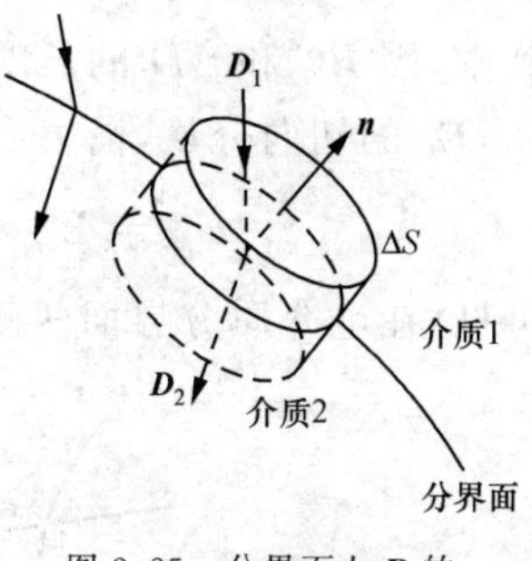

图 2-25　分界面上 **D** 的法向分量连续

$$\oiint\boldsymbol{D}\cdot d\boldsymbol{S}=\iint_{底面1}\boldsymbol{D}\cdot d\boldsymbol{S}+\iint_{底面2}\boldsymbol{D}\cdot d\boldsymbol{S}+\iint_{侧面}\boldsymbol{D}\cdot d\boldsymbol{S}=0.$$

因侧面积趋于零,上式第三项可略,故

$$\iint_{底面1}\boldsymbol{D}\cdot d\boldsymbol{S}+\iint_{底面2}\boldsymbol{D}\cdot d\boldsymbol{S}=\boldsymbol{D}_1\cdot\Delta\boldsymbol{S}+\boldsymbol{D}_2\cdot\Delta\boldsymbol{S}$$

$$=-D_{1n}\Delta S+D_{2n}\Delta S=0,$$

即
$$D_{1n}=D_{2n} \quad 或 \quad \boldsymbol{n}\cdot(\boldsymbol{D}_2-\boldsymbol{D}_1)=0, \tag{2.24}$$
其中,取分界面的单位法向矢量 $\boldsymbol{n}$ 从介质 2 指向介质 1. 上式表明,如果电介质表面没有自由电荷,则电位移矢量的法向分量连续.

又,因 $\boldsymbol{D}=\varepsilon_0\varepsilon_r\boldsymbol{E}$, 得
$$\varepsilon_{r1}\boldsymbol{E}_1\cdot\boldsymbol{n}=\varepsilon_{r2}\boldsymbol{E}_2\cdot\boldsymbol{n}.$$
因 $\varepsilon_{r1}\neq\varepsilon_{r2}$, 故
$$E_{1n}\neq E_{2n}.$$
可见,在电介质分界面两侧,$\boldsymbol{E}$ 的法向分量并不连续.

- **$\boldsymbol{E}$ 的切向分量连续**

如图 2-26, 在两种电介质的分界面上作窄矩形闭合回路 $ABCDA$, AB 和 CD 长 Δl, 分别在介质 1 和介质 2 中,与分界面平行且与分界面无限接近. 由静电场的环路定理,有
$$\oint\boldsymbol{E}\cdot d\boldsymbol{l}=\int_A^B\boldsymbol{E}\cdot d\boldsymbol{l}+\int_B^C\boldsymbol{E}\cdot d\boldsymbol{l}+\int_C^D\boldsymbol{E}\cdot d\boldsymbol{l}+\int_D^A\boldsymbol{E}\cdot d\boldsymbol{l}$$
$$=\int_A^B\boldsymbol{E}\cdot d\boldsymbol{l}+\int_C^D\boldsymbol{E}\cdot d\boldsymbol{l}=E_{1t}\Delta l-E_{2t}\Delta l=0,$$
其中,因 BC 和 AD 的长度趋于零,积分可略. 又因为 E_{1t}, E_{2t} 分别是 $\boldsymbol{E}_1$, $\boldsymbol{E}_2$ 的切向分量,消去 Δl, 得
$$E_{1t}=E_{2t} \quad 或 \quad \boldsymbol{n}\times(\boldsymbol{E}_2-\boldsymbol{E}_1)=0. \tag{2.25}$$
可见,在电介质分界面两侧,电场强度的切向分量连续.

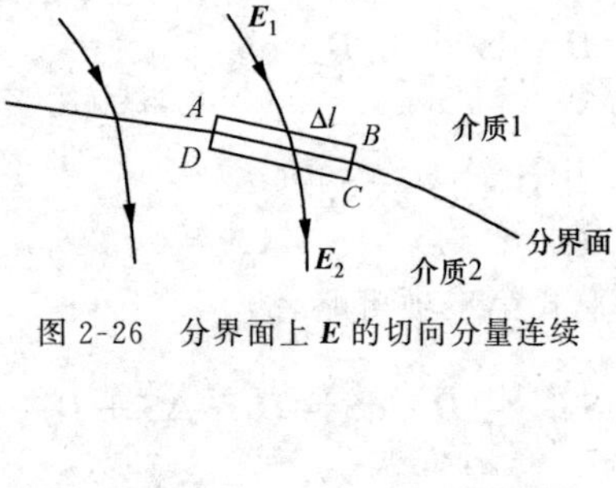

图 2-26 分界面上 $\boldsymbol{E}$ 的切向分量连续

2.7 带电体系的静电能

·带电体系的静电势能　　　　·静电场的能量

·电容器储存的静电能

能量概念特有的普遍性使之成为沟通物理学各个部门的有效手段和量度各种运动形式相互转化的定量工具.因此,从能量角度考察相关问题已经成为物理学各个部门的共同"习惯".随着能量家族成员的不断扩大,一幅既揭示联系又富有层次感的统一图画渐趋完善.

显然,带电体系的形成需要克服电力做功,相应的能量转换使带电体系具有静电势能.静电势能定域(储存)在同时产生的静电场之中,它就是静电场的能量,通常统称为**静电能**.

• 带电体系的静电势能

任何带电体系都可以看作是许多带电微元从远处移近聚集而成.如果把聚集前各带电微元相距很远时的静电势能取为零,则聚集后带电体系的静电势能应等于聚集过程中克服电场力所做的功.(注意,电场力做功与路径无关.)

对于若干个相隔一定距离的点电荷组成的带电体系,其静电势能包括各点电荷的自能和其间的相互作用能(互能)两部分.自能是形成各点电荷时克服电场力所做的功.互能是把各个已经形成的点电荷从相距很远处移近到一定距离时,克服彼此间的电场力所做的功.

1. 两个点电荷体系的互能

设两点电荷 q_1 和 q_2 位于 M 和 N 两点,相距 r_{12},组成带电体系.

先将 q_1 移到 M 点,因无电场,无需做功;再将 q_2 从远处移到与 q_1 相距 r_{12} 的 N 点,克服 q_1 的场 $\boldsymbol{E}_1$ 所做的功 A' 即为带电体系的互能

$$W_{互} = A' = -\int_{\infty}^{N} \boldsymbol{F}_{12} \cdot \mathrm{d}\boldsymbol{l} = -q_2\int_{\infty}^{N} \boldsymbol{E}_1 \cdot \mathrm{d}\boldsymbol{l}$$

$$= q_2 \cdot \frac{1}{4\pi\varepsilon_0} \frac{q_1}{r_{12}} = q_2 U_{12},$$

$$U_{12} = \int_N^{\infty} \boldsymbol{E}_1 \cdot \mathrm{d}\boldsymbol{l} = \frac{q_1}{4\pi\varepsilon_0 r_{12}},$$

式中U_{12}是q_1的电场在q_2所在位置的电势.

若将q_1与q_2的移动次序颠倒,同理可得

$$W_{\text{互}} = q_1 U_{21},$$

$$U_{21} = \int_M^{\infty} \boldsymbol{E}_2 \cdot \mathrm{d}\boldsymbol{l} = \frac{q_2}{4\pi\varepsilon_0 r_{21}},$$

式中U_{21}是q_2的电场在q_1所在位置的电势.

由以上两个$W_{\text{互}}$的表达式,两个点电荷体系的互能也可表为

$$W_{\text{互}} = \frac{1}{2}(q_1 U_{21} + q_2 U_{12}) = \frac{q_1 q_2}{4\pi\varepsilon_0 r_{12}}.$$

2. 多个点电荷体系的互能

设n个点电荷$(q_1, q_2, \cdots, q_n)$组成带电体系,其中q_i与q_j相距r_{ij}. 将各点电荷依序从远处移到所在位置,克服电场力所做的功依序为

$$A_1' = 0,$$

$$A_2' = q_2 U_{12} = \frac{q_1 q_2}{4\pi\varepsilon_0 r_{12}},$$

$$A_3' = q_3 (U_{13} + U_{23}) = \frac{1}{4\pi\varepsilon_0}\left(\frac{q_1 q_3}{r_{13}} + \frac{q_2 q_3}{r_{23}}\right),$$

$$\vdots$$

$$A_n' = q_n (U_{1n} + U_{2n} + \cdots + U_{n-1,n})$$

$$= \frac{1}{4\pi\varepsilon_0}\left(\frac{q_1 q_n}{r_{1n}} + \frac{q_2 q_n}{r_{2n}} + \cdots + \frac{q_{n-1} q_n}{r_{n-1,n}}\right).$$

当其中第i个点电荷从远处移到所在位置时,克服电场力所做的功为

$$A_i' = q_i (U_{1i} + U_{2i} + \cdots + U_{i-1,i})$$

$$= q_i \sum_{j=1}^{i-1} U_{ji} = \frac{q_i}{4\pi\varepsilon_0} \sum_{j=1}^{i-1} \frac{q_j}{r_{ji}},$$

式中U_{ji}是q_j的电场在与之相距为r_{ji}的q_i所在位置的电势.

因此，n 个点电荷体系的互能为

$$W_{互}=A'=A_1'+A_2'+\cdots+A_n'=\sum_{i=1}^{n}A_i'$$
$$=\sum_{i=1}^{n}q_i\sum_{j=1}^{i-1}U_{ji}=\frac{1}{4\pi\varepsilon_0}\sum_{i=1}^{n}q_i\sum_{j=1}^{i-1}\frac{q_j}{r_{ji}}$$
$$=\frac{1}{4\pi\varepsilon_0}\sum_{i=1}^{n}\sum_{j=1}^{i-1}\frac{q_iq_j}{r_{ij}}. \tag{2.26}$$

因 q_i 与 q_j 之间的相互作用能与两点电荷移动的先后次序无关（注意 $r_{ij}=r_{ji}$），即

$$q_iU_{ji}=q_jU_{ij}=\frac{1}{4\pi\varepsilon_0}\frac{q_iq_j}{r_{ij}}=\frac{1}{2}(q_iU_{ji}+q_jU_{ij}),$$

故有

$$W_{互}=A'=\frac{1}{2}\sum_{i=1}^{n}q_i\sum_{\substack{j=1\\(j\neq i)}}^{n}U_{ji}=\frac{1}{8\pi\varepsilon_0}\sum_{i=1}^{n}\sum_{\substack{j=1\\(j\neq i)}}^{n}\frac{q_iq_j}{r_{ji}}. \tag{2.27}$$

说明：得出(2.26)式时，n 个点电荷依序移入，式中 $A_i'=q_i\sum_{j=1}^{i-1}U_{ji}$ 是前$(i-1)$ 个点电荷已移入，将 q_i 移入时，克服电场力所做的功，然后再对 i 求和. 在(2.27)式中，$q_i\sum_{\substack{j=1\\(j\neq i)}}^{n}U_{ji}$ 项是除 q_i 外，其余$(n-1)$个点电荷均已就位，将 q_i 移入时，克服电场力所做的功，然后再对 i 求和. 为了说明(2.27)式中的 $\sum_{i=1}^{n}\sum_{\substack{j=1\\(j\neq i)}}^{n}\frac{q_iq_j}{r_{ij}}$ 项刚好是(2.26)式中 $\sum_{i=1}^{n}\sum_{j=1}^{i-1}\frac{q_iq_j}{r_{ij}}$ 项的两倍，以 5 个点电荷体系为例，如图 2-27 所示，用任意两点电荷之间的直线表示其一从远处移入时，克服电场力所做的功. 按(2.26)式，依序移入，如图(a)，做功为：21；31,32；41,42,43；51,52,53,54（数字为图上标的号）. 按(2.27)式，与顺序无关，如图(b)，做功为 12,13,14,15；21,23,24,25；31,32,34,35；41,42,43,45；51,52,53,54.

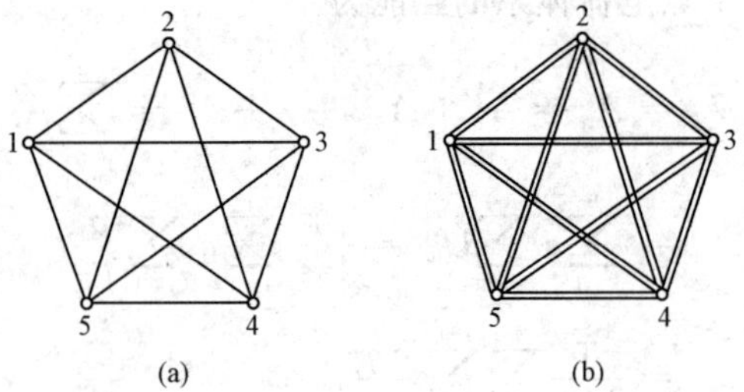

图　2-27

令
$$U_i = \sum_{\substack{j=1 \\ (j \neq i)}}^{n} U_{ji} = \frac{1}{4\pi\varepsilon_0} \sum_{\substack{j=1 \\ (j \neq i)}}^{n} \frac{q_j}{r_{ji}}, \tag{2.28}$$

U_i 表示除点电荷 q_i 外，其余 $(n-1)$ 个点电荷的电场在 q_i 所在位置的电势. 于是，

$$W_{互} = \frac{1}{2} \sum_{i=1}^{n} q_i U_i. \tag{2.29}$$

总之，n 个点电荷体系的相互作用能有三种等价的表达形式(2.26)，(2.27)，(2.29)式. (2.26)式是从 n 个点电荷中不重复地选出各种可能的配对 (q_i, q_j)，$W_{互}$ 就是所有这些配对能量 $\frac{q_i q_j}{4\pi\varepsilon_0 r_{ji}}$ 之和. (2.27)式是先选定某个点电荷 q_i，计算它与所有其余点电荷之间的相互作用能之和，尔后再对 i 求和，这样，每对点电荷之间的相互作用能被重复计算了两次，故需除以 2. (2.29)式是(2.27)式的等价表示，其优点是便于推广到电荷连续分布的情形，可以克服点电荷的自能为无穷大的困难，得出包括自能在内的带电体系总的静电势能公式.

3. 电荷连续分布带电体的静电势能

当带电体的电荷连续分布时，可将(2.29)式中的 q_i 改写为电荷微元 $\mathrm{d}q$，U_i 改写为 U，求和改写为积分，得

$$W_{\mathrm{e}} = \frac{1}{2} \int U \mathrm{d}q. \tag{2.30}$$

注意，从求和改为积分意味着带电体内的电荷已被无限分割，$\mathrm{d}q$ 是其中任一无限小的电荷微元，因此，(2.30)式中的 U 表示带电体全部电荷产生的电场在 $\mathrm{d}q$ 所在位置的电势，与此同时，(2.30)式中的

W_e 已经从(2.29)式中各点电荷之间的相互作用能 $W_互$(未计及各点电荷的自能)变成既包括各部分自能又包括其间相互作用能的总静电势能 W_e 了.

对于电荷的线、面、体分布,若线密度、面密度、体密度为 η,σ,ρ,则有

$$W_e=\frac{1}{2}\int\eta U\mathrm{d}l,\tag{2.31a}$$

$$W_e=\frac{1}{2}\iint\sigma U\mathrm{d}S,\tag{2.31b}$$

$$W_e=\frac{1}{2}\iiint\rho U\mathrm{d}V,\tag{2.31c}$$

积分范围遍及所有存在电荷的地方.

例 6 如图 2-28 所示,正六边形边长为 a,各顶点有固定正点电荷 q,中心有负点电荷 $-2q$. 试求该带电体系的互能 $W_互$.

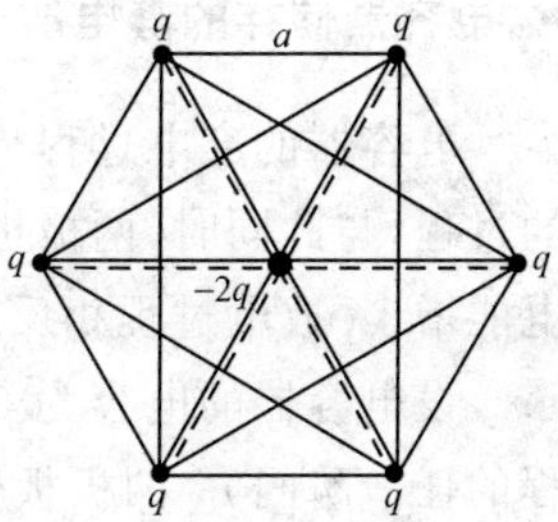

图 2-28

解 由(2.26)式,从这些点电荷中,不重复地选出各种可能的配对,则带电体系的互能就是这些配对能量之和.

两 q 相距为 a,共 6 对,互能为 $\frac{1}{4\pi\varepsilon_0}\frac{6q^2}{a}$;两 q 相距为 $2a$,共 3 对,互能为 $\frac{1}{4\pi\varepsilon_0}\frac{3q^2}{2a}$;两 q 相距为 $\sqrt{3}a$,共 6 对,互能为 $\frac{1}{4\pi\varepsilon_0}\frac{6q^2}{\sqrt{3}a}$;$q$ 与 $-2q$ 相距为 a,共 6 对,互能为 $\frac{1}{4\pi\varepsilon_0}\frac{-12q^2}{a}$. 故

$$W_互=\frac{1}{4\pi\varepsilon_0}\left(\frac{6q^2}{a}+\frac{3q^2}{2a}+\frac{6q^2}{\sqrt{3}a}-\frac{12q^2}{a}\right)$$

$$=\frac{q^2}{4\pi\varepsilon_0 a}\left(\frac{6}{\sqrt{3}}-\frac{9}{2}\right).$$

本题也可用(2.27)式求解,结果相同.

例 7 设原子核为均匀带电球体,半径为 R,电量为 Q,球外为真空. 试求其静电势能.

解　由高斯定理求出均匀带电球体的内外场强为

$$E=\begin{cases}\dfrac{1}{4\pi\varepsilon_0}\dfrac{Q}{R^3}r, & r<R,\\[2mm] \dfrac{1}{4\pi\varepsilon_0}\dfrac{Q}{r^2}, & r>R.\end{cases}$$

由上式求出球内电势为

$$U=\frac{Q}{8\pi\varepsilon_0}\left(\frac{3}{R}-\frac{r^2}{R^3}\right),\quad r<R.$$

由(2.31)式，原子核的静电势能为

$$W_e=\frac{1}{2}\iiint\rho U\,\mathrm{d}V=\frac{1}{4\pi\varepsilon_0}\cdot\frac{3Q^2}{5R}.$$

- **电容器储存的静电能**

电容器的充电过程是外力(如电源的非静电力)克服电场力做功的过程，与此同时，两极板上等量异号电荷增加、其间电场增强、储存电能增多.放电过程相反.

设电容器的电容为 C，设两极板从 0 充电到 $\pm Q$，设在充电过程的任一瞬间 t，两极板带电 $\pm q(t)$，其间电压为 $u(t)=q(t)/C$，经 $\mathrm{d}t$ 时间后，两极板电量增加 $\pm\,\mathrm{d}q$，则在此元过程中，电源做功 $u(t)\mathrm{d}q$，于是，整个充电过程电源所做的功即电容器储存的静电能，亦即这个特殊的带电体系的静电势能为

$$\begin{aligned}W_e&=\int_0^Q u(t)\,\mathrm{d}q=\int_0^Q\frac{q(t)}{C}\mathrm{d}q\\&=\frac{1}{2}\frac{Q^2}{C}=\frac{1}{2}CU^2=\frac{1}{2}QU,\end{aligned}\tag{2.32}$$

后两个等式用到 $C=Q/U$ 的关系，式中 U 是电容器两极板带电 $\pm Q$ 时的电压(电势差).

顺便指出，上述(2.32)式也可由(2.30)式 $W_e=\dfrac{1}{2}\displaystyle\int U\mathrm{d}q$ 得出.在(2.30)式中，U 是带电体系全部电荷产生的电场在 $\mathrm{d}q$ 所在位置的电势，把它用于电容器，设两极板带电 $\pm Q$，电势分别为 U_+ 和 U_-，则有

$$W_e = \frac{1}{2}\int U\mathrm{d}q = \frac{1}{2}\int_0^Q U_+ \,\mathrm{d}q + \frac{1}{2}\int_0^{-Q} U_- \,\mathrm{d}q$$

$$= \frac{1}{2}(U_+ - U_-)Q = \frac{1}{2}QU,$$

式中$\frac{1}{2}QU$中的$U=U_+-U_-$是电容器两极板之间的电压，与$W_e=\frac{1}{2}\int U\mathrm{d}q$中表示电势的$U$含义不同.

请注意有关公式的主从关系以及类似符号的区别.

- **静电场的能量**

如上所述，带电体系（包括充电的电容器）具有静电势能，那么，这种电能究竟储存（或定域）在何处？对此，曾有两种回答. 其一认为，电能储存在电荷上；另一认为，电能储存在静电场中，电能就是静电场的能量. 这一分歧进一步发展为，静电场究竟是客观存在的特殊形式的物质抑或只是一种描绘电作用的手段. 然而，在静止条件下，由于电荷与电场必定共存，无从鉴别. 第8章将指出，变化的电磁场以电磁波形式传播，电磁波可以脱离电荷、电流单独存在，电磁波携带的电磁能可以转化为声能（如收音机）和光能（如电视机），电磁波甚至还可以与实物粒子相互转化，等等. 据此，可以断定，电能（和磁能）储存在有电场（和磁场）的空间之中，电能（和磁能）就是电场（和磁场）的能量，电场（和磁场）是特殊形式的物质.

为了和上述结论相适应，下面给出以场强 $\boldsymbol{E}$ 表示的静电场能量公式.

以平行板电容器为例. 设两极板带电$\pm Q_0$，面积为S，间距为d，电压为U，其间充满相对介电常量为ε_r的线性各向同性介质，由(2.32)式，得

$$W_e = \frac{1}{2}Q_0U = \frac{1}{2}\sigma_0 SEd = \frac{1}{2}DESd = \frac{1}{2}DEV.$$

式中E和D分别是两极板间的电场强度和电位移，σ_0是极板上自由电荷的面密度，$V=Sd$是两极板间的体积，式中用到$D=\sigma_0$的关系.

单位体积电场具有的能量称为电能密度w_e，

$$w_e = \frac{1}{2}DE = \frac{1}{2}\boldsymbol{D}\cdot\boldsymbol{E} = \frac{1}{2}\varepsilon_0\varepsilon_r E^2, \tag{2.33}$$

式中用到线性各向同性介质的介质方程 $\boldsymbol{D}=\varepsilon_0\varepsilon_r\boldsymbol{E}$，又因在各向同性介质中 $\boldsymbol{D}$ 与 $\boldsymbol{E}$ 方向一致，故 $DE=\boldsymbol{D}\cdot\boldsymbol{E}$.

当空间电场不均匀时，总电能为电能密度 w_e 的体积分，即

$$W_e = \iiint w_e \mathrm{d}V = \iiint \frac{1}{2}\boldsymbol{D}\cdot\boldsymbol{E}\mathrm{d}V, \tag{2.34}$$

上式是借助于平行板电容器的特例得出的，但却是普遍适用的电场能量公式.

例 8　设原子核是均匀带电球体，半径为 R，带电量为 Q，球外真空，试求原子核的静电能.

解　球内外的场强为

$$E = \begin{cases} \dfrac{1}{4\pi\varepsilon_0}\dfrac{Q}{R^3}r, & r<R, \\ \dfrac{1}{4\pi\varepsilon_0}\dfrac{Q}{r^2}, & r>R, \end{cases}$$

静电能为

$$W_e = \iiint w_e \mathrm{d}V = \iiint \frac{1}{2}\varepsilon_0 E^2 \mathrm{d}V = \frac{1}{4\pi\varepsilon_0}\frac{3Q^2}{5R}.$$

习　题

2.1　试证明(1) 两个无限大平行带电导体板相对两面上的电荷面密度总是大小相等而符号相反；相背的两面上的电荷面密度总是大小相等而符号相同.(2) 若平行板电容器两极板上分别带等量异号的电荷，则静电平衡后，全部电荷必均匀分布在两极板的内表面(即相对的表面)，但相背的两面上电荷密度为零.

2.2　如图，三块平行金属板 A,B 与 C，面积都是 200 cm²，A 与 B 相距 4.0 mm，A 与 C 相距 2.0 mm，B 和 C 两板接地.使 A 板带正电 3.0×10^{-7} C，忽略边缘效应.(1) 试求 B 板和 C 板上的感应电荷；(2) 以地的电势为零，试求 A 板电势.

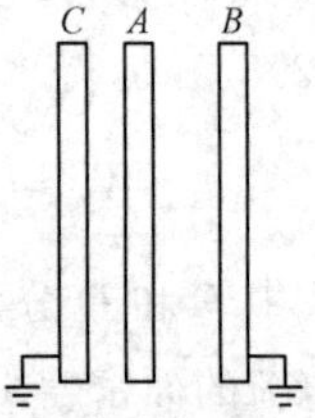

习题　2.2

2.3　如图，点电荷 q 放置在导体球壳的中心，$q=4\times10^{-10}$ C，球壳内外半径分别是 $R_1=2$ cm，$R_2=3$ cm. 试求：(1) 导体球壳的电势；(2) 离球心 $r=1$ cm 处的电势；(3) 把点电荷移到离球心 1 cm 处时，导体球壳的电势.

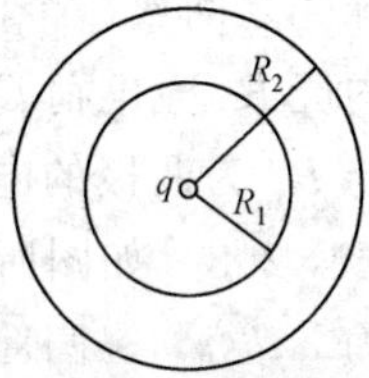

习题　2.3

2.4　如图，半径为 R_1 的导体球带有电荷 q，球外同心地放一不带电的导体球壳，球壳的内、外半径为 R_2，R_3. 试求：(1) 球壳内、外表面上的电荷以及球壳的电势；(2) 将球壳接地时，它的电荷分布及电势；(3) 设球壳离地面很远，将接地线拆掉后，使内球接地，这时内球的电荷以及外球壳的电势分别为多大？

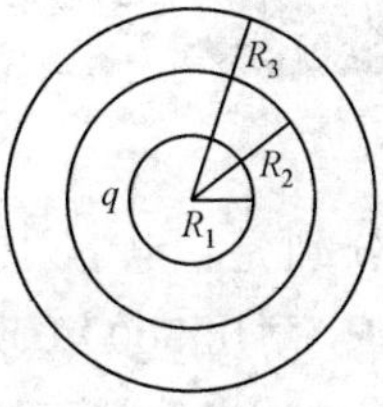

习题　2.4

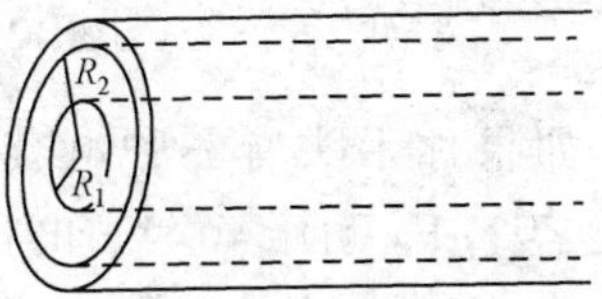

习题　2.5

2.5　如图，同轴传输线由两个很长的、彼此绝缘的同轴金属直圆筒构成，设内圆筒的电势为 U_1，外半径为 R_1，外圆筒的电势为 U_2，内半径为 R_2. 试求离轴为 r 处的电势($R_1<r<R_2$).

2.6　如图，平行板电容器两极板的面积为 S，相距 d，将一厚度为 t 面积为 $S/2$ 的金属片插入电容器，位置如图所示，忽略边缘效应，试求插入金属片后电容器的电容.

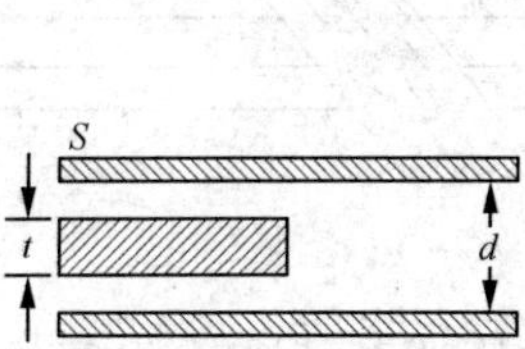

习题　2.6

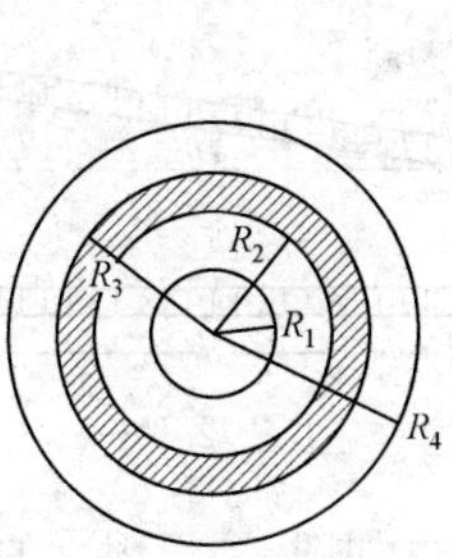

习题　2.7

2.7　如图，球形电容器内外两球的半径分别为 R_1 和 R_4，在两球壳之间放一个内外半径分别为 R_2 和 R_3 的同心导体球壳.(1) 给内壳 R_1 充电荷 Q, 试求 R_1 与 R_4 两壳之间的电势差;(2) 试求以 R_1 与 R_4 为两极的电容器的电容.

2.8 如图所示，三个共轴的金属圆筒，长度都是 l，半径分别为 a,b,c，三圆筒的厚度均可略,其间都是空气.现将内外两圆筒连在一起作为电容器的一极,中间圆筒作为另一极,忽略边缘效应.(1) 试求该电容器的电容 C;(2) 设 $l=10\,\text{cm}$, $a=3.9\,\text{mm}$, $b=4.0\,\text{mm}$, $c=4.1\,\text{mm}$, 试计算 C 的值.

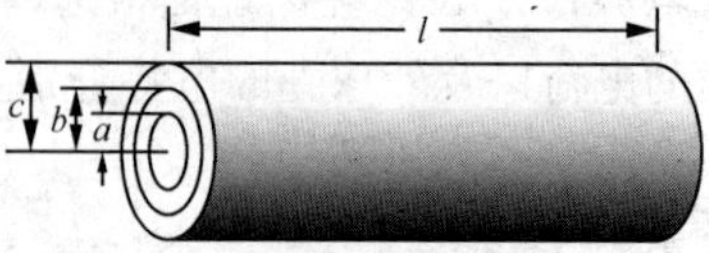

习题　2.8

2.9 如果你手头有三种电容器,分别是: 电容 10 μF,耐压 1000 V; 电容 2 μF, 耐压 400 V; 电容 8 μF, 耐压 500 V.现需要电容 5 μF, 耐压 800 V 的等效电容器,试问应将上述电容器怎样连接才能符合要求?

2.10 如图,电容器两极板是边长为 a 的正方形,两极板夹角 θ. 试证明当 $\theta \ll d/a$ 时,忽略边缘效应,电容器的电容为

$$C=\frac{\varepsilon_0 a^2}{d}\left(1-\frac{a\theta}{2d}\right).$$

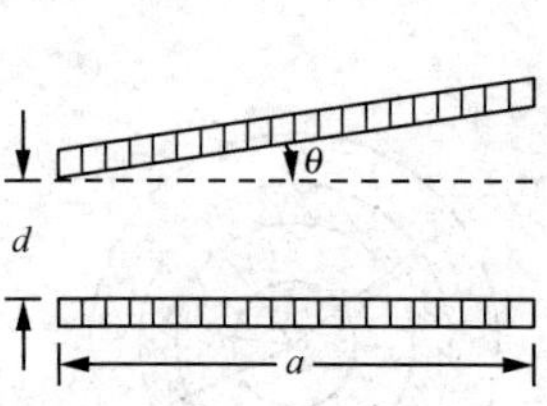

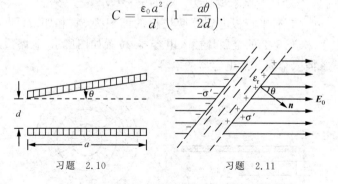

习题　2.10

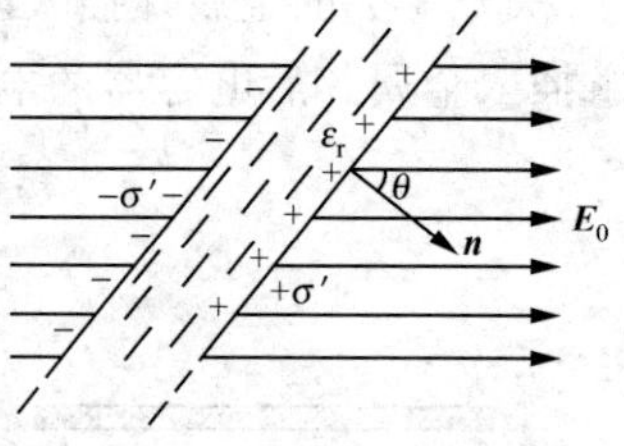

习题　2.11

2.11 如图,一无限大的均匀介质平板,相对介电常量为 ε_r, 放在电场强度为 $\boldsymbol{E}_0$ 的均匀外电场中,板面法线与 $\boldsymbol{E}_0$ 夹角 θ, 试求板面上极化电荷的面密度.

2.12　如图，平行板电容器两极板相距为 d，面积为 S，电势差为 U，其中放有一块厚为 t，面积为 S，相对介电常量为 ε_r 的介质板，介质两边都是空气，设空气的相对介电常数为 1，忽略边缘效应. 试求：(1) 介质中的电场强度 $\boldsymbol{E}$，极化强度 $\boldsymbol{P}$ 和电位移矢量 $\boldsymbol{D}$；(2) 极板上的电量 Q；(3) 极板和介质间隙中的场强；(4) 电容 C.

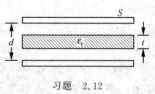

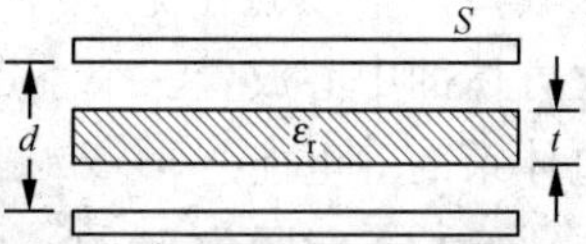

习题　2.12

2.13　如图，半径为 R 的导体球带电荷 Q，球外有一层同心球壳的均匀介质，其内外半径分别为 a 和 b，相对介电常量为 ε_r. 试求：(1) 介质内外的电位移矢量 $\boldsymbol{D}$，电场强度 $\boldsymbol{E}$；(2) 介质内的极化强度 $\boldsymbol{P}$ 和表面上的极化电荷面密度 σ'；(3) 介质内的极化电荷体密度 ρ'.

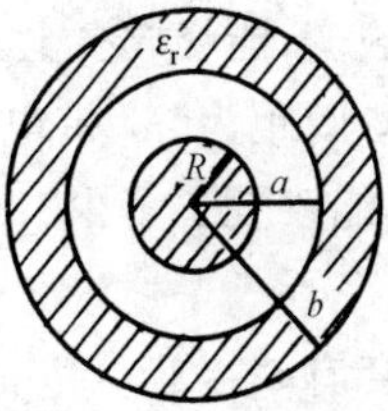

习题　2.13

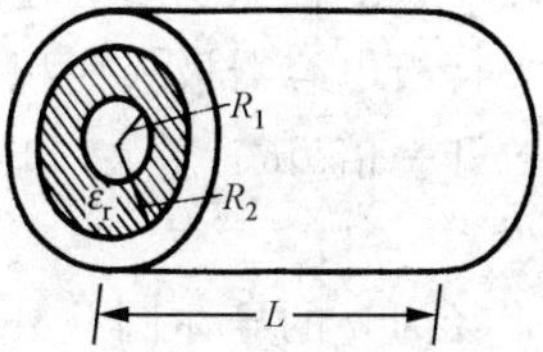

习题　2.14

2.14　如图，圆柱形电容器由半径为 R_1 的导线以及与它同轴的导体圆筒构成，圆筒半径为 R_2，长为 L，其间充满相对介电常量为 ε_r 的均匀介质. 设沿轴线单位长度上导线的电荷为 λ，圆筒的电荷为 $-\lambda$，忽略边缘效应. 试求：(1) 介质中的电位移矢量 $\boldsymbol{D}$，电场强度 $\boldsymbol{E}$ 和极化强度 $\boldsymbol{P}$；(2) 两极间的电势差；(3) 介质表面的极化电荷面密度 σ'；(4) 电容 C，并求 C 与真空时电容 C_0 之比.

2.15　圆柱形电容器内充满两层均匀介质，内层是 $\varepsilon_{r1}=4.0$ 的油纸，其内半径为 2.0 cm，外半径为 2.3 cm；外层是 $\varepsilon_{r2}=7.0$ 的玻璃，其外半径为 2.5 cm. 已知油纸的击穿场强为 120 kV/cm，玻璃的击穿场强为 100 kV/cm. 试求：(1) 当电压逐渐升高时，哪层介质先被击穿？(2) 该电容器能耐多高的电压？

2.16　如图，有一个边长为 a 的立方体，在其每一个顶点上放一个负点电荷 $-e$，在该立方体的中心放置一个正点电荷 $2e$. 试求此带电体系的静电能.

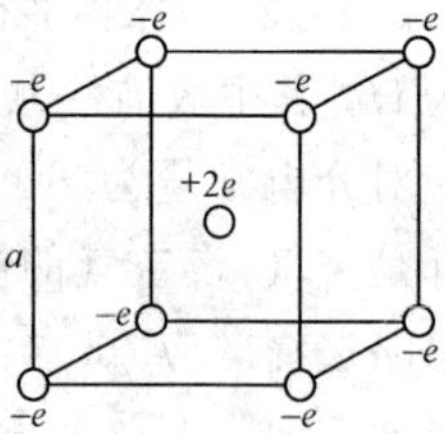

习题　2.16

2.17　半径为 R 的一个球形雨点(可看作导体)，带有电荷 Q，今将它打破成为两个完全相同的球形雨点并相距很远. 试问静电能改变了多少？

2.18　铀 235 原子核可当作半径为 $R=9.2\times10^{-15}$ m 的球，它共有 92 个质子，每个质子的电荷为 $e=1.6\times10^{-19}$ C，假定这些电荷均匀分布在原子核球体内. (1) 试求一个铀 235 原子核的静电能；(2) 当一个铀 235 原子核分裂成两个相同的均匀带电球体并相距很远时，试求释放的能量；(3) 1 kg 铀 235 按上述方式裂变，能释放多少能量？

2.19　平行板电容器极板面积为 S，间距为 d，带电为 $\pm Q$，现将极板间距拉开一倍. 试计算：(1) 静电能改变了多少？(2) 外力对极板做功多少？

2.20　半径为 a 的导体圆柱外面，套有一半径为 b 的同轴导体圆筒，长度都是 L，其间充满相对介电常量为 ε_r 的均匀介质. 圆柱带电 Q，圆筒带电 $-Q$，忽略边缘效应. (1) 试求整个介质内的电场总能量 W；(2) 试证明 $W=Q^2/2C$，式中 C 为圆柱和圆筒间的电容.

2.21　如图，平行板电容器极板面积为 S，两板间距为 d，接电源，板间电压为 U_0，充电后不断开电源，插入相对介电常量为 ε_r 的均匀介质，并充满电容器的一半，忽略边缘效应. 试求：(1) 电容器中的 $E_1, E_2, D_1, D_2, \sigma_1, \sigma_2$；(2) 与未插入介质时相比，系统能量的改变 ΔW；(3) 在此过程中，电源做了多少功？

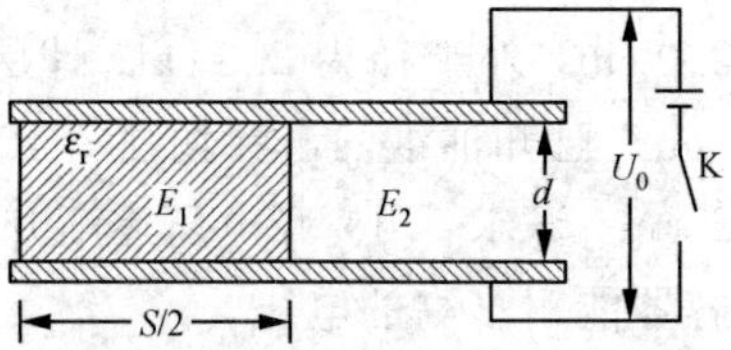

习题　2.21

3 直 流 电

3.1 电流的连续方程 恒定条件

·电流和电流密度矢量　　　·电流的连续方程 恒定条件

● 电流和电流密度矢量

电荷的流动形成**电流**.不随时间变化的电流称为**恒定电流**,也称**直流电**.

在导体(如金属,电解液)中,自由电荷(如自由电子,正、负离子)定向流动形成的电流称为**传导电流**.

在外电场作用下,电介质被极化,出现某种宏观的极化电荷分布.如果外电场发生了变化,虽然极化电荷都因被束缚不能宏观移动,但仍会有相应的微观移动,导致极化电荷宏观分布的变化,这种变化的宏观效果等价于出现了某种电流,称为**极化电流**.所以,极化电流只在非恒定条件下才有(参看第 8 章).

在外磁场作用下,磁介质被磁化,因其中分子电流的整齐排列而出现的宏观电流称为**磁化电流**.当然,分子中的电荷都被束缚不能宏观移动,磁化电流描绘的也是一种宏观效果(参看第 5 章).

为了比较电流的强弱,定义**电流 I 为单位时间通过任一横截面的电量**.若在 Δt 时间内通过任一横截面的电量为 Δq,则 $I=\dfrac{\Delta q}{\Delta t}$,取 $\Delta t\to 0$ 的极限,得

$$I=\frac{\mathrm{d}q}{\mathrm{d}t}. \tag{3.1}$$

电流是 MKSA 单位制中四个基本量之一，它的单位是**安培**，简称安，用 A 表示，其定义见第 4 章，常用的电流单位还有毫安（1 mA $=10^{-3}$ A）和微安（1 μA$=10^{-6}$ A）.

电流 I 是标量，未指明电流的方向，又只描绘通过某一横截面电流的整体特征，不够细致. 在通常的电路问题中，电流沿导线流动，用电流即可，但例如在电流经大块导体流动的情形，各处电流的大小和方向有所不同，形成电流分布，仅用电流 I 描绘就不够准确了. 为此，进一步引入电流密度矢量的概念.

某一点的**电流密度 $\boldsymbol{j}$ 是一个矢量，其方向为该点电流的方向**（通常规定正电荷流动的方向为电流的方向），**其大小为通过该点单位垂直截面的电流大小**，即

$$j=\frac{\mathrm{d}I}{\mathrm{d}S} \quad 或 \quad \mathrm{d}I=j\,\mathrm{d}S.$$

若截面元 $\mathrm{d}\boldsymbol{S}$ 的法线 $\boldsymbol{n}$ 与电流方向的夹角为任意的 θ，则

$$\mathrm{d}I=\boldsymbol{j}\cdot\mathrm{d}\boldsymbol{S}=j\,\mathrm{d}S\cos\theta. \tag{3.2}$$

通过任意截面 S 的电流 I 与电流密度矢量 $\boldsymbol{j}$ 的关系为

$$I=\iint\limits_{(S)}\boldsymbol{j}\cdot\mathrm{d}\boldsymbol{S}=\iint\limits_{(S)}j\cos\theta\,\mathrm{d}S. \tag{3.3}$$

上式表明，电流密度矢量 $\boldsymbol{j}$ 与电流 I 的关系，就是一个矢量场和它的通量的关系. 例如，在大块导体中，各点 $\boldsymbol{j}$ 的大小、方向不同，形成电流场（矢量场），可用电流线图示，它经任意曲面 S 的通量就是通过 S 的电流 I.

电流密度矢量的单位是安/米²（A/m²）.

• 电流的连续方程　恒定条件

电流的连续方程是电流场的基本性质，其实质是电荷守恒定律.

任取闭合曲面 S，根据电荷守恒定律，在任意 $\mathrm{d}t$ 时间内，从 S 面流出的电量应等于 S 面所包围体积 V 内电量的减少. 规定 S 面的外法线方向为正，则单位时间内从 S 面流出的电量为 $\oiint\limits_{(S)}\boldsymbol{j}\cdot\mathrm{d}\boldsymbol{S}$. 又单位

时间体积 V 内电量的减少为 $-\frac{dq}{dt}$，两者相等，得

$$\oint\!\!\!\oint_{(S)} \boldsymbol{j}\cdot d\boldsymbol{S} = -\frac{dq}{dt}. \tag{3.4}$$

这就是**电流连续方程的积分形式**，式中的负号表示减少. 上式表明，电流线在电荷发生变化的地方终止或发出. 例如，若闭合曲面 S 内有正电荷积累，即流入 S 的正电荷大于流出的正电荷，亦即进入 S 的电流线多于从 S 出来的电流线，则多余的电流线将在正电荷积累处终止.

利用 $q=\iiint_{(V)}\rho dV$，其中 ρ 是电荷的体密度，以及矢量分析的高斯定理(见附录二)，可将(3.4)式表为

$$\oint\!\!\!\oint_{(S)} \boldsymbol{j}\cdot d\boldsymbol{S} = \iiint_{(V)}(\nabla\cdot\boldsymbol{j})dV = -\iiint_{(V)}\frac{\partial\rho}{\partial t}dV,$$

即

$$\nabla\cdot\boldsymbol{j} = -\frac{\partial\rho}{\partial t}. \tag{3.5}$$

这就是**电流连续方程的微分形式**.

电流的连续方程为电荷守恒定律提供了定量表述.

恒定电流是指电流场不随时间变化，它要求电荷的空间分布不随时间变化，因而该电荷产生的电场是恒定电场，否则，如果电荷分布发生变化，电场必定随之变化，电流场不可能维持恒定. 因此，在恒定条件下，任意闭合曲面 S 内的电量不随时间变化，即 $dq/dt=0$，(3.4)式变为

$$\oint\!\!\!\oint_{(S)} \boldsymbol{j}\cdot d\boldsymbol{S} = 0. \tag{3.6}$$

这就是**电流恒定条件**的定量表述. 它表明，流入 S 的电量等于流出 S 的电量，即电流线连续地穿过闭合曲面所包围的体积，不能在任何地方中断. 换言之，**恒定电流的电流线**永远**是**首尾相接的**闭合曲线**. 由此，直流电路必定是闭合的，且在没有分支的电路中，电流处处相等.

与恒定电流相联系的恒定电场由不随时间变化的电荷产生，故恒定电场的空间分布不随时间变化，因此，静电场的高斯定理与环路定理以及电势和电压的概念都适用于恒定电场，换言之，作为矢量

场,两者的性质相同.然而,在静电场中导体的平衡条件是内部的场强处处为零,而在恒定电场中导体内的场强并不为零,且正是它推动电荷运动形成传导电流.可见恒定电场与静电场稍有不同,但往往笼统地都称之为静电场.

3.2 欧姆定律 焦耳定律

- 欧姆定律(积分形式)
- 电阻和电阻率
- 欧姆定律(微分形式)
- 焦耳定律
- 金属导电的经典微观解释

● 欧姆定律(积分形式)

1826 年德国物理学家欧姆(G. S. Ohm)从实验中发现:**在恒定条件下,通过一段导体的电流 I 和其两端的电压 U 成正比**,即

$$I \propto U.$$

这个结论称为欧姆定律.由此,可以定义描述导体导电性能的物理量**电阻**为

$$R = \frac{U}{I},$$

故

$$U = IR. \tag{3.7}$$

上式给出了任意一段导体电压、电流、电阻三者的关系,描述了一段有限长度、有限截面积导体的导电规律,称为**欧姆定律的积分形式**.

欧姆定律是电学的基本实验定律之一.

欧姆定律(积分形式)适用于包括金属、合金、电解液(酸、碱、盐的水溶液)在内的一些导电材料.然而,对于许多其他材料或元件,电压与电流呈非线性关系,欧姆定律并不适用,但通常仍可定义其电阻为 $R=U/I$,只是 R 不仅与材料或元件的性质有关,还与其中的电压、电流有关.

对于导体,欧姆定律(积分形式)不仅在恒定条件下适用,在非恒定但变化不太快的似稳条件下(并设导体自感可略)也适用(参看第 7 章).

● 电阻和电阻率

实验表明，导体的电阻与其性质及几何形状有关，对于由一定材料制成的粗细均匀的导体，若长为 l、横截面为 S，则其电阻为

$$R = \rho \frac{l}{S},$$

式中的比例系数 ρ 称为导体的**电阻率**，描述导体的导电性能. 若导体的截面 S 或电阻率 ρ 不均匀，应将上式改写为积分形式

$$R = \int \rho \frac{\mathrm{d}l}{S}. \tag{3.8}$$

实验表明，各种材料的电阻率都随温度变化，其中纯金属的电阻率随温度的变化比较规则，在温度不太低、温度变化范围不大时，电阻率与温度近似地遵循下述线性关系

$$\rho = \rho_0 (1 + \alpha t), \tag{3.9}$$

式中 ρ, ρ_0 分别是温度为 t 和 0℃时的电阻率，α 称为**电阻温度系数**，单位是$℃^{-1}$. 常用导电材料的 ρ, α 如表 3.1 所示.

表 3.1 常用导电材料的电阻率 ρ 和电阻温度系数 α

材料名称	$\rho/(\Omega \cdot \mathrm{mm}^2/\mathrm{m})$ (20℃)	$\alpha/℃^{-1}$ (0～100℃)
铜	0.0175	0.004
铝	0.026	0.004
钨	0.049	0.004
铸铁	0.50	0.001
钢	0.13	0.006
碳	10.0	−0.0005
锰铜($Cu_{84}+Ni_4+Mn_{12}$)	0.42	0.000 005
康铜($Cu_{60}+Ni_{40}$)	0.44	0.000 005
镍铬铁($Ni_{66}+Cr_{15}+Fe_{19}$)	1.0	0.000 13
铝铬铁($Al_5+Cr_{15}+Fe_{80}$)	1.2	0.000 08

利用金属的电阻随温度变化的性质，可制成电阻温度计来测量温度. 例如，铂电阻温度计适用于－200～500℃，铜电阻温度计适用于－50～150℃，在此测温范围内，铂和铜的物理、化学性质比较稳

定，电阻随温度变化的线性关系比较好. 有些合金如康铜和锰铜的电阻温度系数特别小，常用来制作标准电阻.

固体的电阻率是其重要的电学性质之一，按 ρ 的大小，将固体区分为导体、绝缘体和半导体. 在室温下，金属导体的电阻率约为 $10^{-8}\sim10^{-5}\ \Omega\cdot\mathrm{m}$，绝缘体的电阻率约为 $10^{8}\sim10^{18}\ \Omega\cdot\mathrm{m}$，半导体的电阻率介乎两者之间约为 $10^{-5}\sim10^{8}\ \Omega\cdot\mathrm{m}$. 应该指出，绝缘体和半导体的电阻率随温度变化的规律与导体很不一样，通常，随着温度的升高，它们的电阻率急剧变小，且不遵循线性关系.

有些金属、合金、化合物在接近绝对零度的特定低温 T_c 下，其电阻率会突然减小到无法测量，这种现象称为超导电现象，T_c 称为正常态和超导态之间的转变温度(参看第 6 章).

电阻的倒数称为**电导** G，电阻率的倒数称为**电导率** σ，

$$G=\frac{1}{R},\qquad \sigma=\frac{1}{\rho}. \tag{3.10}$$

在国际单位制中，R, G, ρ, σ 的单位分别是欧姆(Ω)，西门子(S)，欧姆·米(Ω·m)，西门子/米(S/m)，$1\ \Omega=1\ \mathrm{V/A}$，$1\ \mathrm{S}=1\ \Omega^{-1}$.

• 欧姆定律(微分形式)

在导体中，电荷在电场的推动下流动形成电流，电流场 $\boldsymbol{j}$ 的分布与电场 $\boldsymbol{E}$ 的分布密切相关，其间的关系可由欧姆定律(积分形式)导出.

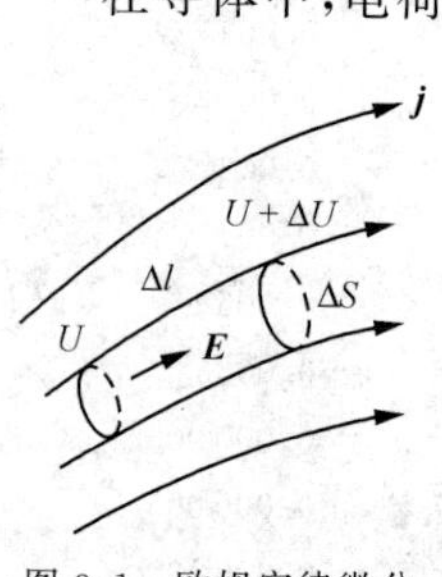

图 3-1 欧姆定律微分形式的推导

如图 3-1，在导体的电流场内任取一由电流线围成的小电流管，其长度为 Δl，垂直 $\boldsymbol{j}$ 的截面为 ΔS，两端的电势分别为 U 和 $U+\Delta U$，电流管中的电流为 ΔI. 由欧姆定律

$$\Delta I=\frac{-\Delta U}{R},$$

将

$$\Delta I=j\Delta S,\quad R=\rho\frac{\Delta l}{\Delta S}=\frac{\Delta l}{\sigma\Delta S},\quad E=\frac{-\Delta U}{\Delta l},$$

代入得 $j=\sigma E$，因 $\boldsymbol{j}$ 与 $\boldsymbol{E}$ 的方向一致[①]，故

$$\boldsymbol{j} = \sigma \boldsymbol{E}. \tag{3.11}$$

上式称为**欧姆定律**的**微分形式**. 式中 j 是导体中的传导电流密度，电导率 σ 是标量，σ 只与导体性质有关.

欧姆定律的微分形式(3.11)式适用于线性的各向同性的导体，对于线性的各向异性的导体，应将(3.11)式改写为 $\boldsymbol{j}=\boldsymbol{\sigma}\cdot\boldsymbol{E}$，其中 $\boldsymbol{\sigma}$ 是二阶张量，描述导体的导电性能随空间方位的变化. 对于非线性导体，虽仍可采用上式，但应注意 $\sigma(E)$ 不只取决于导体性质，还与场强 E 有关.

与欧姆定律的积分形式有所不同，其微分形式给出了点点对应的关系，不仅能更细致地描述导体的导电规律，而且不受恒定、似稳条件的限制，适用于一般的非恒定情形，更具普遍性.

• 焦耳定律

当电流通过一段电路时，从能量的角度看，电场力推动电荷运动做功，在做功的过程中，消耗的电势能转化为其他形式的能量，如热能、机械能、化学能等. 如果电路中只包括电阻，不包括例如电动机、电解槽等其他能量转换装置，则电场力所做的功全部转化为电阻材料的热能(内能)，并进而以热量的形式散发出去，这种现象称为**电流的热效应**.

设电路只含电阻 R，两端电压为 U，在 t 时间有电量 q 通过，设电场力所做的功 A 全部以热量 Q 的形式散发出去，则由能量转化和守恒定律，

$$Q = A = Uq = UIt, \tag{3.12}$$

式中 $I=q/t$ 是电路中的电流. 利用欧姆定律 $U=IR$，得

① $\boldsymbol{j}$ 的方向是电荷定向运动的方向即速度的方向，$\boldsymbol{E}$ 的方向是电荷所受电场力的方向即加速度的方向，一般说来两者并不一致. 但例如在金属中，与正离子的碰撞会使自由电子的定向运动速度降为零，正离子的密布又使自由电子两次相邻碰撞间行经的路程十分短小，可以认为自由电子的定向运动是在电场力作用下的初速为零的匀加速直线运动，于是 $\boldsymbol{j}$ 与 $\boldsymbol{E}$ 的方向相同. 参看本节末“金属导电的经典微观解释”.

$$Q = I^2Rt = \frac{U^2}{R}t. \tag{3.13}$$

这就是**电流热效应**的定量规律，1840 年首先由焦耳(J. P. Joule)从实验得出，称为**焦耳定律(积分形式)**，电流通过电阻时散发的热量 Q 称为**焦耳热**.

电场力在单位时间内推动电荷流动所做的功称为**电功率** $P_{电}$，$P_{电}=IU=A/t$. 电流通过电阻，单位时间向外散发的热量称为**热功率** $P_{热}$，$P_{热}=Q/t$. 如果电场力所做的功全部以热量散发出去，则 $P_{电}=P_{热}=P$，无需区分，即

$$P = \frac{A}{t} = \frac{Q}{t}, \tag{3.14}$$

把(3.13)式代入，得

$$P = I^2R = \frac{U^2}{R}. \tag{3.15}$$

如果电场力所做的功并未全部以热量散发出去，而是有一部分转化为各种形式的能量，则 $P_{电}>P_{热}$，应予区分.

单位体积内的热功率称为**热功率密度** p. 如图 3-1，在导体内取长为 Δl、截面面积为 ΔS(与 $\boldsymbol{j}$ 垂直)、体积为 $\Delta V=\Delta l\Delta S$ 的小电流管，则 t 时间内，电流在该小电流管上散发的热量为 $\Delta Q=I^2Rt$，相应的热功率密度为

$$p = \frac{P}{\Delta V}.$$

利用 $P=I^2R$，$I=j\Delta S$，$R=\dfrac{\Delta l}{\sigma\Delta S}$，$j=\sigma E$，得

$$p = \sigma E^2. \tag{3.16}$$

这就是**焦耳定律的微分形式**，因为它是点点对应的关系，与导体的形状、大小、是否均匀无关.

电烙铁、电炉、电烤箱、电热水器等就是利用电流热效应制成的. 但输电线路中散发的焦耳热却有害，它不仅造成电能浪费，降低传输效率，还会因散热不良导致升温烧坏绝缘层引起短路等，为了避免此类事故，需采取有效的冷却降温措施以及保护措施. 许多电学仪器规定额定功率或额定电流的原因也在于此.

- **金属导电的经典微观解释**

1900 年德鲁德(P. Drude)根据经典电子论、气体分子运动论和发现电子等成果,提出了金属的自由电子模型,建立了金属导电的微观机制,导出了欧姆定律和焦耳定律,并把电导率与微观量的平均值相联系.这就是金属导电的经典微观理论.

德鲁德认为,金属原子中束缚较弱的电子(价电子)可以脱离原子自由地在整块金属中运动,称为**自由电子**.原子中其余被束缚的电子与带正电的部分(原子核)构成正离子,正离子排列整齐形成晶格,在平衡位置附近作小振动.不加电压时,金属内部电场为零,由于大量自由电子在均匀正电背景下做无规则热运动,无宏观电流.加电压后,金属内部电场不为零,自由电子除无规则热运动外,因受电场作用而附加的定向运动导致宏观电流.自由电子与正离子的碰撞限制了定向速度的增加,对定向运动起破坏作用,使宏观电流受到了阻力,同时,损失的定向运动能量转化为正离子的热运动能量使其振动加剧,温度升高,导致电流的热效应.以上就是金属导电、存在电阻以及电流热效应的微观机制.

为了由上述微观机制得出定量规律,需要作一些简化的假设.(1) 在金属内加电场 $\boldsymbol{E}$ 后,假设所有自由电子都以平均定向速度 $\overline{\boldsymbol{u}}$ 做定向运动,即以具有平均性能的典型自由电子取代定向速度各异的实际自由电子.(2) 因与正离子碰撞后自由电子向各方向散射的概率大致相同,失去了定向运动的特征,可假设自由电子与正离子一次碰撞后,所获定向速度便丧失殆尽.(3) 除自由电子与正离子碰撞的瞬间外,忽略其间的相互作用,同样,自由电子之间的相互作用也忽略.

据此,自由电子在与正离子的某次碰撞后,其定向速度 $\boldsymbol{u}_0=0$.然后,由于正离子的密布,使自由电子两次相邻碰撞期间行经的路程十分短小,可以认为其间电场的大小、方向不变,于是自由电子的定向运动是在电场力作用下沿与电场相反方向做初速为零的匀加速直线运动,到下次碰撞前,它获得的定向速度 $\boldsymbol{u}_1$ 为

$$\boldsymbol{u}_1 = \boldsymbol{a}\bar{\tau} = \frac{-e}{m}\boldsymbol{E}\bar{\tau},$$

式中 $\bar{\tau}$ 是在相邻两次碰撞期间自由电子的平均自由飞行时间，$-e$ 和 m 是自由电子的电量和质量. 于是，在一个平均自由程内，自由电子的平均定向速度（也称**漂移速度**）为

$$\bar{\boldsymbol{u}} = \frac{1}{2}(\boldsymbol{u}_0 + \boldsymbol{u}_1) = \frac{1}{2}\boldsymbol{u}_1 = \frac{-e}{2m}\boldsymbol{E}\bar{\tau}.$$

设自由电子热运动的平均速率为 $\bar{v}$（注意，通常 $\bar{v}$ 约为 10^5 m/s，$\bar{u}$ 约为 10^{-4} m/s，自由电子的热运动速度远远大于其平均定向运动速度），平均自由程为 $\bar{\lambda}$，则

$$\bar{\tau} = \frac{\bar{\lambda}}{\bar{v}},$$

故

$$\bar{\boldsymbol{u}} = \frac{-e}{2m}\frac{\bar{\lambda}}{\bar{v}}\boldsymbol{E}. \qquad (*)$$

大量自由电子的定向运动形成电流，显然，电流密度 $\boldsymbol{j}$ 应与自由电子的平均定向速度 $\bar{\boldsymbol{u}}$ 和数密度（单位体积自由电子数）n 有关. 如图 3-2，在金属内取以 ΔS 为底面积、以 $\bar{u}\Delta t$ 为高的小电流管，则在 Δt 时间内因定向运动通过 ΔS 的自由电子就是此柱体内的全部自由电子，共 $n\bar{u}\Delta t\Delta S$ 个，每个自由电子的电量（绝对值）为 e，故在 Δt 时间内通过 ΔS 的电量为 $\Delta q = ne\bar{u}\Delta t\Delta S$，从而因定向运动引起的宏观电流密度为

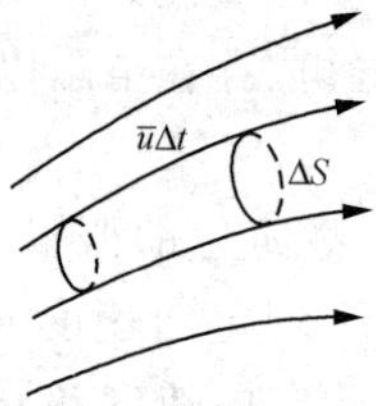

图 3-2 推导 $\boldsymbol{j}$ 与 $n, \bar{\boldsymbol{u}}$ 的关系

$$j = \frac{\Delta I}{\Delta S} = \frac{1}{\Delta S}\frac{\Delta q}{\Delta t} = \frac{ne\bar{u}\,\Delta t\Delta S}{\Delta S\Delta t} = ne\bar{u},$$

或

$$\boldsymbol{j} = -ne\bar{\boldsymbol{u}},$$

式中 $\boldsymbol{j}$ 的方向是正电荷定向运动的方向，因自由电子带负电，$\boldsymbol{j}$ 与 $\bar{\boldsymbol{u}}$ 反向，故加负号.

把 $\bar{\boldsymbol{u}}$ 的表达式（$*$）式代入，得

$$\boldsymbol{j} = \frac{ne^2}{2m}\frac{\bar{\lambda}}{\bar{v}}\boldsymbol{E}, \qquad (3.17)$$

上式表明，金属导体内的宏观电流密度 $\boldsymbol{j}$ 与场强 $\boldsymbol{E}$ 成正比，比例系

数是与 $\boldsymbol{E}$ 无关的常数，此即欧姆定律的微分形式. 与(3.11)式比较，得

$$\sigma = \frac{ne^2\bar{\lambda}}{2m\bar{v}}. \tag{3.18}$$

这样，根据经典微观理论不仅导出了欧姆定律，还给出了电导率 σ 与微观量平均值的关系.

因 $\bar{\lambda}$ 与温度 T 无关，而 $\bar{v} \propto \sqrt{T}$，故 $\sigma \propto \frac{1}{\sqrt{T}}$ 或 $\rho \propto \sqrt{T}$，解释了随着 T 升高 σ 减小 ρ 增大的事实. 但应指出，对于大多数金属 ρ 近似地与 T(而不是 $\sqrt{T}$)成正比，与经典理论的结果有所不同，反映了经典微观理论的不足，这一困难需用量子理论才能克服.

如上所述，自由电子与正离子碰撞前的平均定向运动动能为

$$E_k = \frac{1}{2}mu_1^2 = \frac{e^2\bar{\tau}^2}{2m}E^2.$$

自由电子在单位时间内与正离子的平均碰撞次数为 $\frac{1}{\bar{\tau}}$，自由电子的数密度为 n，故通过碰撞金属中单位体积内的正离子在单位时间内从自由电子的定向运动中获得的平均能量 p(若此能量全部以热量形式散发，则 p 即为热功率密度)为

$$p = \frac{n}{\bar{\tau}}E_k = \frac{ne^2\bar{\tau}}{2m}E^2, \tag{3.19}$$

于是经典的电子理论又导出了焦耳定律的微分形式(3.16)式.

3.3 电源的电动势

- 电源的电动势
- 电源的路端电压
- 电源的功率
- 直流电路中静电场的作用
- 温差电动势

• 电源的电动势

根据电流的恒定条件，恒定电流线必定是闭合的. 然而，只有静

电场不足以维持恒定电流，因为在静电场的作用下，正电荷从高电势处移向低电势处后不能返回，同时，在电阻上消耗的焦耳热也得不到补充．因此，为了维持恒定电流，除了静电场外，还必须有非静电力，它能使正电荷逆着电场力的方向运动，从低电势处返回高电势处，同时，非静电力做功，用其他形式的能量补偿焦耳热的损失．

所谓**非静电力是指除静电场力外，其他能对电荷起作用的力**．例如，在化学电池（干电池、蓄电池）中，非静电力是溶液中离子对极板的化学亲和力；在温差电源中，非静电力是与温度梯度和电子浓度梯度相联系的扩散作用；在发电机中，非静电力是磁场对运动电荷的洛伦兹力（见第 6 章）；在电子感应加速器中，非静电力是变化磁场产生的涡旋电场对电荷的作用力（见第 6 章）；等等．但是，例如万有引力就不是非静电力，因为它与电荷无关．

提供非静电力的装置称为**电源**．图 3-3 是直流电源的原理图．无负载时，电源内部在非静电力的作用下搬运电荷，形成积累正电荷的正极和积累负电荷的负极，同时产生静电场．图中正电荷所受非静电力的方向为⇐，正电荷所受静电场力的方向为→，两者反向，最终达到平衡，在两极间维持恒定电压．当电源两极与负载（电阻）接通后，电源外部（外电路）在静电场力的作用下正电荷从正极经负载流向负极，电源内部（内电路）在非静电力作用下，克服静电场力使正电荷从电势低的负极返回电势高的正极，从而使电流形成闭合循环．由于直流电源两端的电压不变，电路中的电流保持恒定．显然，正是由于静电场力与非静电力的并存，才使闭合的恒定电流得以维持．

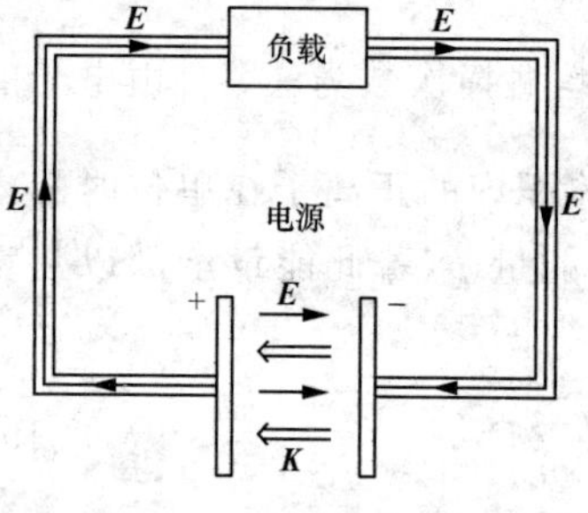

图 3-3　直流电源原理图

用 $\boldsymbol{K}$ 表示作用在单位正电荷上的非静电力．在电源外部只有静电场 $\boldsymbol{E}$，在电源内部除 $\boldsymbol{E}$ 外还有 $\boldsymbol{K}$，且 $\boldsymbol{K}$ 与 $\boldsymbol{E}$ 反向，因此，在电源内部欧姆定律的微分形式为

$$\boldsymbol{j} = \sigma(\boldsymbol{K} + \boldsymbol{E}). \tag{3.20}$$

从能量角度看，电源是提供电能的装置．为了描绘电源中非静电

力做功的本领,定义**电源的电动势** $\mathscr{E}$ **为把单位正电荷从负极通过电源内部移到正极时,非静电力所做的功**,即

$$\mathscr{E}=\int_{-\,(\text{电源内})}^{+}\boldsymbol{K}\cdot\mathrm{d}\boldsymbol{l}. \tag{3.21}$$

电源的电动势是描述电源性质的特征量,与外电路性质以及电路是否接通无关,直流电源的电动势具有恒定值.电动势是标量,其单位与电势的单位相同,也是伏特(V).

如果非静电力并非只存在于电源内部的局部区域,而是存在于整个闭合回路上,无法区分电源内或外,例如温差电动势(见本节末)和感生电动势(见 6.2 节),则定义整个闭合回路的电动势为

$$\mathscr{E}=\oint_{(\text{闭合回路})}\boldsymbol{K}\cdot\mathrm{d}\boldsymbol{l}. \tag{3.22}$$

- **电源的路端电压**

直流电路的基本成员是负载(电阻)和直流电源.电阻两端电压 U 与 I,R 的关系已由欧姆定律给出.现在讨论电源两端电压与相关物理量的关系.它们将为研究直流电路的基本规律奠定基础.

电源两端的电压(电势差)称为**路端电压**.按照定义,路端电压等于静电场力把单位正电荷从正极移到负极所做的功,即

$$U=U_{+}-U_{-}=\int_{+}^{-}\boldsymbol{E}\cdot\mathrm{d}\boldsymbol{l}.$$

由于静电场力做功与路径无关,上述积分的路径可任取.若选择通过电源内部的积分路径,由(3.20)式,得

$$\begin{aligned}U&=\int_{+\,(\text{电源内})}^{-}\left(-\boldsymbol{K}+\frac{\boldsymbol{j}}{\sigma}\right)\cdot\mathrm{d}\boldsymbol{l}=\int_{-\,(\text{电源内})}^{+}\boldsymbol{K}\cdot\mathrm{d}\boldsymbol{l}-\int_{-\,(\text{电源内})}^{+}\frac{\boldsymbol{j}}{\sigma}\cdot\mathrm{d}\boldsymbol{l}\\&=\mathscr{E}-\int_{-\,(\text{电源内})}^{+}\rho j\,\mathrm{d}l\cos\theta=\mathscr{E}-I\int_{-\,(\text{电源内})}^{+}(\pm 1)\frac{\rho\mathrm{d}l}{S}\\&=\mathscr{E}\mp Ir,\end{aligned}$$

式中用到 $\mathscr{E}=\int_{-\,(\text{电源内})}^{+}\boldsymbol{K}\cdot\mathrm{d}\boldsymbol{l}$, $\rho=\frac{1}{\sigma}$, $jS=I$, $r=\int_{-\,(\text{电源内})}^{+}\frac{\rho\mathrm{d}l}{S}$,其中 $\mathscr{E}$ 是电源电动势, I 是恒定的电流, S 是电源内导体的截面积, ρ 和 σ 是

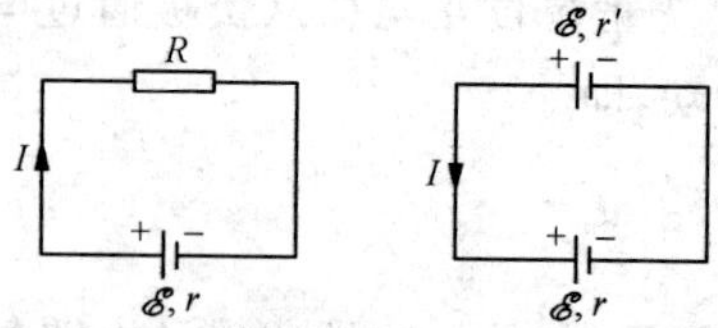

(a) 电源放电　　(b) 电源充电

图　3-4

电源内导体的电阻率和电导率，θ 是 $\boldsymbol{j}$ 与 $\mathrm{d}\boldsymbol{l}$ 的夹角，r 是电源内阻. 如图 3-4(a)，若电源放电，电源内 $\boldsymbol{j}$ 的方向从负极到正极，与积分路径 $\mathrm{d}\boldsymbol{l}$ 的方向相同，则 $\theta=0$，$\cos\theta=1$. 如图 3-4(b)，若电源$(\mathscr{E},r)$充电，电源内 $\boldsymbol{j}$ 的方向从正极到负极，与积分路径 $\mathrm{d}\boldsymbol{l}$ 的方向相反，则 $\theta=\pi$，$\cos\theta=-1$. 故电源的路端电压为

$$U=\begin{cases}\mathscr{E}-Ir, & \text{放电},\\ \mathscr{E}+Ir, & \text{充电}.\end{cases} \tag{3.23}$$

上式表明，电源放电时其路端电压小于电源电动势，即 $U<\mathscr{E}$；电源充电时，$U>\mathscr{E}$；若外电路断开，$I=0$，则 $U=\mathscr{E}$.

实际电源$(\mathscr{E},r)$等效于内阻为零的理想电源$(\mathscr{E},0)$与电阻 r 的串联. 如图 3-5，无论放电、充电还是断开$(I=0)$，等效电路的端电压 U 都与(3.23)式相符. 利用等效电路可以避免计算时正负号的差错.

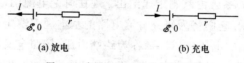

(a) 放电　　(b) 充电

图 3-5　实际电源$(\mathscr{E},r)$的等效电路

电源的内阻 r 是描述电源性质的又一特征量.

- **电源的功率**

若电源$(\mathscr{E},r)$与负载电阻 R 构成最简单的闭合回路，如图 3-4(a)所示，则电源的路端电压 U 就是 R 两端的电压. 由(3.23)式的放电公式 $U=\mathscr{E}-Ir$ 及欧姆定律 $U=IR$，得

$$\mathscr{E}=I(R+r)\quad 或\quad I=\frac{\mathscr{E}}{R+r}. \tag{3.24}$$

上式称为**全电路**(或闭合电路)**欧姆定律**. 若 $R\gg r$，则 $U\approx\mathscr{E}=$常量，在此条件下，即使 R 有所变化，加在它两端的电压基本不变，此时的电源为恒压源；若 $R\ll r$，则 $I\approx\dfrac{\mathscr{E}}{r}=$常量，在此条件下，即使 R 有所

变化,通过它的电流基本不变,此时的电源为恒流源.

现在分析上述闭合电路中的能量转化关系.电源提供的**总功率**为

$$P = I\mathscr{E} = I^2R + I^2r, \tag{3.25}$$

其中第一项 I^2R 是电源向负载提供的**输出功率** $P_{出}$;第二项 I^2r 是在电源内阻上消耗的功率 $P_{耗}$,无用且有害.把(3.24)式代入,得

$$\begin{cases} P_{出} = I^2R = \mathscr{E}^2 \dfrac{R}{(R+r)^2}, \\ P_{耗} = I^2r = \mathscr{E}^2 \dfrac{r}{(R+r)^2}. \end{cases} \tag{3.26}$$

在应用中,有时关心的是 $P_{出}$ 在什么条件下达到最大值.上式表明,在电源($\mathscr{E}$,r)给定时,$P_{出}$ 随外电阻 R 变,故 $P_{出}$ 达到最大值的条件是$\dfrac{\mathrm{d}}{\mathrm{d}R}P_{出}=0$,即 $R=r$,可见,为了能从给定电源获得最大输出功率,要求外电路电阻(负载电阻)R 等于电源内阻 r,这称为**匹配条件**.由此,最大输出功率为

$$P_{出,\max} = \frac{\mathscr{E}^2}{4r}. \tag{3.27}$$

当负载电阻 $R=\infty$,即电路断开时,$P_{出}=0$,$P_{耗}=0$.当负载电阻 $R=0$,即电路短路时,$P_{出}=0$,$P_{耗}=\mathscr{E}^2/r$,因一般电源内阻 r 很小,故短路电流 I 会很大,此时电源提供的功率全部消耗在内阻上,大量的焦耳热会烧毁电源,应注意防范.

在实际工作中,还关心电源的**效率** η,即电源输出功率与电源总功率之比,由(3.25)(3.26)式,得

$$\eta = \frac{P_{出}}{P} = \frac{R}{R+r}, \tag{3.28}$$

上式表明,负载电阻 R 越大,效率越高.当 $R=r$ 即满足匹配条件时,效率仅为 $\eta=50\%$.可见获得最大输出功率与提高电源效率两者是有矛盾的.通常,应根据不同需要,寻求最佳配置.例如,对于电池、发电机等电源设备,希望效率高,如果片面追求输出功率最大,则有一半电能浪费在电源内阻上,甚至会烧坏电源.例如,在电子学设备中,因传输功率很小,效率高低成为次要因素,为获得最大输出功率,应使负载与电源内阻匹配.

- **直流电路中静电场的作用**

前已指出,为了确保恒定电流的闭合性,既需要静电场又需要非静电力,两者缺一不可.现在进一步讨论静电场在直流电路中的作用.为此,首先说明产生静电场的电荷是如何分布的.

在没有非静电力的地方,由电流的恒定条件(3.6)式和欧姆定律(3.11)式,得

$$\oiint_{(S)} \boldsymbol{j} \cdot \mathrm{d}\boldsymbol{S} = \oiint_{(S)} \sigma \boldsymbol{E} \cdot \mathrm{d}\boldsymbol{S} = 0.$$

若导体均匀,则 $\sigma=$常量$\neq 0$,可将 σ 从积分号中提出消去,再利用静电场的高斯定理,得

$$\oiint_{(S)} \boldsymbol{E} \cdot \mathrm{d}\boldsymbol{S} = \frac{1}{\varepsilon_0} \sum_{(S内)} q = 0.$$

由于闭合曲面 S 可任取,因此,上式表明,在直流电路中均匀导体内处处无净电荷.但在非均匀导体内部,或在不同电导率的导体分界面上,因 $\sigma\neq$常量,不能从积分号中提出消去,上式不再成立,故直流电路中的电荷只能分布在导体的非均匀处或分界面(包括导体表面)上,正是它们产生了静电场.

另外,在恒定条件下,电场线和电流线必定与导体表面平行,否则在与导体表面垂直分量的影响下,会使导体表面不断有电荷积累,从而破坏恒定条件.

容易设想,在电源与负载接通的前后,电荷分布以及由此产生的电场分布将会出现重大变化,与此相适应,电路中的电流也需经历一个从无到有的非恒定过程才能最终达到恒定.

如图 3-6(a),接通前,在电源内非静电力的作用下,正、负极分别积累正、负电荷,并产生静电场,其电场线和等势面分别如图 3-6(a)中虚线和实线所示,可以看出,两极附近等势面密集,电场线稠密,电场较强.如图 3-6(b),用 U 字形均匀导体与电源两极连接,构成电路.在开始接通的瞬间,设想电荷尚未移动,电场仍然维持接通前的分布,导体中的自由电子在此电场作用下运动,造成导体两端的电流比中间大.具体地说,如果用位于中间的等势面把导体分成左、右两

半，由正极沿导体左半自下而上从一个截面到另一个截面看去，电场强度逐渐减小，电流随之相应地逐渐减小，于是其中就有过剩的正电荷出现；沿导体右半自上而下直到负极，电场逐渐增强，电流逐渐加大，于是其中就有负电荷出现. 这些电荷激发的电场，使导体两端较强的电场减弱，使导体中间较弱的电场增强，于是电流沿导体的分布发生相应变化，电流趋于均匀. 这个过程将一直进行到沿均匀导体电场和电流的大小处处相同，其中不再有电荷积累为止，这时电路达到了恒定状态. 前已指出，在恒定状态下，电荷只分布在导体表面上，导体内的电场线与电流线重合，并与导体表面平行，从而电压均匀地分配到整个均匀导体上. 当然，实际过程要复杂得多，例如，导体移近而尚未接通前，电荷与电场已经开始重新分布. 然而，归根到底，导体中的电流是由电场决定的，而电场又由电荷分布决定. 另外，从接通到电路达到恒定状态所需时间是极短的.

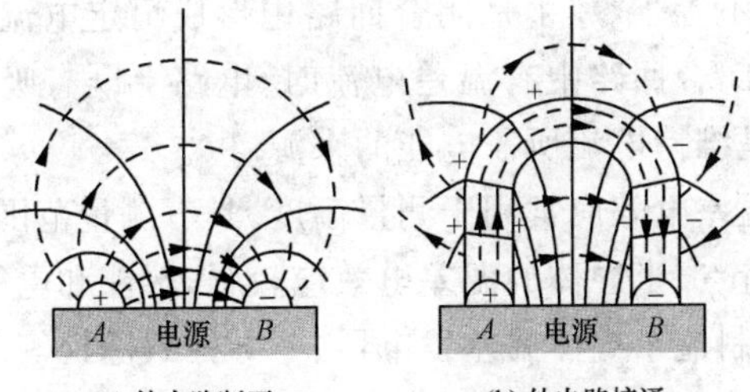

图 3-6 电荷分布与静电场在恒定电路中的作用

总之，在直流电路中，静电场与非静电力一起确保恒定电流形成闭合循环. 同时，在电源内其他能量转化为静电势能，在外电路静电势能转化为电阻的热能并向外散发焦耳热，静电场起了能量中转的作用. 不仅如此，在从接通到达恒定状态的短暂过程中，电场也起了关键作用.

- **温差电动势**

金属棒两端因温度不同产生的电动势称为**汤姆孙电动势**. 它是自由电子从高温端向低温端热扩散引起的，这种热扩散作用等效于一种非静电力，直到与电荷堆积形成的电场达到平衡为止，此时金属棒两端维持一定的电动势.汤姆孙电动势的大小与金属材料以及两端温度差有关,与金属棒形状无关,约为 10^{-5} V/K. 显然,用同一种金属做成两根金属棒,两端连接构成闭合回路,当两端温度不同时,因两个电动势大小相等方向相反互相抵消,不能形成恒定电流.

当两种不同材料的金属接触,因自由电子密度不同引起的扩散也等效于一种非静电力,它会在接触面上维持一定的电动势,称为**佩尔捷电动势**,它的大小除与相互接触的金属材料有关外,还与温度有关,通常约为 $10^{-2}\sim10^{-3}$ V. 显然,在同一温度下把两种金属构成闭合回路,不能形成恒定电流,因为两接触点的两个佩尔捷电动势大小相等方向相反互相抵消.

将两种金属做成的导线联成闭合回路,并在两个接触点维持不同的温度,则两根导线中有汤姆孙电动势,两接触点有佩尔捷电动势,整个闭合回路中的电动势是它们之和,称为**塞贝克电动势**或**温差电动势**,一般不等于零,于是闭合回路中形成恒定电流.从能量转换的角度看,当闭合回路中有温差电流时,电路上既有吸热也有放热,两者之差就是维持电流所需电能的来源.

金属的温差电效应常用于测量温度,具有测量范围广、灵敏度和准确度高等特点.半导体的温差电效应较强,热能和电能的转换效率较高,可用于制造半导体温差发电器、半导体致冷机等.

3.4 直流电路

·简单电路　　·复杂电路　基尔霍夫方程组

● 简单电路

电动势恒定不变的电源称为**直流电源**.直流电源与电阻连接构成的闭合电路称为**直流电路**.直流电路按连接方式的不同区分为两类:若电阻均为串联、并联,则称为**简单电路**;若电阻除串并联外还有不能归结为串并联的连接方式(如三角形连接,星形连接),则称为**复杂电路**.

多个电阻首尾相接联成一串,使电流只有一条通路,这种连接方式称为**串联**(图 3-7). 根据恒定条件, 串联电路中通过各电阻的电流相同; 串联电路两端的总电压等于各电阻两端电压之和, 串联电路中电压的分配与电阻成正比; 串联电路的等效电阻等于各电阻之和; 串联电路中功率的分配与电阻成正比. 即

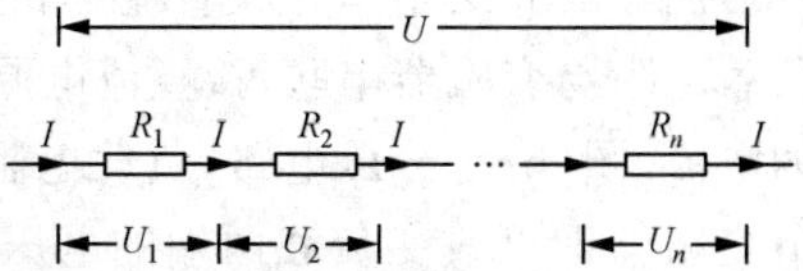

图 3-7 电阻的串联

$$\begin{cases} I_1 = I_2 = \cdots = I_n = I, \\ U = U_1 + U_2 + \cdots + U_n = \sum_i U_i, \\ U_1 = IR_1, U_2 = IR_2, \cdots, U_n = IR_n, \\ R = \dfrac{U}{I} = R_1 + R_2 + \cdots + R_n, \\ P_1 = U_1 I = I^2 R_1, P_2 = I^2 R_2, \cdots, P_n = I^2 R_n, \\ P = P_1 + P_2 + \cdots + P_n = I^2(R_1 + R_2 + \cdots + R_n) = I^2 R. \end{cases} \tag{3.29}$$

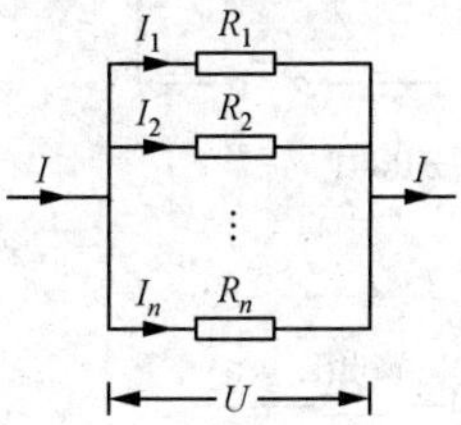

图 3-8 电阻的并联

多个电阻并排, 两端分别连接, 使电路有两个公共连接点和多条通路, 这种连接方式称为**并联**(图 3-8). 并联电路中各电阻两端电压相同; 并联电路总电流等于各支路电流之和; 并联电路中电流的分配与电阻成反比; 并联电路等效电阻的倒数等于各电阻的倒数之和; 并联电路中功率的分配与电阻成反比. 即

$$\begin{cases} U_1 = U_2 = \cdots = U_n = U, \\ I = I_1 + I_2 + \cdots + I_n = \sum_i I_i, \\ I_1 = \dfrac{U}{R_1}, I_2 = \dfrac{U}{R_2}, \cdots, I_n = \dfrac{U}{R_n}, \\ \dfrac{1}{R} = \dfrac{I}{U} = \dfrac{1}{R_1} + \dfrac{1}{R_2} + \cdots + \dfrac{1}{R_n}, \\ P_1 = UI_1 = \dfrac{U^2}{R_1}, P_2 = \dfrac{U^2}{R_2}, \cdots, P_n = \dfrac{U^2}{R_n}, \\ P = P_1 + P_2 + \cdots + P_n = U^2\left(\dfrac{1}{R_1} + \dfrac{1}{R_2} + \cdots + \dfrac{1}{R_n}\right) = \dfrac{U^2}{R}. \end{cases} \tag{3.30}$$

图 3-9 介绍了串并联直流电路的一些应用. 图(a)是**制流**电路，负载电阻与变阻器串联，接直流电源，调节变阻器即可改变通过负载的电流. 图(b)是**分压**电路，负载电阻与变阻器并联，接直流电源，调节变阻器即可改变负载两端的电压. 测量电流的安培计应串联在电路中(图(a))，**安培计**如图(c)所示，由检流计与低电阻并联构成，低电阻低于检流计的电阻，可分担检流计不能承受的大部分电流，并使安培计内阻远小于负载，减小安培计接入后对待测电路的影响，选取不同的低电阻可使安培计具有不同的量程. 测量电压的伏特计应并联在电路中(图(b))，**伏特计**如图(d)所示，由检流计与高电阻串联构成，高电阻高于检流计的电阻，可分担检流计不能承受的大部分电

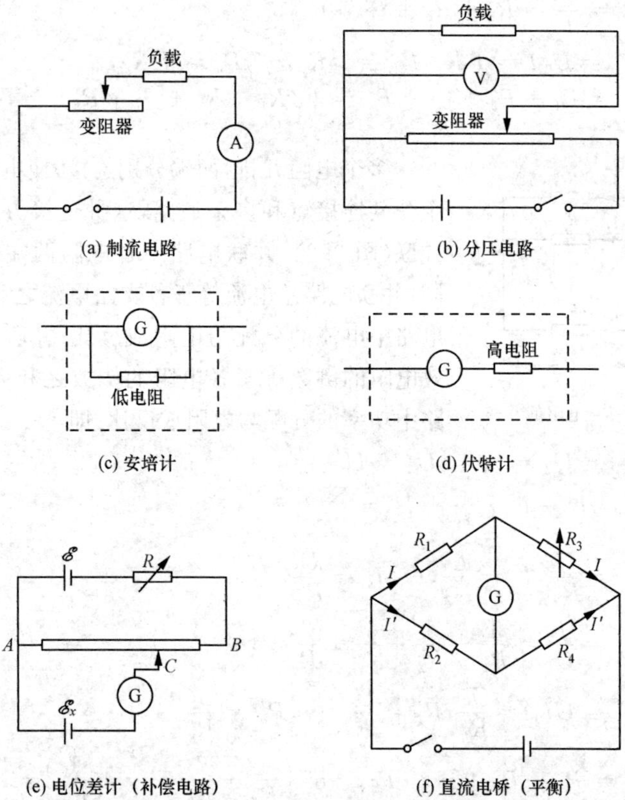

图 3-9 串并联直流电路的应用举例

压,并使伏特计内阻远大于负载,减小接入后对原电路的影响,选取不同的高电阻可使伏特计具有不同的量程.图(e)是**电位差计的补偿电路**,用于测量电源的电动势 $\mathscr{E}_x$,电路中有用于制流的变阻器和用于分压的变阻器,调节后者使电路达到平衡(检流计指零),即可由 $\mathscr{E}_x = U_{AC} = IR_{AC}$ 精确测量 $\mathscr{E}_x$. 若用伏特计,则测出的是电源的路端电压,它除与 $\mathscr{E}_x$ 有关外,还与电源的内阻及电流有关.图(f)是**直流电桥**的桥式电路,用于测量电阻.调节变阻器 R_3 使电桥达到平衡(检流计指零),则

$$IR_1 = I'R_2, \quad IR_3 = I'R_4, \qquad \text{即} \qquad \frac{R_1}{R_3} = \frac{R_2}{R_4},$$

由 R_2, R_3, R_4 可得待测电阻 R_1.

- **复杂电路 基尔霍夫方程组**

在复杂电路中,电阻除串并联外,还有不能归结为串并联的连接方式.例如图 3-9(f)的桥式电路在未达到平衡(即有电流通过检流计)时,电阻为三角形连接和星形连接(非串并联),对此,只靠串并联公式(3.29)(3.30)式无从求解.

在复杂电路中,由电源和电阻串联而成的通路称为**支路**,在支路中电流处处相等;三条或更多条支路的联结点称为**节点**或**分支点**;几条支路构成的闭合通路称为**回路**.例如图 3-9(f)的桥式电路(未达平衡时)中共有 6 条支路,4 个节点,7 个回路.

复杂电路的典型问题是,已知电路中全部电源的电动势、内阻以及电阻,求每一支路中的电流.基尔霍夫方程组是把复杂电路中这些物理量联系起来的完备方程组,普遍地解决了复杂电路的求解问题.

基尔霍夫第一方程组又称**节点电流方程组**:汇于节点的各支路电流的代数和为零,即

$$\sum(\pm I) = 0. \tag{3.31}$$

通常规定,从节点流出的电流为正,流向节点的电流为负.

节点电流方程是电流恒定条件(3.6)式 $\oiint_{(S)} \boldsymbol{j} \cdot \mathrm{d}\boldsymbol{S} = 0$ 的结果.作闭合曲面 S 包围电路的节点,流向节点的电流与从节点流出的电流

的代数和应为零，否则节点有电荷积累，破坏恒定条件.

复杂电路中的每一个节点可按(3.31)式列出一个方程，若共有 n 个节点则可列出 n 个方程. 容易设想，其中 $(n-1)$ 个方程彼此独立，余下的一个方程可由这 $(n-1)$ 个方程组合得出，这 $(n-1)$ 个独立的节点方程构成基尔霍夫第一方程组即节点电流方程组.

基尔霍夫第二方程组又称**回路电压方程组**：沿闭合回路绕行一周，各电源和电阻上电势降落的代数和为零，即

$$\sum(\pm \mathscr{E}) + \sum(\pm IR) = 0. \tag{3.32}$$

为了列出方程，首先选定回路的绕行方向，再标定回路中各支路的电流方向，以便确定电势降落的正负(注意，各支路电流方向可任意标定，若解出某支路电流为负，表明其中实际电流方向与标定方向相反). 对于电阻，当绕行方向沿着电流方向跨过电阻，则由欧姆定律该电阻上的电势降落为正(IR)；当绕行方向逆着电流方向跨过电阻，则该电阻上的电势降落为负($-IR$). 对于电源(此处指理想电源，实际电源可看作理想电源与内阻的串联)，当绕行方向从正极跨过电源内部到负极，则由电源性质电势降落为正(即取 $\mathscr{E}$)，当绕行方向从负极跨过电源内部到正极，则电势降落为负(即取 $-\mathscr{E}$).

回路电压方程是恒定电场环路定理 $\oint \boldsymbol{E} \cdot \mathrm{d}\boldsymbol{l} = 0$ 的结果. 把环路定理用于闭合回路，绕行一周，各电源和电阻上的电势降落的代数和应为零，否则回到出发点后电势有所不同，违背环路定理.

由(3.32)式，能列出多少个独立的回路方程呢？如果复杂电路为平面电路，即所有节点和支路都在一平面上，不存在支路相互跨越的情形，则可将电路看成一张平面网络，其中**网孔**的数目就是独立回路的数目，其他回路必定可以看成是这些回路的叠加. 如果复杂电路不能化为平面电路，存在支路相互跨越的情形，则网孔概念失效. 对此，可利用“树”图的概念，即将电路的全部节点都用支路连接起来但不形成任何回路，这样的树枝状图形称为**树图**，连接节点的支路叫做**树支**. 由于连接第一、第二节点需要一条树支，以后每连接一个新节点需要添加一条树支(也只需要添加一条树支，否则将形成回路)，因

此，具有 n 个节点的复杂电路的树图共有 $(n-1)$ 条树支. 此后，每再连接一条新的支路(称为**连支**)就形成一个独立回路，可见连支的数目等于独立回路的数目. 由于连支数等于总支路数减去树支数，故具有 n 个节点、p 条支路的电路，共有 $p-(n-1)=p-n+1$ 个独立回路，可列出 $(p-n+1)$ 个独立的回路方程，它们构成基尔霍夫第二方程组.

综上，对于具有 n 个节点 p 条支路的复杂电路，可列出 $(n-1)$ 个独立的节点电流方程和 $(p-n+1)$ 个独立的回路电压方程，总共的独立方程数为 $(n-1)+(p-n+1)=p$ 个，与 p 个未知的支路电流数相同. 因此，基尔霍夫方程组是完备的，原则上可以求解任何直流电路问题.

例 1 非平衡直流电桥.

图 3-10 的直流电桥与图 3-9(f)结构相同，区别是图 3-10 中未达到平衡. 已知四臂及检流计的电阻为 R_1, R_2, R_3, R_4, R_g，已知电源的电动势为 $\mathscr{E}$(内阻可略). 试求通过检流计的电流 I_g 及电桥的平衡条件($I_g=0$ 的条件).

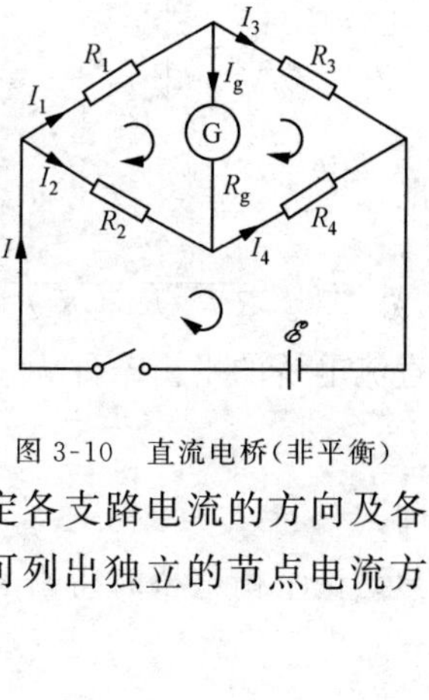

图 3-10 直流电桥(非平衡)

解 图 3-10 的非平衡电桥是复杂电路，包括 6 条支路、4 个节点、3 个网孔. 标定各支路电流的方向及各回路的绕行方向如图. 由(3.31)(3.32)式，可列出独立的节点电流方程和独立的回路电压方程各 3 个，联立为

$$
\begin{cases}
-I+I_1+I_2=0, \\
-I_2-I_g+I_4=0, \\
-I_3-I_4+I=0, \\
I_1R_1+I_gR_g-I_2R_2=0, \\
I_3R_3-I_4R_4-I_gR_g=0, \\
I_2R_2+I_4R_4-\mathscr{E}=0,
\end{cases}
$$

消去 I, I_3, I_4 后，得

$$
\begin{cases}
I_1R_1-I_2R_2+I_gR_g=0, \\
I_1R_3-I_2R_4-I_g(R_3+R_4+R_g)=0, \\
I_1(R_1+R_3)-I_gR_3=\mathscr{E},
\end{cases}
$$

解出

$$I_g = \frac{\Delta_g}{\Delta},$$

其中行列式Δ和Δ_g分别为

$$\Delta = \begin{vmatrix} R_1 & -R_2 & R_g \\ R_3 & -R_4 & -(R_3+R_4+R_g) \\ R_1+R_2 & 0 & -R_3 \end{vmatrix}$$

$$= R_1R_2R_3 + R_2R_3R_4 + R_3R_4R_1 + R_4R_1R_2 + R_g(R_1+R_3)(R_2+R_4),$$

$$\Delta_g = \begin{vmatrix} R_1 & -R_2 & 0 \\ R_3 & -R_4 & 0 \\ R_1+R_3 & 0 & \mathscr{E} \end{vmatrix} = -(R_1R_4 - R_2R_3)\mathscr{E},$$

即

$$I_g = \frac{(R_2R_3 - R_1R_4)\mathscr{E}}{R_1R_3(R_2+R_4) + R_2R_4(R_1+R_3) + R_g(R_1+R_3)(R_2+R_4)}.$$

直流电桥的平衡条件为

$$I_g = 0,$$

即
$$R_1R_4 = R_2R_3.$$

与讨论平衡电桥时得出的结果相符.

习 题

3.1 如图,两边是电导率很大的导体,中间两层是电导率分别为σ_1和σ_2的均匀导电介质,其厚度分别为d_1和d_2,导体的截面积为S,通过导体的恒定电流为I. 试求:(1)两层导电介质中的场强E_1和E_2;(2)电势差U_{AB}和U_{BC};(3)A,B,C三界面上的电荷面密度.

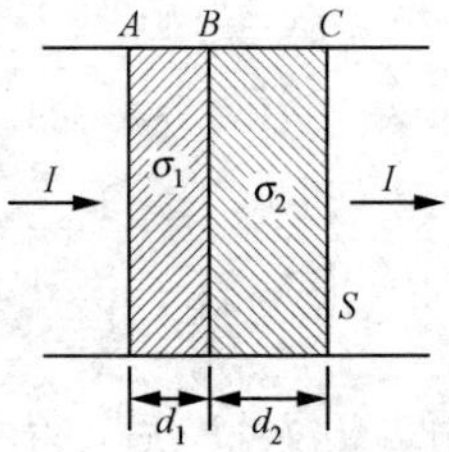

习题 3.1

3.2　如图，一条长为 l 的导线，两端分别称为 a 端和 b 端，它的横截面积 S 和电导率 σ 都是 x 的函数，x 是到 a 端的距离.(1) 试问这段导线的电阻 R 如何表示？(2) 若导线呈圆台形，即 a 端的横截面是半径为 a 的圆，b 端的横截面是半径为 b 的圆，而 σ 是常数，试求它的电阻.

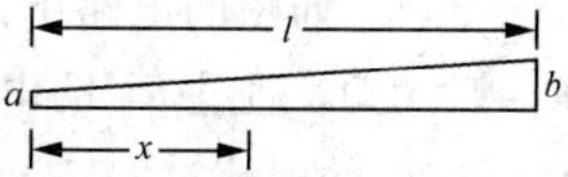

习题　3.2

3.3　一铜棒的横截面积为 3.5 cm^2，长为 4.0 m，两端电势差为 100 mV，已知铜的电导率 $\sigma=5.7\times10^7(\Omega\cdot m)^{-1}$，铜内自由电子的电荷密度为 1.36×10^{10} C/m^3. 试求：(1) 铜棒的电阻 R；(2) 电流 I；(3) 电流密度的大小；(4) 棒内电场强度的大小；(5) 消耗的电功率；(6) 1 小时消耗的能量；(7) 棒内自由电子的平均定向漂移速度.

3.4　如图，试求 A,B 两端的电阻.

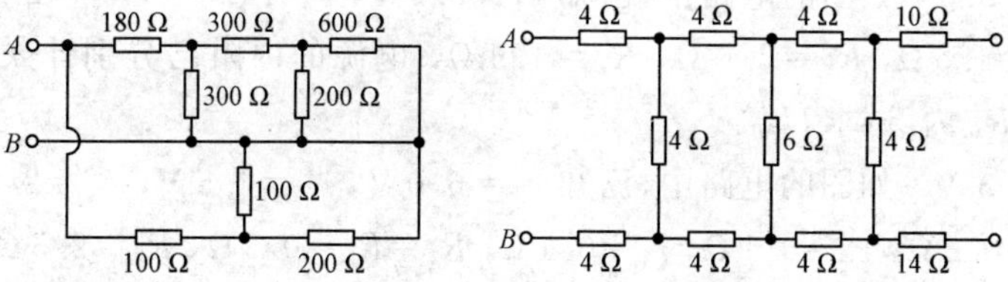

(a)　(b)

习题　3.4

3.5　如图，十二根长度相等的同样导线组成一个立方体，每一根导线的电阻都是 1 Ω. 试求 A,B 两点之间的电阻.

3.6　如图的电路中，$\mathscr{E}_1=2.0$ V，$\mathscr{E}_2=12$ V，$R_1=4.0$ Ω，$R_2=6.0$ Ω，$R_3=5.0$ Ω. 试求：(1) 通过 R_3 的电流；(2) 如果 R_2 为可变电阻，当其阻值为多大时，通过 $\mathscr{E}_1$ 的电流为零？(电源内阻可忽略不计)

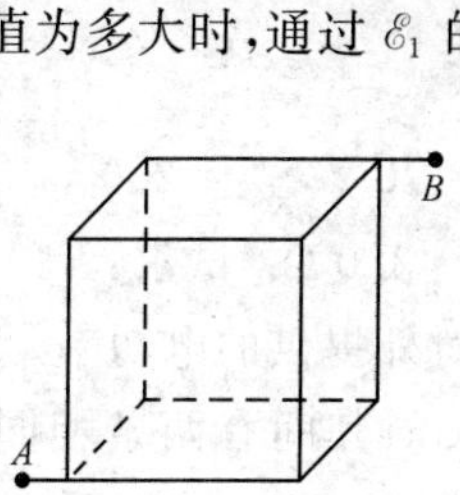

习题　3.5

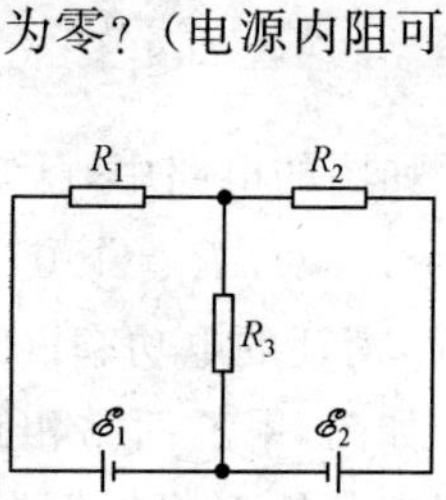

习题　3.6

3.7　如图的电路中，已知 $\mathscr{E}_1=12\ \mathrm{V}$，$\mathscr{E}_2=6.0\ \mathrm{V}$，$r_1=r_2=R_1=R_2=1.0\ \Omega$，通过 R_3 的电流 $I_3=3.0\ \mathrm{A}$，方向如图. 试求：(1) 通过 R_1 和 R_2 的电流；(2) R_3 的数值.

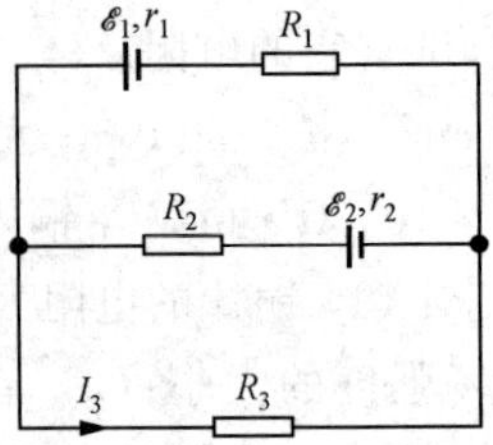

习题　3.7

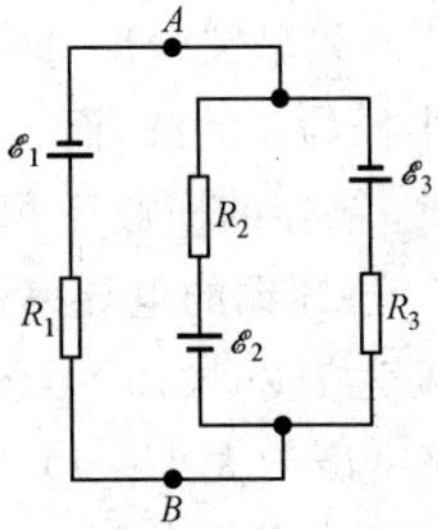

习题　3.8

3.8　如图的电路中，已知 $\mathscr{E}_1=3.0\ \mathrm{V}$，$\mathscr{E}_2=1.5\ \mathrm{V}$，$\mathscr{E}_3=2.2\ \mathrm{V}$，$R_1=1.5\ \Omega$，$R_2=2.0\ \Omega$，$R_3=1.4\ \Omega$，电源的内阻已分别计入 R_1，R_2，R_3 内. 试求 U_{AB}.

3.9　如图的电路中，已知 $\mathscr{E}_1=6.0\ \mathrm{V}$，$\mathscr{E}_2=4.5\ \mathrm{V}$，$\mathscr{E}_3=2.5\ \mathrm{V}$，$r_1=0.2\ \Omega$，$r_2=0.1\ \Omega$，$r_3=0.1\ \Omega$，$R_1=R_2=0.5\ \Omega$，$R_3=2.5\ \Omega$，试用基尔霍夫定律求 R_1，R_2，R_3 中的电流 I_1，I_2，I_3.

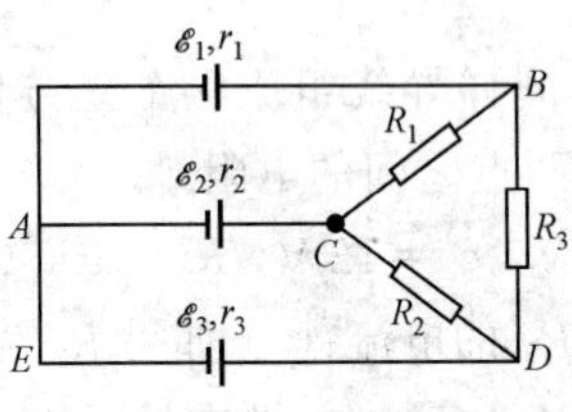

习题　3.9

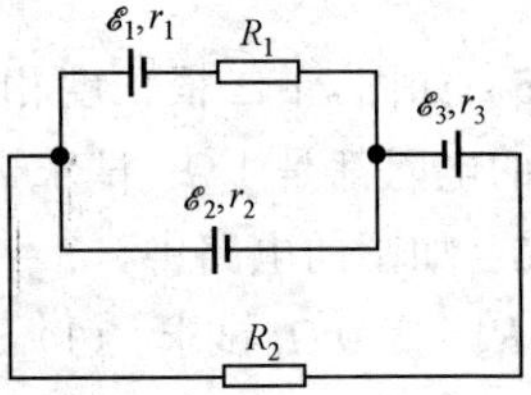

习题　3.10

3.10　如图的电路中，已知 $\mathscr{E}_1=1.0\ \mathrm{V}$，$\mathscr{E}_2=2.0\ \mathrm{V}$，$\mathscr{E}_3=3.0\ \mathrm{V}$，$r_1=r_2=r_3=1.0\ \Omega$，$R_1=1.0\ \Omega$，$R_2=3.0\ \Omega$. 试求：(1) 通过 $\mathscr{E}_1$ 的电流；(2) R_2 消耗的电功率；(3) $\mathscr{E}_3$ 对外提供的电功率.

3.11　如图，甲乙两站相距 50 km，其间有两条相同的电话线，有一条线因在某处 P 触地而发生故障，设触地点到甲站的距离为 x. 为了确定 P 点的位置，甲站的检修人员一方面让乙站人员把两条电话线在乙站处短接,另一方面把甲站处的两条电话线与图中的电桥连接,然后调节可变电阻 r 使通过检流计 G 的电流为零. 测得此时 $r=360\ \Omega$. 已知电话线每千米的电阻为 6.0 Ω, 试求 x.

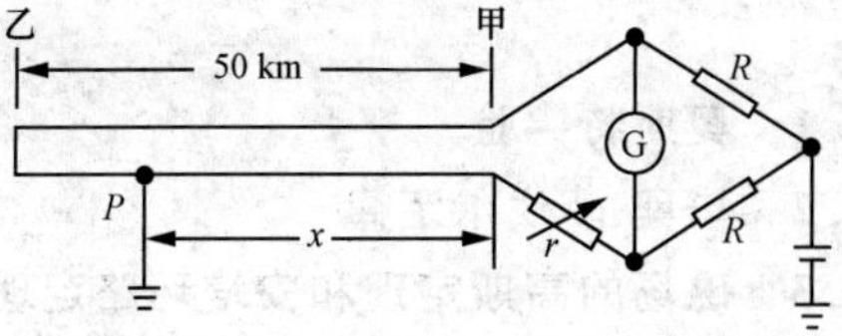

习题　3.11

4 恒定磁场

4.1 奥斯特实验

- 磁的基本现象
- 奥斯特实验
- 相关实验
- 研究课题

● 磁的基本现象

回顾历史，人类对磁现象的观察、研究和应用比电现象还要久远. 作为世界文明发源地之一的中国更是走在各国的前面①，“慈石召铁，或引之也”，“山上有慈石者，其下有铜金”等磁石吸铁的记载；指南针的制作和应用于航海；地磁偏角的发现，等等，就是突出的例子.

磁石是天然矿石，化学成分为 Fe_3O_4，具有吸引铁制物体的性质——磁性. 条形磁铁两端磁性最强，称为磁极，中部没有磁性. 把条形磁铁或磁针悬挂起来，使之能在水平面内自由转动，因受地球大磁体的作用，将指向地球的南北磁极，这就是指南针的原理. 地磁北南极的位置与地理南北极并不一致，地磁北极靠近地理南极，地磁南极

---

① 本书封面彩图左下角是甲骨文中的三个字，逐步演变成现今的磁、电、雷三字：

 ⟹兹(緜)⟹慈⟹礠⟹磁(磁石引铁与慈母爱子相比)；

(闪电形)⟹申⟹電⟹电(古代申、电不分，现分为两个字)；

(闪电形中加圈，表示雷声)⟹雷.

靠近地理北极,其间偏离的角度称为地磁偏角.

如图 4-1 所示,磁铁棒指向地磁北、南极的两端分别称为北磁极和南磁极,用 N 和 S 表示.两根磁铁棒之间存在着相互作用力,同名磁极互相排斥,异名磁极互相吸引.早年,人们设想,磁铁棒的 N 极和 S 极上分别存在正、负磁荷,同号磁荷相斥,异号磁荷相吸,磁铁棒的磁性来源于集中在两端的磁荷.库仑曾通过实验得到两个点磁荷之间相互作用力 $\boldsymbol{F}$ 的规律,称为磁的库仑定律.它指出,$\boldsymbol{F}$ 的方向沿两点磁荷的连线,F 的大小与两点磁荷距离的平方成反比,并与磁荷的数量成正比.可见,磁力与电力的库仑定律类似.然而,与正负电荷可以分开并单独存在的情形不同,磁铁棒的 N 极和 S 极总是并存的,把磁铁棒分割成几段后,在断开处必将出现成对的新磁极,并不存在单独的磁极,何以如此,曾经长期令人困惑不解.

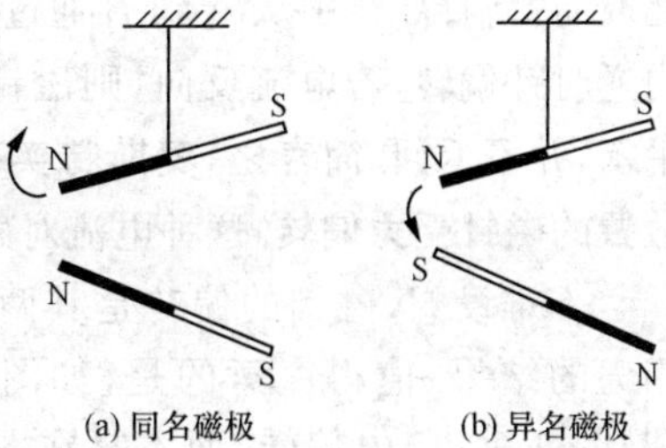

图 4-1 磁极的相互作用

- **奥斯特实验**

直到 19 世纪 20 年代,在漫长的岁月里,磁学和电学的研究始终独立地发展着,磁现象与电现象之间似乎并无联系.尽管早在 18 世纪中叶就曾发现雷电能使刀、叉、钢针磁化,以及莱顿瓶放电可使焊条、缝衣针磁化的现象,但是包括库仑、安培等在内的许多物理学家仍然认为电与磁是风马牛不相及的.这或许正是自 1785 年建立库仑定律后,电学与磁学在几十年内并无明显进展的原因.

然而,奥斯特(Hans Christian Oersted, 1777—1851, 丹麦)与众不同,他深受康德哲学关于各种"自然力"统一观点的影响,相信电与磁之间可能存在着某种联系,经过努力地寻找,终于取得了成功.

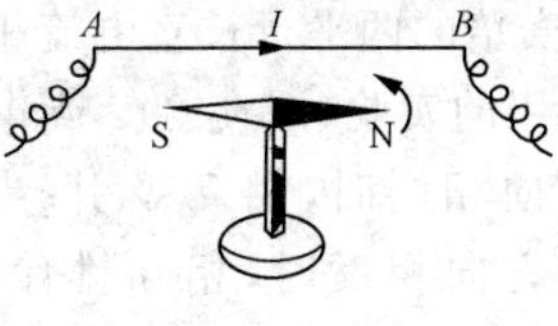

图 4-2 奥斯特实验

1820 年 7 月著名的奥斯特实验如图 4-2 所示,直导线 AB 沿南北方向放置,下面平行放置一个可以在水平面内自由转动的磁针. 当直导线中没有电流通过时,磁针在地球磁场的作用下沿南北取向. 当直导线中从 A 到 B 通过电流时,从上向下看,磁针在水平面内逆时针偏转,若电流反向,则磁针反向偏转,磁针偏转后,达到新的平衡,并不返回. 简言之,**奥斯特实验**表明,**长直载流导线使与之平行放置的磁针受力偏转**. 这种电流对磁针的作用,称为**电流的磁效应**.

不难设想,磁针的偏转是其两磁极分别受到方向相反的两个作用力的结果. 值得注意的是,如图 4-2 所示,由于磁针是在水平面(与图面垂直)内偏转,而不是在图面内偏转,所以,磁极受到电流的作用力应垂直于由磁极与电流构成的平面(图面),这是一种新型的基本作用力——**横向力**. 众所周知,当时已知的非接触物体之间的作用力,如万有引力、电力、磁力(指磁铁之间或磁铁对铁制品的作用力)都是彼此排斥或吸引其方向沿连线的有心力,横向力则明显不同. 因此,奥斯特实验还突破了非接触物体之间只存在有心力的观念,拓宽了作用力的类型.

总之,奥斯特实验发现了电流的磁效应,揭示了此前一直认为彼此无关的电现象与磁现象之间的联系,宣告了电磁学作为一个统一学科的诞生. 对于这一历史性的突破,法拉第指出:"它突然打开了科学中一个一直是黑暗的领域的大门,使其充满光明."从此,茅塞顿开,一系列新的实验接踵而至,许多重大的研究成果应运而生,迎来了电磁学蓬勃发展的高潮.

- **相关实验**

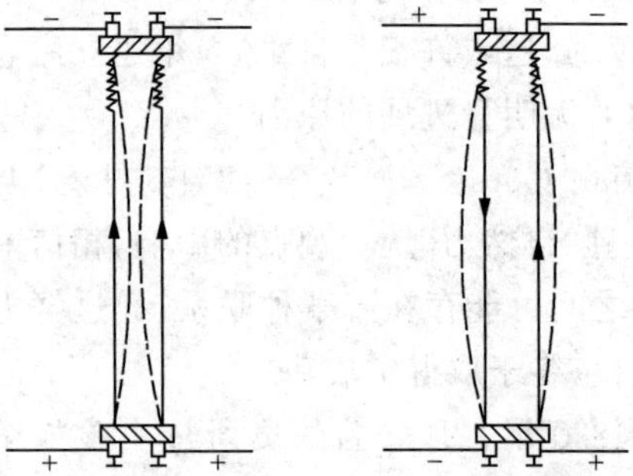

图 4-3　平行电流之间的相互作用

受奥斯特实验的启发,1820 年下半年紧接着的一系列相关实验,发现了许多新的现象和联系. 例如:(1) 安培的圆电流对磁针作用的实验. (2) 安培的两平行长直电流相互作用的实验(图 4-3):当电流方向相同时,相互吸引;当电流方向相反时,相互排斥. (3) 磁铁对电流作用的实验

(图 4-4)：一段水平直导线悬挂在马蹄形磁铁两极间，通电流后，导线受力移动.(4) 阿喇果的钢片被电流磁化的实验.(5) 安培的载流直螺线管与磁棒等效性的实验(图 4-5)：当磁棒的一极接近载流直螺线管的一端时，若该端被吸引，则接近另一端时将被排斥，可见载流直螺线管相当于磁棒，直螺线管的两端分别相当于磁棒的 N 极和 S 极，直螺线管的极性与电流成右手螺旋关系(图 4-6)，这就是安培的右手定则. 相关的实验表明，磁棒对其他磁体、电流的作用，或者磁棒受其他磁体、电流的作用，都可以用适当的载流直螺线管等效地代替.

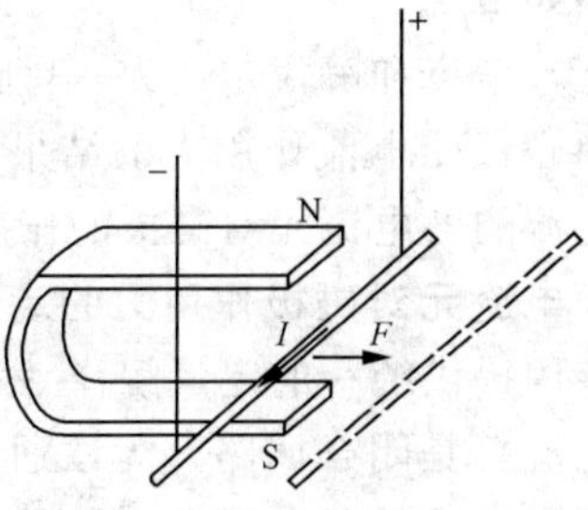

图 4-4 磁铁对电流的作用

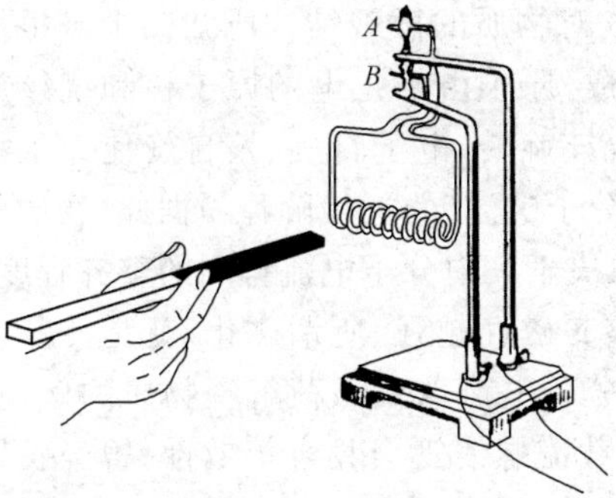

图 4-5 载流直螺线管与磁铁相互作用时显示出 N 极和 S 极

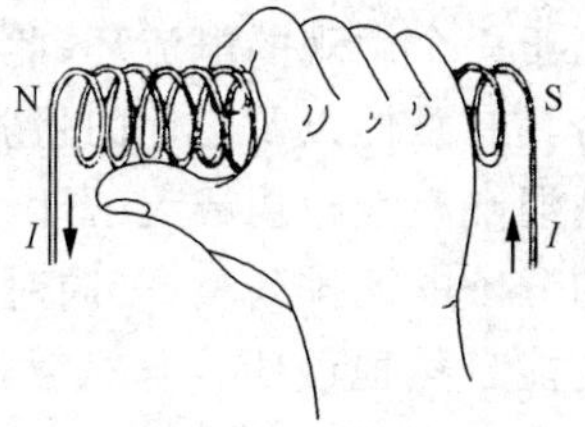

图 4-6 确定载流直螺线管极性的右手定则

上述实验表明，不仅磁铁—磁铁，电流—磁铁，而且磁铁—电流，电流—电流之间都存在着相互作用，并且在这些作用中磁棒与适当的载流直螺线管可以等效地互相取代，结果相同.

● 研究课题

新现象的发现，揭开了自然界神秘面纱的一角，开阔了视野，活跃了思路，经过由此及彼由表及里的思考，物理学家提出了各种研究课题，试图寻找联系、揭示本质、发现规律、提供解释，择要介绍如下.

毕奥和萨伐尔认为,奥斯特实验中磁针在电流作用下的偏转是两磁极受电流作用力的结果,而电流对磁极的作用力又应是构成该电流的各电流元对磁极的作用力之和.据此,毕奥和萨伐尔提出了寻找**电流元对磁极作用力的定量规律**问题,它将为任意电流对磁极的作用提供统一的定量解释.困难在于不存在孤立的恒定电流元(恒定电流总是闭合回路),无法通过直接的实验测量得出结果.他们如何克服困难有所发现呢?且看4.2节分解.

在相同的背景下,与毕奥-萨伐尔相比,安培提出的研究课题更为深刻也更为重要.根据磁铁—磁铁、电流—磁铁、磁铁—电流、电流—电流之间的相互作用以及磁棒与载流直螺线管具有等效性等实验,经过深入的思考,安培作出了一个重要的抽象或猜测.安培认为,**磁现象的本质是电流,物质的磁性来源于其中的分子电流**.所谓“分子”是指构成物质的基元,当时,对物质的微观结构所知甚少.(根据近代研究,物质由分子、原子构成,原子由带正电的原子核和绕核旋转的带负电的电子构成,电子绕核旋转、电子自旋、核自旋使原子相当于一个微观的电流环,此即“分子电流”的近代解释.)据此,物质是否具有磁性以及磁性的强弱,取决于其中分子电流排列的整齐程度,越混乱磁性越弱或无磁性,越整齐磁性越强.所谓磁化,就是使其中的分子电流排列整齐.同时,以分子电流取代磁荷解释物质的磁性,还能自然地说明为什么磁棒与载流螺线管会具有等效性,曾经长期令人迷惑不解的磁棒两极总是并存(分割后依然如此)以及磁极并不单独存在等难题也一并迎刃而解.更重要的是,把磁现象归结为电流(运动电荷),从本质上揭示了电、磁现象的内在联系.基于上述看法,安培认为,磁铁—磁铁、电流—磁铁、磁铁—电流、电流—电流等相互作用,都应归结为电流与电流的相互作用,提出了寻找任意**两电流元之间作用力定量规律**的重大研究课题.显然,这一规律的发现,将为上述种种相互作用以及物质的磁性提供统一的解释,从而为磁学的发展奠定实验基础.但是,安培不仅同样遇到了不存在孤立的恒定电流元、无法直接测量的困难,而且,由于涉及的几何因素更多,难度大为增加.在细阅安培这一名垂史册的贡献(见4.4节)之前,不知读者有无跃跃欲试一显身手的抱负?

奥斯特实验发现了电流的磁效应，表明电(指电流，不是电荷)对磁针有作用，揭示了电与磁联系的一个侧面. 那么，它的"逆"效应是什么，即磁是否也能对电荷有作用，如果电荷被推动，是否会形成某种电流，这种现象是否存在，有什么条件，表现形式如何，等等，这是人们提出的又一重要研究课题. 众所周知，这个**逆效应**就是**电磁感应**现象，它的发现不仅使人们对电与磁的联系有了全面的认识，而且由于它是一种非恒定的暂态效应，使电磁学的研究从静止、恒定走向运动、变化，意义重大，详见第 6 章.

最后，随着种种电磁作用的发现和研究，一个古老而深刻的问题再次提了出来，即这些作用是否需要**媒介物**的传递，是否需要**传递时间**. 换言之，超距作用和近距作用的论争再次激化，并最终导致电磁场理论的建立.

爱因斯坦指出："提出一个问题往往比解决一个问题更重要，因为解决一个问题也许仅是一个数学上的或实验上的技能而已，而提出新的问题，新的可能性，从新的角度去看旧的问题，却需要有创造性的想象力，而且标志着科学的真正进步." 至理名言！

4.2 毕奥-萨伐尔定律

- 毕奥-萨伐尔定律的建立
- 载流回路的磁场
- 磁感应强度

• 毕奥-萨伐尔定律的建立①

为了寻找任意电流元对磁极作用力的定量规律，毕奥和萨伐尔(Jean Baptiste Biot，1774—1862，法国；Felix Savart，1791—1841，法国)首先对奥斯特实验作了认真的分析. 毕奥-萨伐尔认为，长直载流导线使与之平行的磁针偏转，这是磁针两磁极受到相等的反向作用力的结果. 由于长直载流导线由许多电流元构成，它对磁极的作用力应是各电流元对磁极的作用力之和，既然磁极所受合力是横向

① 此段可作为阅读材料供参考.

力，那么，合理的猜测是任意电流元对磁极的作用力也应是横向力，即应垂直于由电流元和磁极构成的平面(见图 4-7)，于是，**作用力的方向**得以确定. 至于作用力的大小，不难设想，除了与电流强弱、电流元长短(即 Idl)以及磁极强弱(即所含磁荷的数量)有关外，还应与几何因素有关. 由于是横向力，几何因素无非是电流元与磁极的**距离** r 以及电流元相对于磁极的空间**方位角** α(即 $Id\boldsymbol{l}$ 与 $\boldsymbol{r}$ 的夹角，$d\boldsymbol{l}$ 的方向是电流的方向，$\boldsymbol{r}$ 的方向由电流元指向磁极). 毕奥和萨伐尔意识到，寻找作用力大小与 r、α 的关系，正是问题的关键.

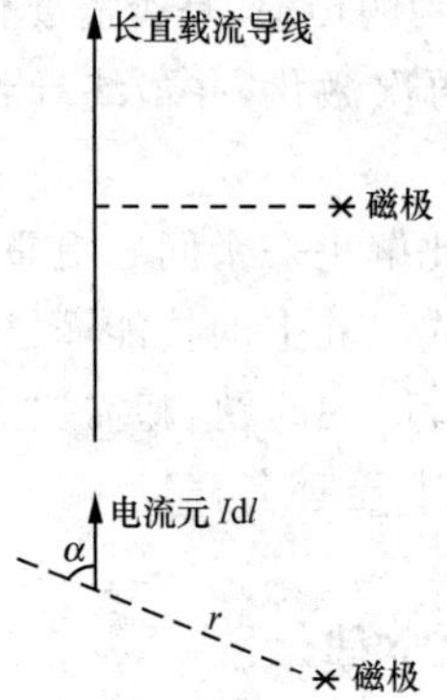

图 4-7　电流元对磁极作用力的方向应垂直于它们构成的平面

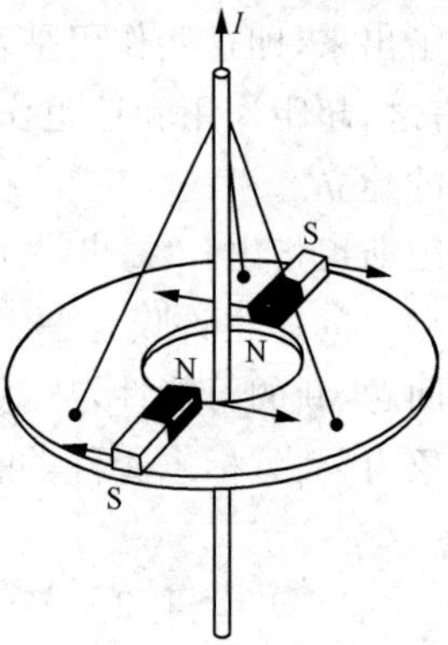

图 4-8　毕奥-萨伐尔的长直载流导线对磁极作用的实验

鉴于恒定电流的闭合性，不存在孤立的恒定电流元，无法通过直接的实验测量寻找关系. 为此，毕奥-萨伐尔精心设计了两个特殊的闭合载流回路对磁极作用力的实验，希望能凸显出作用力大小与 r、α 的关系，为经过分析得出规律提供依据.

毕奥-萨伐尔的第一个实验与奥斯特实验相仿，仍为长直载流导线对磁极作用力的实验，但是做了重要改进，以便得出定量结果. 如图 4-8 所示，在竖直的载流导线上悬挂水平有孔圆盘，盘上沿径向对称地放置一对相同的磁棒. 若直电流对磁极的作用力大小与磁极到电流的垂直距离成反比，则每根磁棒两极所受的力矩大小相等、方向相反，合力矩为零，圆盘平衡. 若作用力大小与垂直距离不成反比，则每条磁棒所受合力矩都不为零，且两个合力矩的方向相同(竖直向上或竖直向下)，故总力矩不为零，圆盘将扭转. 实验结果是圆盘精确地保持平衡. 毕奥-萨伐尔由此得出结论："从磁极到导线作垂线，作用在磁极上的力与这条垂线和导线都垂直，它的大小与磁极到导线的距离成反比."

上述实验得出了定量结果，说明有所改进. 但因长直载流导线两端无限延伸，使电流方位的影响被掩盖了，未能尽如人意. 为了同时找到作用力大小与距离 r、方位角 α 的关系，毕奥-萨伐尔精心设计了**弯折载流导线对磁极作用力的实验**，终如所愿.

如图 4-9 所示，夹角为 2α 的弯折载流导线与磁极共面，两者的距离 $AP=r$ (A 为弯折点). 弯折导线的两半可以看成是两个"大型"的电流元，两者对磁极作用力的方向相同，都垂直于图平面. 不难看出，弯折导线既能构成闭合回路(它的两端在远处联接)，又能凸显出距离 r 与方位角 α 两个因素，其构思之巧妙正在于此.

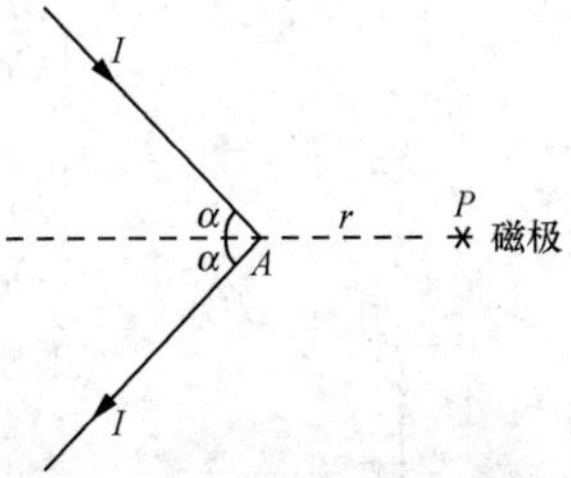

图 4-9 毕奥-萨伐尔的弯折载流导线对磁极作用的实验(原理图)

毕奥-萨伐尔通过弯折载流导线对磁极作用力的实验得出，作用力的大小除与距离 r 成反比外，还与弯折的角度 α 有关. 给定 r，当 $\alpha=0$ 时，即为对折载流导线时，磁极所受作用力为零；当 $\alpha=\pi/2$ 时，即为长直载流导线时，磁极所受作用力最大；当 $\alpha=\pi/4$ 时，即为弯折载流导线时，磁极所受作用力为最大作用力的 0.414 倍. 因 $\tan(\alpha/2)=\tan(\pi/8)=0.414$，于是得出，弯折载流导线对磁极作用力大小的定量公式为

$$H = k\frac{I}{r}\tan\frac{\alpha}{2}, \tag{4.1}$$

式中 k 是比例系数，取决于磁极的强弱与单位的选择. 若取磁极强弱为单位值，则 H 为单位磁极所受作用力，此即历史上用磁荷观点解释磁现象时定义的磁场强度. 又，(4.1)式已包含了长直载流导线对单位磁极作用力的结果，即当 $\alpha=\pi/2$ 时，$\tan(\alpha/2)=\tan(\pi/4)=1$，

故有 $H=kI/r$.

(4.1)式的得出虽属非易,却仍然只是特殊实验的结果,并非普遍规律.为了得出任意电流元对单位磁极作用力的定量公式,拉普拉斯作了如下的理论分析.

因任意电流元对单位磁极的作用力是横向力,其大小除与 $I\mathrm{d}l$ 有关外,还与 r,α 有关,可表为 $\mathrm{d}H(r,\alpha)$, 故有

$$\mathrm{d}H=\frac{\mathrm{d}H}{\mathrm{d}l}\mathrm{d}l=\left(\frac{\partial H}{\partial\alpha}\frac{\mathrm{d}\alpha}{\mathrm{d}l}+\frac{\partial H}{\partial r}\frac{\mathrm{d}r}{\mathrm{d}l}\right)\mathrm{d}l. \tag{4.2}$$

对(4.1)式求导,得

$$\begin{cases}\dfrac{\partial H}{\partial\alpha}=k\dfrac{I}{r}\dfrac{1}{2\cos^2\dfrac{\alpha}{2}},\\[2ex]\dfrac{\partial H}{\partial r}=-k\dfrac{I}{r^2}\tan\dfrac{\alpha}{2}.\end{cases} \tag{4.3}$$

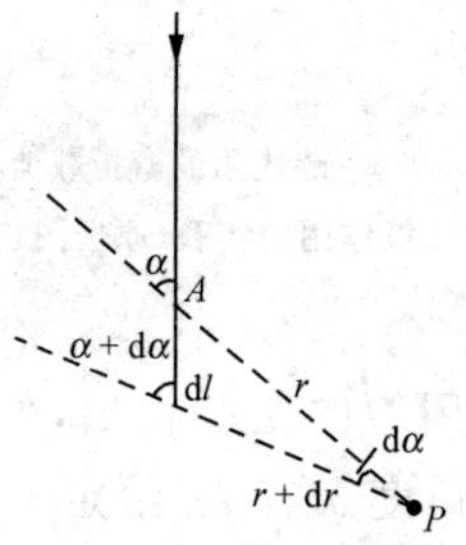

图　4-10

如图 4-10, 有几何关系

$$\begin{cases}\mathrm{d}l\sin\alpha=r\mathrm{d}\alpha,\\ \mathrm{d}l\cos\alpha=-\mathrm{d}r,\end{cases}$$

或

$$\begin{cases}\dfrac{\mathrm{d}\alpha}{\mathrm{d}l}=\dfrac{\sin\alpha}{r},\\[2ex]\dfrac{\mathrm{d}r}{\mathrm{d}l}=-\cos\alpha.\end{cases} \tag{4.4}$$

又有三角函数公式

$$\begin{cases}\sin\alpha=2\sin\dfrac{\alpha}{2}\cos\dfrac{\alpha}{2},\\[2ex]\sin\alpha=\tan\dfrac{\alpha}{2}(1+\cos\alpha).\end{cases} \tag{4.5}$$

把(4.3)(4.4)式代入(4.2)式,并利用(4.5)式,得

$$\mathrm{d}H=k\frac{I\mathrm{d}l}{r^2}\sin\alpha. \tag{4.6}$$

因单位磁极所受作用力为横向力,可将上式写成矢量形式,一并描绘作用力的方向,为

$$\mathrm{d}\boldsymbol{H}=k\frac{I\mathrm{d}\boldsymbol{l}\times\hat{\boldsymbol{r}}}{r^2}, \tag{4.7}$$

式中 $\hat{\boldsymbol{r}}=\frac{\boldsymbol{r}}{r}$ 为 $\boldsymbol{r}$ 的单位矢量.(4.7)式揭示了电流元 $I\mathrm{d}\boldsymbol{l}$ 对单位磁极作用力 $\mathrm{d}\boldsymbol{H}$ 的定量规律,称为毕奥-萨伐尔定律,也称毕奥-萨伐尔-拉普拉斯定律,式中比例系数 k 取决于单位的选择.

应该指出,在上述分析中,(4.1)式以及由它得出的(4.3)式都是只适用于弯折载流导线的特殊结果,但(4.2)式却是普适的一般关系,所以将(4.3)式代入(4.2)式时,实际上是将特殊结果推广使用了.显然,这种从特殊到一般的做法并不严格,但舍此便无法得出(4.7)式.一般说来,由某些特殊实验是无法逻辑地得出普遍规律的,所以得出物理定律的过程往往并不严格,物理定律的是非真伪、精度、适用条件等都有待进一步的实验检验,才能逐步确定.

- **磁感应强度**

现代,根据近距作用的场观点以及磁现象的本质是电流的观点,上述毕奥-萨伐尔定律应理解为电流元产生磁场的规律,即(4.7)式的 $\mathrm{d}\boldsymbol{H}$ 应改写为 $\mathrm{d}\boldsymbol{B}$,得

$$\mathrm{d}\boldsymbol{B}=\frac{\mu_0}{4\pi}\frac{I\mathrm{d}\boldsymbol{l}\times\hat{\boldsymbol{r}}}{r^2}. \tag{4.8}$$

(4.8)式是现代形式的**毕奥-萨伐尔定律(微分形式)**,式中 $\mathrm{d}\boldsymbol{B}$ 为**磁感应强度**.磁感应强度是描绘磁场的基本物理量,其地位与描述电场的电场强度相当.

(4.8)式采用的是 SI 单位制,比例系数 $k=\frac{\mu_0}{4\pi}$, $\mu_0=4\pi\times10^{-7}$ N/A^2, 磁感应强度 $\boldsymbol{B}$ 的单位称为特[斯拉](T), 1 T=1 N/(A·m). $\boldsymbol{B}$ 的另一个单位是高斯(Gs 或 G),1 Gs$=10^{-4}$ T 或 1 T$=10^4$ Gs.

(4.8)式表明,如图 4-11(a)所示,电流元 $I\mathrm{d}\boldsymbol{l}$($\mathrm{d}\boldsymbol{l}$ 的方向为电流方向)在距离为 $\boldsymbol{r}$ 的某一点 P($\boldsymbol{r}$ 从 $\mathrm{d}\boldsymbol{l}$ 指向 P 点)产生的元磁场 $\mathrm{d}\boldsymbol{B}$ 的方向,垂直于由 $\mathrm{d}\boldsymbol{l}$ 和 $\boldsymbol{r}$ 构成的平面(图中画阴影的平面),即沿着以 $\mathrm{d}\boldsymbol{l}$ 方向为轴线的圆周的切线方向,在每个垂直于 $\mathrm{d}\boldsymbol{l}$ 的截面内,磁感应线是围绕轴线的一系列同心圆.换言之,电流元及其磁感应线的方向遵循如图 4-11(b)的**右手定则**:若翘起的拇指与电流方向一致,则弯曲的右手四指代表该电流周围的磁感应线方向.

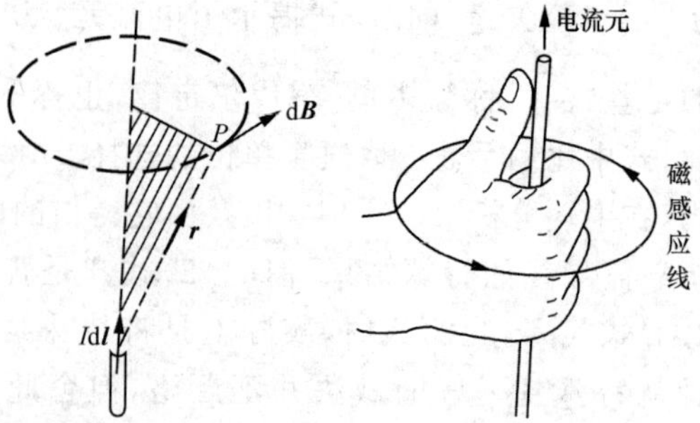

(a) (b) 右手定则

图 4-11

任意闭合载流回路产生的磁场，是其中各电流元产生的元磁场的矢量和，为

$$\boldsymbol{B}=\oint \mathrm{d}\boldsymbol{B}=\frac{\mu_0}{4\pi}\oint \frac{I\mathrm{d}\boldsymbol{l}\times\hat{\boldsymbol{r}}}{r^2}, \tag{4.9}$$

这就是**磁感应强度的叠加原理**，也称为**毕奥-萨伐尔定律**的**积分形式**.

应该指出，毕奥-萨伐尔定律(4.8)式和(4.9)式只在**恒定条件**下适用，即只适用于恒定电流. 在非恒定情形，可以存在孤立的电流元如运动电荷，随着电荷的运动，它在周围产生的磁场将会发生相应的变动，根据近距作用的场观点，由近及远的场的变动需要传播时间，并非在瞬间同步完成，此即所谓推迟效应，它使运动电荷的磁场与更多的因素有关，关系更为复杂. 例如，以 $\boldsymbol{v}$ 作匀速直线运动的点电荷 q 产生的磁场为

$$\boldsymbol{B}=\frac{\mu_0}{4\pi}\frac{q\boldsymbol{v}\times\hat{\boldsymbol{r}}}{r^2\left(1-\frac{v^2}{c^2}\sin^2\theta\right)^{3/2}}\left(1-\frac{v^2}{c^2}\right), \tag{4.10}$$

式中 $\boldsymbol{B}$ 是与点电荷 q 相距为 $\boldsymbol{r}$ 的某点的磁场，θ 是 $\boldsymbol{v}$ 与 $\boldsymbol{r}$ 的夹角，c 是真空光速. 在 $v\ll c$ 的条件下，(4.10)式回归为(4.8)式.

● 载流回路的磁场

毕奥-萨伐尔定律(4.9)式提供了已知电流分布计算磁场的一种基本方法. 由于(4.9)式是矢量积分，通常，需要分别计算 $\boldsymbol{B}$ 的各

个分量，但如果电流分布具有一定的对称性，使矢量积分变为标量积分，往往可使计算简化．下面，计算一些特殊载流回路的磁场．

例 1 载流直导线的磁场．

已知直导线中的电流为 I，任一点 P 到直导线的垂直距离为 r_0，试求 P 点的磁场．

解 如图 4-12 所示，把载流直导线分成许多电流元，由毕奥-萨伐尔定律，各电流元在 P 点产生的磁场的方向相同，都垂直纸面向里，故 P 点的总磁场的方向也垂直纸面向里，矢量积分简化为标量积分．对于有限长的直导线 A_1A_2，在 P 点的磁感应强度 $\boldsymbol{B}$ 的大小为

$$B=\int_{A_1}^{A_2}\mathrm{d}B=\int_{A_1}^{A_2}\frac{\mu_0}{4\pi}\frac{I\mathrm{d}l\sin\theta}{r^2},$$

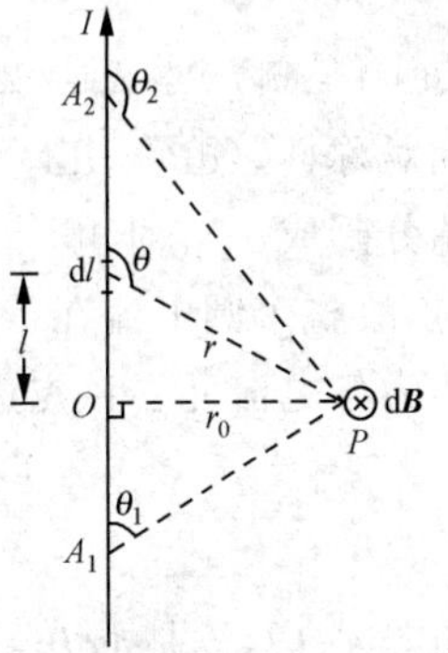

图 4-12 载流直导线的磁场

利用几何关系，统一积分变量，如图，有

$$l=r\cos(\pi-\theta)=-r\cos\theta,$$

$$r_0=r\sin(\pi-\theta)=r\sin\theta.$$

由以上两式消去 r，得 $l=-r_0\cot\theta$，取微分，有

$$\mathrm{d}l=\frac{r_0\mathrm{d}\theta}{\sin^2\theta}.$$

把上式及 $r=\dfrac{r_0}{\sin\theta}$ 代入积分式，积分变量由 l 换为 θ，化简，得

$$B=\int_{\theta_1}^{\theta_2}\frac{\mu_0}{4\pi}\frac{I\sin\theta}{r_0}\mathrm{d}\theta=\frac{\mu_0 I}{4\pi r_0}(\cos\theta_1-\cos\theta_2),$$

式中 θ_1，θ_2 分别为直导线两端 A_1，A_2 处的 θ 角．

若直导线为无限长，则 $\theta_1=0$，$\theta_2=\pi$，有

$$B=\frac{\mu_0 I}{2\pi r_0}. \tag{4.11}$$

可见，载流无限长直导线周围任一点的磁感应强度 $\boldsymbol{B}$ 的大小与该点到导线的垂直距离成反比．对于长度为 l 的直导线，在 $r_0\ll l$ 时，上式近似成立．此即毕奥-萨伐尔曾由实验得出的结论．

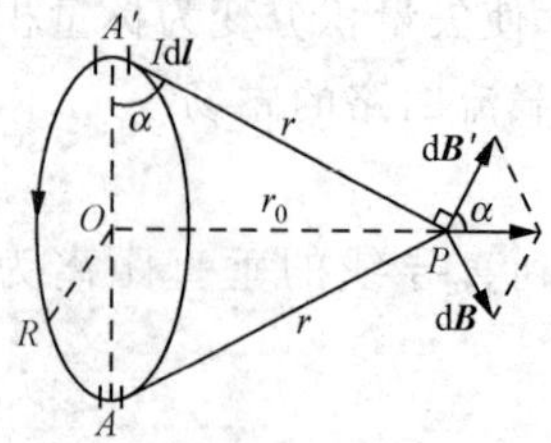

图 4-13　圆电流轴线上的磁场

例 2　载流圆线圈轴线上的磁场.

已知载流圆线圈的半径为 R，电流为 I，轴线上任一点 P 与圆心 O 相距为 r_0，试求 P 点的磁场.

解　如图 4-13，在圆上任一直径 AA' 两端分别取两个相同的电流元 $I\mathrm{d}\boldsymbol{l}$，它们在 P 点产生一对元磁场 $\mathrm{d}\boldsymbol{B}$ 与 $\mathrm{d}\boldsymbol{B}'$，由于轴对称性，$(\mathrm{d}\boldsymbol{B}'+\mathrm{d}\boldsymbol{B})$沿轴线方向.将整个圆电流类似地按各直径两端分割成一对对电流元，各对电流元在 P 点的元磁场均沿轴线方向，故整个圆电流在 P 点的磁场沿轴线方向.换言之，P 点的总磁场即为各电流元在该点产生的磁场的轴线分量 $\mathrm{d}B\cos\alpha$ 之和，故有

$$B=\oint\mathrm{d}B\cos\alpha=\oint\frac{\mu_0}{4\pi}\frac{I\mathrm{d}l}{r^2}\sin\theta\cos\alpha.$$

如图 4-13，θ 是 $I\mathrm{d}\boldsymbol{l}$ 与 $\boldsymbol{r}$ 的夹角，$\theta=\dfrac{\pi}{2}$，$\sin\theta=1$；$r_0=r\sin\alpha$，对于给定的 P 点，α 是常数，代入，得

$$B=\frac{\mu_0}{4\pi}\frac{I}{r_0^2}\sin^2\alpha\cos\alpha\oint\mathrm{d}l,$$

式中

$$\cos\alpha=\frac{R}{\sqrt{R^2+r_0^2}},\quad \sin\alpha=\frac{r_0}{\sqrt{R^2+r_0^2}},\quad \oint\mathrm{d}l=2\pi R,$$

代入，得

$$B=\frac{\mu_0}{4\pi}\cdot\frac{2\pi R^2 I}{(R^2+r_0^2)^{3/2}}=\frac{\mu_0}{2}\frac{R^2 I}{(R^2+r_0^2)^{3/2}}.\tag{4.12}$$

讨论　(1) 圆心处的磁场.因 $r_0=0$，故为

$$B=\frac{\mu_0}{4\pi}\cdot\frac{2\pi I}{R}=\frac{\mu_0 I}{2R}.\tag{4.13}$$

(2) 圆线圈轴线上远处的磁场.因 $r_0\gg R$，故有

$$B=\frac{\mu_0 R^2 I}{2r_0^3}.\tag{4.14}$$

(3) 圆电流及其轴线上的磁场方向遵循右手定则：如图 4-14，若右手四指弯曲的方向与圆电流方向一致，则翘起的拇指指示轴线

上磁场的方向.

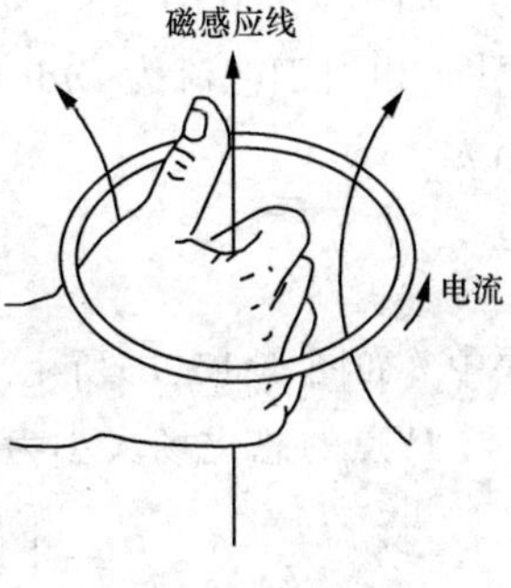

图 4-14 右手定则(圆电流)

例 3 载流直螺线管轴线上的磁场.

绕在圆柱面上的螺线形线圈叫做直螺线管(图 4-15(a)). 设直螺线管半径为 R, 长度为 L, 单位长度内绕有 n 匝线圈, 线圈中电流为 I. 设直螺线管是密绕的, 即整个直螺线管可以近似地看成一系列半径相同的圆线圈同轴密排而成,绕线的螺距可以忽略. 试求轴线上的磁场.

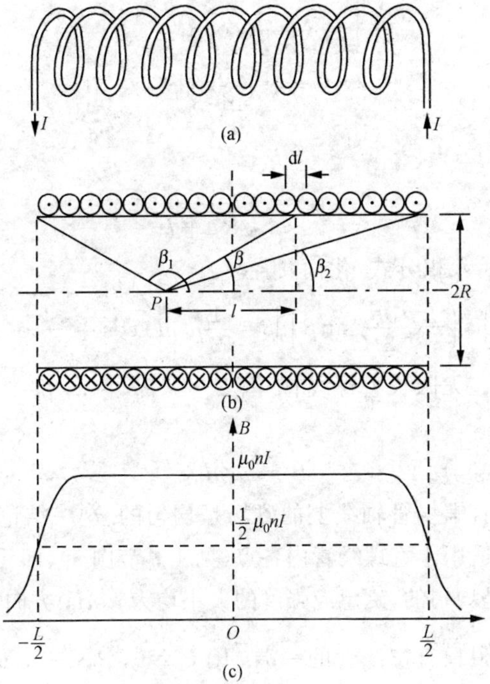

图 4-15 载流螺线管轴线上的磁场

解 因直螺线管密绕,轴线上任一点 P 的磁场是组成它的各圆线圈在 P 点的磁场之和. 因各圆线圈在轴上 P 点的磁场均沿轴向, 故 P 点的总磁场也沿轴向,矢量和简化为标量和.

如图 4-15(b)，在直螺线管上任取长为 $\mathrm{d}l$ 的小段，其中有 $n\mathrm{d}l$ 匝线圈，相当于电流为 $In\mathrm{d}l$ 的圆线圈，由(4.12)式，它在 P 点的磁场大小为

$$\mathrm{d}B=\frac{\mu_0 In\mathrm{d}lR^2}{2(R^2+l^2)^{3/2}},$$

式中 l 如图 4-15(b)所示.

P 点的总磁场大小为

$$B=\int \mathrm{d}B=\int_{(L)}\frac{\mu_0 nIR^2\mathrm{d}l}{2(R^2+l^2)^{3/2}}.$$

为了便于积分，引入参变量 β，如图 4-15(b)，

$$l=R\cot\beta,$$

故

$$\mathrm{d}l=-\frac{R}{\sin^2\beta}\mathrm{d}\beta.$$

又

$$\sin\beta=\frac{R}{\sqrt{R^2+l^2}},$$

将以上两式代入积分式，化简，得

$$B=\int_{\beta_1}^{\beta_2}\left(-\frac{\mu_0 nI}{2}\sin\beta\right)\mathrm{d}\beta=\frac{1}{2}\mu_0 nI(\cos\beta_2-\cos\beta_1).\qquad(4.15)$$

讨论 1. 无限长直螺线管. 因 $L\to\infty$，$\beta_1=\pi$，$\beta_2=0$，轴线上磁场大小为

$$B=\mu_0 nI.\qquad(4.16)$$

可见，无限长直螺线管轴线上的磁场是均匀的. 这一结论不仅适用于轴线上，而且适用于直螺线管内各点(见 4.3 节例 5)，即无限长直螺线管内的磁场是均匀的，磁感应强度的大小均为 $\mu_0 nI$，方向与轴线平行.

2. 半无限长直螺线管的一端. 因 $\beta_1=\pi$，$\beta_2=\frac{\pi}{2}$，或者 $\beta_1=\frac{\pi}{2}$，$\beta_2=0$，故有

$$B=\frac{1}{2}\mu_0 nI.\qquad(4.17)$$

可见，半无限长直螺线管轴上端点处的磁感应强度为无限长直螺线管内磁感应强度之半.

3. 长直螺线管($L\gg R$)轴线上的磁场分布大致如图 4-15(c)所示.

例 4 亥姆霍兹线圈.

如图 4-16,亥姆霍兹线圈是指一对间距等于半径的同轴载流圆线圈.在实验室中,当所需磁场不太强时,常用它来产生均匀磁场.

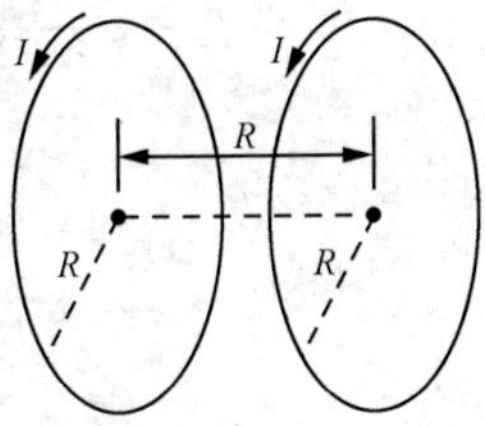

图 4-16 亥姆霍兹线圈

已知一对相同的载流圆线圈共轴,试证明当其间的距离等于半径时,在两线圈轴线中心附近的磁场最为均匀.

解 由(4.12)式,圆线圈轴线上与圆心相距 x 处的磁场大小为

$$B=\frac{\mu_0 IR^2}{2(R^2+x^2)^{3/2}}.$$

如图 4-17(a),设两圆线圈间距为 a, 轴线上任一点 P 与中心 O 点相距 x, 则 P 与两圆心 O_1 和 O_2 的距离分别为$\left(\frac{a}{2}+x\right)$和$\left(\frac{a}{2}-x\right)$,故由(4.12)式 P 点总的磁场大小为

$$B=B_1+B_2=\frac{\mu_0 IR^2}{2\left[R^2+\left(\frac{a}{2}+x\right)^2\right]^{3/2}}+\frac{\mu_0 IR^2}{2\left[R^2+\left(\frac{a}{2}-x\right)^2\right]^{3/2}}.$$

如图 4-17, 由对称性,在中心 O 点($x=0$)处, $\frac{\mathrm{d}B}{\mathrm{d}x}=0$, 即 $B(x)$ 曲线在 O 点有水平的切线.当两线圈间距 a 较大时, O 点的 B 为极小值,即在 $x=0$ 处, $\frac{\mathrm{d}^2B}{\mathrm{d}x^2}>0$(图(a));当 a 较小时, O 点的 B 为极大值,即在 $x=0$ 处, $\frac{\mathrm{d}^2B}{\mathrm{d}x^2}<0$(图(c));可以想见,当 a 适当时, O 点的 B 值为由极小向极大过渡之值,转变值应满足在 $x=0$ 处, $\frac{\mathrm{d}^2B}{\mathrm{d}x^2}=0$(图(b)),此时 $x=0$ 附近的磁场最为均匀.所以,对于不同的 a, O 点附近磁场最均匀的条件是,在 $x=0$ 处, $\frac{\mathrm{d}^2B}{\mathrm{d}x^2}=0$. 由上式,求出$\frac{\mathrm{d}^2B}{\mathrm{d}x^2}$, 令其为零,再将 $x=0$ 代入,即得(计算从略)

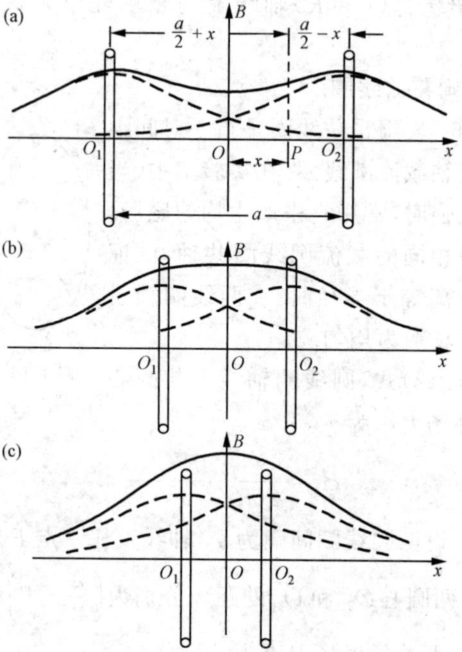

图 4-17　轴线上磁场分布与两线圈距离的关系

$$a=R.$$

可见，当两同轴圆线圈的间距 a 等于圆线圈的半径 R 时，两线圈轴线中央附近的磁场最为均匀.

通过以上四例，可以吸取什么经验呢？因(4.9)式是矢量积分，对于求磁场的那些点，只在电流分布具有一定对称性，能够判断其磁场方向，并可简化为标量积分时，才易于求解，所以**对称性分析**是关键.又，为完成积分，需利用**几何关系**，统一积分变量.此外，一些**重要的结果**(如圆线圈轴上一点的磁场)应牢记备用.顺便指出，如果对称性有所削弱，求解将困难得多.例如，圆线圈非轴线上一点的磁场，就需借助特殊函数才能求解.又如，在螺距不可忽略时，螺线管的电流既有环向分量又有轴向分量，若再除去密绕条件，就更为复杂.总之，对于一种计算方法，掌握它的主要特点、技巧以及可能出现的困难和适用范围，是学习的基本要求.

4.3　磁场的高斯定理和安培环路定理

· 磁感应线　　· 磁单极子
· 磁场的高斯定理　　· 安培环路定理
· 矢势

● 磁感应线(磁场线)

本节讨论磁场作为一个矢量场的基本性质.

为了形象地描绘磁场 $\boldsymbol{B}$ 的空间分布,与电场线类似,可以绘制**磁场线**即**磁感应线**.磁场线上每一点的切线方向与该点 $\boldsymbol{B}$ 的方向一致.为了比较 $\boldsymbol{B}$ 的大小,可使单位面积的磁场线数目与 B 的大小成正比,即 B 较大处磁场线密集,B 较小处稀疏.

图 4-18 是一些典型的磁场线图,它使我们对磁场的空间分布从整体上有定性的了解.磁场线都是闭合曲线(或两头伸向无穷远),并且闭合的磁场线与闭合的载流回路相互套连,遵循右手定则.这表明,磁场空间分布的特征与静电场明显不同,从而磁场的性质应与静电场大相径庭.

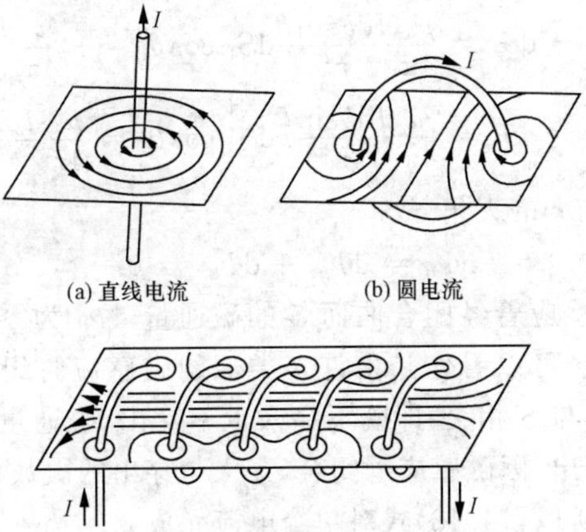

(a) 直线电流　　(b) 圆电流

(c) 螺线管电流

图 4-18　磁场线的空间分布

下面，引入并证明恒定磁场的高斯定理和安培环路定理，它们准确地描述了磁场作为一个矢量场的基本性质：**无源有旋**.

● 磁场的高斯定理

磁场的高斯定理：通过磁场中任一闭合曲面 S 的总磁通量恒等于零，表为

$$\oiint_{(S)} \boldsymbol{B}\cdot \mathrm{d}\boldsymbol{S}=0, \tag{4.18}$$

与电通量 $\mathrm{d}\Phi_e$ 相仿（见 1.3 节），通过面元 $\mathrm{d}S$ 的磁通量定义为

$$\mathrm{d}\Phi_B=\boldsymbol{B}\cdot \mathrm{d}\boldsymbol{S}=B\cos\theta\,\mathrm{d}S,$$

其中 θ 是 $\boldsymbol{B}$ 与 $\mathrm{d}\boldsymbol{S}$ 的夹角，面元 $\mathrm{d}\boldsymbol{S}$ 的方向为闭合曲面的外法线方向. (4.18)式表明，**磁场是无源的.**

现在根据毕奥-萨伐尔定律予以证明.

证明　如图 4-19，由毕奥-萨伐尔定律，任意电流元 $I\mathrm{d}\boldsymbol{l}$ 的磁感应线是以 $\mathrm{d}\boldsymbol{l}$ 方向（电流方向）为轴线的一系列同心圆. 图中画出了任意一个由磁感应线围成的正截面为 $\mathrm{d}S$ 的磁感应管. 再取任意闭合曲面 S. 如图，磁感应管穿入 S 一次，穿出一次，穿入和穿出处截出的面元分别为 $\mathrm{d}\boldsymbol{S}_1$ 和 $\mathrm{d}\boldsymbol{S}_2$，磁场分别为 $\mathrm{d}\boldsymbol{B}_1$ 和 $\mathrm{d}\boldsymbol{B}_2$，$\mathrm{d}\boldsymbol{B}_1$ 与 $\mathrm{d}\boldsymbol{S}_1$ 的夹角为 θ_1，$\mathrm{d}\boldsymbol{B}_2$ 与 $\mathrm{d}\boldsymbol{S}_2$ 的夹角为 θ_2，相应的磁感应通量分别为

$$\mathrm{d}\Phi_{B_1}=\mathrm{d}\boldsymbol{B}_1\cdot \mathrm{d}\boldsymbol{S}_1=\frac{\mu_0}{4\pi}\frac{I\mathrm{d}l\sin\theta}{r^2}\mathrm{d}S_1\cos\theta_1=-\frac{\mu_0}{4\pi}\frac{I\mathrm{d}l\sin\theta}{r^2}\mathrm{d}S,$$

$$\mathrm{d}\Phi_{B_2}=\mathrm{d}\boldsymbol{B}_2\cdot \mathrm{d}\boldsymbol{S}_2=\frac{\mu_0}{4\pi}\frac{I\mathrm{d}l\sin\theta}{r^2}\mathrm{d}S_2\cos\theta_2=\frac{\mu_0}{4\pi}\frac{I\mathrm{d}l\sin\theta}{r^2}\mathrm{d}S,$$

式中 θ 是 $\mathrm{d}\boldsymbol{l}$ 与 $\boldsymbol{r}$ 的夹角. 故

$$\mathrm{d}\Phi_B=\mathrm{d}\Phi_{B_1}+\mathrm{d}\Phi_{B_2}=0.$$

可见，任意磁感应管经闭合曲面 S 的磁通量 $\mathrm{d}\Phi_B$ 为零. 由于电流元 $I\mathrm{d}\boldsymbol{l}$ 产生的磁场可以看作是由许多类似的磁感应管组成的，这些磁感应管或者不与 S 相交，即既不穿入也不穿出，磁通量当然为零，或者穿入后再穿出（因磁感应管闭合，穿入与穿出的次数必定相同），磁通量也为零. 所以，(4.18)式对单个电流元成立.

任意载流回路是由许多电流元构成的，既然(4.18)式对其中任一电流元的磁场成立，则根据磁感应强度的叠加原理，(4.18)式对任

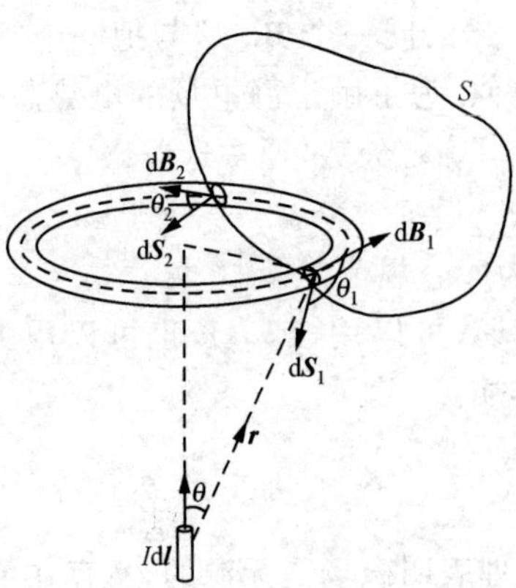

图 4-19 磁场高斯定理的证明

意载流回路的磁场也成立. 证毕.

又,磁通量 Φ_B 的单位是韦伯(Wb), 1 Wb=1 T·m².

• 矢势

利用矢量分析的高斯定理,可将(4.18)式写为

$$\oiint_{(S)} \boldsymbol{B} \cdot d\boldsymbol{S} = \iiint_{(V)} \nabla \cdot \boldsymbol{B} dV = 0,$$

式中 V 是闭合曲面 S 包围的面积. 上式对任意形状、大小的体积 V 都成立,故被积函数应为零,即

$$\nabla \cdot \boldsymbol{B} = 0. \tag{4.19}$$

这就是磁场高斯定理的微分形式.

根据矢量分析,如果一个位置的矢量函数是通过取另一矢量函数 $\boldsymbol{A}$ 的旋度得出的,则该矢量函数的散度处处为零,即

$$\nabla \cdot (\nabla \times \boldsymbol{A}) = 0. \tag{4.20}$$

(4.19)式表明,磁场 $\boldsymbol{B}$ 的散度处处为零,因此,总可以通过取另一个矢量场 $\boldsymbol{A}$ 的旋度来得到 $\boldsymbol{B}$, 即

$$\boldsymbol{B} = \nabla \times \boldsymbol{A}, \tag{4.21}$$

矢量 $\boldsymbol{A}$ 称为**磁矢势**,简称**矢势**.

满足 $\boldsymbol{B}=\nabla\times\boldsymbol{A}$ 的矢量场 $\boldsymbol{A}$ 并不唯一. 例如,对任意标量场 φ 的梯度 $\nabla\varphi$, 因 $\nabla\times\nabla\varphi=0$, 故有

$$\nabla \times (\boldsymbol{A} + \nabla \varphi) = \nabla \times \boldsymbol{A} = \boldsymbol{B},$$

即 $\boldsymbol{A}$ 和$(\boldsymbol{A}+\nabla\varphi)$得出的同一个 $\boldsymbol{B}$. 这与把一个常量加在静电势上,静电场仍然不变类似. 为了确定静电场的电势需选取电势零点作为附加条件. 同样,为了确定矢势,通常选取

$$\nabla\cdot\boldsymbol{A}=0 \tag{4.22}$$

作为附加条件,称为库仑规范.

为了描绘电磁场,可以用$(\boldsymbol{E},\boldsymbol{B})$,也可以用矢势与标势(电势)$(\boldsymbol{A},\varphi)$,后者更为本质.

- **磁单极子**

磁场的高斯定理表明磁场是无源的,不存在单独的磁极,磁场是由运动电荷(电流)产生的. 这些都是磁场与电场的重大区别,在麦克斯韦方程中表现为产生电场和磁场的源缺乏对称性.

长期以来物理学家始终关注是否存在带单极性磁荷的粒子——**磁单极子**. 1931 年狄拉克指出,磁单极子的存在为量子理论所允许,且与电荷的量子化(带电粒子的电荷总是精确地等于电子电荷的整数倍)有关.

如果存在磁单极子,根据磁与电的对称性,可以设想,静止的磁单极子产生静磁场,运动的磁单极子产生电场,磁单极子在磁场中受力加速,运动的磁单极子在电场中受力加速,等等. 于是,对磁现象的本质、磁场的性质、电与磁的关系,以及电磁理论等都将产生重大影响. 不仅如此,磁单极子是否存在还与基本粒子的构造,"大统一"理论(把电磁作用、弱作用和强作用统一起来的理论),以及宇宙的形成与演化等一系列重大课题密切相关.

北磁单极子和南磁单极子相遇时,会像正、负电子相遇时一样,湮没为 γ 光子. 由此人们推测,磁单极子绝少出现的原因可能是它们已在漫长的宇宙演化过程中湮没为 γ 光子而消失殆尽了. 因而,磁单极子只可能存在于古岩石、海底沉积物、陨石、月球岩样、加速器轰击物、宇宙线之中. 然而广泛查寻均无所获. 1982 年美国卡夫雷拉(Cobrera)等利用超导环的方法检测到一个似乎是单位磁荷粒子的事例,引起轰动. 但以后许多人用更敏感的探测系统检测,却均未探测到磁单极子. 迄今,磁单极子仍是一个尚待进一步理论研究和实验

探测的重大课题.

● 安培环路定理

安培环路定理：磁感应强度 $\boldsymbol{B}$ 沿任意闭合环路 L 的线积分，等于穿过以该闭合环路为周界的任意曲面的所有电流代数和的 μ_0 倍，表为

$$\oint_{(L)} \boldsymbol{B} \cdot \mathrm{d}\boldsymbol{l} = \mu_0 \sum_{(L内)} I. \tag{4.23}$$

式中电流 I 的正负规定为：当穿过环路 L 的电流方向与环路 L 的环绕方向服从右手法则时，$I>0$，取正；反之，$I<0$，取负；若电流 I 不穿过环路 L，则对上式右端无贡献. 以图 4-20 的情形为例，(4.23)式右端为 $\sum\limits_{(L内)} I = I_1 - 2I_2$. (4.23)式中的闭合积分环路通常称为**安培环路**. 又，由于恒定电流的闭合性，穿过安培环路的电流与以该环路为周界的任意曲面的形状无关.

安培环路定理(4.23)式的成立条件是**恒定**，即式中的 I 为恒定电流，磁场 $\boldsymbol{B}$ 恒定不变.

安培环路定理表明，**磁场是有旋的**. 现在根据毕奥-萨伐尔定律予以证明.

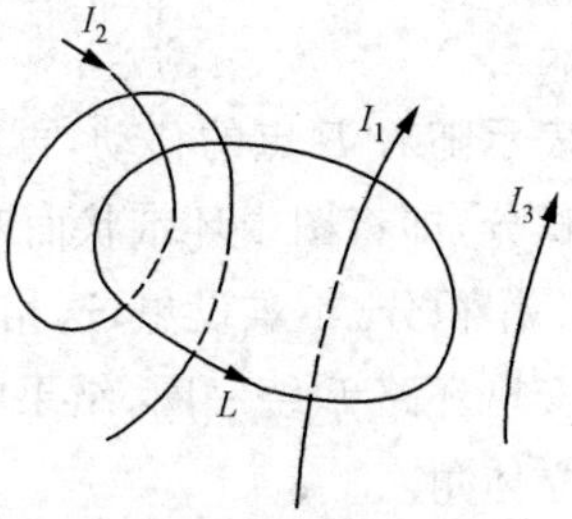

图 4-20　穿过安培环路的电流的正负

证明　根据毕奥-萨伐尔定律，可将(4.23)式的左端表为

$$\oint_{(L)} \boldsymbol{B} \cdot \mathrm{d}\boldsymbol{l} = \oint_{(L)} \frac{\mu_0}{4\pi} \oint_{(L')} \frac{I\mathrm{d}\boldsymbol{l}' \times \hat{\boldsymbol{r}}}{r^2} \cdot \mathrm{d}\boldsymbol{l},$$

式中 $\mathrm{d}\boldsymbol{l}$ 是磁场中安培环路 L 上的线元，$\mathrm{d}\boldsymbol{l}'$ 是产生磁场的闭合载流回路 L' 上的线元，I 是电流，$I\mathrm{d}\boldsymbol{l}'$ 是电流元，$\boldsymbol{r}$ 是从 $\mathrm{d}\boldsymbol{l}'$(源点)指向 $\mathrm{d}\boldsymbol{l}$(场点)方向的矢量，$\boldsymbol{r}'$ 是从 $\mathrm{d}\boldsymbol{l}$ 指向 $\mathrm{d}\boldsymbol{l}'$ 方向的矢量，两者大小相等即均为源点与场点之间的距离，方向相反，有 $\boldsymbol{r}'=-\boldsymbol{r}$，加帽号的 $\hat{\boldsymbol{r}}$ 表示 $\boldsymbol{r}$ 的单位矢量. 利用矢量代数恒等式 $(\boldsymbol{a}\times\boldsymbol{b})\cdot\boldsymbol{c}=(\boldsymbol{c}\times\boldsymbol{a})\cdot\boldsymbol{b}$，上式中的

$$\begin{aligned}(\mathrm{d}\boldsymbol{l}' \times \hat{\boldsymbol{r}}) \cdot \mathrm{d}\boldsymbol{l} &= (\mathrm{d}\boldsymbol{l} \times \mathrm{d}\boldsymbol{l}') \cdot \hat{\boldsymbol{r}} = -(\mathrm{d}\boldsymbol{l} \times \mathrm{d}\boldsymbol{l}') \cdot \hat{\boldsymbol{r}}' \\ &= -[\mathrm{d}\boldsymbol{l}' \times (-\mathrm{d}\boldsymbol{l})] \cdot \hat{\boldsymbol{r}}',\end{aligned}$$

于是有

$$\oint_{(L)}\boldsymbol{B}\cdot \mathrm{d}\boldsymbol{l}=-\oint_{(L)}\frac{\mu_0}{4\pi}\oint_{(L')}\frac{I[\mathrm{d}\boldsymbol{l}'\times(-\mathrm{d}\boldsymbol{l})]}{r^2}\cdot\hat{\boldsymbol{r}}'.$$

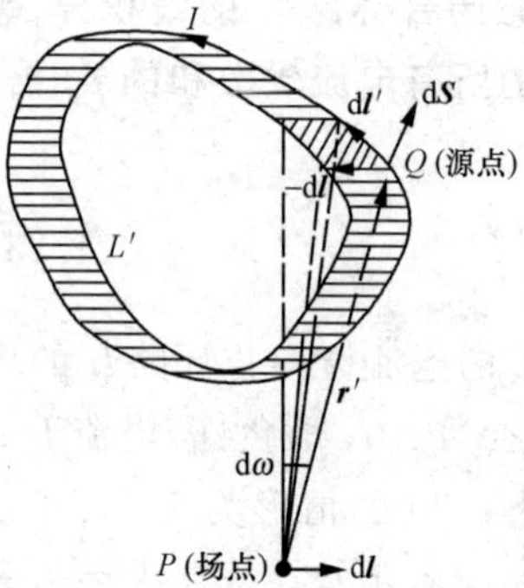

图 4-21　安培环路定理的证明

现在考察上式的几何意义. 如图 4-21 所示，$[\mathrm{d}\boldsymbol{l}'\times(-\mathrm{d}\boldsymbol{l})]$ 是两线元构成的面元 $\mathrm{d}\boldsymbol{S}$（图中画斜线）；$[\mathrm{d}\boldsymbol{l}'\times(-\mathrm{d}\boldsymbol{l})]\cdot\hat{\boldsymbol{r}}'$ 是面元 $\mathrm{d}\boldsymbol{S}$ 在 $\boldsymbol{r}'$ 的方向上的投影面元的大小；$\frac{[\mathrm{d}\boldsymbol{l}'\times(-\mathrm{d}\boldsymbol{l})]\cdot\hat{\boldsymbol{r}}'}{r^2}$ 是投影面元对场点 P 所张的立体角 $\mathrm{d}\omega$；$\oint_{(L')}\frac{[\mathrm{d}\boldsymbol{l}'\times(-\mathrm{d}\boldsymbol{l})]\cdot\hat{\boldsymbol{r}}'}{r^2}=\oint_{(L')}\mathrm{d}\omega$ 是将 $\mathrm{d}\omega$ 对闭合载流回路 L' 作积分，代表整个闭合载流回路 L' 作位移 $(-\mathrm{d}\boldsymbol{l})$ 后扫过的环带状面对场点 P 所张的立体角 $\Delta\omega$.

以上是在场点 P 不动时所作的讨论. 最后

$$\oint_{(L)}\oint_{(L')}\frac{[\mathrm{d}\boldsymbol{l}'\times(-\mathrm{d}\boldsymbol{l})]\cdot\hat{\boldsymbol{r}}'}{r^2}=\oint_{(L)}\Delta\omega$$

表示随着 P 点的移动，再沿闭合的安培环路 L（图中未画出）作环路积分，即将图中环带状面对 P 点所张的立体角 $\Delta\omega$ 沿闭合安培环路 L 作积分. 不难设想，这相当于 P 点不动，环带状面沿着相应的闭合安培环路 L 绕一圈，结果应等于由此形成的闭合曲面对 P 点所张的立体角.

当该闭合曲面在 P 点之外时，即当闭合安培环路 L 与闭合载流回路 L' 不套连时，亦即 L 内无电流通过时，该闭合曲面对 P 点所张立体角为零，$\oint_{(L)}\Delta\omega=0$. 当该闭合曲面把 P 点包围在内时，即当 L 与 L' 套连时，亦即 L 内有电流通过时，闭合曲面对 P 点所张立体角为 $\pm4\pi$，$\oint_{(L)}\Delta\omega=\pm4\pi$，其中的正、负号由右手法则确定. 若穿过安培环路 L 的电流方向与安培环路的环绕方向遵循右手法则时，取正；

反之,取负.

综上,有

$$\oint_{(L)} \boldsymbol{B} \cdot \mathrm{d}\boldsymbol{l} = -\frac{\mu_0 I}{4\pi} \oint_{(L)} \oint_{(L')} \frac{[\mathrm{d}\boldsymbol{l}' \times (-\mathrm{d}\boldsymbol{l})] \cdot \hat{\boldsymbol{r}}'}{r^2}$$

$$= -\frac{\mu_0 I}{4\pi} \oint_{(L)} \oint_{(L')} \mathrm{d}\omega = -\frac{\mu_0 I}{4\pi} \oint_{(L)} \Delta\omega$$

$$= \begin{cases} 0 \\ -\dfrac{\mu_0 I}{4\pi}(\pm 4\pi) \end{cases} = \mu_0 \sum_{(L内)} I.$$

至此,对于磁场由一个闭合载流回路产生的情形证明了安培环路定理.若有多个闭合载流回路或一个闭合载流回路多次穿过安培环路,由磁场叠加原理,同样得证.

以上,通过考察表达式的几何意义使安培环路定理得到证明,这种做法耐人寻味,值得记取.

最后,还应指出,(4.23)式右端的 $\sum\limits_{(L内)} I$ 只计及穿过闭合安培回路 L 的电流,而左端的 $\boldsymbol{B}$ 却代表所有电流产生的磁感应强度的矢量和,其中也包括那些不穿过 L 的电流产生的磁场,这并无矛盾,因为后者的磁场沿 L 的积分为零,无贡献.

安培环路定理还提供了另一种已知电流分布条件下计算磁场的方法.与用静电场高斯定理计算场强相仿,用安培环路定理(4.23)式计算磁场时,并不作积分,而是需将它简化为只包括一个待求 B 的代数方程,才能求解.这一苛刻的要求只在载流回路具有很强的对称性时才能满足,从而大大限制了可以求解的范围,同时也启发解题者必须适当选取安培环路.

例 5 长直载流螺线管内的磁场.

设长直螺线管密绕,螺距可略,单位长度匝数为 n,导线电流为 I,螺线管长度为 L,半径为 R,且 $L \gg R$. 试求管内中间部分的磁场.

解 此例在 4.2 节例 3 中已用毕奥-萨伐尔定律解出,现再用安培环路定理求解.

因密绕且螺距可略，螺线管内磁场是各圆线圈的磁场之和，因 $L \gg R$，管内中间部分各点 $\boldsymbol{B}$ 的方向应与轴线平行，B 的大小应相同，管外磁场的轴向分量为零（注：作与图 4-22 类似的矩形安培环路，但将 AB 取在管外，由安培环路定理，即可证明螺线管外磁场的轴向分量为零）.

为求管内中间部分任一 P 点的 $\boldsymbol{B}$，如图 4-22，可作通过 P 点的

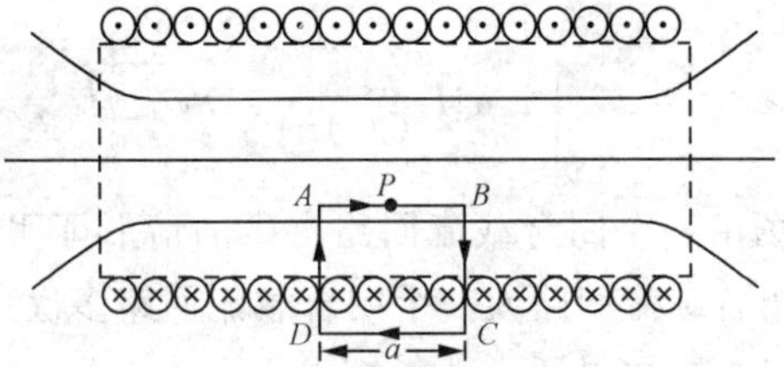

图 4-22　载流长直螺线管内的磁场

矩形安培环路 $ABCDA$，由安培环路定理，有

$$\oint_{ABCDA} \boldsymbol{B} \cdot \mathrm{d}\boldsymbol{l} = \int_{AB} \boldsymbol{B} \cdot \mathrm{d}\boldsymbol{l} + \int_{BC} \boldsymbol{B} \cdot \mathrm{d}\boldsymbol{l} + \int_{CD} \boldsymbol{B} \cdot \mathrm{d}\boldsymbol{l} + \int_{DA} \boldsymbol{B} \cdot \mathrm{d}\boldsymbol{l}$$

$$= \int_{AB} \boldsymbol{B} \cdot \mathrm{d}\boldsymbol{l} = Ba = \mu_0 \sum_{(ABCDA\text{内})} I = \mu_0 naI,$$

式中 $\int_{CD} \boldsymbol{B} \cdot \mathrm{d}\boldsymbol{l} = 0$ 是因为管外 $B = 0$，$\int_{BC} \boldsymbol{B} \cdot \mathrm{d}\boldsymbol{l} = \int_{DA} \boldsymbol{B} \cdot \mathrm{d}\boldsymbol{l} = 0$ 是因为 $\boldsymbol{B} \perp \mathrm{d}\boldsymbol{l}$，故 $B = \mu_0 nI$.

此结果与 4.2 节例 3 相同，区别在于本例中 P 点不限于轴线上，表明管内中间部分的磁场是均匀的.

例 6　载流螺绕环的磁场.

绕在圆环上的螺线形线圈叫做螺绕环. 设螺绕环的线圈密绕，螺距可略，总匝数为 N，电流为 I，试求环内磁场分布.

解　因密绕且螺距可略，磁场几乎全部集中在环内，环外磁场接近为零. 由对称性，环内磁感应线应为一系列圆，圆平面与通过环心垂直于环面的直线（即圆环的轴线）相垂直，圆平面与该直线的交点即为圆心. 同一磁感应线（圆）上各点 $\boldsymbol{B}$ 的大小相同.

如图 4-23，为求环内任一 P 点的 $\boldsymbol{B}$，取 P 点所在处的圆形磁感

应线为安培环路 L，其半径为 r，因环路上各点 $\boldsymbol{B}$ 的大小相同，方向都与 $\mathrm{d}\boldsymbol{l}$ 平行，由安培环路定理

$$\oint_{(L)} \boldsymbol{B} \cdot \mathrm{d}\boldsymbol{l} = 2\pi r B = \mu_0 \sum_{(L内)} I = \mu_0 N I,$$

得

$$B = \frac{\mu_0 N I}{2\pi r}. \tag{4.24}$$

可见螺绕环内 r 不同处 $\boldsymbol{B}$ 的大小不同，最大值在内半径处，为 $B_1 = \frac{\mu_0 N I}{2\pi R_1}$，最小值在外半径处，为 $B_2 = \frac{\mu_0 N I}{2\pi R_2}$.

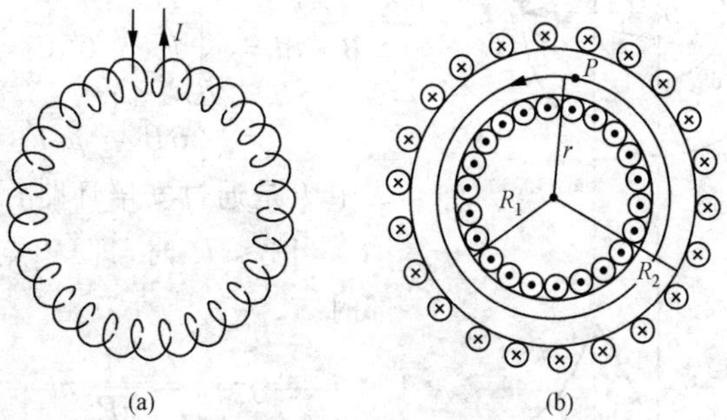

图 4-23 载流螺绕环的磁场

若螺绕环很细，平均半径为 R，则环内

$$B = \frac{\mu_0 N I}{2\pi R} = \mu_0 n I. \tag{4.25}$$

这一结果与无限长直载流螺线管内的磁场公式(4.16)式相同，这是因为当环半径趋于无穷大而保持单位长度匝数 n 不变时，螺绕环就过渡到无限长直螺线管.

例 7 无限长直圆柱形载流导体的磁场.

设无限长直圆柱形导体的半径为 R，电流为 I，均匀通过横截面，试求磁场分布.

解 如图 4-24，由轴对称，任意 P 点处 $\boldsymbol{B}$ 的大小只与 P 点到轴线的垂直距离 $r=OP$ 有关. 为了分析 P 点 $\boldsymbol{B}$ 的方向，如图(b)，在导体截面上任取一对相对于 OP 对称的面元 $\mathrm{d}S$ 和 $\mathrm{d}S'$，以 $\mathrm{d}S$ 和 $\mathrm{d}S'$ 为截面的无限长直电流在 P 点产生的一对元磁场 $\mathrm{d}\boldsymbol{B}$ 与 $\mathrm{d}\boldsymbol{B}'$ 之和

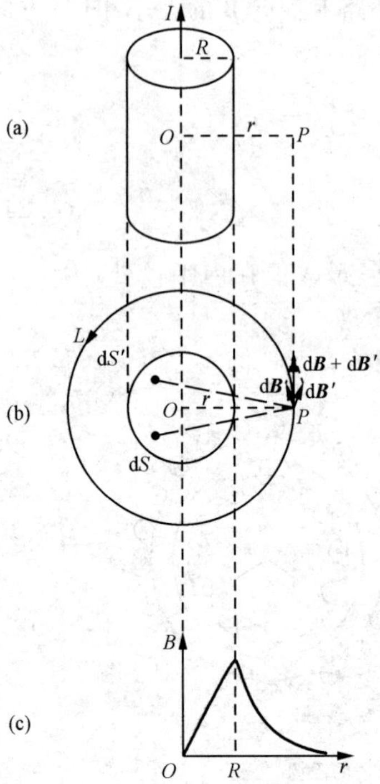

图 4-24 无限长直圆柱形载流导体的磁场

$(\mathrm{d}\boldsymbol{B}+\mathrm{d}\boldsymbol{B}')$应沿图(b)中过 P 点的切线方向. 由于整个导体的截面可以成对地分割成一组组对称的面元，故总电流在 P 点的 $\boldsymbol{B}$ 应沿图(b)中过 P 点的切线方向. 根据上述分析，作以 O 为中心，r 为半径的圆形安培环路 L，在 L 上各点，$\boldsymbol{B}$ 的大小处处相同，$\boldsymbol{B}$ 的方向均沿切线，由安培环路定理，

$$\oint_{(L)} \boldsymbol{B}\cdot \mathrm{d}\boldsymbol{l} = \oint_{(L)} B\cos 0^\circ \mathrm{d}l = B\oint_{(L)} \mathrm{d}l$$

$$= 2\pi r B = \mu_0 I',$$

式中 I'是通过安培环路 L 的电流.

当 $r<R$ 时，即 P 点在导体内部时

$$I' = j\pi r^2 = \frac{I}{\pi R^2}\pi r^2 = I\frac{r^2}{R^2},$$

代入，得

$$B = \frac{\mu_0}{2\pi}\frac{rI}{R^2}, \quad r<R. \tag{4.26}$$

当 $r>R$ 时，即 P 点在导体外部时，$I'=I$，得

$$B = \frac{\mu_0 I}{2\pi r}, \quad r>R. \tag{4.27}$$

可见，在导体内部，B 与 r 成正比；在导体外部，B 与 r 成反比，即与全部电流 I 集中在轴线上无异. B 随垂直距离 r 的变化如图(c)所示，在导体表面处 B 最大.

4.4 安培定律

- 安培定律的建立
- 安培定律＝毕-萨定律＋安培力公式
- 磁场对载流线圈的作用　磁矩

• 安培定律的建立[①]

在提出寻找两任意电流元之间作用力定量规律的重大研究课题之后，安培（André-Marie Ampère，1775—1836，法国）作了认真的分析.如图 4-25 所示，设任意电流元 $I_1\mathrm{d}\boldsymbol{l}_1$ 对相距为 $\boldsymbol{r}_{12}$ 的另一任意电流元 $I_2\mathrm{d}\boldsymbol{l}_2$ 的作用力为 $\mathrm{d}\boldsymbol{F}_{12}$，其中，$\mathrm{d}\boldsymbol{l}_1$ 和 $\mathrm{d}\boldsymbol{l}_2$ 的方向均为电流的方向，$\boldsymbol{r}_{12}$ 的方向由 $I_1\mathrm{d}\boldsymbol{l}_1$ 指向 $I_2\mathrm{d}\boldsymbol{l}_2$.不难设想，作用力的大小 $\mathrm{d}F_{12}$ 除与 $I_1\mathrm{d}l_1$，$I_2\mathrm{d}l_2$，r_{12} 有关外，还与三个矢量之间的各种夹角有关（注意，一般情形 $I_1\mathrm{d}\boldsymbol{l}_1$，$I_2\mathrm{d}\boldsymbol{l}_2$，$\boldsymbol{r}_{12}$ 三者并不共面），另外还需要确定作用力 $\mathrm{d}\boldsymbol{F}_{12}$ 的方向，它似乎也理应取决于三个矢量的相对方位.回顾毕奥-萨伐尔定律（简称毕-萨定律）的建立，由于首先确定了电流元对磁极作用力的方向（横向力），为了寻找作用力大小与几何因素（r 和 α）的关系，毕奥和萨伐尔通过弯折载流导线对磁极作用力的实验以及相应的理论分析，一举作出了突破.与此相比，安培的课题除因不存在孤立的恒定电流元从而也无法通过直接测量来寻找关系外，还因作用力方向待定以及涉及的几何因素太多而更为困难，如果仿照毕奥-萨伐尔的办法，试图利用某些特殊闭合载流回路之间相互作用的实验结果，通过适当的分析来寻找规律，几无希望.面对困境，安培独辟蹊径，精心设计了四个示零实验，揭示出两电流元之间作用力的主要特征，并伴之以缜密的理论分析，实验、理论两者珠联璧合，竟然使上述种种似乎难以克服的困难一并迎刃而解，令人叹服.为了叙述的方便，下面先介绍四个示零实验，再介绍沿连线假设和理论分析.

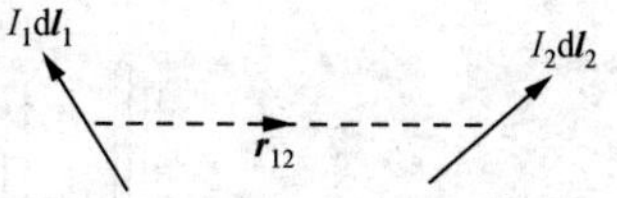

图 4-25 两任意电流元之间的作用力

实验一，如图 4-26(a)，对折载流导线对其他载流回路[②]均无作用，表明**电流反向时，它产生的作用力也反向**.实验二，如图 4-26(b)，把图(a)中载有反向电流的直导线换成缠绕另一直导线的曲折

① 此段可作为阅读材料，供参考.

② 安培设计了一个可以自由转动的载流线圈，叫做无定向秤，它在均匀磁场（如地磁场）中不受力和力矩，随遇平衡，但对非均匀磁场会作出反应.

载流导线后,对其他载流回路仍无作用,表明**电流元具有矢量的性质**,即许多电流元的合作用等于各电流元作用的矢量叠加.实验一、二为用矢量 $I_1 \mathrm{d}\boldsymbol{l}_1$,$I_2 \mathrm{d}\boldsymbol{l}_2$ 描绘电流元提供了依据.

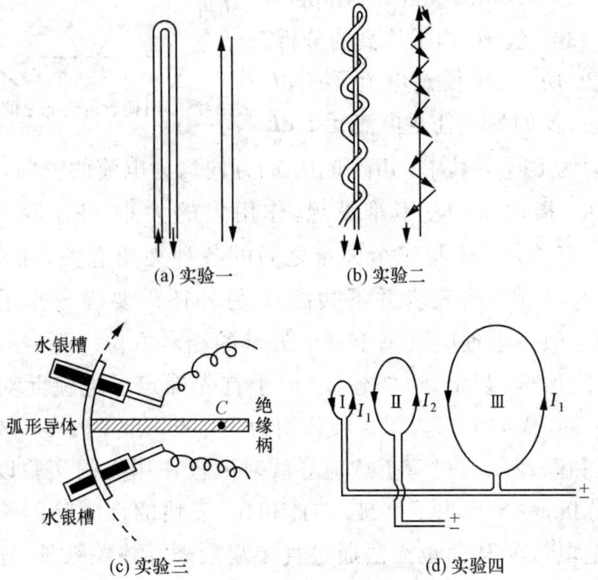

图 4-26 安培的四个示零实验

实验三,如图 4-26(c),图面是水平面,圆弧形导体悬浮在两水银槽上,导体与绝缘柄固连,柄架在圆心 C 处的支架上.圆弧形导体通电后,构成一个只能绕圆心 C 沿切线方向移动、但不能沿横向(即与自身垂直的方向)移动的电流元.实验得出,各种载流线圈都不能使通电弧形导体运动,表明**作用在电流元上的力是与该电流元垂直的**,即

$$\oint_{(L_1)} \mathrm{d}\boldsymbol{F}_{12} \cdot I_2 \mathrm{d}\boldsymbol{l}_2 = 0, \tag{4.28}$$

则 $$\mathrm{d}\boldsymbol{F}_{12} \cdot I_2 \mathrm{d}\boldsymbol{l}_2 = \mathrm{d}(\cdots).$$

式中 $I_2 \mathrm{d}\boldsymbol{l}_2$ 是被作用的电流元即通电圆弧形导体,$\mathrm{d}\boldsymbol{F}_{12}$ 是闭合载流回路 L_1(图中未画出)中的电流元 $I_1 \mathrm{d}\boldsymbol{l}_1$ 对 $I_2 \mathrm{d}\boldsymbol{l}_2$ 的作用力,$\oint_{(L_1)} \mathrm{d}\boldsymbol{F}_{12}$

是闭合载流回路 L_1 对 $I_2\mathrm{d}\boldsymbol{l}_2$ 的总作用力，因 $\oint_{(L_1)}\mathrm{d}\boldsymbol{F}_{12}$ 应与 $I_2\mathrm{d}\boldsymbol{l}_2$ 垂直，故两者点乘为零. 换言之，式中的被积函数 $\mathrm{d}\boldsymbol{F}_{12}\cdot I_2\mathrm{d}\boldsymbol{l}_2$ 应是全微分 d(…)，注意，d(…)中的微分符号 d 只对 L_1 起作用.

实验四，如图 4-26(d)，三个几何形状相似的线圈（例如三个同轴的圆线圈），线度之比为 $\frac{1}{n}:1:n$，线圈Ⅰ与Ⅱ的距离和Ⅱ与Ⅲ的距离之比为 $1:n$. Ⅰ与Ⅲ固定、串联，电流均为 I_1；Ⅱ可以移动，电流为 I_2. 实验得出，通电流后，线圈Ⅱ不动，即Ⅰ与Ⅲ对Ⅱ的合作用力为零，亦即Ⅰ对Ⅱ的作用力与Ⅲ对Ⅱ的作用力大小相等、方向相反、相互抵消. 由此推断：**所有几何线度（电流元长度、相互间距离）增加同一倍数时，作用力不变**，即应有

$$\mathrm{d}F_{12}\propto\frac{I_1\mathrm{d}l_1 I_2\mathrm{d}l_2}{r_{12}^2}. \tag{4.29}$$

以上四个实验的测量结果都是零，称为示零实验. 这是一类具有独特功能的实验.

作为理论分析的出发点，安培假设：两电流元之间作用力的方向沿着它们的连线.

根据**沿连线假设**，$\mathrm{d}\boldsymbol{F}_{12}$ 与 $\boldsymbol{r}_{12}$ 同向或反向；根据实验一、二，与 $\mathrm{d}\boldsymbol{F}_{12}$ 有关的电流元具有矢量性，表为 $I_1\mathrm{d}\boldsymbol{l}_1$ 和 $I_2\mathrm{d}\boldsymbol{l}_2$，安培用 $\mathrm{d}\boldsymbol{l}_1$，$\mathrm{d}\boldsymbol{l}_2$，$\boldsymbol{r}_{12}$ 三个矢量之间的点乘或叉乘来表示其间的角度关系；根据实验四，作用力的大小 $\mathrm{d}F_{12}$ 应与 $I_1\mathrm{d}l_1$，$I_2\mathrm{d}l_2$ 成正比，与 r_{12}^2 成反比. 于是，安培将 $\mathrm{d}\boldsymbol{F}_{12}$ 表为

$$\mathrm{d}\boldsymbol{F}_{12}=-I_1I_2\boldsymbol{r}_{12}\Big[(\mathrm{d}\boldsymbol{l}_1\cdot\mathrm{d}\boldsymbol{l}_2)\frac{A}{r_{12}^3}+(\mathrm{d}\boldsymbol{l}_1\cdot\boldsymbol{r}_{12})(\mathrm{d}\boldsymbol{l}_2\cdot\boldsymbol{r}_{12})\frac{B}{r_{12}^5}$$
$$+\boldsymbol{r}_{12}\cdot(\mathrm{d}\boldsymbol{l}_1\times\mathrm{d}\boldsymbol{l}_2)\frac{C}{r_{12}^4}+\cdots\Big]. \tag{4.30}$$

不难看出，因式中[…]为标量，$\mathrm{d}\boldsymbol{F}_{12}$ 与 $\boldsymbol{r}_{12}$ 同向或反向，满足沿连线假设；因式中各项，$I_1\mathrm{d}\boldsymbol{l}_1$ 和 $I_2\mathrm{d}\boldsymbol{l}_2$ 均在分子中出现一次，分母中则有 r_{12}^2，满足实验四 $\mathrm{d}F_{12}\propto\frac{I_1\mathrm{d}l_1I_2\mathrm{d}l_2}{r_{12}^2}$ 的要求；另外，$\mathrm{d}\boldsymbol{l}_1$，$\mathrm{d}\boldsymbol{l}_2$，$\boldsymbol{r}_{12}$ 三者的

角度关系已包含在其间的点乘、叉乘之中.

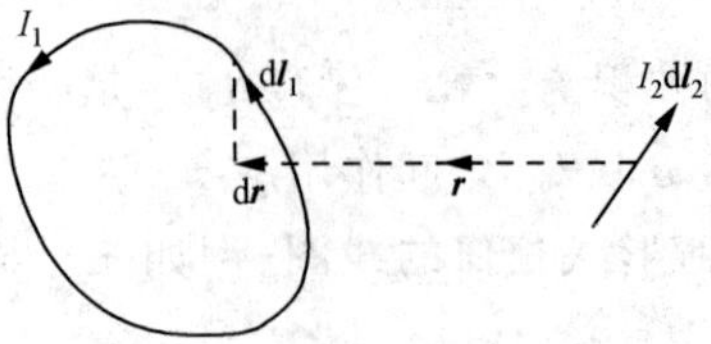

图 4-27

剩下的问题是,根据实验三的全微分条件(4.28)式,确定各常系数 A,B,C 之间的关系. 为此,安培采用了一个技巧,即考虑一种特殊情形. 如图 4-27,取特殊的沿 $\boldsymbol{r}$($\boldsymbol{r}=-\boldsymbol{r}_{12}$)方向的 $\mathrm{d}\boldsymbol{r}$ 代替一般的沿任意方向的 $\mathrm{d}\boldsymbol{l}_1$,显然,$I_1\mathrm{d}\boldsymbol{r}$ 对 $I_2\mathrm{d}\boldsymbol{l}_2$ 的作用力 $\mathrm{d}\boldsymbol{F}_{12}$ 仍应满足(4.30)式,再把 $\mathrm{d}\boldsymbol{F}_{12}$ 与 $\mathrm{d}\boldsymbol{l}_2$ 点乘后则应满足(4.28)式,故有

$$\begin{aligned}\mathrm{d}\boldsymbol{F}_{12}\cdot\mathrm{d}\boldsymbol{l}_2 &= I_1 I_2(\boldsymbol{r}\cdot\mathrm{d}\boldsymbol{l}_2)\Big[\frac{A}{r^3}(\mathrm{d}\boldsymbol{r}\cdot\mathrm{d}\boldsymbol{l}_2)+\frac{B}{r^5}(\mathrm{d}\boldsymbol{r}\cdot\boldsymbol{r})(\mathrm{d}\boldsymbol{l}_2\cdot\boldsymbol{r})\\ &\qquad -\frac{C}{r^4}\boldsymbol{r}\cdot(\mathrm{d}\boldsymbol{r}\times\mathrm{d}\boldsymbol{l}_2)\Big]\\ &=\mathrm{d}(\cdots).\end{aligned}\tag{4.31}$$

注意,$\mathrm{d}(\cdots)$ 中的微分符号 d 只对 r 作用,$\mathrm{d}\boldsymbol{l}_2$ 则是给定的恒量. (4.31)式要求各项均应为全微分,为此,先将第一项凑成全微分,利用关系式

$$\mathrm{d}r=\frac{\mathrm{d}\boldsymbol{r}\cdot\boldsymbol{r}}{r}\tag{4.32}$$

可将(4.31)式表为

$$\begin{aligned}&\mathrm{d}\boldsymbol{F}_{12}\cdot\mathrm{d}\boldsymbol{l}_2\\ &= I_1 I_2\left\{\frac{A}{2r^3}\mathrm{d}[(\boldsymbol{r}\cdot\mathrm{d}\boldsymbol{l}_2)^2]+\frac{B}{r^5}(\mathrm{d}\boldsymbol{r}\cdot\boldsymbol{r})(\boldsymbol{r}\cdot\mathrm{d}\boldsymbol{l}_2)^2-\frac{C}{r^4}(\boldsymbol{r}\cdot\mathrm{d}\boldsymbol{l}_2)[\boldsymbol{r}\cdot(\mathrm{d}\boldsymbol{r}\times\mathrm{d}\boldsymbol{l}_2)]\right\}\\ &= I_1 I_2\left\{\frac{A}{2}\mathrm{d}\left[\frac{(\boldsymbol{r}\cdot\mathrm{d}\boldsymbol{l}_2)^2}{r^3}\right]+\frac{3A}{2}\frac{\mathrm{d}r}{r^4}(\boldsymbol{r}\cdot\mathrm{d}\boldsymbol{l}_2)^2+B\text{ 项}-C\text{ 项}\right\}.\end{aligned}\tag{4.33}$$

(4.33)式右端第一项已凑成全微分,代价是多了一个 $\frac{3A}{2}$ 项,该项与 B 项同类,可合并. 如法炮制,可再将合并后的 $\left(\frac{3A}{2}+B\right)$ 项也凑成全微分,代价必定是更多出一些项,诸如此类,无需赘述. 安培认为,为

使(4.33)式满足全微分要求,只能保留第一项,余皆为零,即要求

$$\begin{cases}\dfrac{3A}{2}+B=0,\\ C=0.\end{cases} \tag{4.34}$$

(4.34)式就是根据实验三的全微分条件(4.28)式,给出的(4.30)式中三个常系数 A,B,C 的关系. 令

$$k=\frac{A}{2}=-\frac{B}{3}. \tag{4.35}$$

把(4.34)(4.35)式代入(4.30)式,得

$$\mathrm{d}\boldsymbol{F}_{12}=-kI_1I_2\boldsymbol{r}_{12}\left[\frac{2}{r_{12}^3}(\mathrm{d}\boldsymbol{l}_1\cdot\mathrm{d}\boldsymbol{l}_2)-\frac{3}{r_{12}^5}(\mathrm{d}\boldsymbol{l}_1\cdot\boldsymbol{r}_{12})(\mathrm{d}\boldsymbol{l}_2\cdot\boldsymbol{r}_{12})\right]. \tag{4.36}$$

这就是原始的安培公式,式中唯一的待定常数 k 由单位选择确定.

在赞赏安培取得的重要成果之余,人们也发现(4.36)式存在着不容忽视的缺点和矛盾,究其根源,乃沿连线假设所致.固然,沿连线假设使难以断定的两电流元之间作用力的方向得以确定,对得出(4.36)式起重要作用,但实验三已经表明,弧形电流元 $I_2\mathrm{d}\boldsymbol{l}_2$ 所受任意闭合载流回路的作用力是与它垂直的、并不沿连线的横向力.这个横向力不可能由许多沿连线的元作用力叠加得出,可见,沿连线假设与实验三矛盾,是错误的.或许,安培强加这个错误的沿连线假设,是期望两电流元之间的相互作用力遵循牛顿第三定律,这正是安培深刻的超距作用观点的反映.

为了修正安培的失误,应废除沿连线假设,在(4.36)式中补充被安培抛弃的不沿连线的 $\mathrm{d}\boldsymbol{l}_1[\cdots]$,$\mathrm{d}\boldsymbol{l}_2[\cdots]$形式的项. 当然,补充的各项均应满足四个示零实验的要求.仍采用安培的技巧,以 $\boldsymbol{r}=-\boldsymbol{r}_{12}$ 代替 $\boldsymbol{r}_{12}$,以特殊的沿 $\boldsymbol{r}$ 方向 $\mathrm{d}\boldsymbol{r}$ 代替一般的 $\mathrm{d}\boldsymbol{l}_1$, 为了满足(4.29)式以及全微分条件(4.28)式,补充各项应为

$$\begin{aligned}&\mathrm{d}[\boldsymbol{r}(\mathrm{d}\boldsymbol{l}_2\cdot\boldsymbol{r})\zeta(r)+\mathrm{d}\boldsymbol{l}_2\eta(r)]\\&=\mathrm{d}\boldsymbol{r}(\mathrm{d}\boldsymbol{l}_2\cdot\boldsymbol{r})\zeta(r)+\boldsymbol{r}(\mathrm{d}\boldsymbol{l}_2\cdot\mathrm{d}\boldsymbol{r})\zeta(r)\\&\quad+\boldsymbol{r}(\mathrm{d}\boldsymbol{l}_2\cdot\boldsymbol{r})\zeta'(r)\mathrm{d}r+\mathrm{d}\boldsymbol{l}_2\eta'(r)\mathrm{d}r\end{aligned}$$

$$= -\mathrm{d}\boldsymbol{l}_1(\mathrm{d}\boldsymbol{l}_2\cdot\boldsymbol{r}_{12})\zeta(r_{12}) - \boldsymbol{r}_{12}(\mathrm{d}\boldsymbol{l}_2\cdot\mathrm{d}\boldsymbol{l}_1)\zeta(r_{12})$$
$$- \boldsymbol{r}_{12}(\mathrm{d}\boldsymbol{l}_2\cdot\boldsymbol{r}_{12})\frac{(\mathrm{d}\boldsymbol{l}_1\cdot\boldsymbol{r}_{12})}{r_{12}}\zeta'(r_{12})$$
$$- \mathrm{d}\boldsymbol{l}_2(\mathrm{d}\boldsymbol{l}_1\cdot\boldsymbol{r}_{12})\frac{\eta'(r_{12})}{r_{12}}. \tag{4.37}$$

式中最后的等式用到(4.32)式,并将 $\boldsymbol{r}$ 还原为 $-\boldsymbol{r}_{12}$,特殊的 $\mathrm{d}\boldsymbol{r}$ 还原为一般的 $\mathrm{d}\boldsymbol{l}_1$. 把(4.37)式的四项补充到(4.36)式之中,至此,废除沿连线假设后 $\mathrm{d}\boldsymbol{F}_{12}$ 表达式共包括 6 项,为

$$\mathrm{d}\boldsymbol{F}_{12} = -2kI_1I_2\frac{\boldsymbol{r}_{12}}{r_{12}^3}(\mathrm{d}\boldsymbol{l}_1\cdot\mathrm{d}\boldsymbol{l}_2) + 3kI_1I_2\frac{\boldsymbol{r}_{12}}{r_{12}^5}(\mathrm{d}\boldsymbol{l}_1\cdot\boldsymbol{r}_{12})(\mathrm{d}\boldsymbol{l}_2\cdot\boldsymbol{r}_{12})$$
$$- \mathrm{d}\boldsymbol{l}_1(\mathrm{d}\boldsymbol{l}_2\cdot\boldsymbol{r}_{12})\zeta(r_{12}) - \boldsymbol{r}_{12}(\mathrm{d}\boldsymbol{l}_2\cdot\mathrm{d}\boldsymbol{l}_1)\zeta(r_{12})$$
$$- \frac{\boldsymbol{r}_{12}}{r_{12}}(\mathrm{d}\boldsymbol{l}_2\cdot\boldsymbol{r}_{12})(\mathrm{d}\boldsymbol{l}_1\cdot\boldsymbol{r}_{12})\zeta'(r_{12}) - \mathrm{d}\boldsymbol{l}_2(\mathrm{d}\boldsymbol{l}_1\cdot\boldsymbol{r}_{12})\frac{\eta'(r_{12})}{r_{12}}. \tag{4.38}$$

经过一番摸索,最后,取

$$\begin{cases} \zeta(r_{12}) = -\dfrac{kI_1I_2}{r_{12}^3}, \\ \eta'(r_{12}) = 0. \end{cases} \tag{4.39}$$

把(4.39)式代入(4.38)式,容易看出,第一项与第四项合并,第二项与第五项抵消,第六项为零,得

$$\mathrm{d}\boldsymbol{F}_{12} = k\frac{I_1I_2}{r_{12}^3}[-\boldsymbol{r}_{12}(\mathrm{d}\boldsymbol{l}_1\cdot\mathrm{d}\boldsymbol{l}_2) + \mathrm{d}\boldsymbol{l}_1(\mathrm{d}\boldsymbol{l}_2\cdot\boldsymbol{r}_{12})]$$
$$= k\frac{I_1I_2}{r_{12}^3}\mathrm{d}\boldsymbol{l}_2\times(\mathrm{d}\boldsymbol{l}_1\times\boldsymbol{r}_{12})$$
$$= k\frac{I_1I_2}{r_{12}^2}\mathrm{d}\boldsymbol{l}_2\times(\mathrm{d}\boldsymbol{l}_1\times\hat{\boldsymbol{r}}_{12}), \tag{4.40}$$

式中 $\hat{\boldsymbol{r}}_{12}$ 是 $\boldsymbol{r}_{12}$ 的单位矢量. 这就是现代形式的两电流元之间作用力的安培定律(上式第二个等式利用了矢量代数公式),它的建立被誉为物理学史中“不朽的杰作”. 读者不妨从问题的提出、遇到的困难、示零实验的特殊功效、理论分析的严谨,乃至沿连线假设的错误等方面,细细品味一番.

- **安培定律 = 毕-萨定律 + 安培力公式**

安培定律是关于任意**两电流元之间作用力的实验规律**,表为

$$\mathrm{d}\boldsymbol{F}_{12}=\frac{\mu_0}{4\pi}\frac{I_1 I_2 \mathrm{d}\boldsymbol{l}_2\times(\mathrm{d}\boldsymbol{l}_1\times\hat{\boldsymbol{r}}_{12})}{r_{12}^2},\tag{4.41}$$

作用力的大小为

$$\mathrm{d}F_{12}=\frac{\mu_0}{4\pi}\frac{I_1 I_2 \mathrm{d}l_1\ \sin\theta_1\ \mathrm{d}l_2\ \sin\theta_2}{r_{12}^2},\tag{4.42}$$

式中 $\mathrm{d}\boldsymbol{F}_{12}$ 是电流元 $I_1\mathrm{d}\boldsymbol{l}_1$ 对电流元 $I_2\mathrm{d}\boldsymbol{l}_2$ 的作用力,$\boldsymbol{r}_{12}$ 是由 $I_1\mathrm{d}\boldsymbol{l}_1$ 到 $I_2\mathrm{d}\boldsymbol{l}_2$ 的距离,带帽号的 $\hat{\boldsymbol{r}}_{12}$ 表示单位矢量,$\mathrm{d}\boldsymbol{l}_1$ 和 $\mathrm{d}\boldsymbol{l}_2$ 的方向为两电流元的方向.为了进一步说明各量的含义特别是 $\mathrm{d}\boldsymbol{F}_{12}$ 的方向,请看图 4-28. 如图,$\mathrm{d}\boldsymbol{l}_1$ 与 $\boldsymbol{r}_{12}$ 构成平面 Π,其间夹角 θ_1,矢积 $(\mathrm{d}\boldsymbol{l}_1\times\hat{\boldsymbol{r}}_{12})$ 的方向为 $\boldsymbol{n}$,$\boldsymbol{n}$ 垂直平面 Π,按右手螺旋法则确定,矢积的大小为 $|\mathrm{d}\boldsymbol{l}_1\times\hat{\boldsymbol{r}}_{12}|=\mathrm{d}l_1\sin\theta_1$. 矢积 $\mathrm{d}\boldsymbol{l}_2\times(\mathrm{d}\boldsymbol{l}_1\times\hat{\boldsymbol{r}}_{12})$ 的方向为 $(\mathrm{d}\boldsymbol{l}_2\times\boldsymbol{n})$ 的方向,即 $\mathrm{d}\boldsymbol{F}_{12}$ 的方向. 因 $\mathrm{d}\boldsymbol{F}_{12}\perp\boldsymbol{n}$,故 $\mathrm{d}\boldsymbol{F}_{12}$ 在平面 Π 内,矢积的大小为

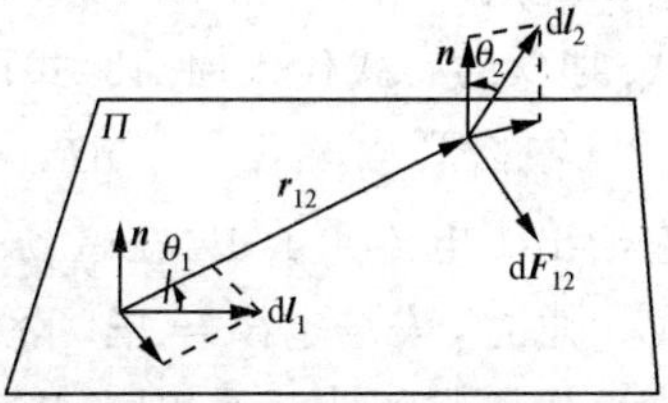

图 4-28 安培定律

$$|\mathrm{d}\boldsymbol{l}_2\times(\mathrm{d}\boldsymbol{l}_1\times\hat{\boldsymbol{r}}_{12})|=\mathrm{d}l_2|\mathrm{d}\boldsymbol{l}_1\times\hat{\boldsymbol{r}}_{12}|\sin\theta_2=\mathrm{d}l_2(\mathrm{d}l_1\ \sin\theta_1)\sin\theta_2,$$

其中 θ_2 是 $\mathrm{d}\boldsymbol{l}_2$ 与 $(\mathrm{d}\boldsymbol{l}_1\times\boldsymbol{r}_{12})$ 的夹角,即 $\mathrm{d}\boldsymbol{l}_2$ 与 $\boldsymbol{n}$ 的夹角.

又,式中 I 的单位用 A;$\mathrm{d}l_1,\mathrm{d}l_2,r_{12}$ 用 m;$\mathrm{d}F_{12}$ 用 N;比例系数 $\mu_0=4\pi\times10^{-7}\ \mathrm{N/A^2}$.

把(4.41)式对闭合载流回路 L_1 积分,得出回路 L_1 对电流元 $I_2\mathrm{d}\boldsymbol{l}_2$ 的作用力为

$$\mathrm{d}\boldsymbol{F}_2=\oint\mathrm{d}\boldsymbol{F}_{12}=\frac{\mu_0}{4\pi}\oint_{(L_1)}\frac{I_1 I_2\mathrm{d}\boldsymbol{l}_2\times(\mathrm{d}\boldsymbol{l}_1\times\hat{\boldsymbol{r}}_{12})}{r_{12}^2}.\tag{4.43}$$

根据近距作用的场观点,电流之间的相互作用是以磁场为媒介物传递的,即电流 I_1 在其周围产生磁场,该磁场对置于其中的另一电流 I_2 施予作用力,可表为

$$电流 \longrightarrow \boxed{磁场} \longrightarrow 电流.$$

由此,可将**安培定律**(4.41)式或(4.43)式**分解为两部分:毕-萨定律**和**安培力公式**. **毕-萨定律**即(4.41)式中的虚线部分,它给出电流元 $I_1 \mathrm{d}\boldsymbol{l}_1$ 或闭合载流回路 L_1 在 $\boldsymbol{r}_{12}$ 处产生的磁场为

$$\begin{cases} \mathrm{d}\boldsymbol{B} = \dfrac{\mu_0}{4\pi} \dfrac{I_1 \mathrm{d}\boldsymbol{l}_1 \times \hat{\boldsymbol{r}}_{12}}{r_{12}^2}, \\ \boldsymbol{B} = \oint \mathrm{d}\boldsymbol{B} = \dfrac{\mu_0}{4\pi} \oint\limits_{(L_1)} \dfrac{I_1 \mathrm{d}\boldsymbol{l}_1 \times \hat{\boldsymbol{r}}_{12}}{r_{12}^2}. \end{cases} \tag{4.44}$$

(4.44)式即(4.8)和(4.9)式,它可以看作是磁感应强度 $\boldsymbol{B}$ 的定义式. 把(4.44)式代入(4.43)式即得**安培力公式**,为

$$\mathrm{d}\boldsymbol{F}_2 = I_2 \mathrm{d}\boldsymbol{l}_2 \times \boldsymbol{B}. \tag{4.45}$$

它给出了电流元 $I_2 \mathrm{d}\boldsymbol{l}_2$ 在磁场 $\boldsymbol{B}$ 中所受的作用力.

总之,安培定律 = 毕 - 萨定律 + 安培力公式. 但应强调指出,两部分的成立条件并不相同. 毕-萨定律只适用于恒定情形,安培力公式既适用于恒定情形也适用于非恒定情形.

安培定律是磁学的基本实验定律,为研究磁相互作用和解释物质的磁性奠定了基础,并决定了恒定磁场的性质,其地位与静电学中的库仑定律相当.

• 磁场对载流线圈的作用　磁矩

安培力公式(4.45)式为讨论磁场对载流线圈的作用提供了依据,试举几例.

例 8　磁秤.

磁秤装置如图 4-29 所示,天平右臂下面挂有矩形线圈,宽 a,长 l,N 匝,线圈下端(虚线内)为待测均匀磁场,$\boldsymbol{B}$ 的方向与线圈平面垂直. 在线圈未通入电流时,先调天平,使左盘的砝码 M 与右盘的砝码 M'($M' < M$)及线圈重量达到平衡. 在线圈中通入已知的电流 I 后,因受磁场的安培力,天平失衡,在右盘添加砝码 m 使天平再次平衡.

试求待测的磁感应强度的大小 B.

解　作用在矩形载流线圈两侧边的安培力,大小相等、方向相反、

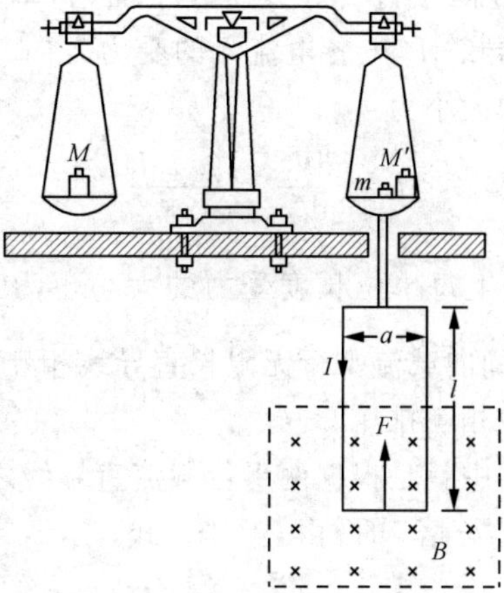

图 4-29 磁秤测磁感应强度

在同一连线上，相互抵消，作用在底边的安培力 $\boldsymbol{F}$ 竖直向上，大小为

$$F = NIaB.$$

平衡时，F 与添加的砝码 m 的重量相等，即

$$F = mg,$$

故

$$B = \frac{mg}{NIa}.$$

例 9 两平行无限长载流直导线之间的相互作用力，电流单位“安培”的定义.

如图 4-30，已知两平行无限长载流直导线，相距为 a，电流分别为 I_1 和 I_2. 试求其间每单位长度所受的作用力.

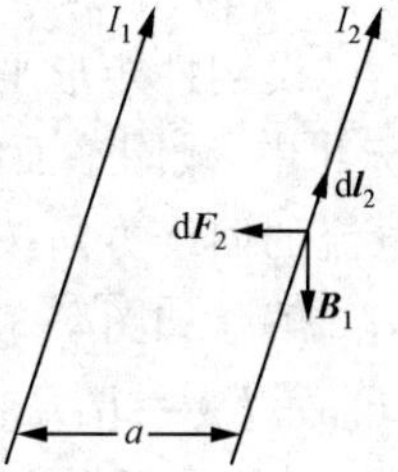

图 4-30 两平行电流间的作用力

解 如图，在右导线中任取电流元 $I_2 \mathrm{d}\boldsymbol{l}_2$，由 (4.11) 式，左导线 I_1 在该电流元处产生的 $\boldsymbol{B}_1$ 方向如图，大小为

$$B_1 = \frac{\mu_0 I_1}{2\pi a}.$$

由 (4.45) 式，该电流元所受安培力 $\mathrm{d}\boldsymbol{F}_2$ 的大小为

$$\mathrm{d}F_2 = I_2 \mathrm{d}l_2 B_1 = \frac{\mu_0 I_1 I_2}{2\pi a}\mathrm{d}l_2.$$

dF_2 的方向如图,在两平行直导线所在平面内,垂直于导线 I_2 并指向导线 I_1. 显然,导线 I_2 上各电流元的受力方向相同,故导线 I_2 上每单位长度受力的大小为

$$f = \frac{dF_2}{dl_2} = \frac{\mu_0 I_1 I_2}{2\pi a}. \tag{4.46}$$

同样,导线 I_1 上每单位长度受力的大小也为$\frac{\mu_0 I_1 I_2}{2\pi a}$, 方向指向导线 I_2. 可见,两同向载流平行无限长直导线相互吸引,两反向载流平行无限长直导线相互排斥.

在国际单位制中就是根据两平行载流直导线之间的相互作用力来定义电流单位"安培"的. 由(4.46)式,若 $I_1 = I_2 = I$, 则 $f = \frac{\mu_0 I^2}{2\pi a}$, 或

$$I = \sqrt{\frac{2\pi a f}{\mu_0}} = \sqrt{\frac{af}{2\times 10^{-7}}}\ \text{A}.$$

若取 $a=1$ m, $f=2\times 10^{-7}$ N/m,则 $I=1$ A.

所以,电流的单位"安培"可定义为: 在真空中,截面积可忽略的两根相距 1 m 的无限长平行圆直导线内通以等量恒定电流时,若导线间相互作用力在每米长度上为 2×10^{-7} N, 则每根导线中的电流为 1 A. 这正是国际计量委员会颁发的正式文件中对"安培"的定义.

例 10 磁场对载流线圈的作用,磁矩.

设刚性矩形平面线圈的边长为 l_1 和 l_2, 电流为 I, 置于均匀磁场 $\boldsymbol{B}$ 中,线圈平面的法线矢量 $\boldsymbol{n}$ 与 $\boldsymbol{B}$ 的夹角为 θ($\boldsymbol{n}$ 的方向由线圈中电流的回绕方向按右手定则确定). 试求磁场对线圈的作用.

解 如图 4-31 所示, AD 边与 BC 边受力 $\boldsymbol{F}_{AD}$ 与 $\boldsymbol{F}_{BC}$ 的大小相等($F_{AD}=F_{BC}=Il_1 B\sin\alpha$)、方向相反、作用在同一直线上,相互抵消.

AB 边与 CD 边受力 $\boldsymbol{F}_{AB}$ 与 $\boldsymbol{F}_{CD}$ 的大小也相等($F_{AB}=F_{CD}=Il_2 B$),方向也相反,但并不作用在同一直线上,故两者合力为零,合力矩不为零,组成一个力偶,力偶矩使线圈的法线方向 $\boldsymbol{n}$ 向 $\boldsymbol{B}$ 方向旋转. 力偶臂即 $\boldsymbol{F}_{AB}$ 和 $\boldsymbol{F}_{CD}$ 两力线之间的垂直距离,为 $l_1\sin\theta$(θ 是 $\boldsymbol{n}$ 与 $\boldsymbol{B}$ 的夹角),故力偶矩 $\boldsymbol{M}$ 的大小为

$$M = F_{AB}\, l_1 \sin\theta = Il_1 l_2 B\sin\theta = ISB\sin\theta,$$

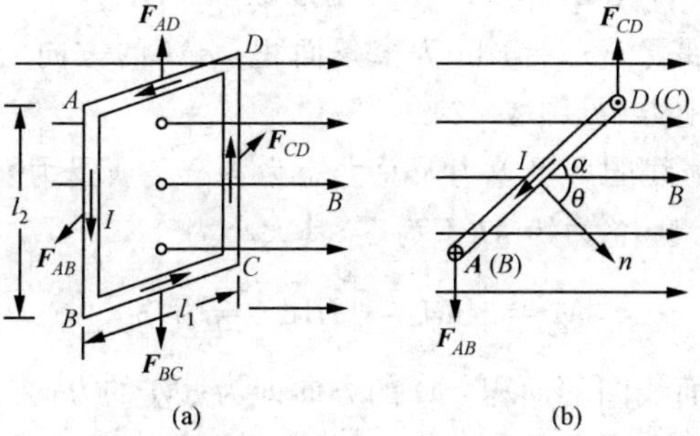

图 4-31 矩形平面载流线圈在均匀磁场中所受的力矩

式中 $S=l_1l_2$ 为矩形线圈的面积. 考虑到力偶矩 $\boldsymbol{M}$ 的方向,可将它表为下述矢积:

$$\boldsymbol{M} = IS(\boldsymbol{n}\times\boldsymbol{B}). \tag{4.47}$$

总之,矩形载流线圈在均匀磁场中所受合力为零,但合力矩 $\boldsymbol{M}$ 不为零,在 $\boldsymbol{M}$ 的作用下线圈的法线方向 $\boldsymbol{n}$ 将转向 $\boldsymbol{B}$ 的方向.

上述结论可以推广到任意形状的平面载流线圈. 如图 4-32, 线圈平面与均匀磁场 $\boldsymbol{B}$ 平行. 用一系列与 $\boldsymbol{B}$ 平行的直线把线圈分成许多窄条,其中任意一窄条在图中用斜线标明. 该窄条两侧的一对电流元 $I\mathrm{d}\boldsymbol{l}$ 和 $I\mathrm{d}\boldsymbol{l}'$ 受力为 $\mathrm{d}\boldsymbol{F}$ 和 $\mathrm{d}\boldsymbol{F}'$, 其方向分别垂直纸面向外和向里(即为⊙和⊗),其大小分别为

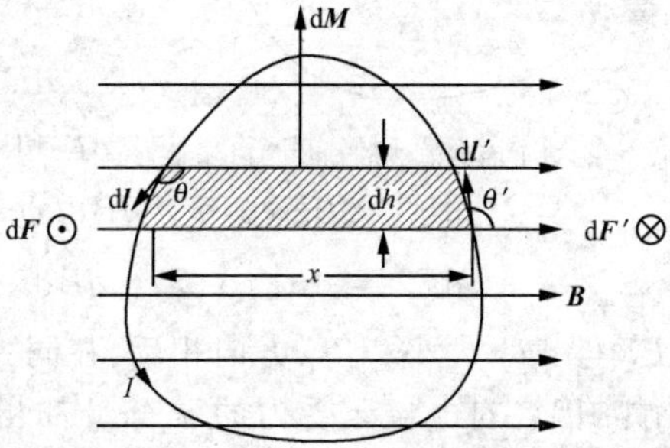

图 4-32 平面载流线圈与均匀磁场平行

$$\mathrm{d}F = I\mathrm{d}lB\sin\theta,$$

$$\mathrm{d}F' = I\mathrm{d}l'B\sin\theta'.$$

因 $$\mathrm{d}l\sin\theta = \mathrm{d}l'\sin\theta' = \mathrm{d}h,$$

故 $$\mathrm{d}F = \mathrm{d}F' = IB\,\mathrm{d}h,$$

式中 $\mathrm{d}h$ 为窄条的宽度. 因此,这一对力元 $\mathrm{d}\boldsymbol{F}$ 与 $\mathrm{d}\boldsymbol{F}'$ 的合力为零,但组成一个力偶矩元,合力矩 $\mathrm{d}\boldsymbol{M}$ 不为零,其大小为

$$\mathrm{d}M = \mathrm{d}F \cdot x = IBx\,\mathrm{d}h = IB\,\mathrm{d}S,$$

式中 x 为力偶臂，$\mathrm{d}S = x\mathrm{d}h$ 为窄条面积，$\mathrm{d}\boldsymbol{M}$ 的方向沿着纸面且垂直于 $\boldsymbol{B}$ 指向上方(见图 4-32).

平面载流线圈所受总力及总力矩为各窄条所受力及力矩的矢量和,故总力为零,总力矩 $\boldsymbol{M}$ 不为零,其大小为

$$M = \int \mathrm{d}M = \int IB\,\mathrm{d}S = IBS,$$

式中 S 为平面线圈的面积，$\boldsymbol{M}$ 的方向即为 $\mathrm{d}\boldsymbol{M}$ 的方向. 因图 4-32 中平面载流线圈的法线方向 $\boldsymbol{n}$ 垂直纸面向外(即为⊙),故可将 $\boldsymbol{M}$ 表为

$$\boldsymbol{M} = IS(\boldsymbol{n} \times \boldsymbol{B}).$$

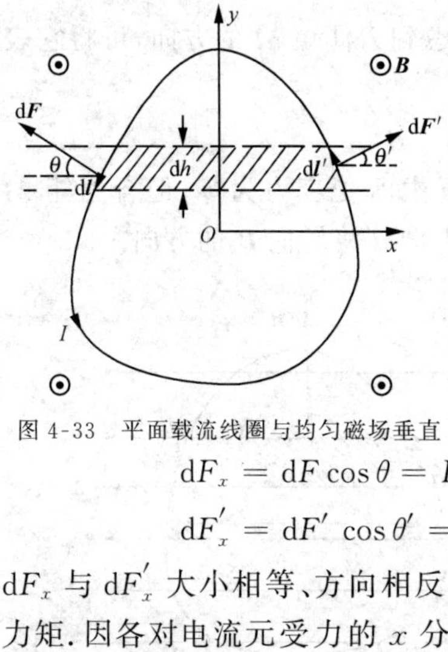

图 4-33 平面载流线圈与均匀磁场垂直

再看线圈平面与均匀磁场 $\boldsymbol{B}$ 垂直的情形. 如图 4-33，任意窄条两侧的一对电流元 $I\mathrm{d}\boldsymbol{l}$ 和 $I\mathrm{d}\boldsymbol{l}'$ 受力为 $\mathrm{d}\boldsymbol{F}$ 和 $\mathrm{d}\boldsymbol{F}'$，其方向都在线圈平面内与各自的电流元垂直,其大小为

$$\mathrm{d}F = I\mathrm{d}lB, \quad \mathrm{d}F' = I\mathrm{d}l'B,$$

$\mathrm{d}\boldsymbol{F}$ 和 $\mathrm{d}\boldsymbol{F}'$ 的 x 分量为

$$\mathrm{d}F_x = \mathrm{d}F\cos\theta = IB\,\mathrm{d}l\cos\theta = IB\,\mathrm{d}h,$$

$$\mathrm{d}F_x' = \mathrm{d}F'\cos\theta' = IB\,\mathrm{d}l'\cos\theta' = IB\,\mathrm{d}h,$$

$\mathrm{d}F_x$ 与 $\mathrm{d}F_x'$ 大小相等、方向相反、在同一直线上,相互抵消且不构成力矩. 因各对电流元受力的 x 分量都相互抵消且不构成力矩,故整个线圈所受总力的 x 分量为零,且不构成力矩. 同样,总力的 y 分量亦为零,且不构成力矩. 总之,当线圈平面与 $\boldsymbol{B}$ 垂直时,所受总力及总力矩均为零.

当线圈平面与磁场 $\boldsymbol{B}$ 夹任意角度时,可按载流平面线圈的法线方向 $\boldsymbol{n}$，把 $\boldsymbol{B}$ 分解为垂直 $\boldsymbol{n}$ 的分量 $\boldsymbol{B}_1$ 和平行 $\boldsymbol{n}$ 的分量 $\boldsymbol{B}_2$. 如上，$\boldsymbol{B}_2$ 产生的合力与合力矩均为零，$\boldsymbol{B}_1$ 产生的合力为零,合力矩为 $IS(\boldsymbol{n} \times \boldsymbol{B}_1)$，因 $(\boldsymbol{n} \times \boldsymbol{B}_1) = (\boldsymbol{n} \times \boldsymbol{B})$，故有

$$\boldsymbol{M} = IS(\boldsymbol{n} \times \boldsymbol{B}).$$

至此,证明了(4.47)式适用于任意平面载流线圈.

通常,引入描绘载流平面线圈磁学性质的物理量——**磁矩** $\boldsymbol{p}_{\mathrm{m}}$,定义为

$$\boldsymbol{p}_{\mathrm{m}} = IS\boldsymbol{n}, \tag{4.48}$$

于是,该线圈在均匀磁场 $\boldsymbol{B}$ 中所受磁力矩 $\boldsymbol{M}$ 为

$$\boldsymbol{M} = \boldsymbol{p}_{\mathrm{m}} \times \boldsymbol{B}. \tag{4.49}$$

图 4-34 画出了处于均匀磁场中不同方位的载流平面线圈所受磁力矩的情况. 图中 $\boldsymbol{n}$ 是载流平面线圈的法线方向,亦即磁矩 $\boldsymbol{p}_{\mathrm{m}}$ 的方向. 由(4.49)式,磁力矩总是力图使线圈的磁矩 $\boldsymbol{p}_{\mathrm{m}}$ 转到磁场 $\boldsymbol{B}$ 的方向,这就是磁场对磁矩的取向作用.

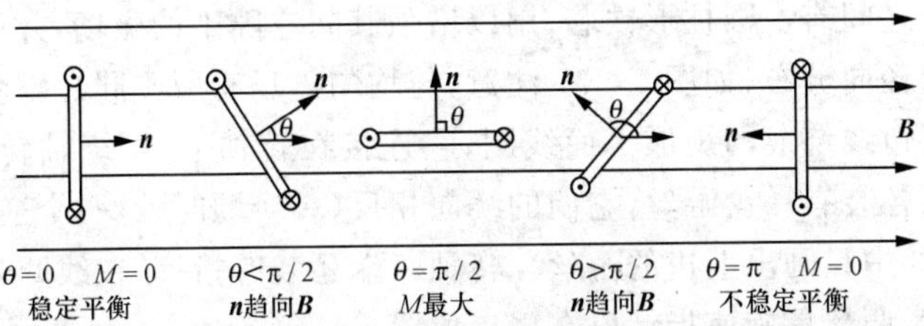

图 4-34 处于不同方位的平面载流线圈在均匀磁场中受磁力矩的情况

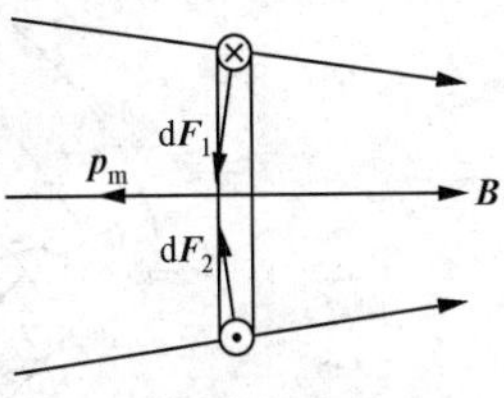

图 4-35 非均匀磁场对平面载流线圈的作用

以上的讨论都限于均匀磁场. 如果载流平面线圈处于非均匀磁场之中,则因线圈各处 $\boldsymbol{B}$ 的大小、方向不同,所受磁力的大小、方向也将有所不同,一般说来,不仅线圈所受合力矩不为零,合力也往往不为零,线圈除绕自身轴转动外,还会有整体的移动. 如图 4-35 所示,以辐射形非均匀磁场为例,设线圈磁矩 $\boldsymbol{p}_{\mathrm{m}}$ 与中心处的 $\boldsymbol{B}$ 反向,不难看出,各电流元所受安培力(图中只画出垂直纸面的两个电流元所受的安培力 $\mathrm{d}\boldsymbol{F}_1$ 和 $\mathrm{d}\boldsymbol{F}_2$)的合力不为零,并指向 $\boldsymbol{B}$ 减弱的方向(若 $\boldsymbol{p}_{\mathrm{m}}$ 与 $\boldsymbol{B}$ 同向,则合力指向 $\boldsymbol{B}$ 增大的方向). 实际上,载流线圈在非均匀磁场中所受合力的大小既与其磁矩 $\boldsymbol{p}_{\mathrm{m}}$ 成正比,又与磁场的梯度成正比.

磁矩的概念不仅可用于描绘载流线圈的磁学性质,还广泛地应用于描绘微观粒子的磁学性质. 例如,电子绕原子核旋转、电子自旋、核自旋都可以看作某种环形电流,相应的磁矩分别称为电子轨道磁

矩、电子自旋磁矩、原子核磁矩.原子和分子中所有电子的轨道磁矩、自旋磁矩以及核磁矩的矢量和构成原子磁矩和分子磁矩(因核磁矩通常比电子磁矩小三个数量级,往往可略).原子磁矩和分子磁矩是描绘原子和分子磁学性质的重要物理量,为解释一系列相关的实验现象提供了依据.

例 11 磁电式电流计.

根据磁场对载流线圈作用的原理,可以制成各种电动机和电流计,应用广泛.磁电式电流计就是通过磁场对载流线圈的力矩来测量电流的装置,它的基本结构如图 4-36 所示.磁场由永久磁铁产生,在两磁极之间有一圆柱形铁芯,用以增强其间空隙中的磁场,并使磁感应线沿径向分布(如图 4-37,注意,与均匀磁场有所不同).空隙间有用细漆包线绕成的矩形平面线圈,它连接在转轴上,可绕轴转动.转轴两端各装有一盘游丝,它们的绕向相反(一个顺时针,一个逆时针,图 4-36 中只画出上边的游丝).转轴一端还装有指针,在线圈未通入电流时,调整螺旋使指针停在零点位置.

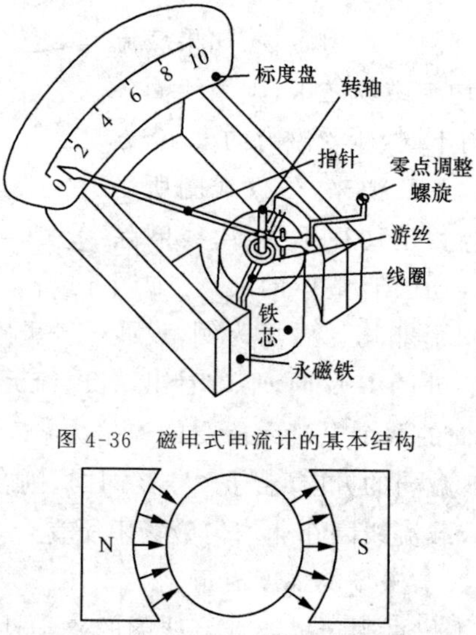

图 4-36 磁电式电流计的基本结构

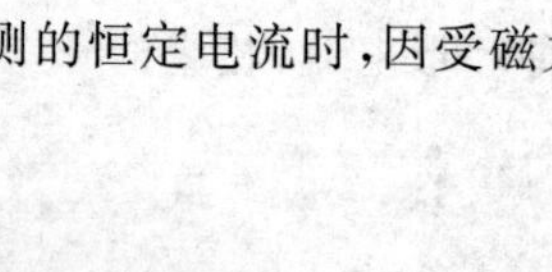

图 4-37 空隙中沿径向分布的磁场

当线圈中通入待测的恒定电流时,因受磁力矩作用而偏转,偏转后,游丝形变并产生恢复力矩,当磁力矩与恢复力矩相等时,线圈平衡,此时指针的位置将反映待测电流的大小,经标准电流计量仪器标定后,即可直接从偏转角读出待测电流的数值.这就是磁电式电流计的工作原理.

设矩形线圈边长为 a,b, 面积为 $S=ab$, 匝数为 N, 待测电流为 I, 磁场为 $\boldsymbol{B}$. 因 $\boldsymbol{B}$ 的方向沿径向,无论线圈偏转到什么位置,其竖直两边所受磁力均与线圈平面垂直,力臂均为 $a/2$, 故线圈所受磁力矩的大小为

$$M_{磁} = NIabB = NISB.$$

线圈偏转后,游丝产生弹性恢复力矩 $M_{弹}$, 其方向与磁力矩反向,其大小正比于偏转角 θ, 为

$$M_{弹} = -D\theta,$$

D 称为扭转常数.达到平衡时

$$M_{磁} + M_{弹} = NISB - D\theta_0 = 0,$$

即

$$\theta_0 = \frac{NSB}{D}I.$$

可见,平衡偏转角 θ_0(即电流计读数)与待测电流 I 成正比,磁电式电流计的标度盘是线性刻度的,便于制作和读数,这正是设计时采用径向磁场(而不采用均匀磁场)的好处.

4.5 洛伦兹力

- 洛伦兹力
- 带电粒子在均匀恒定磁场中的运动
- 回旋加速器的基本原理
- 霍尔效应
- J.J.汤姆孙的阴极射线实验和电子的发现
- 例题

● 洛伦兹力

磁场对运动带电粒子的作用力称为洛伦兹力.洛伦兹力 $\boldsymbol{F}$ 与带电粒子的电量 q、速度 $\boldsymbol{v}$ 以及带电粒子所在处磁感应强度 $\boldsymbol{B}$ 的关系为

$$\boldsymbol{F} = q\boldsymbol{v} \times \boldsymbol{B}. \tag{4.50}$$

上式称为**洛伦兹力公式**，它是1892年荷兰物理学家洛伦兹（Hendrik Antoon Lorentz，1853—1928）在建立经典电子论时，作为基本假设提出来的，它已为尔后的大量实验所证实.

如果电场、磁场并存，则带电粒子所受电力 $q\boldsymbol{E}$ 与磁力 $q\boldsymbol{v}\times\boldsymbol{B}$ 并存，(4.50)式应修改为

$$\boldsymbol{F}=q\boldsymbol{E}+q\boldsymbol{v}\times\boldsymbol{B}. \tag{4.51}$$

(4.51)式是基本的电磁力公式，描绘了电磁场对电荷电流的作用，一切电磁作用皆源于此.电磁作用、万有引力、强相互作用、弱相互作用一起，构成自然界的四大基本作用.(4.51)式与麦克斯韦方程及介质方程（见第8章）一起，构成经典电动力学的基础.关于洛伦兹力公式(4.51)式的由来、含义、地位，详见第8章8.1节末段.

按照矢积的定义，洛伦兹力的大小为

$$F=|q|vB\sin\theta, \tag{4.52}$$

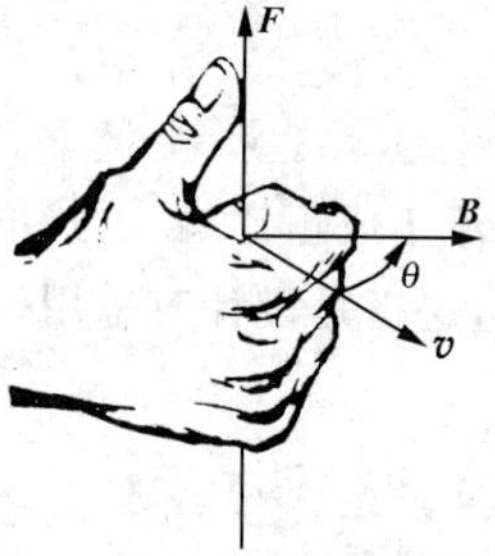

图4-38 洛伦兹力的方向

式中 θ 是 $\boldsymbol{v}$ 与 $\boldsymbol{B}$ 的夹角. $\boldsymbol{F}$ 的方向与 $\boldsymbol{v}$ 和 $\boldsymbol{B}$ 构成的平面垂直，并与电荷的正负有关，图4-38所示是正电荷受力的方向.

(4.50)式表明，洛伦兹力的方向始终垂直于带电粒子的速度方向，所以洛伦兹力永远不对运动带电粒子做功，它不能改变带电粒子的速率和动能，只能改变带电粒子的运动方向使之偏转，这是洛伦兹力的重要特征.

洛伦兹力 $\boldsymbol{F}=q\boldsymbol{v}\times\boldsymbol{B}$ 与安培力 $\mathrm{d}\boldsymbol{F}=I\mathrm{d}\boldsymbol{l}\times\boldsymbol{B}$ 的关系如何呢？两者形式上的相似即 $q\boldsymbol{v}$ 与 $I\mathrm{d}\boldsymbol{l}$ 相当，决非偶然，实际上运动电荷就是一个瞬时的电流元，导线中的电流则是大量自由电子的定向运动形成的，载流导线所受安培力就是作用在其中各自由电子上的洛伦兹力的宏观表现.

为了具体说明，试举一例.如图4-39所示，一段载流直导线静止在纸面内，电流 I 方向向上，磁场 $\boldsymbol{B}$ 垂直纸面向里.从微观角度看，电流是导线中自由电子向下作定向运动形成的.设自由电子的平均定向速度为 $\boldsymbol{v}$，导线中单位体积内的自由电子数（自由电子数密度）为 n，电子电量 q，导线横截面积 S，则在 Δt 时间内通过导线某一

截面的电量为 $\Delta Q = qnSv\Delta t$，故宏观量电流 I 与相应微观量的关系为

$$I = \frac{\Delta Q}{\Delta t} = qnvS.$$

如图 4-39，自由电子平均定向速度 $\boldsymbol{v}$ 与 $\boldsymbol{B}$ 垂直，$\sin\theta = 1$，每个自由电子因定向运动所受洛伦兹力为

$$f = qvB.$$

自由电子在洛伦兹力 $\boldsymbol{f}$ 的作用下移向导线左侧，导致负电荷积累，同时导线右侧因缺少电子出现过剩的正电荷，导线两侧正、负电荷的积累将产生一个横向电场(称为霍尔电场)，它对自由电子的作用力与洛伦兹力反向，最终两者相等、彼此抵消，自由电子不再迁移，导线两侧的电荷积累也不再增加，达到平衡. 与此同时，导线内自由电子所受横向电场作用力的反作用力是自由电子对导线晶格的作用力，后者的大小方向都与洛伦兹力相同，合成安培力.

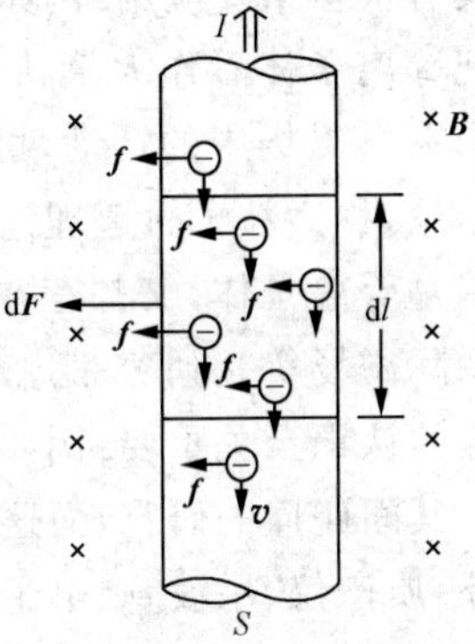

图 4-39 洛伦兹力与安培力的关系

如图 4-39，在导线 dl 段内的自由电子数为 $nSdl$，dl 段导线受到的安培力的大小就是其中各自由电子定向运动所受洛伦兹力之和，为

$$dF = \sum f = qvB \cdot nSdl = (qnvS)dlB = IdlB,$$

考虑到 $d\boldsymbol{F}$ 的方向，可表为

$$d\boldsymbol{F} = Id\boldsymbol{l} \times \boldsymbol{B}.$$

此即安培力公式.

应该指出，导体内的自由电子除定向运动外，还有无规则热运动. 由于热运动速度朝各方向的概率相同，在任何宏观体积内，平均说来，自由电子热运动速度的矢量和为零，由热运动引起的洛伦兹力之和也为零，故自由电子的热运动对宏观的安培力没有贡献，在上述初步讨论中可以不予考虑.

- **带电粒子在均匀恒定磁场中的运动**

带电粒子在电磁场中的运动是一个涉及许多领域的基本课题，

又有很多重要应用.例如,在等离子体物理学中,作为一种近似理论,把等离子体看作大量独立的带电粒子的集合,通过研究单个带电粒子在电磁场中的运动,可以对等离子体的性质和特征得出一些重要结论,称为粒子轨道理论.例如,空间物理和天体物理的研究对象大多是等离子体,又都存在各种磁场(地磁场,太阳磁场,星际磁场,星系际磁场等),研究带电粒子在这些磁场中的运动,对许多现象和过程的认识至关重要.例如,在粒子物理中,对基本粒子的认识往往来自其间碰撞的研究,而这与它们在电磁场中的运动规律密切相关.此外,质谱仪、示波管、电子显微镜、电视显像管、磁控管、粒子加速器等仪器、设备,也都巧妙地利用了带电粒子在电磁场中运动的种种特征.

然而,研究带电粒子在电磁场中的运动并非易事,其动力学方程

$$\boldsymbol{F} = q\boldsymbol{E} + q\boldsymbol{v} \times \boldsymbol{B} = m\,\frac{\mathrm{d}\,\boldsymbol{v}}{\mathrm{d}t}$$

貌似简单,实则复杂.首先,式中的 $\boldsymbol{E}$,$\boldsymbol{B}$ 不仅有外加电磁场,还应包括各种带电粒子产生的附加场,使得场和粒子的运动相互影响相互制约,需将上式与麦克斯韦方程联立.其次,即使只考虑外场,由于 $q\boldsymbol{v} \times \boldsymbol{B}$ 一般说来是非线性项,往往难于严格求解.因此,通常只在某些经过简化的特殊条件下才能求得解析解.本段着重讨论单个带电粒子在均匀恒定磁场中的运动,对非均匀恒定磁场情形只作一些定性介绍.

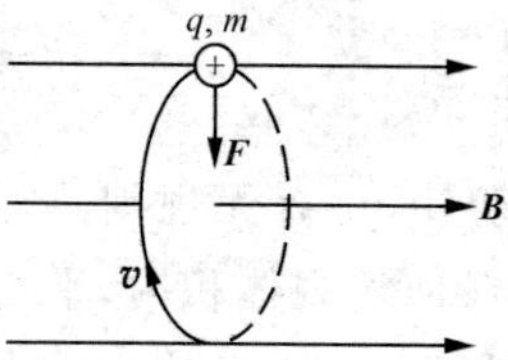

图 4-40　带电粒子在均匀恒定磁场中的运动,$\boldsymbol{v} \perp \boldsymbol{B}$

如图 4-40,设磁场 $\boldsymbol{B}$ 均匀恒定,设带电粒子(q,m)初速为 $\boldsymbol{v}$,设 $\boldsymbol{v} \perp \boldsymbol{B}$.因洛伦兹力 $\boldsymbol{F}$ 永远在垂直于 $\boldsymbol{B}$ 的平面内,现粒子初速 $\boldsymbol{v}$ 也在此平面内,故粒子的运动轨迹不会越出这个平面.又因 $\boldsymbol{F} \perp \boldsymbol{v}$,只改变粒子的运动方向,不改变其速率,且磁场均匀,故 $\boldsymbol{F}$ 的大小 $F = qvB$ 保持不变.带电粒子在这个大小不变的法向力(向心力)作用下,将在垂直于 $\boldsymbol{B}$ 的平面内做匀速圆周运动.由洛伦兹力公式、牛顿第二定律及匀速圆周运动的向心加速度公式,有

$$F = qvB = \frac{mv^2}{R},$$

故粒子圆轨道半径(称为回旋半径或拉莫尔半径)R 为

$$R = \frac{mv}{qB}, \tag{4.53}$$

粒子回绕圆周一圈的时间(称为拉莫尔周期)T 为

$$T = \frac{2\pi R}{v} = \frac{2\pi m}{qB}, \tag{4.54}$$

粒子单位时间绕圆周轨道的圈数(称为回旋共振频率或拉莫尔频率)为

$$\nu = \frac{1}{T} = \frac{qB}{2\pi m}. \tag{4.55}$$

以上三式表明，R 与 v 成正比，R 与 B 成反比；T 或 ν 与 v 与 R 都无关,只取决于 q/m 和 B. 换言之,当 B 给定时，v 大的粒子绕大圈，v 小的粒子绕小圈,但无论绕大、小圈,粒子的回旋周期 T 或频率 ν 都相同,回旋加速器的原理即在于此.

设粒子初速 $\boldsymbol{v}$ 与均匀恒定磁场 $\boldsymbol{B}$ 成任意夹角 θ. 将 $\boldsymbol{v}$ 分解为与 $\boldsymbol{B}$ 平行的分量 $\boldsymbol{v}_{/\!/}$ 以及与 $\boldsymbol{B}$ 垂直的分量 $\boldsymbol{v}_{\perp}$，$v_{/\!/} = v\cos\theta$，$v_{\perp} = v\sin\theta$. 若只有 $\boldsymbol{v}_{\perp}$ 分量,如上所述,粒子在垂直于 $\boldsymbol{B}$ 的平面上以 $v_{\perp}$ 作匀速圆周运动,(4.53)(4.54)(4.55)三式均适用,只需把其中的 v 换成 $v_{\perp}$ 即可. 若只有 $v_{/\!/}$ 分量,因所受洛伦兹力为零,粒子沿着(或背着)$\boldsymbol{B}$ 的方向以 $v_{/\!/}$ 做匀速直线运动. 若 $\boldsymbol{v}_{\perp}$ 与 $\boldsymbol{v}_{/\!/}$ 并存,粒子的运动是以上两者的合成,其轨迹为螺旋线,如图 4-41 所示. 螺旋线的半径 R 和螺距 h 分别为

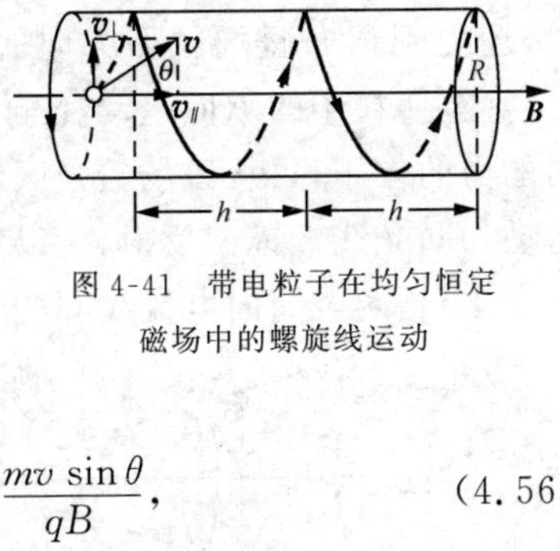

图 4-41 带电粒子在均匀恒定磁场中的螺旋线运动

$$R = \frac{mv_{\perp}}{qB} = \frac{mv\sin\theta}{qB}, \tag{4.56}$$

$$h = v_{/\!/}T = \frac{2\pi m}{qB}v_{/\!/} = \frac{2\pi mv\cos\theta}{qB}. \tag{4.57}$$

由上式，当 θ 很小时，$\cos\theta\approx1$，$h\approx\dfrac{2\pi mv}{qB}$. 如图 4-42，若从磁场中 A 点发射出一束速率 v 相等而发射角 θ 很小的同种带电粒子，沿着与 $\boldsymbol{B}$ 平行的方向射入均匀磁场，则虽因 $v_{\perp}$ 有所不同沿不同半径的螺旋线运动，但因周期相同，螺距也近似相等，故经过一个周期前进一个螺距后会重新会聚在 A' 点. 这种类似于光束经透镜后聚焦的现象称为磁聚焦. 为了实现均匀磁场，可采用长螺线管. 实际上，在许多电真空器件（特别是电子显微镜）中，常用短线圈产生的非均匀磁场来实现聚焦，这种线圈与光学中的透镜相似，称为磁透镜.

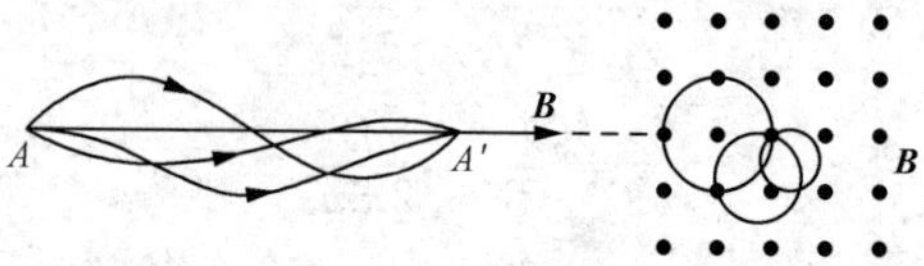

图 4-42　均匀恒定磁场中的磁聚焦

为了讨论带电粒子在非均匀恒定磁场中的运动，试举一例. 如图 4-43，设带正电的粒子在呈辐射形的非均匀恒定磁场中作圆周运动，圆周平面与中心处的磁场垂直. 粒子所受洛伦兹力 $\boldsymbol{F}$ 可分解为与圆中心处磁场 $\boldsymbol{B}$ 垂直和平行的分量，垂直分量提供粒子作圆周运动的向心力，平行分量指向磁场减弱方向. 因此，粒子也将作螺旋线运动，但并非等螺距，回旋半径也会改变. 当粒子从磁场较弱区向磁场较强区运动时，如图 4-44，一方面回旋半径因磁场增强而减小，同时，还受到指向磁场减弱方向的作用力（称为纵向阻力），使螺距减小，甚至使粒子的纵向运动完全被抑止，尔后，仍受指向磁场减弱方向的力的作用，再从磁场较强区向磁场较弱区运动. 带电粒子的这种运动如同光线经镜面反射，所以这种由弱到强的磁场分布称为磁镜. 图 4-45 是两个同向电流线圈产生的中央弱两头强的磁场分布，对于

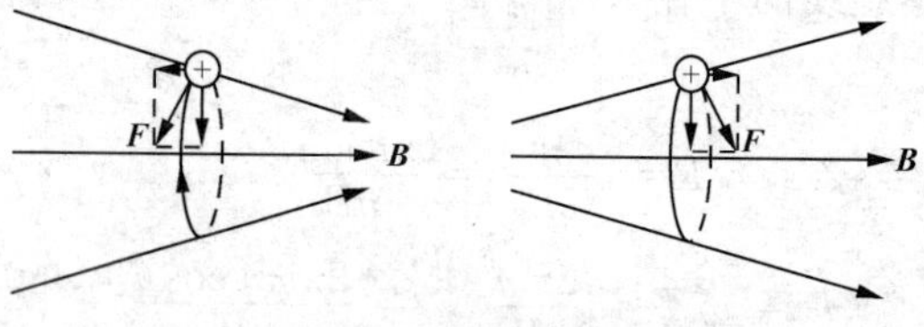

图 4-43　带电粒子在非均匀磁场中的受力

在其中运动的带电粒子,相当于两端各有一面磁镜,可将纵向速度不很大的带电粒子约束在两面磁镜之间,来回反射,这就是纵向的磁约束(带电粒子围绕磁力线的回旋运动也称为横向的磁约束).

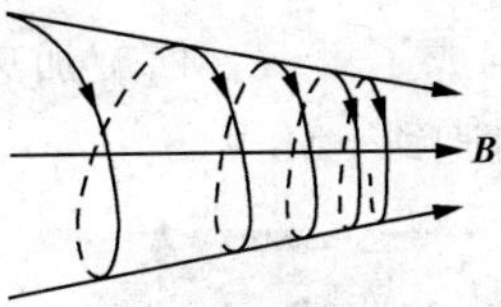

图 4-44 磁镜

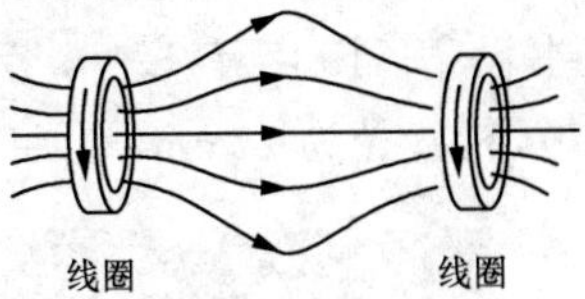

图 4-45 磁约束

如所周知,轻核聚变可以提供取之不尽的能量,为了实现可控热核反应而不是热核爆炸,需要解决的难题之一是等离子体的磁约束.由于聚变只能在几百万℃或更高的温度下进行,此时聚变物质处于等离子体(部分或完全电离的气体)状态,任何容器都无法装载.为此,采用适当的磁场位形把等离子体约束在一定范围,以便进行可控热核反应的研究.上述磁镜装置虽然可以约束等离子体,但它的缺点是有一部分纵向速度较大的粒子会从两端逃逸,采用闭合环形磁场结构可以避免这个缺点,目前主要的研究可控热核反应的装置如托卡马克等都是如此.

地球磁场如图 4-46 所示,也具有中间弱、两极强的特点,是一个天然的磁镜捕集器,可将宇宙线中部分带电粒子捕获并约束在一定的空间范围内,形成环绕地球的辐射带——范·阿伦辐射带.辐射带有内、外两个,分别在距地面几千公里和 2 万公里的高空,内辐射带

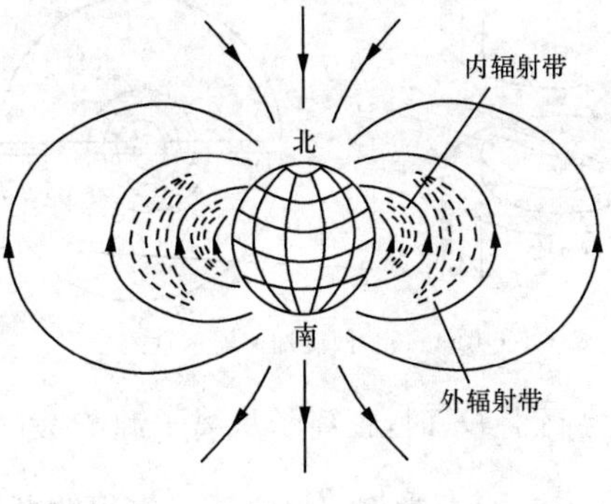

图 4-46 地球磁场,范·阿伦辐射带

中主要是高能质子,外辐射带中主要是高能电子.

- **回旋加速器的基本原理**

回旋加速器是获得高能粒子的一种装置,是原子核物理实验研究的基本设备. 1932 年 E. O. 劳伦斯制成了第一台回旋加速器(如图 4-47),其直径为 27 cm, 可将质子加速到 1 MeV.

图 4-47 E. O. 劳伦斯制成的第一台回旋加速器

回旋加速器的示意图如图 4-48 所示. 两个半圆形的金属空盒(D 形盒)放在真空室中,窄缝中心放置离子源(如质子、氘核或 α 粒子源等). 电磁铁产生强大的恒定均匀磁场垂直于 D 形盒的底面,两 D 形盒接上高频交流电源(10^6 Hz),在缝隙间形成交变电场,由于金属盒的电屏蔽作用, D 形盒内部的电场很弱.

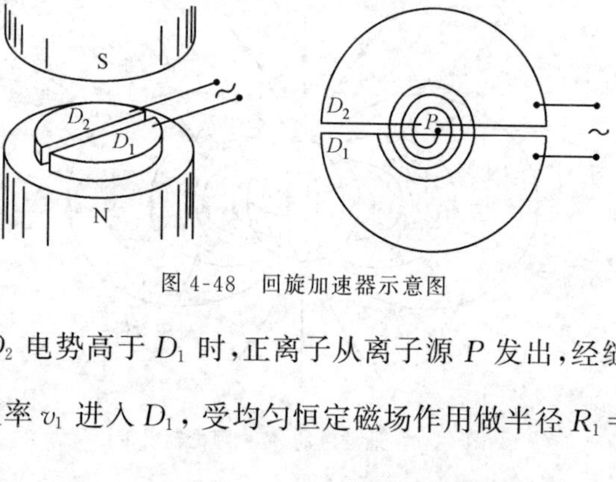

图 4-48 回旋加速器示意图

设当 D_2 电势高于 D_1 时,正离子从离子源 P 发出,经缝隙间电场加速后以速率 v_1 进入 D_1, 受均匀恒定磁场作用做半径 $R_1=\dfrac{mv_1}{qB}$ 的匀速圆周运动,经 $\frac{T}{2}=\frac{\pi m}{qB}$ 时间在 D_1 内绕过半个圆周后进入缝隙.若此时电场恰好反向,使正离子通过缝隙时又被加速,以较大的速率 v_2 进入 D_2,在 D_2 中绕过 $R_2=\frac{mv_2}{qB}$ 的较大半圆后再次回到缝隙,尽管 $v_2>v_1$,$R_2>R_1$,但正离子绕半圆的时间$\frac{T}{2}$不变.因此,只要保持交变电场的周期与离子回旋的周期相等(同步),就能确保离子经过缝隙时都能得到加速,随着离子速率的增大,轨道半径相应增大并趋于D形盒的边缘,达到预期速率后,再利用致偏电极将离子引出供实验之用.总之,交变电场加速离子,均匀恒定磁场使之回旋,关键在于利用了回旋频率(或周期)与速率无关的性质,这就是回旋加速器的基本原理.

离子在回旋加速器中获得的最终速率 v_M 和动能 E_k 为

$$v_M=\frac{q}{m}BR,$$

$$E_k=\frac{1}{2}mv_M^2=\frac{q^2}{2m}B^2R^2,$$

取决于磁场和D形盒的大小.例如,10MeV以上的回旋加速器中,B 约为1T,D形盒直径 $2R$ 在1m以上.

然而,由于相对论效应,离子的质量 m 以及回旋周期 T 都将随着离子速率 v 的增大而增大

$$m=\frac{m_0}{\sqrt{1-\frac{v^2}{c^2}}},$$

$$T=\frac{2\pi m}{qB}=\frac{2\pi}{qB}\frac{m_0}{\sqrt{1-\frac{v^2}{c^2}}},$$

使得固定的交变电场周期与回旋周期不再相同,从而不能确保离子经过缝隙时始终得到加速(例如2MeV的氘核的质量只比其静止质量大0.01%,100 MeV的氘核的质量已比其静止质量大5%).对此,可以用实验方法进行补偿.一种方法是磁场具有某种分布,使粒子在不同半径半圆的回旋频率保持不变,称为同步加速器.另一种方法是磁场均匀,随着粒子的加速改变交变电压的频率,使之与粒子的

回旋运动保持共振，称为同步回旋加速器.回旋加速器适用于加速质量较大、相对论效应不很显著的重离子，如质子、氘核、α粒子等，但对于质量较小的粒子，例如电子，则因相对论效应十分显著（2 MeV的电子的质量约为其静止质量的5倍）而不适用.

另外，离子在磁场中的匀速圆周运动是一种加速运动，它产生的电磁辐射称为同步加速器辐射，这是回旋加速器中最主要的能量损失机制，也是被加速离子能量受到限制的原因.然而，由于同步辐射提供了一种高度准直并且可以连续调谐的强光光源，特别是在真空紫外与X射线波段，可用于光化学、生物学、固体及其表面、材料学、光子散射、非线性光学、X射线全息等多方面的研究，为回旋加速器开辟了新的广阔的应用前景.

• 霍尔效应

当通有电流的导体或半导体板置于与电流方向垂直的磁场中时，在垂直于电流和磁场方向的导体或半导体板的两侧之间，会产生横向电势差.这种现象是1879年美国物理学家E. H. 霍尔对铜箔做实验时发现的，称为霍尔效应，该电势差称为霍尔电势差.

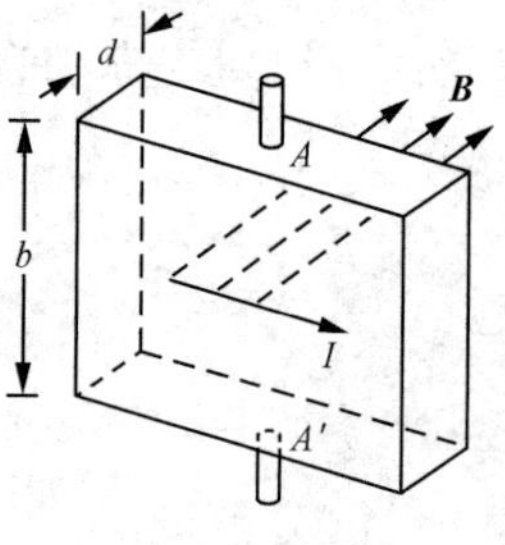

图4-49　霍尔效应

实验表明，在磁场不太强时，如图4-49，霍尔电势差 $U_{AA'}$ 与电流 I 和磁感应强度 B 成正比，与板的厚度 d 成反比，即

$$U_{AA'} = K\frac{IB}{d}, \tag{4.58}$$

式中的比例系数 K 称为霍尔系数，与材料性质及温度有关.

霍尔效应是洛伦兹力的结果.外加磁场对形成电流的运动电荷（电子或其他载流子）的洛伦兹力使电荷横向偏转，在导体或半导体板两侧分别聚集正、负电荷，形成电势差.如图4-49，设导体板内载流子的电量为 q，平均定向速率为 v，则所受洛伦兹力为 qvB. 同时，当 A 和 A' 两侧分别聚集正、负电荷形成电势差后，载流子还要受到阻碍其横向偏转的横向电场力 $qE=q\frac{U_{AA'}}{b}$ 的

作用，其中 $b=AA'$ 是板的宽度. 达到稳恒状态时，两力相等，即

$$qvB = q\frac{U_{AA'}}{b},$$

设载流子浓度为 n，则电流 I 为

$$I = qbdvn.$$

由以上两式

$$U_{AA'} = \frac{1}{nq}\frac{IB}{d}, \tag{4.59}$$

由(4.58)(4.59)两式，得出霍尔系数为

$$K = \frac{1}{nq}. \tag{4.60}$$

上式表明，测量霍尔系数 K，可以确定载流子浓度 n. 半导体内载流子浓度远小于金属，所以半导体的霍尔系数比金属大得多. 由于半导体内载流子浓度受温度、杂质和其他因素影响很大，所以霍尔效应为研究半导体载流子浓度的变化提供了重要的方法. 根据霍尔系数的正负，还可以判断载流子所带电荷的符号，确定半导体的导电类型(电子型或空穴型). 霍尔效应还用于测量磁场，测量直流或交流电路中的电流和功率，转换信号(如把直流电转换成交流电并进行调制，放大直流或交流信号)，等等. 利用多种半导体材料制成的霍尔元件具有结构简单可靠、使用方便、成本低廉等优点，广泛应用于测量技术、电子技术、自动化技术.

1980 年克里岑(von Klitzing)在极低温(1.5 K)和强磁场(18.9 T)条件下，测量金属-氧化物-半导体场效应晶体管的霍尔电阻时发现，霍尔电阻出现了一系列的台阶，这种现象称为量子霍尔效应. 由(4.59)式，霍尔电阻

$$R_H = \frac{U_{AA'}}{I} = \frac{B}{nqd},$$

应随 B 线性地变化并随着 n 增大而减小. 但量子霍尔效应却表明，R_H 是以 h/e^2 为基本单位严格量子化的. 利用量子霍尔效应，可用固体元件中的物理参数精确测量超精细结构常数，还可以得到电阻的标准. 1982 年发现分数量子霍尔效应，即霍尔电阻可以是 h/e^2 的 1/3 或 2/3. 以上这些是近年来凝聚态物理领域中最重要的发现之

一. 克里岑荣获 1985 年诺贝尔物理学奖.

• J. J. 汤姆孙的阴极射线实验和电子的发现

1897 年 J. J. 汤姆孙(Joseph John Thomson, 1856—1940, 英国)做了测量阴极射线粒子荷质比的实验，由此发现了电子.

阴极射线是在高电压下从金属制成的真空管阴极发射出来的，是在研究低压气体放电时发现的. 阴极射线具有从阴极表面垂直射出，会引起化学反应，有热效应，能传递动量等性质，并且这些性质与阴极的材料无关. 1894 年汤姆孙测出阴极射线的速度比光速小三个数量级，断定阴极射线是带负电的粒子流，否定了阴极射线是电磁波的看法.

1897 年汤姆孙测量阴极射线粒子荷质比的实验装置如图 4-50

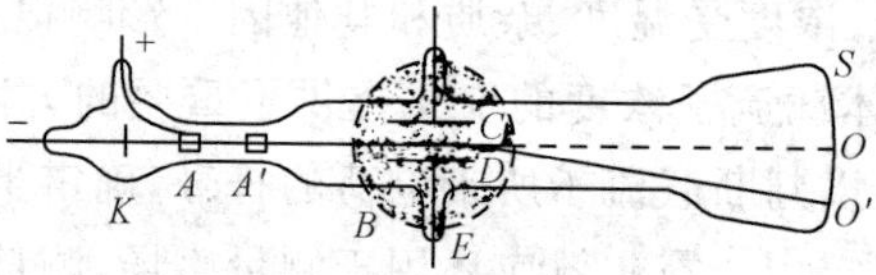

图 4-50 J. J. 汤姆孙的阴极射线实验

所示. 玻璃管内抽成真空，阳极 A 和阴极 K 之间维持数千伏电压，管内残存气体的离子撞击阴极引起的二次发射产生阴极射线. 阳极 A 是紧固在玻璃管中的接地金属环，A'是另一接地金属环，A 和 A' 中央的小孔使得在 K 和 A 之间加速的粒子通过小孔后形成窄束，打在玻璃管另一端荧光屏 S 的中央 O 点，形成光斑. 玻璃管中央的 C 和 D 是电容器两极板，接电池，在竖直方向产生均匀电场 E，管外电磁铁在图中圆形区域内产生垂直纸面的均匀磁场 B，调节 E 和 B，使粒子束在电场、磁场的作用下不发生偏转，即满足 $eE=evB$ 或 $v=E/B$. 然后，撤去电场 E，保留磁场 B，粒子偏转，其轨迹半径为

$$R=\frac{mv}{eB},$$

由以上关系，

$$\frac{e}{m}=\frac{E}{RB^2}.$$

测量 E,B,R，得出阴极射线粒子的荷质比 e/m 比氢离子的荷质比大千余倍.

汤姆孙采用不同金属材料制成阴极，并在放电管中充入不同气体，测出的阴极射线粒子的荷质比都很接近.他还测量了光电效应带电粒子以及炽热金属发出的带电粒子的荷质比，结果也都相近.

综上，汤姆孙作出结论："1. 原子不是不可分割的，因为借助于电力的作用、快速运动的原子的碰撞、紫外线或热，都能够从原子里扯出带负电的粒子. 2. 这些粒子具有相同的质量并带有相同的负电荷，无论它们是从哪一种原子里得到的；并且它们是一切原子的一个组成部分. 3. 这些粒子的质量小于一个氢原子质量的千分之一. 我起初把这些粒子叫做微粒，但是它们现在以'电子'这个更合适的名称来命名."这就是电子的发现.

1909 年密立根做了著名的油滴实验.测出带电油滴受重力、空气浮力、摩擦阻力三力平衡时匀速下降的收尾速度 v_0，以及加电场后，重力、浮力、阻力、电力四力平衡时的收尾速度 v_1，再测出有关物理量，即可得出油滴电量.实验表明，油滴电量总是基本电荷 e 的整数倍，电荷是量子化的，并且给出了 e 的精确值.密立根油滴实验排除了阴极射线粒子荷质比比氢离子大千余倍是来源于带大量电荷的可能性，消除了关于电子存在的种种疑虑，证实电子电量即为基本电荷 e.

电子的发现表明，原子丧失了曾经具有的作为世间万物不可分割最小单元的地位，具有基本电荷、质量小于氢原子千分之一的电子是构成各类原子的第一个基本粒子，原子是有内在结构的，从此人类对物质本原的认识进入了新的更深入的层次.

电子的发现还为"电"是什么这个基本问题提供了答案，所谓"电"就是电子、质子之类的实体，所谓"带电"就是正、负电粒子数量的失衡.曾经有过的把电看作是物质的某种运动形式或者以太的某种表现的看法，从此销声匿迹.电子的发现、原子结构模型的建立，还使人们对物质的电磁性质以及种种相关问题的研究有了更可靠的内在依据.

- **例题**

例 12 质谱仪.

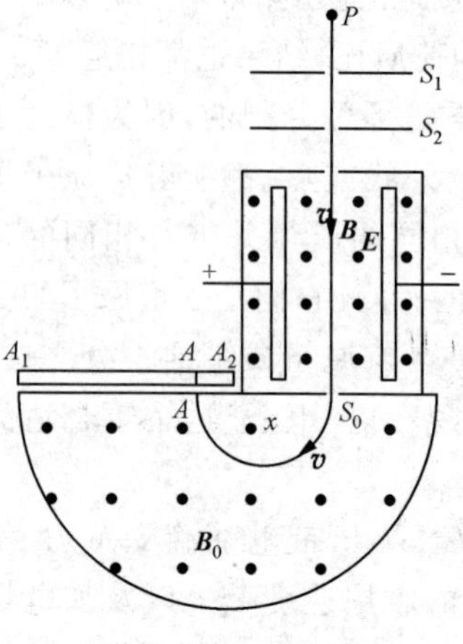

图 4-51 质谱仪示意图

质谱仪是测量同位素质量和相对含量的仪器,种类很多,其一的构造原理如图 4-51 所示. 离子源 P 产生的离子经过窄缝 S_1 和 S_2 之间的电场加速后射入滤速器,滤速器中的电场 $\boldsymbol{E}$ 和磁场 $\boldsymbol{B}$ 都垂直于离子速度 $\boldsymbol{v}$,且 $\boldsymbol{E}\perp\boldsymbol{B}$. 通过滤速器的离子接着进入均匀磁场 $\boldsymbol{B}_0$ 中,沿着半圆周运动后到达照相底片上形成谱线. 若测出谱线 A 到入口 S_0 的距离为 x,试证明相应的离子质量为

$$m=\frac{qB_0B}{2E}x.$$

解 (1) 滤速器: 为使离子沿原方向前进通过窄缝 S_0,离子所受电场力与洛伦兹力应平衡,即 $qE=qvB$,故通过滤速器的离子的速率为

$$v=\frac{E}{B}.$$

(2) 质谱分析: 离子在底片上的谱线 A 与入口 S_0 的距离 x 等于离子在磁场 $\boldsymbol{B}_0$ 中圆周运动的直径,即

$$x=2R=\frac{2mv}{qB_0}=\frac{2mE}{qB_0B},$$

$$m=\frac{qB_0B}{2E}x.$$

质谱仪中 $\boldsymbol{E},\boldsymbol{B},\boldsymbol{B}_0$ 均固定,当离子所带电量 q 相同时,由 x 即可确定离子质量 m. 通常的元素都有若干个质量不同的同位素,在质谱仪底片上会形成若干条谱线,由谱线位置可以确定同位素的质量,由谱线黑度可以确定同位素的相对含量.

例 13 如图 4-52(a)静止的电子经 $U=1000\ \mathrm{V}$ 电压加速后,从

枪口 Q 沿直线 α 射出. 若要求电子能击中在 $\varphi=60^\circ$方向、与枪口相距 $d=5.0\,\text{cm}$ 的靶 M，试求在以下两种情形，所需的匀强磁场 $\boldsymbol{B}$ 的大小：(1) 设 $\boldsymbol{B}$ 垂直于由直线 α 和靶 M 确定的平面. (2) 设 $\boldsymbol{B}$ 与直线 QM 平行.

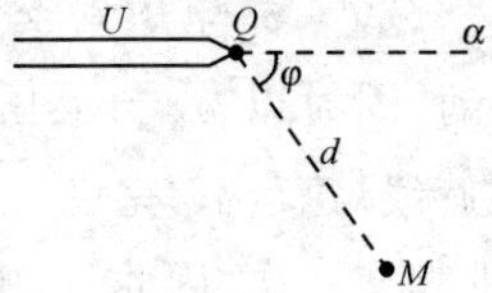

(a)

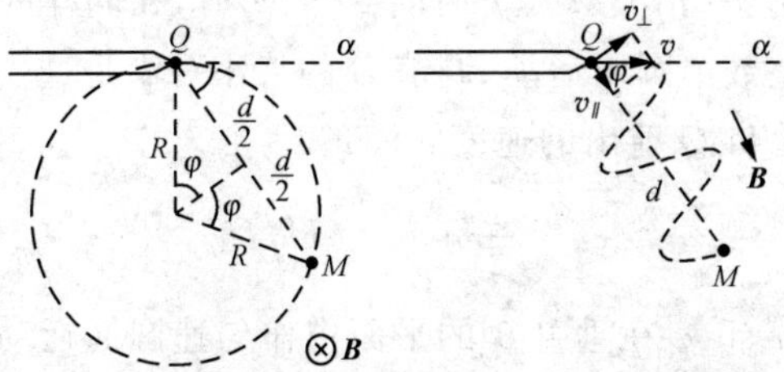

(b) (c)

图 4-52

解 (1) 如图 4-52(b)，因匀强磁场 $\boldsymbol{B}$ 垂直纸面，电子从 Q 射出后，受洛伦兹力作用，在纸面内作匀速圆周运动，该圆与直线 α 在 Q 相切，为使电子向下偏转，$\boldsymbol{B}$ 的方向应为$\otimes$，为使电子击中靶 M，应使圆轨道与 M 相交，调节 B 的大小即调节圆半径 R 便可实现.

设电子从枪口 Q 射出的速度为 v，则

$$\frac{1}{2}mv^2 = eU.$$

电子从 Q 射出后，受洛伦兹力作用，作匀速圆周运动的半径 R 为

$$R = \frac{mv}{eB}.$$

为使圆与 M 相交，如图 4-52(b)，R 与 d，φ 应满足

$$R\sin\varphi = \frac{d}{2}.$$

由以上三式，解出

$$B = \frac{2\sin\varphi}{d}\sqrt{\frac{2mU}{e}},$$

式中 $e=1.6\times10^{-19}$ C，$m=9.11\times10^{-31}$ kg 为电子的电量和质量，把有关数据代入，得 $B=3.7\times10^{-3}$ T.

(2) 如图 4-52(c)，因 $\boldsymbol{B}\,/\!/\,QM$，$\boldsymbol{v}$ 与 $\boldsymbol{B}$ 斜交，电子将以 $v_{/\!/}=v\cos\varphi$ 沿 QM 作匀速直线运动，同时以 $v_{\perp}=v\sin\varphi$ 作匀速圆周运动，合成以 QM 为轴的等距螺旋线. 每当 $v_{\perp}$ 完成一个圆周运动时，该螺旋线才与纸面在 QM 直线上相交一次. 因此，击中靶 M 的要求是，当电子从 Q 以 $v_{/\!/}$ 沿 QM 经 t 时间到达 M 时，在同样的时间 t 内 $v_{\perp}$ 应刚好完成整数个圆周运动，调节 B 的大小可满足这一要求.

电子从枪口 Q 射出的速度 v 满足

$$\frac{1}{2}mv^2 = eU,$$

电子以 $v_{\perp}=v\sin\varphi$ 在垂直 $\boldsymbol{B}$ 的平面内作匀速圆周运动的半径 R 和周期 T 分别满足

$$Bev\sin\varphi = \frac{m(v\sin\varphi)^2}{R},$$

$$T = \frac{2\pi R}{v\sin\varphi}.$$

同时，电子以 $v_{/\!/}=v\cos\varphi$ 沿 QM 作匀速直线运动，从 Q 到达 M 的时间为

$$t = \frac{d}{v\cos\varphi}.$$

为了击中靶 M，t 应为 T 的整数倍，即

$$t = kT,\quad k = 1,2,\cdots.$$

由以上五式，解出

$$B = k\,\frac{2\pi\cos\varphi}{d}\sqrt{\frac{2Um}{e}}.$$

把有关数据代入，得出 $B=k\times6.7\times10^{-3}$ T.

顺便指出，$\boldsymbol{B}$ 的方向从 Q 指向 M 或反之均可，其区别只是螺旋线在纸面的外侧或内侧.

习　题

4.1　如图，无限长直导线折成直角，载有 20 A 电流，P 点在折线的延长线上，设 $a=5$ cm. 试求 P 点的磁感应强度.

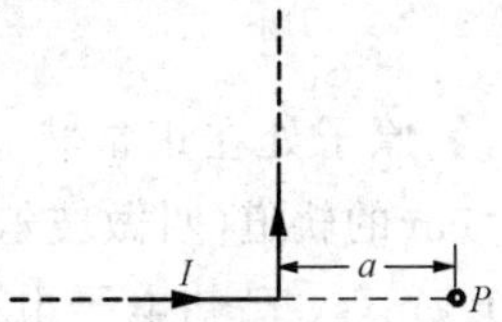

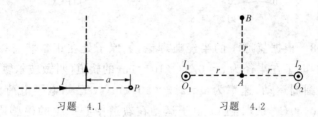

习题　4.1

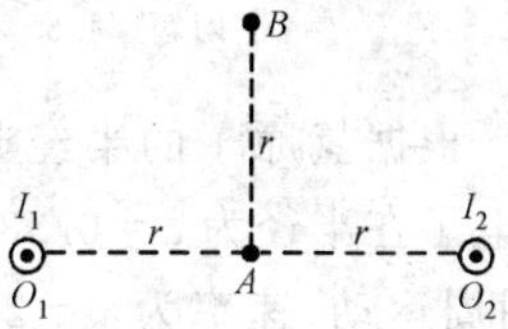

习题　4.2

4.2　如图，两平行长直导线相距为 $2r$，导线内通以流向相同、大小为 $I_1=I_2=10$ A 的电流，在垂直于导线的平面（纸面）上有 A,B 两点，A 点为连线 O_1O_2 的中点，B 点在 O_1O_2 的垂直平分线上，且与 A 点相距为 r，设 $r=2$ cm. 试求 A,B 两点磁感应强度 $\boldsymbol{B}$ 的大小和方向.

4.3　如图，两根长直导线沿半径方向接到粗细均匀的金属圆环上的 A,B 两点，远处与电源相接. 试求环中心 O 点的磁感应强度.

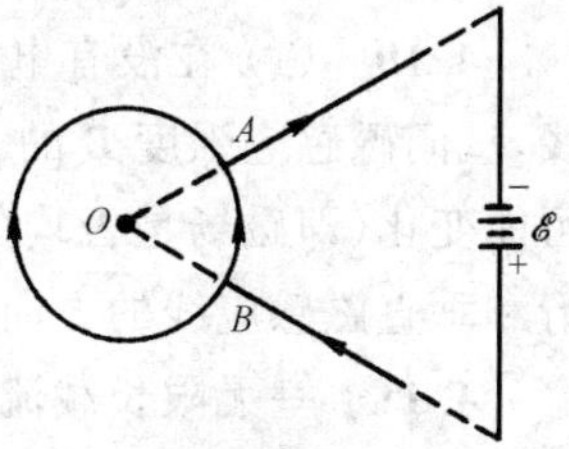

习题　4.3

4.4　试证明：当一对电流元成镜像对称时，它们在对称面上任一点的合磁场的方向必定垂直于对称面.

4.5　在抛物线形的导线中通以电流 I，试求焦点处的磁感应强度. 设焦点到抛物线顶点的距离为 a.（提示：用极坐标表示）

4.6　如图，无限长半圆柱面形金属薄片的半径 $R=2.0$ cm，其中有电流 $I=5.0$ A 沿平行于轴线方向通过，电流在横截面上均匀分布. 试求圆柱轴线上 P 点处的磁感应强度.

4.7　如图，半径为 R 的木球上密绕有单层细导线，盖住半个球面，导线在垂直于半球底面的通过球心的半径上均匀分布，线圈共 N 匝，通电流 I. 试求球心 O 点的磁感应强度.

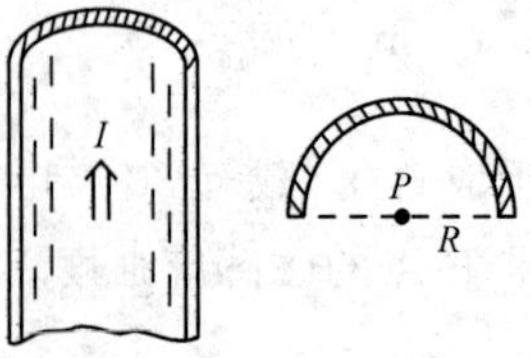

习题 4.6

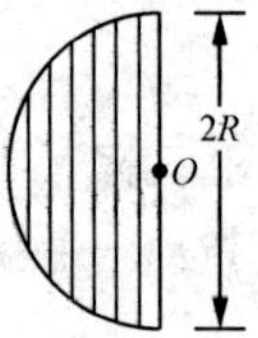

习题 4.7

4.8 根据氢原子的半经典理论,氢原子处在正常状态(基态)时,它的电子在半径为 $a=0.53\times10^{-8}$ cm 的轨道(叫做玻尔轨道)上作匀速圆周运动,速率为 $v=2.2\times10^{8}$ cm/s, 已知电子电荷为 $e=1.6\times10^{-19}$ C. 试求:(1) 电子运动在轨道中心产生的磁感应强度 B;(2) 电子轨道运动的磁矩与轨道运动的角动量之比.

4.9 如图,半径为 R 的圆片上均匀带电,电荷面密度为 σ, 圆片以匀角速度 ω 绕它的中心轴旋转. 试求:(1) 轴线上与圆片中心 O 相距为 x 处 P 点的磁感应强度;(2) 圆片转动时产生的磁矩.

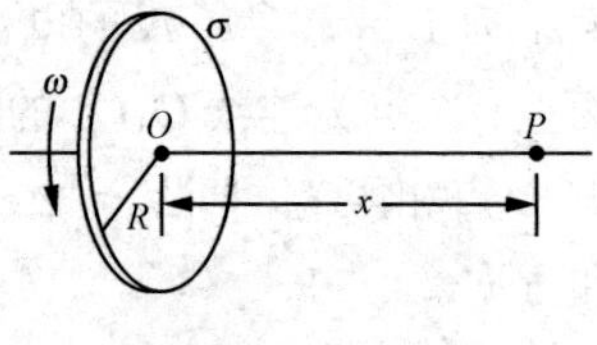

习题 4.9

4.10 (1) 在没有电流的空间区域里,如果磁感应线是平行直线,试问磁感应强度 $\boldsymbol{B}$ 的大小在平行和垂直磁感应线的方向上是否可能变化(即磁场是否均匀)? (2) 若存在电流,试问 $\boldsymbol{B}$ 的大小在平行和垂直磁感应线的方向上是否可能变化? 为什么?

4.11 一无限长载流直圆管,内半径为 a, 外半径为 b, 电流为 I, 电流沿轴线方向流动并且均匀地分布在管的横截面上. 试求与轴线相距为 r 处的磁感应强度:(1) $r<a$, (2) $a<r<b$, (3) $r>b$.

4.12 如图,长直电缆由导体圆柱和同轴的导体圆筒构成,电流 I 沿轴线方向从导体圆柱流出,从同轴的导体圆筒流回,并且电流都均匀地分布在横截面上. 设圆柱的半径为 r_1, 圆筒的内外半径分别

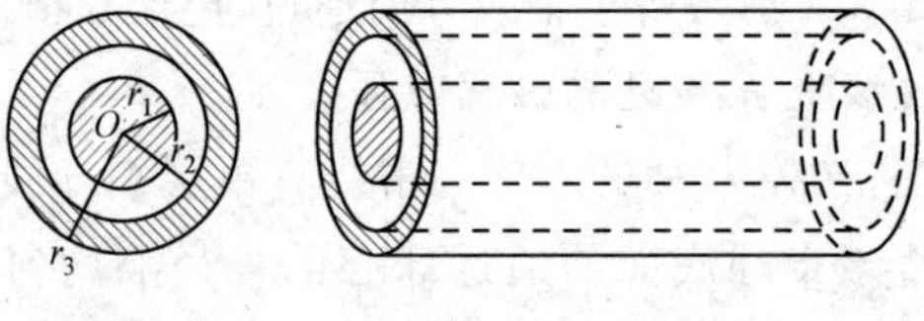

习题 4.12

为 r_2 和 r_3，设 r 为到轴线的垂直距离. 试求 r 处的磁感应强度($0<r<\infty$).

4.13　如图，螺绕环的截面为矩形.

(1) 试求环内磁感应强度的分布；

(2) 试证明：通过螺绕环截面(图中斜线区)的磁通量为

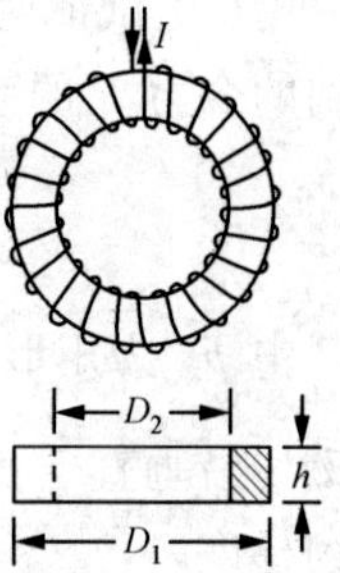

习题　4.13

$$\Phi_B=\frac{\mu_0 NIh}{2\pi}\ln\frac{D_1}{D_2},$$

式中 N 为螺绕环总匝数，I 为线圈中的电流，D_1 和 D_2 为螺绕环的外直径和内直径，h 是矩形截面一边长度.

4.14　无限大导体平面上载有均匀电流，面电流密度为 $\boldsymbol{i}$. 试求空间一点的磁感应强度 B.

4.15　如图，有一根金属直导线，长为 0.70 m，质量为 10 g，用两根细线使其水平挂在 $B=0.40$ T 的均匀磁场中，且导线与磁场 $\boldsymbol{B}$ 的方向垂直. 试求：(1) 当绳中张力为零时，导线中电流的大小和方向；(2) 在什么条件下，导线会向上运动？

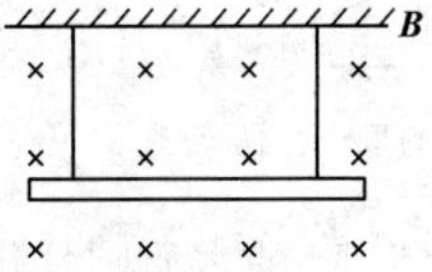

习题　4.15

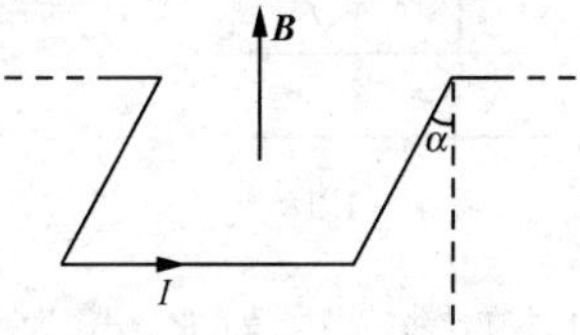

习题　4.16

4.16　如图，截面积为 S，密度为 ρ 的铜导线被弯成正方形的三边，可以绕水平轴转动. 导线放在方向为铅直向上的均匀磁场中. 当导线中的电流为 I 时，导线所在平面离开原来的铅直位置偏转 α 角而达到平衡. 试求磁感应强度 $\boldsymbol{B}$ 的大小. 如 $I=10$ A，$S=2.0\ \text{mm}^2$，$\rho=8.9\ \text{g/cm}^3$，$\alpha=15°$，则 B 应为多少？

4.17　如图，(1) 一根无限长直导线载有电流 $I_1=30$ A，矩形回路与它共面，且矩形的长边与直导线平行. 回路中载有电流 $I_2=20$ A，矩形的长 $l=12$ cm，宽 $b=8.0$ cm，矩形靠近直导线的一边距

直导线为 $a=1.0\ \mathrm{cm}$，试求 I_1 作用在矩形回路上的合力.

(2) 试证明：当矩形线圈足够小时，线圈受到的合力 $\boldsymbol{F}$ 的大小为

$$F=p_{\mathrm{m}}\frac{\partial B}{\partial x},$$

其中 p_{m} 为矩形线圈的磁矩，$\frac{\partial B}{\partial x}$为直导线产生的磁场沿垂直于直导线方向（图中 x 方向）上的磁场梯度.

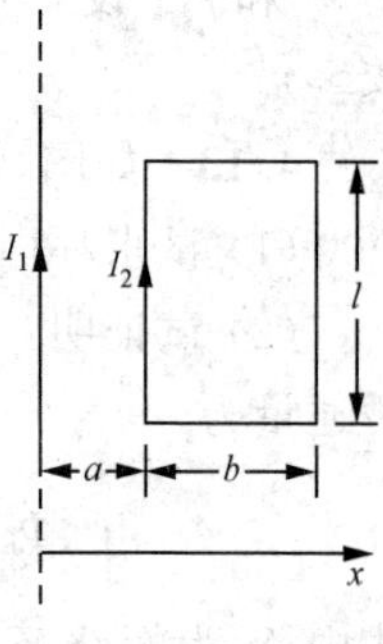

习题　4.17

4.18　如图，一半径 $R=0.10\ \mathrm{m}$ 的半圆形闭合线圈，载有电流 $I=10\ \mathrm{A}$，放在 $B=0.50\ \mathrm{T}$ 的均匀磁场中，磁场方向与线圈平面平行. 试求线圈所受磁力矩的大小和方向.

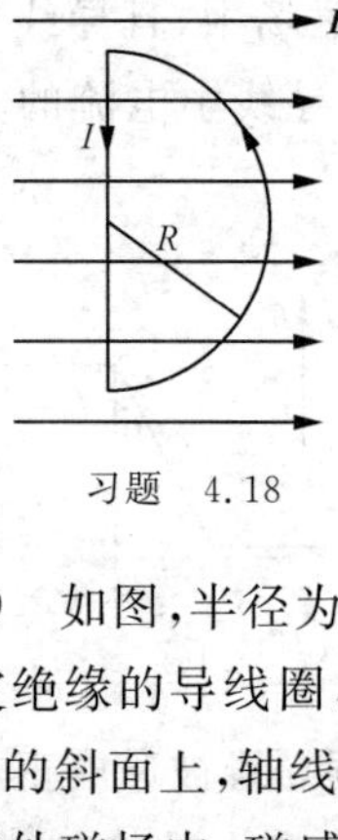

习题　4.18

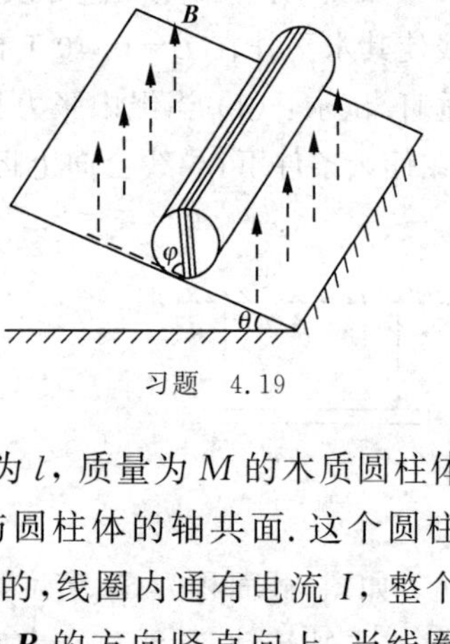

习题　4.19

4.19　如图，半径为 R，长为 l，质量为 M 的木质圆柱体上绕有 N 匝外皮绝缘的导线圈，线圈与圆柱体的轴共面. 这个圆柱体放在倾角为 θ 的斜面上，轴线是水平的，线圈内通有电流 I，整个圆柱体处在均匀外磁场中，磁感应强度 $\boldsymbol{B}$ 的方向竖直向上. 当线圈平面与斜面夹角为 φ 时，圆柱体刚好静止不动，设导线的质量可以略去不计. 试求导线中电流的大小和方向.

4.20　一个水平放置的铅丝圆环，直径为 $d=10\ \mathrm{cm}$，铅丝的横截面积为 $S=0.70\ \mathrm{mm}^2$，环中载有 $I=7.0\ \mathrm{A}$ 的恒定电流，放在 $B=1.0\ \mathrm{T}$ 的均匀磁场中，环平面与磁场垂直. 试求：(1) 在外磁场作用下铅丝单位截面积上所受的张力；(2) 由于铅丝通电流，铅丝环的温度因此可以

升高到接近熔化温度，若这时铅丝的断裂强度 $p_0=1.96\ \mathrm{N/mm^2}$（即单位截面积上所能承受的最大张力），则此铅丝环会不会断裂？

4.21　一回旋加速器的D形电极圆周的半径 $R=60\ \mathrm{cm}$，用它来加速质量为 $1.67\times10^{-27}\ \mathrm{kg}$、电量为 $1.6\times10^{-19}\ \mathrm{C}$ 的质子，要把质子从静止加速到 $4.0\times10^{6}\ \mathrm{eV}$ 的能量.（1）试求所需的磁感应强度 $\boldsymbol{B}$ 的大小；（2）设两D形电极间的电压为 $2.0\times10^{4}\ \mathrm{V}$，试求加速到上述能量，质子作了多少周的回旋运动？

4.22　如图是一质谱仪的构造原理图. 离子源 S 产生质量为 m、电荷为 q 的离子，离子产生出来时速度很小，可以看作是静止的；离子产生出来后经过电压 U 加速，进入磁感应强度为 B 的均匀磁场，沿着半圆周运动而到达记录它的底片 P 上，测得它在 P 上的位置到入口处的距离为 x.

（1）试证明这粒子的质量为 $m=\dfrac{qB^2}{8U}x^2$；

（2）用钠离子做实验，得到如下数据：$U=705\ \mathrm{V}$，$B=3580\times10^{-4}\ \mathrm{T}$，$x=10\ \mathrm{cm}$，试求钠离子的荷质比 q/m；

（3）已知碘离子的电荷为 $q=1.6\times10^{-19}\ \mathrm{C}$，质量为 $m=2.1\times10^{-25}\ \mathrm{kg}$，试求在相同条件下碘离子到达记录底片的位置 x.

4.23　如图，一铜片厚度为 $d=1.0\ \mathrm{mm}$，放在磁感应强度 $B=1.5\ \mathrm{T}$ 的均匀磁场中，磁场方向与铜片表面垂直. 已知铜片里每立方厘米有 8.4×10^{22} 个自由电子，铜片中通有 $I=200\ \mathrm{A}$ 的电流.（1）试求铜片两侧的电势差 $U_{AA'}$；（2）试问铜片宽度 b 对 $U_{AA'}$ 有无影响？为什么？

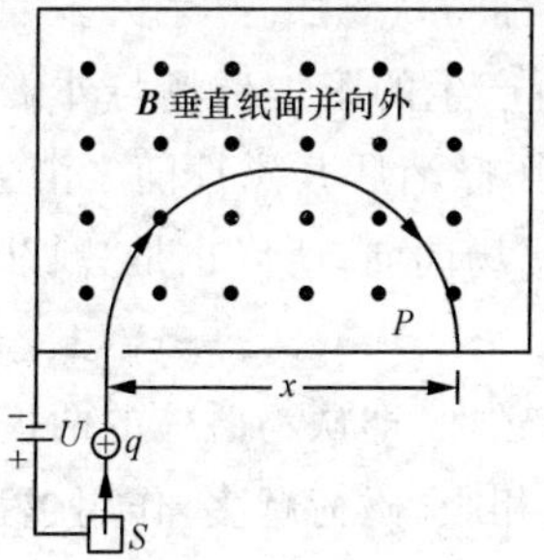

习题　4.22

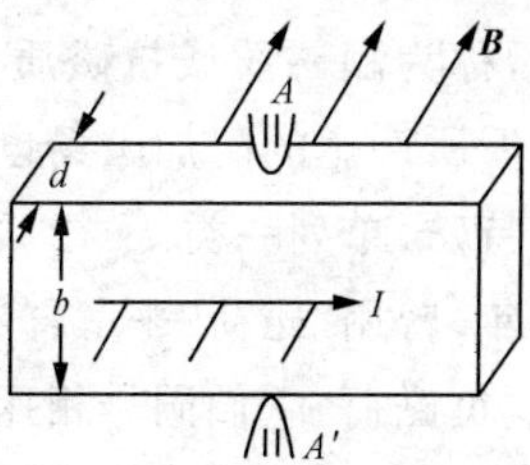

习题　4.23

5 磁介质

5.1 “分子电流”模型

磁铁棒能吸铁、指南北的性质称为磁性，它的两端磁性最强称为磁极，按悬挂后指向地理北、南极的不同，分别称为南、北磁极. 两磁铁棒相互作用，同极相斥，异极相吸. 除磁铁外，一般物质通常并无磁性，但在较强磁场的作用下也都会具有一些磁性，这种从无磁性变为有磁性的过程称为磁化. 所谓磁介质，其实泛指一切物质，只因着眼于其磁学性质，故名.

以铁为代表的一类磁介质，具有能带上强磁性且在外磁场撤消后磁性仍可保存等一系列特殊性质，称为**铁磁质**. 其余大多数磁介质磁化后都只具有弱磁性，按磁化后所产生的附加磁场与外磁场同向或反向，称为**顺磁质**或**抗磁质**，外磁场撤消后其磁性随之消失. 铁磁质磁化后所产生的附加磁场也与外磁场同向，所以也是“顺”磁质，但因性质特殊，单列一类.

早年，曾用“磁荷”来解释物质的磁性，即认为磁体的两极分别聚集着正、负磁荷，它们同号相斥，异号相吸，磁荷越多，作用越强，遵循磁的库仑定律，磁体间的作用和指南北的性质皆源于此. 为了解释磁化，把磁介质分子看作由等量异号磁荷构成的磁偶极子，认为磁化就是大量方向混乱的磁偶极子在外磁场作用下趋于整齐排列从而使两端分别聚集正、负磁荷的过程.据此,建立了一套磁介质磁化的理论,与电介质极化的理论颇为类似,两者并行不悖,但并无任何联系.然而,与正、负电荷可以单独存在有所不同,磁棒的北、南磁极总是并存的,断开处必将出现成对新磁极,并无单独磁荷,何以如此,难以索解.至于磁荷与电荷有无关系,更是不知所以.

1820 年的奥斯特实验及相关实验,揭示了电现象与磁现象的联系,表明不仅磁体—磁体,而且电流—磁体、电流—电流、磁体—电流都存在着相互作用,并且在这些作用中磁棒与适当的载流直螺线管可以等效地互相取代.受此启发,安培提出了**磁现象的本质是电流,物质的磁性来源于其中“分子电流”**的大胆假设.安培的假设十分重要,因为,一方面,它把上述种种磁相互作用归结为电流—电流的作用,建立了安培定律,开创了把电和磁现象联系起来的磁作用理论;另一方面,以分子电流模型取代磁荷模型,从根本上揭示了物质极化与磁化的内在联系,因为分子电流无非是电荷的某种运动.“分子电流”模型认为,物质的分子相当于一个环形电流,是电荷的某种运动形成的,它没有像导体中电流所受到的阻力,在外磁场作用下可以自由地改变方向.所谓磁化,简言之,就是在外磁场作用下大量分子电流从混乱分布到整齐排列的结果.由此,例如,一根磁棒相当于一个载流螺线管,前者的两极就是后者的两端,为磁棒两极共存、断开处出现成对新磁极、磁极不能单独存在提供了合理的解释.总之,就分子对电场的响应而言,可以把分子看作是静态的电偶极子,这是极化的微观模型;就分子对磁场的响应而言,可以把分子看作是动态的分子电流,这是磁化的微观模型;两者并行不悖,构成完整统一的微观图像.

应该指出,在安培的时代,对物质的分子、原子结构所知甚少,当时,电子远未发现,更不知原子核为何物,所谓“分子”无非是构成物质的微观基本单元而已.随着时代的变迁,从现代的观点来看,“分子电流”是由原子内各电子绕原子核的轨道运动、各电子的自旋运动以及原子核的自旋运动构成的,无外磁场时,相应的电子轨道运动磁矩、电子自旋磁矩以及核自旋磁矩之和就是分子电流的固有磁矩,简称**分子固有磁矩**,表为 $\boldsymbol{p}_m$, $\boldsymbol{p}_m$ 描绘了分子的磁学性质.由此可见,安培当年的大胆假设历经百余年沧桑之后竟然得到了完满的证实.

5.2 顺磁质与抗磁质

· *顺磁质* · *抗磁质*

根据安培的分子电流模型,可按无外磁场时,分子固有磁矩 $\boldsymbol{p}_m \neq 0$ 或 $\boldsymbol{p}_m = 0$, 将磁介质分为两大类,下面将指出,它们分别是顺磁质和抗磁质.

● 顺磁质

顺磁质是指磁化后产生的**附加磁场与外加磁场同方向**的弱磁性磁介质,如金属中的锂、钠、铂、铝,非金属中的氧,化合物中的氧化铜、氯化铜、硫酸镍、氧化钾等.

对于分子固有磁矩 $\boldsymbol{p}_m \neq 0$ 的磁介质,无外磁场时,如图 5-1(a)所示,由于热运动,各分子磁矩取向无规,在任一宏观体积元内的分

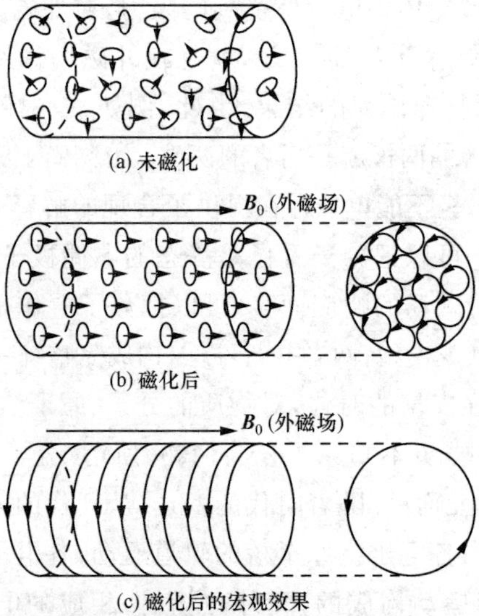

图 5-1 顺磁质磁化的微观机制与宏观效果

子固有磁矩之和为零,磁介质处于未磁化状态,不显磁性.加外磁场 $\boldsymbol{B}_0$ 后,如图 5-1(b)所示,各分子磁矩受到磁力矩的作用,使之转向外磁场方向,在一定程度上沿外磁场方向整齐排列,外磁场越强排列越整齐.热运动对分子固有磁矩的整齐排列起着干扰破坏作用,温度越高,干扰越强.随着各分子固有磁矩的整齐排列,宏观体积元内的分子固有磁矩之和不再为零,同时,磁介质内出现了由许多分子电流叠加形成的宏观磁化电流(如图 5-1(c)),并产生附加磁场,这表明磁介质被磁化了.由于附加磁场与外磁场同方向,故称为顺磁质.

- **抗磁质**

抗磁质是指磁化后产生的**附加磁场与外加磁场反方向**的弱磁性磁介质,如金属中的汞、铜、铅、锌、铋、锑、金、银,非金属中的硫、碳、碘、氢、氯、溴、氮,化合物中的水、二氧化碳、氯化钠、硫酸等,此外,有机材料如丙酮、苯、环乙烷,以及生物组织如人喉正常组织、人喉肿瘤组织、兔肝正常组织、兔肝肿瘤组织等也都是抗磁质.

与顺磁质不同,**抗磁质分子的固有磁矩为零,**即 $\boldsymbol{p}_m=0$, 不存在由非零的分子固有磁矩规则取向引起的顺磁效应.但是,外磁场的洛伦兹力会使电子的轨道运动有所变化,下面证明,这种变化将产生与外磁场**反向**的附加磁矩,抗磁效应即源于此.

在证明前,作为准备知识,先给出电子轨道运动的磁矩公式.如图 5-2 所示,设电量为 $-e$ 的电子(e 是电子电量的绝对值)绕电量为 Ze 的原子核(Z 是原子序数)沿半径为 r 面积为 $S=\pi r^2$ 的圆轨道以速度 v 运动,则形成的电流为

$$i=\frac{-e}{T}=-\frac{ev}{2\pi r}=-\frac{e\omega}{2\pi},$$

式中 T 是电子轨道运动的周期.相应的电子轨道运动磁矩为(见(4.48)式)

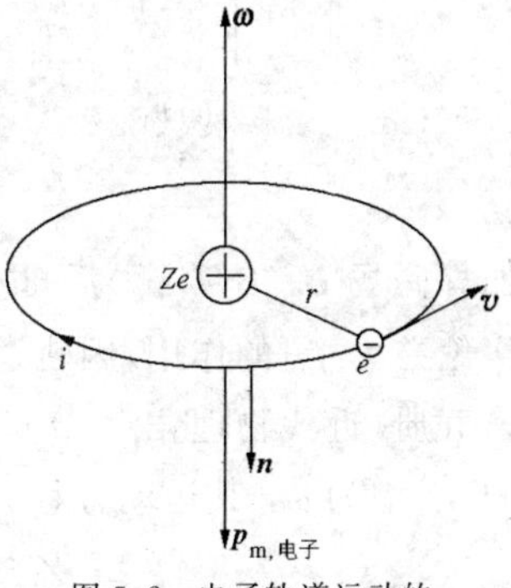

图 5-2 电子轨道运动的磁矩与角速度

$$\boldsymbol{p}_{m,电子}=iS\boldsymbol{n}=-\frac{er^2}{2}\boldsymbol{\omega}. \tag{5.1}$$

$\boldsymbol{\omega}$ 是电子轨道运动的角速度，在图 5-2 中的方向为向上；$\boldsymbol{n}$ 是轨道平面的法向单位矢量，其方向与电流 i 成右手螺旋关系，为向下；因此，$\boldsymbol{p}_{\mathrm{m},电子}$ 的方向也是向下，与 $\boldsymbol{\omega}$ 反向.（5.1）式给出了电子轨道运动角速度 $\boldsymbol{\omega}$ 与相应磁矩 $\boldsymbol{p}_{\mathrm{m},电子}$ 的关系，因电子带负电，$\boldsymbol{\omega}$ 与 $\boldsymbol{p}_{\mathrm{m},电子}$ 总是反向的.

现在讨论外磁场 $\boldsymbol{B}_0$ 对电子轨道运动的影响：

（1）如图 5-3(a)，设 $\boldsymbol{B}_0 /\!/ \boldsymbol{\omega}_0$，$\boldsymbol{\omega}_0$ 是无外磁场时电子轨道运动的角速度. 显然，无外磁场时，电子在核的库仑力作用下沿着半径为 r 的圆轨道以角速度 ω_0 运动，其运动方程为

$$\frac{Ze^2}{4\pi\varepsilon_0 r^2} = \frac{mv^2}{r} = m\omega_0^2 r,$$

解出

$$\omega_0 = \left(\frac{Ze^2}{4\pi\varepsilon_0 m r^3}\right)^{\frac{1}{2}}.$$

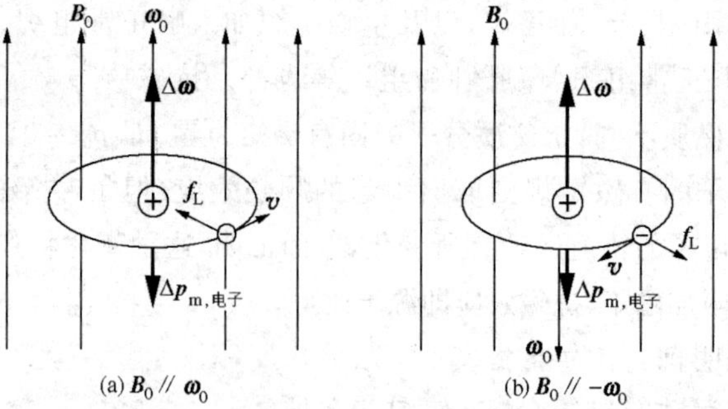

图 5-3 抗磁效应

加外磁场 $\boldsymbol{B}_0$（$\boldsymbol{B}_0 /\!/ \boldsymbol{\omega}_0$）后，电子除受库仑力外，还要受到指向圆心的洛伦兹力 $\boldsymbol{f}_{\mathrm{L}}$ 的作用，因轨道的半径不变（玻尔的定态假设，见本教程第五册《近代物理》2.4 节），电子轨道运动的角速度将由无外磁场时的 ω_0 增为 ω，其运动方程为

$$\frac{Ze^2}{4\pi\varepsilon_0 r^2} + e\omega r B_0 = m\omega^2 r.$$

设 $B_0 \ll \frac{m\omega_0}{e}$，即设洛伦兹力远小于库仑力，则 ω 比 ω_0 稍大，可表为 $\omega = \omega_0 + \Delta\omega$，其中 $\Delta\omega \ll \omega_0$，代入上式，得

$$\frac{Ze^2}{4\pi\varepsilon_0 r^2}+e\omega_0 rB_0+e\Delta\omega rB_0=mr[\omega_0^2+2\omega_0\Delta\omega+(\Delta\omega)^2],$$

忽略高阶小量 $e\Delta\omega rB_0$ 及 $mr(\Delta\omega)^2$，又 $\frac{Ze^2}{4\pi\varepsilon_0 r^2}$ 与 $mr\omega_0^2$ 相消，得

$$\Delta\omega=\frac{eB_0}{2m}.$$

可见，加外磁场 $\boldsymbol{B}_0(\boldsymbol{B}_0/\!/\boldsymbol{\omega}_0)$ 后，电子轨道运动的角速度由 ω_0 增为 $\omega=\omega_0+\Delta\omega$，增大了 $\Delta\omega$，由图 5-3(a)，$\Delta\boldsymbol{\omega}$ 的方向向上，与 $\boldsymbol{B}_0$ 同向.

由(5.1)式，与 $\Delta\boldsymbol{\omega}$ 相应的附加磁矩 $\Delta\boldsymbol{p}_{\mathrm{m,电子}}$ 为

$$\Delta\boldsymbol{p}_{\mathrm{m,电子}}=-\frac{er^2}{2}\Delta\boldsymbol{\omega};$$

$\Delta\boldsymbol{p}_{\mathrm{m,电子}}$ 方向向下，与 $\boldsymbol{B}_0$ **反向**，即

$$\Delta\boldsymbol{p}_{\mathrm{m,电子}}=-\frac{e^2r^2}{4m}\boldsymbol{B}_0. \tag{5.2}$$

这就是外磁场对电子轨道运动的影响.

(2) 如图 5-3(b)，设 $\boldsymbol{B}_0/\!/-\boldsymbol{\omega}_0$（注意，图(b)中 $\boldsymbol{\omega}_0$ 方向为向下），与上面的讨论类似，只是加外磁场 $\boldsymbol{B}_0$ 后，电子所受洛伦兹力背向圆心，电子轨道运动的角速度将从无外磁场时的 ω_0 减小为 ω，即 $\Delta\boldsymbol{\omega}$ 与 $\boldsymbol{\omega}_0$ 反向，$\Delta\boldsymbol{\omega}$ 的方向仍为向上，由(5.1)式，与 $\Delta\boldsymbol{\omega}$ 相应的附加磁矩 $\Delta\boldsymbol{p}_{\mathrm{m,电子}}$ 的方向为向下，即仍与 $\boldsymbol{B}_0$ **反向**.

(3) 如图 5-4(a)(b)，设 $\boldsymbol{B}_0$ 与 $\boldsymbol{\omega}_0$ 夹任意角度. 因电子轨道运动具有磁矩 $\boldsymbol{p}_{\mathrm{m,电子}}$，加外磁场后，将受到磁力矩 $\boldsymbol{M}_{\mathrm{m}}$ 的作用（参看(4.47)式，(4.49)式）

$$\boldsymbol{M}_{\mathrm{m}}=\boldsymbol{p}_{\mathrm{m,电子}}\times\boldsymbol{B}_0.$$

上式表明，$\boldsymbol{M}_{\mathrm{m}}$ 既垂直于 $\boldsymbol{B}_0$ 又垂直于 $\boldsymbol{p}_{\mathrm{m,电子}}$，因而 $\boldsymbol{M}_{\mathrm{m}}$ 也垂直于电子轨道运动的角动量 $\boldsymbol{L}$ 的方向（即角速度 $\boldsymbol{\omega}_0$ 的方向）. 根据角动量定理，电子在与 $\boldsymbol{L}$ 垂直的 $\boldsymbol{M}_{\mathrm{m}}$ 作用下将作进动，即电子的 $\boldsymbol{L}$ 将以 $\boldsymbol{B}_0$ 为轴回转（类似于旋转陀螺在重力矩作用下以重力方向为轴的进动，见图 5-4(c)）. 进动的回转方向由角动量增量 $\mathrm{d}\boldsymbol{L}$ 的方向决定，由角动量定理 $\mathrm{d}\boldsymbol{L}=\boldsymbol{M}_{\mathrm{m}}\mathrm{d}t$（参见本教程《力学》分册第 5 章），回转方向取决于 $\boldsymbol{M}_{\mathrm{m}}$ 的方向. 如图 5-4(a)(b)，两电子轨道运动的方向相反，即 $\boldsymbol{L}$ 反向，相应的 $\boldsymbol{p}_{\mathrm{m,电子}}$ 也反向，因而在同一外磁场 $\boldsymbol{B}_0$ 中所受的 $\boldsymbol{M}_{\mathrm{m}}$ 反向，故 $\mathrm{d}\boldsymbol{L}$ 反向. 由于 $\boldsymbol{L}$ 和 $\mathrm{d}\boldsymbol{L}$ 都反向，使得两电子进动的回转方向相

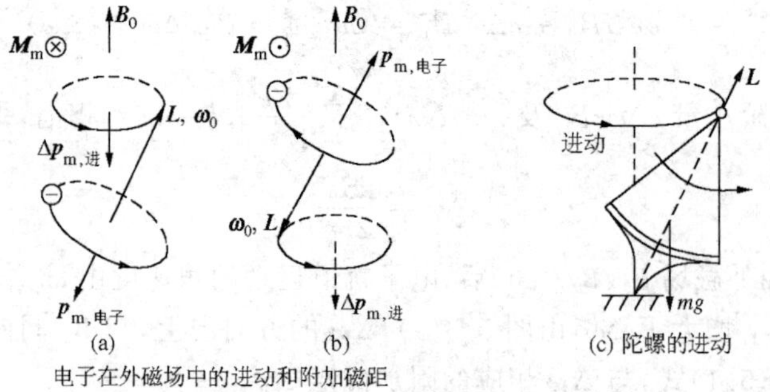

图 5-4 抗磁效应

同. 换言之,当 $\boldsymbol{B}_0$ 与 $\boldsymbol{\omega}_0$(或 $\boldsymbol{L}$)夹任意角度时,不论 $\boldsymbol{\omega}_0$ 的方向如何,在磁力矩 $\boldsymbol{M}_m$ 作用下引起的进动角速度 $\boldsymbol{\omega}_{进}$ 的方向总是与 $\boldsymbol{B}_0$ 同向的,因此与进动相应的附加磁矩 $\Delta \boldsymbol{p}_{m,进}$ 总是与 $\boldsymbol{B}_0$ **反向**的.

综上,对于一个包括多个电子的抗磁质分子,无外磁场时,各电子的轨道运动都有相应磁矩,但其和为零,使得整个分子的固有磁矩为零,不显磁性. 加外磁场 $\boldsymbol{B}_0$ 后,无论 $\boldsymbol{B}_0$ 方向如何,受洛伦兹力作用,各电子的轨道运动都将有所变化,或加快或减慢或进动,都会产生与 $\boldsymbol{B}_0$ 反向的附加磁矩,它们之和就是加外磁场后整个分子具有的与 $\boldsymbol{B}_0$ **反向**的非零磁矩,此即抗磁效应.

当然,对于**分子固有磁矩不为零的顺磁质**,加外磁场后,除分子固有磁矩规则取向引起的顺磁效应外,外磁场对电子的轨道运动也有影响,也要产生反向的附加磁矩,即也有抗磁效应,但因顺磁效应强于抗磁效应,后者被掩盖了.

总之,“分子电流”模型为顺磁质、抗磁质的磁化提供了合理的微观解释和区分,应以此为据,从宏观上对磁化作出定量的描绘,并进一步寻找磁化的规律,揭示磁介质的磁学性质.

5.3 磁化的规律

- 磁化的描绘($\boldsymbol{M}, I', \boldsymbol{B}'$)
- 磁化强度矢量 $\boldsymbol{M}$ 与磁化电流 I' 的关系
- 磁化强度矢量 $\boldsymbol{M}$ 与总磁场 $\boldsymbol{B}$ 的关系

- **磁化的描绘**——磁化强度矢量 $\boldsymbol{M}$，磁化电流 I'，附加磁场 $\boldsymbol{B}'$

为了从宏观上描绘磁介质的磁化状况，根据分子电流模型，引入**磁化强度矢量** $\boldsymbol{M}$，定义为单位体积内分子磁矩的矢量和，即

$$\boldsymbol{M} = \frac{1}{\Delta V}\sum_{(\Delta V内)}\boldsymbol{p}_{\mathrm{m}}, \tag{5.3}$$

式中 $\sum\limits_{(\Delta V内)}\boldsymbol{p}_{\mathrm{m}}$ 是宏观体积元 ΔV 内全部分子磁矩的矢量和. 显然，无外磁场即未磁化时，$\boldsymbol{p}_{\mathrm{m}}$ 是分子的固有磁矩，对顺磁质 $\boldsymbol{p}_{\mathrm{m}}\neq 0$，但因取向混乱，其矢量和为零，对抗磁质 $\boldsymbol{p}_{\mathrm{m}}=0$，其和当然为零，即均有 $\boldsymbol{M}=0$. 加外磁场即磁化后，顺磁质各非零的分子固有磁矩 $\boldsymbol{p}_{\mathrm{m}}$ 趋于沿外磁场方向的排列，其矢量和不再为零，抗磁质分子产生的与外磁场反向的附加磁矩也使分子磁矩 $\boldsymbol{p}_{\mathrm{m}}$ 及其矢量和不再为零，即都使 $\boldsymbol{M}\neq 0$，且使得磁化越强 $\boldsymbol{M}$ 越大. 因此，由(5.3)式定义的磁化强度矢量 $\boldsymbol{M}$ 确能从宏观上定量地描绘磁介质各处的磁化程度和磁化方向，还可从 $\boldsymbol{M}$ 与外磁场是同向还是反向来区分顺磁质和抗磁质，$\boldsymbol{M}$ 的定义是恰当的. 若在磁介质内 $\boldsymbol{M}$ 为常量，表示各处磁化状况相同，称为均匀磁化，否则为非均匀磁化. 在国际单位制中，$\boldsymbol{M}$ 的单位是安/米(A/m).

磁介质在外磁场中被磁化后，将出现宏观的**磁化电流**. 仍用图 5-1，请注意电流. 图 5-1(a)是一根均匀顺磁质棒，未磁化，大量分子电流取向混乱，其宏观效果是相互“抵消”的，无论磁介质内部或表面都不会出现宏观电流. 如图 5-1(b)，沿轴向加均匀外磁场 $\boldsymbol{B}_0$ 后，磁介质被磁化了，各分子电流趋于沿 $\boldsymbol{B}_0$ 方向排列(为了简单起见，图中各分子磁矩都画成沿 $\boldsymbol{B}_0$ 方向)，在磁介质内部，因分子电流成对出现，方向相反，互相“抵消”，不会出现宏观的电流. 但在磁化后的磁介质表面上，大量整齐排列的、未被“抵消”的分子电流连缀起来形成了宏观的环形电流——磁化电流 I'. 图 5-1(c)就是图 5-1(b)的宏观效果图. 容易设想，如果磁介质非均匀或外磁场非均匀，则磁化后，除表面出现宏观的磁化电流外，内部也有可能出现某种宏观的磁化电流. 另外，随着外磁场的增强，分子电流排列更为整齐，磁化电流加大.

图 5-1(b)画的是磁化后的顺磁质,其实只需将各分子电流的方向画成相反,即为磁化后的抗磁质,于是表面的宏观磁化电流也将反向.

总之,磁化电流 I' 是磁介质磁化后,由大量分子电流叠加形成的在宏观范围内流动的电流. 但应注意,形成磁化电流的每个电子都被限制(或束缚)在分子范围内运动,并不能越雷池一步. 这是磁化电流与由带电粒子**宏观**移动形成的传导电流的区别之一,由此,磁化电流也称束缚电流. 又,分子电流运行并无阻力,因此磁化电流的运行也不受阻力,即无热效应,而导体中的传导电流受电阻有热效应,这是两者的又一重要区别.

虽然磁化电流和传导电流有上述区别,但两者的本质都是电荷的流动,因此都会产生磁场,即都有磁效应,这是它们的共性. 磁化电流产生的**附加磁场**表为 $\boldsymbol{B}'$, 外加磁场表为 $\boldsymbol{B}_0$, 两者之和的**总磁场**表为 $\boldsymbol{B}$, 即

$$\boldsymbol{B} = \boldsymbol{B}_0 + \boldsymbol{B}'. \tag{5.4}$$

对于顺磁质,如图 5-1(b)(c), $\boldsymbol{B}'$ 与 $\boldsymbol{B}_0$ 同向,且 $|\boldsymbol{B}'| \ll |\boldsymbol{B}_0|$, 故 $\boldsymbol{B} \approx \boldsymbol{B}_0$; 对于抗磁质, $\boldsymbol{B}'$ 与 $\boldsymbol{B}_0$ 反向,且 $|\boldsymbol{B}'| \ll |\boldsymbol{B}_0|$, 故 $\boldsymbol{B} \approx \boldsymbol{B}_0$; 对于铁磁质, $\boldsymbol{B}'$ 与 $\boldsymbol{B}_0$ 同向,且 $|\boldsymbol{B}'| \gg |\boldsymbol{B}_0|$, 故 $\boldsymbol{B} \gg \boldsymbol{B}_0$. 若 $\boldsymbol{B}_0$ 给定,在磁介质的磁化过程中,随着磁化电流 I' 的变化, $\boldsymbol{B}'$ 以及 $\boldsymbol{B}$ 会有相应的变化,达到平衡时的总磁场 $\boldsymbol{B}$ 将最终决定磁介质的磁化状况.

综上, $\boldsymbol{M}, I', \boldsymbol{B}'$(或 $\boldsymbol{B}$)三者从不同侧面宏观地描绘了磁介质磁化的后果,因此,其间应该存在着确定的关系,这些关系将揭示磁介质的磁化规律.

- **磁化强度矢量 $\boldsymbol{M}$ 与磁化电流 I' 的关系**

磁化强度矢量 $\boldsymbol{M}$ 与磁化电流 I' 的关系为

$$\oint_{(L)} \boldsymbol{M} \cdot \mathrm{d}\boldsymbol{l} = \sum_{(L内)} I', \tag{5.5}$$

即磁化强度矢量 $\boldsymbol{M}$ 沿任意闭合回路 L 的积分等于通过以 L 为周界的曲面 S 的磁化电流.

证明 根据分子电流模型,把磁介质分子看作电流环. 为了便于

说明问题，磁介质磁化后用平均分子磁矩代替每一个分子的真实磁矩（不影响宏观效果），即认为每个分子电流环都具有同样的电流 I、都具有同样的面积矢量 $\boldsymbol{a}$（$\boldsymbol{a}$ 的大小是环的面积，$\boldsymbol{a}$ 的方向与分子电流成右手螺旋），从而都具有相同的分子磁矩 $\boldsymbol{p}_{\mathrm{m}}=I\boldsymbol{a}$. 于是，由(5.3)式，磁介质的磁化强度为

$$\boldsymbol{M}=n\boldsymbol{p}_{\mathrm{m}}=nI\boldsymbol{a},$$

式中 n 是单位体积分子数.

如图 5-5，在磁介质中任取以闭合回路 L 为周界的曲面 S. 为了计算 $\sum\limits_{(L内)}I'$，需考察通过 S 的全部分子电流，它们的代数和就是通过 S 的磁化电流. 如图 5-5(a)，将磁介质中的分子电流分成三类. A 类分子电流与 S 不相交，对通过 S 的磁化电流无贡献. B 类分子电流整个被 S 切割，即与 S 两次相交，分子电流进出各一次，代数和为零，对通过 S 的磁化电流亦无贡献. C 类分子电流被闭合回路 L 穿过（犹如冰糖葫芦），与 S 只相交一次，对磁化电流有贡献. 因此，只需计算全部 C 类分子电流的贡献，即可得出通过 S 的磁化电流.

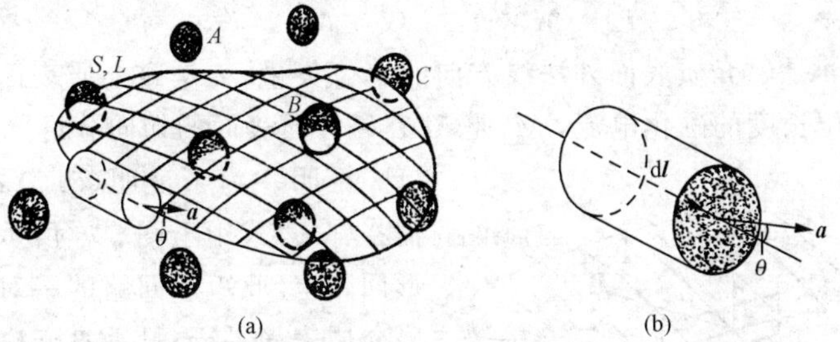

图 5-5　磁化强度与磁化电流的关系

为此，在闭合回路 L 上任取线元 $\mathrm{d}\boldsymbol{l}$，计算它穿过的分子电流，再沿 L 积分即可. 如图 5-5(b)，以 $\mathrm{d}\boldsymbol{l}$ 为轴、$\boldsymbol{a}$ 为底面作柱体，其体积为 $\Delta V=a\mathrm{d}l\cos\theta$（$\theta$ 是 $\boldsymbol{a}$ 与 $\mathrm{d}\boldsymbol{l}$ 的夹角）. 显然，只有中心在此柱体 ΔV 内的分子电流才会被 $\mathrm{d}\boldsymbol{l}$ 穿过. 这样的分子共有

$$N=n\Delta V=na\mathrm{d}l\cos\theta,$$

其中 n 是单位体积分子数，每个分子贡献一个穿过 S 面的分子电流 I，故线元 $\mathrm{d}\boldsymbol{l}$ 穿过的 N 个分子电流对磁化电流的贡献为

$$NI = na\,\mathrm{d}l\cos\theta \cdot I = nI\boldsymbol{a} \cdot \mathrm{d}\boldsymbol{l} = n\boldsymbol{p}_{\mathrm{m}} \cdot \mathrm{d}\boldsymbol{l} = \boldsymbol{M} \cdot \mathrm{d}\boldsymbol{l},$$

其中用到上述 $\boldsymbol{M}=n\boldsymbol{p}_{\mathrm{m}}=nI\boldsymbol{a}$ 公式. 沿闭合回路 L 积分,得

$$\oint_{(L)} \boldsymbol{M} \cdot \mathrm{d}\boldsymbol{l} = \sum_{(L内)} I',$$

此即(5.5)式.

利用矢量分析的斯托克斯定理,得

$$\oint_{(L)} \boldsymbol{M} \cdot \mathrm{d}\boldsymbol{l} = \iint_{(S)} (\nabla \times \boldsymbol{M}) \cdot \mathrm{d}\boldsymbol{S} = \sum_{(L内)} I' = \iint_{(S)} \boldsymbol{j}_{\mathrm{m}} \cdot \mathrm{d}\boldsymbol{S},$$

或

$$\nabla \times \boldsymbol{M} = \boldsymbol{j}_{\mathrm{m}}, \tag{5.6}$$

式中 $\boldsymbol{j}_{\mathrm{m}}$ 称为**磁化电流密度**,表示通过单位垂直面积的磁化电流,其方向为磁化电流的方向.

(5.5)式和(5.6)式分别是 $\boldsymbol{M}$ 与 I' 关系的积分形式和微分形式.

若磁介质均匀磁化, $\boldsymbol{M}$ 为常量,则 $\nabla \times \boldsymbol{M}=0$, $\boldsymbol{j}_{\mathrm{m}}=0$. 可见均匀磁化的磁介质内部无磁化电流,磁化电流只分布在磁介质的表面上.

磁化强度矢量 $\boldsymbol{M}$ 与磁介质表面的面磁化电流密度 $\boldsymbol{i}'$ 的关系为

$$\boldsymbol{i}' = \boldsymbol{M} \times \boldsymbol{n}, \quad 或 \quad M_{\mathrm{t}} = i', \tag{5.7}$$

式中 $\boldsymbol{n}$ 是磁介质表面外法线方向的单位矢量, $\boldsymbol{i}'$ 是磁介质表面上通过单位长度的磁化电流, M_{t} 是 $\boldsymbol{M}$ 在磁介质表面的切向分量.

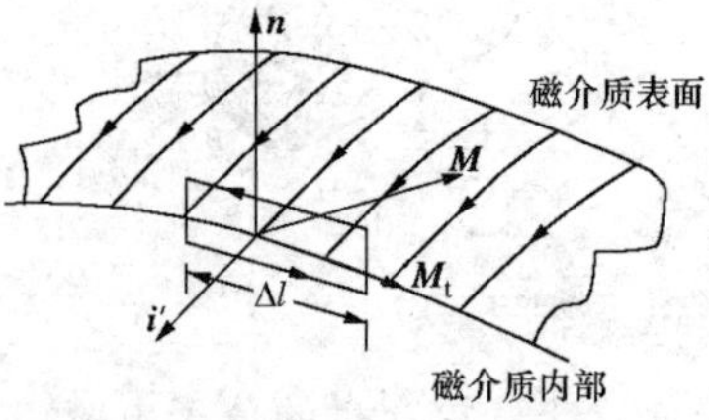

图 5-6　磁化强度与表面磁化电流的关系

证明　为了证明(5.7)式,只需将(5.5)式用于图 5-6 所示的矩形回路上. 此矩形回路的一对边与磁介质表面平行,且垂直于磁化电流,分别在磁介质内外,长度为 Δl; 另一对边与磁介质表面垂直,长度远小于 Δl. 设磁介质表面的面磁化电流密度为 i',则穿过矩形回路的磁化电流为 $I'=i'\Delta l$. 另一方面,在 $\oint_{矩形回路} \boldsymbol{M} \cdot \mathrm{d}\boldsymbol{l}$ 的积分中,外部 Δl 边的 $\boldsymbol{M}=0$, 积分为零,另一对边因远小于 Δl, 积分可略,只剩下内部 Δl 边的贡献,为 $M_{\mathrm{t}}\Delta l$. 于是,由(5.5)式,有

$$M_t = i',$$

考虑到方向,可将上式写成矢量式

$$\boldsymbol{i}' = \boldsymbol{M} \times \boldsymbol{n},$$

此即(5.7)式.它表明,磁介质表面,只在 $\boldsymbol{M}$ 有切向分量处,即 $M_t \neq 0$ 处才有 $i' \neq 0$,$\boldsymbol{M}$ 的法向分量则与 $\boldsymbol{i}'$ 无关.

- **磁化强度矢量 $\boldsymbol{M}$ 与总磁场 $\boldsymbol{B}$ 的关系——磁化的规律**

磁介质磁化达到平衡后,一般说来,磁介质的磁化强度矢量 $\boldsymbol{M}$ 应由总磁场 $\boldsymbol{B}$ 确定,$\boldsymbol{B}=(\boldsymbol{B}_0+\boldsymbol{B}')$ 是外磁场 $\boldsymbol{B}_0$ 与磁介质磁化后产生的附加磁场 $\boldsymbol{B}'$ 之和. $\boldsymbol{B}$ 和 $\boldsymbol{M}$ 之间的关系就是磁介质所遵循的磁化规律,也是对磁介质磁学性质的描绘,通常由实验确定.由于磁介质泛指万物,种类繁多,结构性质各异,$\boldsymbol{B}$ 和 $\boldsymbol{M}$ 的关系并不存在统一的形式.对于实验表明 $\boldsymbol{M}$ 与 $\boldsymbol{B}$ 成正比,即两者成线性关系的磁介质,则称为**线性磁介质**,有

$$\boldsymbol{M} = K_m \boldsymbol{B}, \tag{5.8}$$

式中的比例系数 K_m 是描绘磁介质磁学性质的物理量,只与磁介质有关,又表为 $K_m = \frac{\chi_m}{\mu_0 \mu_r}$(详见5.4节(*)式).(5.8)式是线性磁介质遵循的磁化规律.非线性磁介质不满足(5.8)式.如果磁介质的磁学性质各向同性,即与空间方位无关,则 K_m 为标量;若各向异性,则 K_m 为张量;如果磁介质均匀,则 K_m 为常量.

例1 如图5-7所示,长为 l、直径为 d 的均匀磁介质圆柱体在外磁场中被均匀磁化,磁化强度矢量为 $\boldsymbol{M}$,其方向与圆柱轴线平行.

试求:(1) 磁介质表面的面磁化电流密度 $\boldsymbol{i}'$.(2) 圆柱轴线中点 P 处的附加磁场 $\boldsymbol{B}'$.

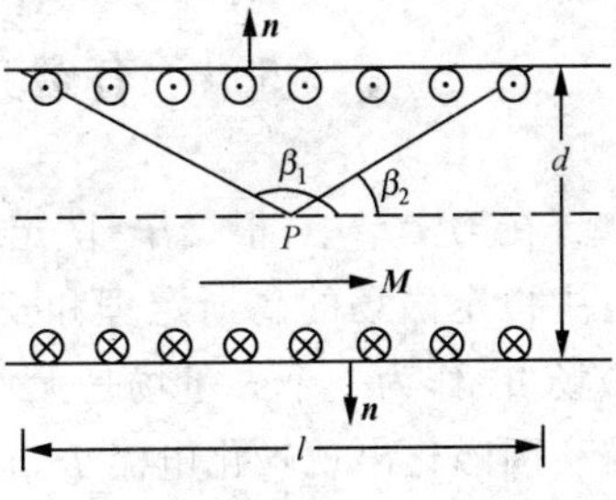

图 5-7

解 (1) 因均匀磁化,磁介质内部无磁化电流,磁化电流只分布在表面上,由(5.7)式,为

$$i' = M,$$

表面磁化电流的方向已在图中标明.

(2) 因圆柱表面磁化电流的分布与有限长密绕螺线管中的电流分布相似,可利用(4.15)式计算附加磁场 $\boldsymbol{B}'$, 该式中的 nI 相当于本题的 i', 故圆柱轴线上一点的附加磁场为

$$B' = \frac{\mu_0 i'}{2}(\cos\beta_2 - \cos\beta_1),$$

在轴线中点 P 处,有

$$\cos\beta_2 = -\cos\beta_1 = \frac{l}{\sqrt{l^2 + d^2}},$$

代入,轴线中点 P 处的附加磁场为

$$B' = \mu_0 M \frac{l}{\sqrt{l^2 + d^2}},$$

$\boldsymbol{B}'$的方向与 $\boldsymbol{M}$ 的方向相同.

讨论 若磁介质圆柱体无限长, $l\to\infty$, d 有限,则中点的

$$B' = \mu_0 M.$$

若为薄磁介质圆片, $l/d\to 0$, 则

$$B' = \mu_0 M \frac{l}{\sqrt{l^2 + d^2}} = \mu_0 M \frac{\frac{l}{d}}{\sqrt{1 + \left(\frac{l}{d}\right)^2}} \approx 0.$$

5.4 有磁介质存在时的磁场

在第 4 章中,根据毕-萨定律和磁感应强度的叠加原理证明了真空中恒定磁场的高斯定理和安培环路定理,它们表明真空中的恒定磁场 $\boldsymbol{B}_0$ 作为一个矢量场是无源有旋的. 如果磁场中有磁介质存在,就会因磁化出现磁化电流 I', 与传导电流 I_0 一样, I'产生的附加磁场 $\boldsymbol{B}'$也遵循毕-萨定律和叠加原理,因此,可以预料也可以同样证明, $\boldsymbol{B}'$也是无源有旋的,即有

$$\begin{cases}\oiint\limits_{(S)}\boldsymbol{B}_0\cdot\mathrm{d}\boldsymbol{S}=0,\\ \oint\limits_{(L)}\boldsymbol{B}_0\cdot\mathrm{d}\boldsymbol{l}=\mu_0\sum\limits_{(L内)}I_0,\end{cases}\quad 和\quad \begin{cases}\oiint\limits_{(S)}\boldsymbol{B}'\cdot\mathrm{d}\boldsymbol{S}=0,\\ \oint\limits_{(L)}\boldsymbol{B}'\cdot\mathrm{d}\boldsymbol{l}=\mu_0\sum\limits_{(L内)}I'.\end{cases}$$

毋庸置疑,在有磁介质存在时,由 I_0 和 I' 产生的**总磁场 $\boldsymbol{B}=\boldsymbol{B}_0+\boldsymbol{B}'$** 的性质不会改变,必定仍是**无源有旋的,其高斯定理和安培环路定理为**

$$\begin{cases}\oiint\limits_{(S)}\boldsymbol{B}\cdot\mathrm{d}\boldsymbol{S}=0, & (5.9\text{a})\\ \oint\limits_{(L)}\boldsymbol{B}\cdot\mathrm{d}\boldsymbol{l}=\mu_0\sum\limits_{(L内)}I_0+\mu_0\sum\limits_{(L内)}I'. & (5.9\text{b})\end{cases}$$

然而,由于 I' 和 $\boldsymbol{B}$ 互相牵扯,难于测量和控制,通常是未知的.因此,从磁场的计算来说,以已知电流分布为前提的毕-萨定律和安培环路定理的方法遇到了麻烦,需要补充或附加有关磁介质磁化性质的已知条件才能克服这一困难.

利用 I' 和磁化强度矢量 $\boldsymbol{M}$ 的关系(5.5)式,把(5.9b)改写为

$$\oint\limits_{(L)}\boldsymbol{B}\cdot\mathrm{d}\boldsymbol{l}=\mu_0\sum\limits_{(L内)}I_0+\mu_0\oint\limits_{(L)}\boldsymbol{M}\cdot\mathrm{d}\boldsymbol{l},$$

即

$$\oint\limits_{(L)}\left(\frac{\boldsymbol{B}}{\mu_0}-\boldsymbol{M}\right)\cdot\mathrm{d}\boldsymbol{l}=\sum\limits_{(L内)}I_0.$$

定义辅助的物理量——**磁场强度 $\boldsymbol{H}$**,为

$$\boldsymbol{H}=\frac{\boldsymbol{B}}{\mu_0}-\boldsymbol{M}, \tag{5.10}$$

于是,有

$$\oint\limits_{(L)}\boldsymbol{H}\cdot\mathrm{d}\boldsymbol{l}=\sum\limits_{(L内)}I_0. \tag{5.11}$$

经过上述变换,把有磁介质存在时的安培环路定理(5.9b)改写为(5.11)式,称为 $\boldsymbol{H}$ 的安培环路定理. 它表明,有磁介质存在时,磁场强度 $\boldsymbol{H}$ 沿任意闭合回路的积分,等于穿过以该闭合回路为周界的任意曲面的**传导电流**的代数和,与磁化电流无关. 在 SI 单位制中,

$\boldsymbol{H}$ 的单位是安/米(A/m).

由(5.11)式,若 I_0 已知,则 $\boldsymbol{H}$ 可求.但因 I' 未知,即 $\boldsymbol{M}$ 未知,即使求出了 $\boldsymbol{H}$,仍无法从(5.10)式求出 $\boldsymbol{B}$ 来.换言之,在利用(5.5)式把(5.9b)改写为(5.11)式时,"掩盖"未知的 I' 使之不明显出现的代价是引入了新的 $\boldsymbol{H}$,计算 $\boldsymbol{B}$ 的困难依旧.

为了由 $\boldsymbol{H}$ 求出 $\boldsymbol{B}$,需要补充 $\boldsymbol{H}$ 和 $\boldsymbol{B}$ 的关系式,并已知描绘磁介质磁化性质的物理量.对于线性各向同性磁介质,$\boldsymbol{M}$ 和 $\boldsymbol{H}$ 的关系为

$$\boldsymbol{M} = \chi_{\mathrm{m}} \boldsymbol{H}, \tag{5.12}$$

式中 χ_{m} 称为**磁化率**.代入(5.10)式,得

$$\begin{aligned} \boldsymbol{B} &= \mu_0(\boldsymbol{H}+\boldsymbol{M}) = \mu_0(1+\chi_{\mathrm{m}})\boldsymbol{H} \\ &= \mu_0\mu_{\mathrm{r}}\boldsymbol{H} = \mu\boldsymbol{H}, \end{aligned} \tag{5.13}$$

$$\mu_{\mathrm{r}} = (1+\chi_{\mathrm{m}}), \qquad \mu = \mu_0\mu_{\mathrm{r}},$$

式中 μ_{r} 称为**相对磁导率**,μ 称为**磁导率**,都是描绘磁介质磁化性质的物理量,只与磁介质有关.又,由以上两式,$\boldsymbol{B}$ 和 $\boldsymbol{M}$ 的关系为

$$\boldsymbol{B} = \frac{\mu_0\mu_{\mathrm{r}}}{\chi_{\mathrm{m}}}\boldsymbol{M}. \tag{*}$$

于是,有磁介质存在时,描绘恒定磁场的性质,并可用于计算磁场 $\boldsymbol{B}$ 的完备方程组为

$$\begin{cases} \displaystyle\oiint_{(S)} \boldsymbol{B}\cdot \mathrm{d}\boldsymbol{S} = 0, \\ \displaystyle\oint_{(L)} \boldsymbol{H}\cdot \mathrm{d}\boldsymbol{l} = \sum_{(L\text{内})} I_0, \\ \boldsymbol{B} = \mu_0\mu_{\mathrm{r}}\boldsymbol{H}, \end{cases} \tag{5.14}$$

其中第三式只适用于线性各向同性磁介质.把(5.14)式与(5.9)式相比,恒定磁场无源有旋的性质依旧,只是通过**补充**描绘磁介质磁化性质的**介质方程** $\boldsymbol{B}=\mu_0\mu_{\mathrm{r}}\boldsymbol{H}$ 并需**已知** μ_{r} 或 χ_{m},才克服了 I' 未知的困难.

因此,有磁介质存在时,若 I' 未知,则经毕-萨定律和安培环路定理求 $\boldsymbol{B}$ 的方法失效.只能先由已知的 I_0 经 $\boldsymbol{H}$ 的安培环路定理求 $\boldsymbol{H}$,再由已知的 μ_{r} 经介质方程求 $\boldsymbol{B}$.用安培环路定理求 $\boldsymbol{H}$ 要求很强的对称性,从而大大限制了可能求解的范围.

顺磁质：$\chi_m>0$，$\mu_r>1$，$\mu>\mu_0$；抗磁质：$\chi_m<0$，$\mu_r<1$，$\mu<\mu_0$. 表 5.1 的数据表明，顺磁质和抗磁质的$|\chi_m|$都很小，磁性很弱. 又，真空的 $\boldsymbol{M}=0$，故 $\chi_m=0$，$\mu_r=1$，$\mu=\mu_0$，μ_0 称为**真空磁导率**，有 $\boldsymbol{B}=\mu_0\boldsymbol{H}$.

表 5.1 一些顺磁质和抗磁质在 293 K 的磁化率

（表中的气体磁化率均在 76 cmHg 压强下测量）

顺磁质	χ_m	抗磁质	χ_m
铝(Al)	2.3×10^{-5}	锗(Ge)	-1.5×10^{-5}
钨(W)	6.8×10^{-5}	铜(Cu)	-0.98×10^{-5}
镁(Mg)	1.2×10^{-5}	水(H_2O)	-9.1×10^{-6}
氧气(O_2)	1920.0×10^{-9}	氮气(N_2)	-6.7×10^{-9}
空气	30.36×10^{-5}	氦气(He)	-1.05×10^{-9}

例 2 如图 5-8 所示，相对磁导率为 μ_{r1}、半径为 R_1 的无限长均匀线性磁介质圆柱体中通以传导电流 I_0，电流沿横截面均匀分布. 在它外面有一半径为 R_2 的无限长同轴圆柱导电面，其中也通以传导电流 I_0，但方向相反. 在圆柱体和圆柱面之间充满相对磁导率为 μ_{r2} 的均匀线性磁介质，圆柱面外为真空.

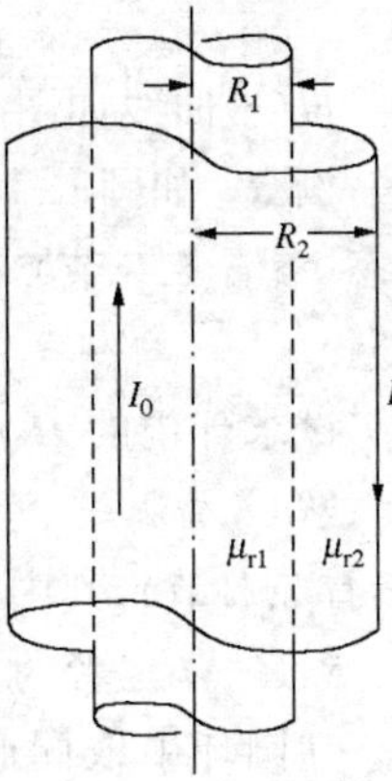

图 5-8

试求磁场分布.

解 因磁介质和电流分布都具有轴对称性，故磁场分布也具有轴对称性，其大小只取决于场点到轴的垂直距离 r. 在垂直于圆柱轴的平面上，以轴与平面的交点为圆心，作半径为 r 的圆，取此圆为闭合回路 L，由 $\boldsymbol{H}$ 的安培环路定理，有

$$\oint_{(L)}\boldsymbol{H}\cdot\mathrm{d}\boldsymbol{l}=\oint_{(L)}H\mathrm{d}l=H\cdot2\pi r=\sum_{(L内)}I_0. \tag{5.15}$$

(1) 在 $r<R_1$ 区域内：传导电流均匀分布，其电流密度为 $j_0=\dfrac{I_0}{\pi R_1^2}$，$\sum\limits_{(L内)}I_0=j_0\cdot\pi r^2$，代入上面(5.15)式，得

$$H_1=\frac{1}{2\pi r}\sum_{(L内)}I_0=\frac{1}{2\pi r}j_0\pi r^2=\frac{I_0 r}{2\pi R_1^2},$$

代入(5.14)式，得

$$B_1=\mu_0\mu_{r1}H_1=\frac{\mu_0\mu_{r1}I_0 r}{2\pi R_1^2}.$$

(2) 在 $R_1<r<R_2$ 区域内：$\sum\limits_{(L内)}I_0=I_0$，得

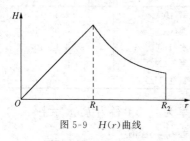

$$H_2=\frac{I_0}{2\pi r},$$

$$B_2=\mu_0\mu_{r2}H_2=\frac{\mu_0\mu_{r2}I_0}{2\pi r}.$$

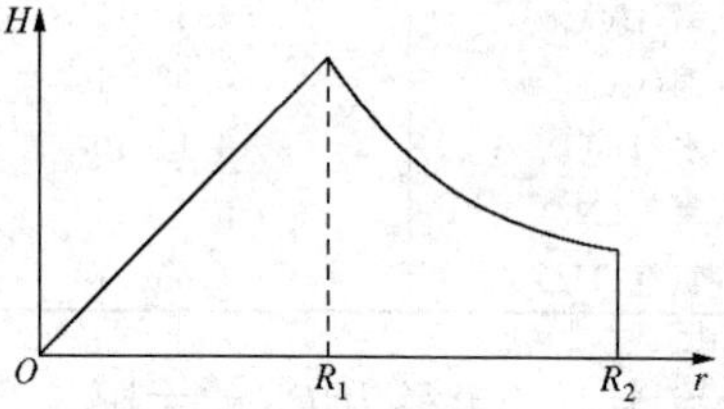

图 5-9　$H(r)$曲线

(3) 在 $r>R_2$ 区域内：$\sum\limits_{(L内)}I_0=I_0-I_0=0$，得

$$H_3=0,\qquad B_3=0.$$

$H(r)$曲线如图 5-9 所示.

例 3　如图 5-10 所示，一细铁环，在外磁场撤消后仍处于磁化状态(参看 5.5 节)，已知磁化强度矢量 $\boldsymbol{M}$ 的大小处处相同，方向沿环向.

试求环内的 $\boldsymbol{H}$ 和 $\boldsymbol{B}$.

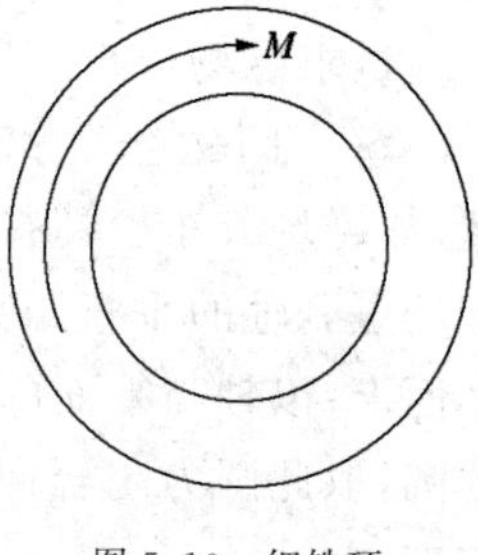

图 5-10　细铁环

解　*方法一*　铁磁质并非线性磁介质(参看 5.5 节)，其中的 $\boldsymbol{B}$ 和 $\boldsymbol{H}$ 不满足(5.13)式，$\boldsymbol{B}$,$\boldsymbol{H}$,$\boldsymbol{M}$ 三者的关系由(5.10)式确定.

在圆环中取同心圆为闭合回路，由对称性，回路上各点的 $\boldsymbol{H}$ 应沿切向、大小相同. 又，回路内无传导电流，由 $\boldsymbol{H}$ 的安培环路定理，有

$$\oint_{(L)}\boldsymbol{H}\cdot d\boldsymbol{l}=\oint_{(L)}H dl=H\oint_{(L)}dl=\sum_{(L内)}I_0=0,$$

故

$$H=0.$$

由(5.10)式

$$\boldsymbol{B}=\mu_0(\boldsymbol{H}+\boldsymbol{M})=\mu_0\boldsymbol{M}.$$

方法二　由(5.7)式 $\boldsymbol{i}'=\boldsymbol{M}\times\boldsymbol{n}$，细铁环上磁化电流的分布相当

于均匀密绕的螺绕环，利用载流螺绕环的磁场公式 $B=\mu_0 nI$，把其中的 nI 代之以本题的 $i'=nI'=M$，得

$$B=\mu_0 i'=\mu_0 M,$$

再由(5.10)式，得

$$H=\frac{B}{\mu_0}-M=0.$$

5.5 磁荷观点[①]

磁荷观点认为，磁介质的磁性以及其间的相互作用，来源于其中的**"磁荷"**.磁荷有正、负之区分，磁棒的N极带正磁荷、S极带负磁荷，同号相斥、异号相吸.库仑用精心设计的实验得出，点磁极1,2之间的磁作用力 F 遵循

$$F=\frac{1}{4\pi\mu_0}\frac{q_{m1}q_{m2}}{r^2}, \tag{5.16}$$

式中 q_{m1}，q_{m2} 分别是点磁极1,2所带的磁荷数；μ_0 称为**真空磁导率**，是一个基本物理常数，其数值和单位规定为 $\mu_0=4\pi\times10^{-7}\ \mathrm{N/A^2}$；$r$ 是两点磁极之间的距离，(5.16)式称为**磁的库仑定律**.

不难看出，磁的库仑定律与电的库仑定律相对应，遵循类似的关系，因此，在第1章中为描绘静电场引进的各种物理量以及相关的规律和公式，都可以平行地移植过来.例如，磁荷之间的作用是以磁场为媒介物传递的，可以用单位正点磁荷所受磁场力定义**磁场强度 $\boldsymbol{H}$**，用以描绘磁场的强弱和分布.例如，用磁力与距离平方成反比，可以证明磁场是无旋的，由此可引进磁势 U_m 来描绘磁场，并且，$\boldsymbol{H}$ 应等于 U_m 的负梯度.与分子电流观点把物质的基元——分子看作电流环不同，磁荷观点把分子看成是**磁偶极子**，其磁偶极矩为 $p_m=q_m l$，对应地可给出磁偶极子的磁势公式和磁偶极子在外磁场中所受力矩 $\boldsymbol{M}$ 的公式.综上，有

① 此节可作为阅读材料，供参考.

$$\begin{cases} \text{磁场强度} & \boldsymbol{H}=\dfrac{\boldsymbol{F}}{q_{\mathrm{m0}}}, \\ \text{磁场无旋} & \oint \boldsymbol{H}\cdot \mathrm{d}\boldsymbol{l}=0, \\ \boldsymbol{H}\text{ 与 }U_{\mathrm{m}}\text{ 的关系} & \boldsymbol{H}=-\nabla U_{\mathrm{m}}, \\ \text{磁偶极子的磁势} & U_{\mathrm{m}}=\dfrac{1}{4\pi\mu_0}\dfrac{\boldsymbol{p}_{\mathrm{m}}\cdot\hat{\boldsymbol{r}}}{r^2}, \\ \text{磁偶极子在外磁场 }\boldsymbol{H}\text{ 中所受力矩} & \boldsymbol{M}=\boldsymbol{p}_m\times\boldsymbol{H}, \end{cases} \tag{5.17}$$

式中 q_{m0} 是试探点磁荷的磁荷量，$\boldsymbol{F}$ 是 q_{m0} 所受磁力，$\boldsymbol{H}$ 是磁场强度，U_{m} 是磁势或与磁偶极子相距 r 处的磁势，$\boldsymbol{p}_{\mathrm{m}}=q_{\mathrm{m}}l$ 是磁偶极矩，$\boldsymbol{M}$ 是磁偶极子在外磁场 $\boldsymbol{H}$ 中所受力矩.

磁荷观点如何解释磁介质的磁化过程呢？如图 5-11 所示，从磁荷观点看来，磁介质的最小单元分子可以看作磁偶极子. 如图(a)，无外加磁场 $\boldsymbol{H}_0$ 时，各分子磁偶极子取向随机，它们的磁偶极矩 $\boldsymbol{p}_{\mathrm{m分子}}$ 相互抵消，磁棒在宏观上不显磁性，处于未磁化状态. 如图(b)，加外磁场 $\boldsymbol{H}_0$(称为**磁化场**)，则 $\boldsymbol{H}_0$ 对每一个分子磁偶极子施以力矩，使 $\boldsymbol{p}_{\mathrm{m分子}}$ 趋于沿 $\boldsymbol{H}_0$ 方向整齐排列，$\boldsymbol{H}_0$ 越强 $\boldsymbol{p}_{\mathrm{m分子}}$ 排列越整齐. 结果如图(c)所示，在磁棒内部各分子磁偶极子首尾相接、相互抵消，但在磁棒两个端面上分别聚集正、负磁荷，出现 N，S 极，磁棒被磁化了.

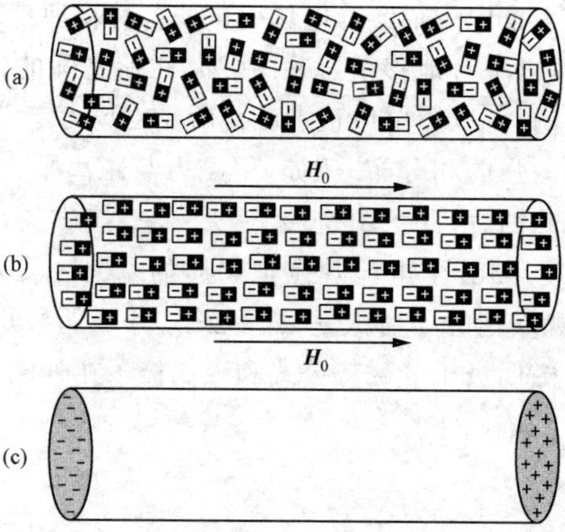

图 5-11　磁化的微观机制和宏观效果(磁荷观点)

为了描绘磁介质的磁化状态(磁化的方向和磁化的程度),引入**磁极化强度矢量 $\boldsymbol{J}$** 的概念,定义为**单位体积内分子磁偶极矩的矢量和**,即

$$\boldsymbol{J}=\frac{1}{\Delta V}\sum_{(\Delta V内)}\boldsymbol{p}_{m分子}, \tag{5.18}$$

式中 $\sum\limits_{(\Delta V内)}\boldsymbol{p}_{m分子}$ 是宏观体元 ΔV 内所有分子磁偶极矩的矢量和. 以图 5-11 的磁棒为例,如图(a),未磁化的各 $\boldsymbol{p}_{m分子}$ 的取向杂乱无章,在任意宏观体元 ΔV 之内其矢量和为零,即 $\boldsymbol{J}=0$. 如图(b),在磁化场 $\boldsymbol{H}_0$ 的作用下,各 $\boldsymbol{p}_{m分子}$ 趋于沿 $\boldsymbol{H}_0$ 方向整齐排列,在宏观体元 ΔV 内其矢量和不为零,即 $\boldsymbol{J}$ 不为零;$\boldsymbol{H}_0$ 越强 $\boldsymbol{p}_{m分子}$ 排列越整齐,$\boldsymbol{J}$ 的数值越大;$\boldsymbol{J}$ 的方向则与整齐排列的 $\boldsymbol{p}_{m分子}$ 的方向一致. 由此可见,由(5.18)式定义的 $\boldsymbol{J}$ 确能描绘磁介质磁化后的宏观磁化状态.

在磁介质被磁化、$\boldsymbol{J}\neq 0$ 的同时,磁介质内必定会出现宏观的磁荷分布 q_m,以及由 q_m 产生的附加磁场 $\boldsymbol{H}'$. $\boldsymbol{J}$,q_m,$\boldsymbol{H}'$ 三者是磁介质磁化后在不同方面的表现,其间理应存在联系. 在第 2 章 2.4 节中讨论电介质的极化时,曾给出极化的描绘 $\boldsymbol{p}$,q',$\boldsymbol{E}'$ 及其间的关系 $\oiint\limits_{(S)}\boldsymbol{P}\cdot d\boldsymbol{S}=-\sum\limits_{(S内)}q'$,$\sigma'=p\cos\theta=p_n$,$\boldsymbol{p}=\varepsilon_0\chi_e\boldsymbol{E}$,$\boldsymbol{E}=\boldsymbol{E}_0+\boldsymbol{E}'$. 对于磁介质,经过类似的推导(略),得出

$$\begin{cases}\oiint\limits_{(S)}\boldsymbol{J}\cdot d\boldsymbol{S}=-\sum\limits_{(S内)}q_m,\\ \sigma_m=\dfrac{dq_m}{ds}=J\cos\theta=J_n,\\ \boldsymbol{J}=\chi_m\mu_0\boldsymbol{H},\\ \boldsymbol{H}=\boldsymbol{H}_0+\boldsymbol{H}',\end{cases} \tag{5.19}$$

式中 σ_m 是磁荷的面密度,J_n 是 $\boldsymbol{J}$ 在磁介质表面法线方向的投影,$\boldsymbol{H}_0$ 是外磁场即磁化场,$\boldsymbol{H}'$ 是磁荷 q_m 产生的附加磁场,因 $\boldsymbol{H}'$ 通常与外磁场 $\boldsymbol{H}_0$ 反向,故称为退磁场,$\boldsymbol{H}$ 是总磁场,$\boldsymbol{J}$ 与 $\boldsymbol{H}$ 成正比,比例系数 χ_m 称为磁化率. (5.19)式给出了磁介质磁化后,$\boldsymbol{J}$,q_m,$\boldsymbol{H}'(\boldsymbol{H})$ 三者的关系.

有磁介质存在时，总磁场 $\boldsymbol{H}=\boldsymbol{H}_0+\boldsymbol{H}'$ 遵循的安培环路定理和高斯定理如何呢？其中，磁化场 $\boldsymbol{H}_0$ 由电流产生，遵循毕-萨定律，按第2章同样的推理，有

$$\begin{cases}\oint\limits_{(L)}\boldsymbol{H}_0\cdot\mathrm{d}\boldsymbol{l}=\sum\limits_{(L内)}I_0,\\ \oiint\limits_{(S)}\boldsymbol{H}_0\cdot\mathrm{d}\boldsymbol{S}=0,\end{cases}$$

式中 I_0 是传导电流. $\boldsymbol{H}'$ 由磁荷产生，遵循库仑定律，按第1章同样的推理，有

$$\begin{cases}\oint\limits_{(L)}\boldsymbol{H}'\cdot\mathrm{d}\boldsymbol{l}=0,\\ \oiint\limits_{(S)}\boldsymbol{H}'\cdot\mathrm{d}\boldsymbol{S}=\frac{1}{\mu_0}\sum\limits_{(S内)}q_{\mathrm{m}}.\end{cases}$$

把以上四式分别相加，得出

$$\begin{cases}\oint\limits_{(L)}\boldsymbol{H}\cdot\mathrm{d}\boldsymbol{l}=\oint\limits_{(L)}(\boldsymbol{H}_0+\boldsymbol{H}')\mathrm{d}\boldsymbol{l}=\sum\limits_{(L内)}I_0,\\ \oiint\limits_{(S)}\boldsymbol{H}\cdot\mathrm{d}\boldsymbol{s}=\oiint\limits_{(S)}(\boldsymbol{H}_0+\boldsymbol{H}')\cdot\mathrm{d}\boldsymbol{s}=\frac{1}{\mu_0}\sum\limits_{(S内)}q_{\mathrm{m}}.\end{cases}\tag{5.20}$$

为了正确地反映磁场作为矢量场的性质，为了在通常 q_{m} 未知的情形求出磁场，保留(5.20)第一式，把(5.19)第一式代入(5.20)第二式，得

$$\oiint\limits_{(S)}(\mu_0\boldsymbol{H}+\boldsymbol{J})\cdot\mathrm{d}\boldsymbol{S}=0.\tag{5.21}$$

仿照电介质中引入辅助量 $\boldsymbol{D}$ 的办法，引入辅助量 $\boldsymbol{B}$——称为**磁感应强度矢量**，定义为

$$\boldsymbol{B}=\mu_0\boldsymbol{H}+\boldsymbol{J},\tag{5.22}$$

由以上两式，得

$$\oiint\limits_{(S)}\boldsymbol{B}\cdot\mathrm{d}\boldsymbol{S}=0.\tag{5.23}$$

这就是与电介质中 $\oiint\limits_{(S)}\boldsymbol{D}\cdot\mathrm{d}\boldsymbol{S}=\sum\limits_{(S内)}q_0$ 对应的公式，(5.23)式右端为零是因为无“自由”磁荷，所有磁荷都是束缚的.

把(5.19)第三式 $\boldsymbol{J}=\chi_{\mathrm{m}}\mu_0\boldsymbol{H}$ 代入(5.22)式,得

$$\begin{aligned}\boldsymbol{B} &= \mu_0\boldsymbol{H}+\chi_{\mathrm{m}}\mu_0\boldsymbol{H}=(1+\chi_{\mathrm{m}})\mu_0\boldsymbol{H}\\ &=\mu_{\mathrm{r}}\mu_0\boldsymbol{H},\end{aligned}\tag{5.24}$$

式中

$$\mu_{\mathrm{r}}=1+\chi_{\mathrm{m}}\tag{5.25}$$

称为相对磁导率(与电介质中的介电常量 ε_{r} 对应),(5.24)式只适用于线性各向同性磁介质.

总之,在有磁介质存在时,描述磁场性质,并可用于计算的完备方程组是

$$\begin{cases}\displaystyle\oiint_{(S)}\boldsymbol{B}\cdot\mathrm{d}\boldsymbol{S}=0,\\ \displaystyle\oint_{(L)}\boldsymbol{H}\cdot\mathrm{d}\boldsymbol{l}=\sum_{(L内)}I_0,\\ \boldsymbol{B}=\mu_{\mathrm{r}}\mu_0\boldsymbol{H}.\end{cases}\tag{5.26}$$

不难看出,由磁荷观点给出的(5.26)式与由分子电流观点给出的(5.14)式在形式上完全相同,各量的名称也相同,但各量的含义、地位和各式的来源则大不相同.另外,(5.26)式提供了在 q_{m} 未知、I_0 已知条件下求 $\boldsymbol{B}$ 的方法,但要求严格.首先,它要求传导电流 I_0 以及磁介质的分布具有极大的对称性,以便把积分形式的第二式简化为只包含一个待求未知量 H 的代数方程,由 I_0 求出 H.其次,用第三式,由 H 求出 B,要求磁介质线性各向同性且 μ_r 已知.

最后,让我们把研究磁介质的分子电流观点与磁荷观点作对比.第一,从现代对原子结构的认识来说,原子磁矩主要来自电子绕核轨道运动的磁矩以及电子自旋磁矩,分子电流观点得到了证实,磁荷观点则与磁介质的微观本质不符.第二,从计算方法来说,磁荷观点简便得多,特别是它与静电场的规律一一对应,后者的概念、定理、计算方法可直接借用.因此,作为一种有效的工具,磁荷观点迄今仍有其实用价值.第三,两种观点给出的基本方程(5.14)式和(5.26)式形式完全相同.但应注意,在磁荷观点中 $\boldsymbol{H}$ 物理意义清楚,$\boldsymbol{B}$ 是辅助量;在分子电流观点中 $\boldsymbol{B}$ 物理意义清楚,$\boldsymbol{H}$ 是辅助量.第四,在处理实际问题时,无论用何种观点均可,但需一以贯之,不可混杂.

5.6 铁 磁 质

· 铁磁质的磁化规律
· 铁磁质的磁化机制
· 铁磁材料的分类及其应用

● 铁磁质的磁化规律

铁磁质是以铁为代表的一类磁性很强的物质,包括铁、钴、镍(过渡族),钆、镝、钬(稀土族),铁和其他金属或非金属的合金,以及铁的氧化物如铁氧体等.铁磁质是最重要的磁性材料,应用广泛.

与顺磁质、抗磁质不同,铁磁质除磁性强、撤消外磁场后磁性可保留外,其 $\boldsymbol{M}$ 与 $\boldsymbol{H}$ 的关系还呈现出非线性、不一一对应、与磁化历史有关等独特性质.为了研究铁磁质的磁化规律,可采用实验方法测量铁磁质的 M-H 曲线或 B-H 曲线,它们称为**磁化曲线**.

1. 起始磁化曲线

取一铁磁质样品,它未被磁化过.如图 5-12(a)所示,当 $H=0$ 时,$M=0$(未磁化,O 点),随着 H 的增加,M 先是缓慢增加(OA 段),尔后急剧增加(AB 段),过了 B 点后增加又减缓(BC 段),再继续增大 H 时,M 逐渐趋于饱和(CS 段),饱和时的 M_s 称为**饱和磁化强度**,曲线 $OABCS$ 称为铁磁质的**起始磁化曲线**.

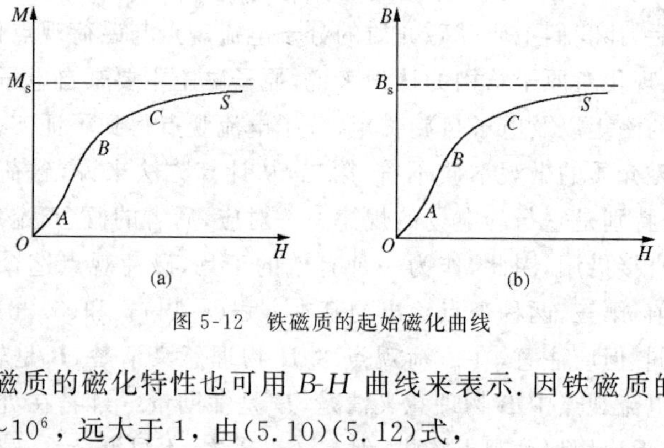

图 5-12　铁磁质的起始磁化曲线

铁磁质的磁化特性也可用 B-H 曲线来表示.因铁磁质的 χ_m 约为 $10^2\sim10^6$,远大于 1,由(5.10)(5.12)式,

$$B = \mu_0(H + M) = \mu_0(1 + \chi_m)H \approx \mu_0\chi_m H = \mu_0 M,$$

故 B-H 曲线与 M-H 曲线相似,如图 5-12(b)所示.

从 M-H 曲线和 B-H 曲线上任一点与原点 O 连直线,直线的斜率分别代表该磁化状态下的磁化率 $\chi_m = M/H$ 和磁导率 $\mu = \mu_0\mu_r = B/H$,于是可以由 B-H 曲线画出 μ-H 曲线,如图 5-13 所示,其中 $H=0$ 时的 μ_i 称为**起始磁导率**,μ_{max}称为**最大磁导率**. 铁磁质的 μ 和 χ_m 均随 H 变化,并非常数,这是铁磁质磁化曲线**非线性**的结果.

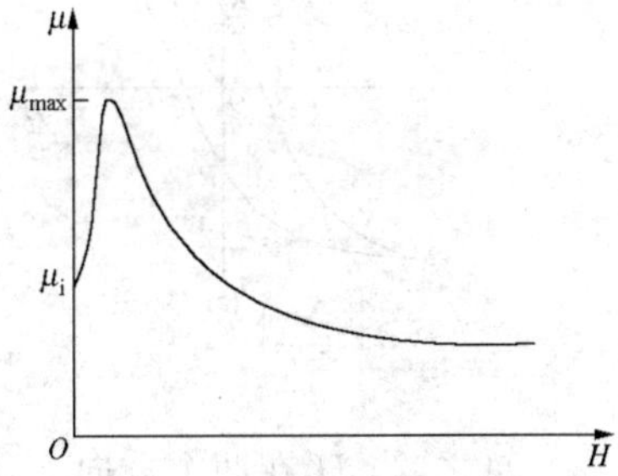

图 5-13 铁磁质的 μ-H 曲线

注意,5.4 节已经指出,$\boldsymbol{M} = \chi_m \boldsymbol{H}$ 和 $\boldsymbol{B} = \mu_0\mu_r\boldsymbol{H}$ 只适用于线性各向同性磁介质,其中 χ_m 和 μ_r 是描绘磁介质磁化性质的物理量,只与磁介质有关. 铁磁质为非线性磁介质,此两式本不适用,但通常仍将 $\boldsymbol{M},\boldsymbol{H},\boldsymbol{B}$ 的关系写成上述**形式**,只是现在的 χ_m 和 μ_r 不仅与铁磁质有关还与 $\boldsymbol{H}$ 有关.

饱和磁化强度 M_s,起始磁导率 μ_i 和最大磁导率 μ_{max} 是软磁材料性质的重要标志.

2. 磁滞回线

当铁磁质的磁化状态达到饱和之后,若减小 H,则 M 和 B 并不沿起始磁化曲线原路下降返回,而是沿着图 5-14 中的 SR 曲线下降. 当 H 减小为零时,M 和 B 并不减为零,而是具有一定剩余值 M_r 和 B_r,分别称为**剩余磁化强度和剩余磁感应强度**. 为了使 M 和 B 减小为零,必须加反向磁场,只有当反向磁场大到一定程度时,铁磁质中的 M 和 B 才减为零,完全退磁. 使铁磁质完全退磁所需的反向磁场 H_c 称为**矫顽力**(在矫顽力不大时,$H_{c,M}$ 和 $H_{c,B}$ 差别不大,可不区分). 随着反向磁场 H 的继续加大,M 和 B 将达到反向饱和值(CS' 段). 当 H 再度减小到零时,M 和 B 经 $S'R'$ 到达 R' 仍将具有剩余值. 如再使 H 从零增大,则 M 和 B 将沿曲线 $R'C'S$ 回到 S,最终构成闭合曲线.

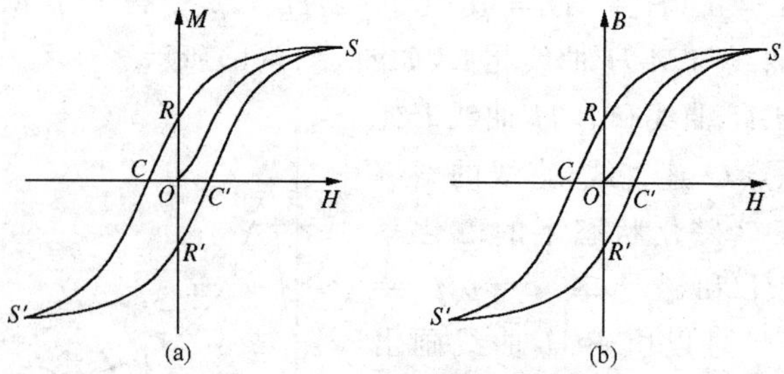

图 5-14 铁磁质的磁滞回线

总之,当 H 在两个方向上往复变化时,铁磁质的磁化经历了由闭合曲线 $SRCS'R'C'S$(它的两部分 $SRCS'$ 和 $S'R'C'S$ 对于 O 点是对称的)描绘的循环过程,由于 M 和 B 的变化总是落后于 H 的变化,这一现象称为**磁滞现象**,上述闭合曲线称为**磁滞回线**.

铁磁质的磁滞现象表明,M,B,H 的关系不仅是**非线性**的,而且也**不是单值**的,即给定一个 H 不能唯一地确定 M 和 B,还与铁磁质经历怎样的**过程**到达该 H 值有关.换言之,M 和 B 除与 H 的大小有关外,还取决于该铁磁质的磁化历史.

当铁磁质在交变磁场作用下反复磁化时,由于磁滞效应,要发热散失热量,这种能量损耗称为**磁滞损耗**.可以证明,B-H 图中磁滞回线所包围面积的大小,代表一个反复磁化的循环过程中单位体积铁芯内损耗的能量.在交流电器件中磁滞损耗十分有害,应尽量使之减少.

- **铁磁质的磁化机制**

铁磁质的磁化机制与顺磁质和抗磁质颇为不同.近代研究表明,铁磁质的磁性主要来源于电子自旋磁矩的自发磁化.无外磁场时,铁磁质中的电子自旋磁矩会在小范围内"自发地"排列起来,形成一个个小的自发磁化区——**磁畴**.自发磁化的原因是相邻原子的电子之间存在的交换作用,这是一种量子效应,它使电子自旋在平行排列时能量更低,达到自发磁化的饱和状态.

在未磁化的铁磁质内,各磁畴的自发磁化方向不同,宏观上不显磁性.如图 5-15 所示为单晶和多晶磁畴结构示意图.

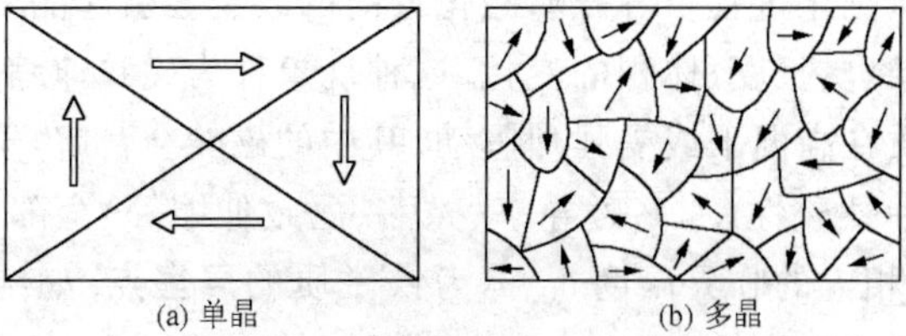

图 5-15 铁磁质磁畴结构示意图

加外磁场后，随着外磁场的增加，铁磁质的磁化过程大致经历四个阶段. 其一如图 5-16(b)所示，为畴壁的可逆位移阶段，通过畴壁的移动，某些磁化方向与外磁场接近的磁畴扩大了疆域、吞并了邻近磁化方向与外磁场反向的磁畴. 此时若撤消外磁场，畴壁会退回原处，整个样品不显磁性. 其二如图 5-16(c)所示，为不可逆磁化阶段，畴壁出现跳跃式移动，或磁畴结构突然改组，磁化强度急剧增大，此过程不可逆. 其三如图 5-16(d)所示，为磁畴磁矩的转动阶段，各磁畴的磁化方向在不同程度上转向外磁场方向，铁磁质在宏观上显示出较强的磁性. 其四如图 5-16(e)所示，为各磁畴沿外磁场整齐排列，磁化趋于饱和阶段，此时尽管外磁场继续增大，磁化强度的增量已很小. 上述四个阶段分别对应图 5-12 铁磁质起始磁化曲线的 OA，AB，BC，CS 段.

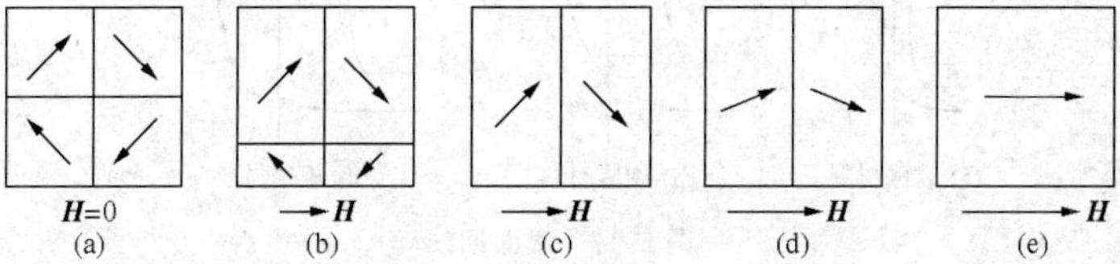

图 5-16 单晶结构铁磁质的磁化过程示意图

由于铁磁质的饱和磁化强度 M_s 等于每个磁畴中原有的磁化强度，而各磁畴中的元磁矩已经完全整齐排列，所以磁化强度非常大，铁磁质比顺磁质磁性强得多的原因即在于此.

外磁场撤消后，铁磁质中的掺杂、内应力、缺陷阻碍磁畴恢复原状，这是磁滞现象的主要原因.

铁磁质磁化过程中各磁畴磁化方向的改变会引起晶格间距的改变，导致铁磁质长度、体积的变化，这种现象称为**磁致伸缩**.

铁磁质在高温下或受强烈震动，其中的磁畴会瓦解，于是与磁畴相关的种种铁磁性（如高磁导率、磁滞、磁致伸缩等）全部消失，转变为顺磁质，相应的临界温度 θ_C 称为铁磁质的**居里点**. 如纯铁的居里点为 1043 K.

在各种铁磁材料中，磁畴的形状、大小很不相同，其几何线度大致为微米到毫米量级.

● 铁磁材料的分类及其应用

铁磁质按其矫顽力 H_c 的大小，分为**软磁**材料和**硬磁**材料两类.

1. 软磁材料

软磁材料的矫顽力小（$H_c \approx 1$ A/m），磁导率较大，磁滞回线（图 5-17(a)）狭长、包围面积小、磁滞损耗少，易磁化，也容易退磁，适用于交变磁场，常用来制造变压器、继电器、电磁铁、镇流器、发电机、电动机等的铁芯. 表 5.2 列出了几种常用软磁材料的性能.

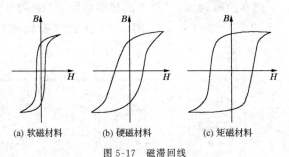

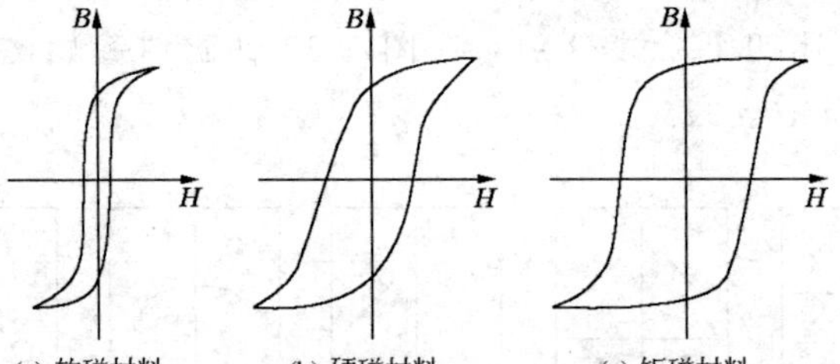

图 5-17　磁滞回线

表 5.2　几种常用软磁材料的性能

材料名称	成分(%)	$\mu_{r,i}$	$\mu_{r,max}$	$H_c/(A \cdot m^{-1})$	$\mu_0 M_s/T$	θ_C/℃
纯铁	0.05 杂质	10^4	2×10^4	4.0	2.15	770
硅钢（热轧）	4 硅 96 铁	450	8×10^3	4.8	1.97	690
硅钢（冷轧晶粒取向）	3.3 硅 96.7 铁	600	10^4	16	2.0	700

（续表）

材料名称	成分(%)	$\mu_{r,i}$	$\mu_{r,m}$	$H_c/(A\cdot m^{-1})$	$\mu_0 M_s/T$	$\theta_C/℃$
45 坡莫合金	45 镍 55 铁	2.5×10^3	2.5×10^4	24	1.6	440
78 坡莫合金	78.5 镍 21.5 铁	8×10^3	10^5	4.0	1.0	580
超坡莫合金	79 镍 5 钼 0.5 锰 15.5 铁	$(1\sim1.2)\times10^4$	$(1\sim1.5)\times10^6$	0.32	0.8	400
锰锌铁氧体		300—5000		16	0.3	>120
镍锌铁氧体		5—120		32	0.35	>300

实际应用中因要求不同，需要不同性能的软磁材料. 例如，在发电机、电动机、电力变压器等电力设备中，因电流大(强电)、铁芯工作状态接近饱和，要求最大磁导率 μ_{max} 高、饱和磁感应强度 B_s 大. 又例如，在电子电讯设备中，因电流小(弱电)、铁芯工作状态处于起始的一段磁化曲线上，要求起始磁导率 μ_i 高. 再例如，材料的电阻率 ρ 影响涡流损耗的大小，ρ 越高，涡流损耗越小，因此在高频或微波波段，常采用 ρ 高达 $10\sim10^4\ \Omega\cdot m$ 的铁氧体软磁材料.

2. 硬磁材料(永磁材料)

硬磁材料的矫顽力很大(H_c 的范围 $10^4\sim10^6$ A/m)，剩余磁感应强度 B_r 也很大，磁滞回线肥大(图 5-17(b)(c))，磁化后能保留很强的磁性，不易消失，适于提供永久磁场，供各种电表、扬声器、拾音器、耳机、录音机、小型直流电机以及核磁共振仪器采用.

表 5.3 列出了若干永磁材料的典型磁性. 表中的 B_r 为剩余磁感应强度，最大磁能积 $(BH)_m$ 是对应退磁曲线上 B 和 H 乘积为最大值的那一点，表明永磁材料单位体积存储的可利用的最大磁能密度. $(BH)_m$ 值大则磁铁体积缩小，不仅可节省材料更可使器件小型化，H_c 为矫顽力，H_{ci} 为内禀矫顽力，θ_C 为居里温度.

表 5.3 若干永磁材料的典型磁性

类别	材 料	$(BH)_m$/ (kJ·m^{-1})	B_r/ (m·T)	H_c/ (kA·m^{-1})	H_{ci}/ (kA·m^{-1})	θ_C/ ℃
稀土永磁材料	$SmCo_5$ 系	110	760	550	680	480
	$SmCo_5$ 系(高 H_c)	160	900	700	1120	480
	Sm_2Co_{17} 系	240	1100	510	530	830
	Sm_2Co_{17} 系(高 H_c)	180	950	640	800	830
	Nd-Fe-B 系	280	1200	640	920	320
	Nd-Fe-B 系(高 H_c)	230	1090	850	1980	320
	Sm-Fe-N 系(烧结)	100	810	—	880	470
金属永磁材料	Alnico 系(各向同性)	14	750	45	45	750
	Alnico 系(各向异性)	44	1280	50	50	820
	Alnico 系(柱晶)	72	1060	120	120	900
	Fe-Cr-Co 系(各向同性)	24	1200	35	35	690
	Fe-Cr-Co 系(各向异性)	44	1300	44	44	690
	Fe-Cr-Co 系(柱晶)	76	1530	67	67	690
铁氧体永磁材料	钡铁氧体(各向异性)	8	200	140	240	450
	锶铁氧体(各向异性,高 H_c)	26	380	260	275	450
	锶铁氧体(各向异性,高 B_r,高 H_c)	30	400	230	240	450
其他永磁材料	Fe-Co-N 系	24	1000	40	36	850
	Pt-Co 系	73	640	380	—	750

5.7 磁场的边界条件

· ***B*** 的法向分量连续　　· ***H*** 的切向分量连续　　· 磁屏蔽

有磁介质存在时,由恒定磁场基本方程的积分形式(5.14)式,可得出其微分形式为

$$\begin{cases} \nabla \cdot \boldsymbol{B} = 0, \\ \nabla \times \boldsymbol{H} = \boldsymbol{j}_0, \\ \boldsymbol{B} = \mu_0 \mu_r \boldsymbol{H}. \end{cases} \tag{5.27}$$

在两种磁介质的分界面上,磁介质的性质突变,(5.27)式不适用,须代之以**边界条件**,可将(5.14)式用于分界面上得出. 偏微分方程(5.27)式与边界条件结合,构成完备的定解条件.

- ***B* 的法向分量连续**

如图 5-18，在磁介质 1 和 2 的分界面上作扁圆柱形高斯面，其上下底面与分界面平行，面积为 ΔS，分别在磁介质 1，2 中，由磁场的高斯定理，因侧面积趋于零，磁通量可略，有

$$\oiint \boldsymbol{B}\cdot \mathrm{d}\boldsymbol{S} = B_{1n}\cdot\Delta S - B_{2n}\cdot\Delta S = 0,$$

即

$$B_{1n} = B_{2n} \quad 或 \quad \boldsymbol{n}\cdot(\boldsymbol{B}_2-\boldsymbol{B}_1)=0, \tag{5.28}$$

式中 B_{1n} 和 B_{2n} 分别是 $\boldsymbol{B}_1$ 和 $\boldsymbol{B}_2$ 的法向分量，$\boldsymbol{n}$ 是分界面的法向单位矢量. 上式表明，分界面两边磁感应强度的法向分量相等，即 ***B* 的法向分量**连续.

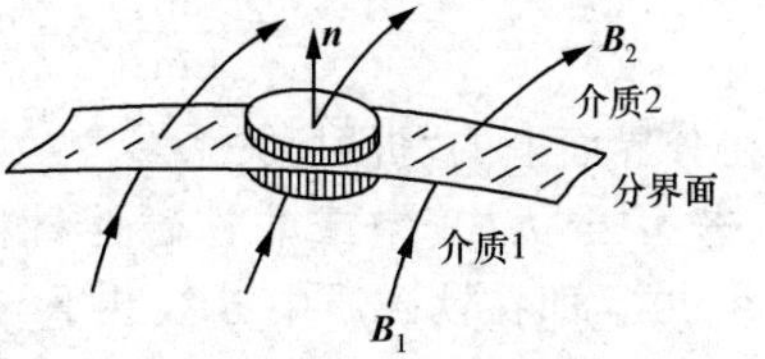

图 5-18 ***B* 的法向分量连续**

- ***H* 的切向分量连续**

如图 5-19，在磁介质 1 和 2 的分界面上作窄矩形闭合回路，两边与分界面平行，长度为 Δl，设分界面上无传导电流，由 $\boldsymbol{H}$ 的安培环路定理，因两窄边长度趋于零，积分可略，有

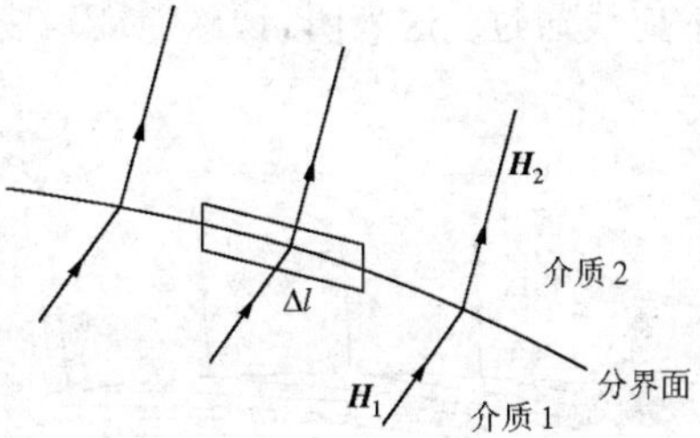

图 5-19 ***H* 的切向分量连续**

$$\oint \boldsymbol{H}\cdot \mathrm{d}\boldsymbol{l} = H_{1t}\cdot\Delta l - H_{2t}\cdot\Delta l = 0,$$

即

$$H_{1t} = H_{2t} \quad 或 \quad \boldsymbol{n}\times(\boldsymbol{H}_2-\boldsymbol{H}_1)=0, \tag{5.29}$$

式中 H_{1t} 和 H_{2t} 分别是 $\boldsymbol{H}_1$ 和 $\boldsymbol{H}_2$ 的切向分量. 上式表明，分界面两边

磁场强度的切向分量相等，即 **H** 的**切向分量**连续.

- **磁屏蔽**

由于在两种磁介质的分界面上，**B** 的法向分量连续而切向分量不连续，磁感应线经过分界面时将“折射”. 如图 5-20，设分界面两边的 **B** 与分界面法线的夹角分别为 θ_1 和 θ_2，则

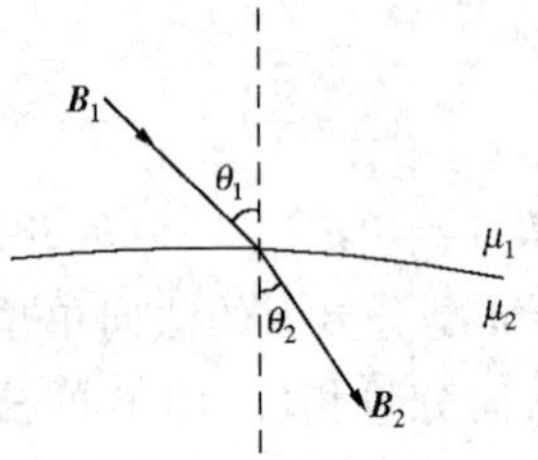

图 5-20　**B** 线在分界面上的“折射”

$$\tan\theta_1=\frac{B_{1t}}{B_{1n}},\qquad \tan\theta_2=\frac{B_{2t}}{B_{2n}},$$

其中 $B_{1n}=B_{2n}$（边条件），$H_{1t}=H_{2t}$（边条件）. 对于线性各向同性磁介质 $B_{1t}=\mu_1 H_{1t}$，$B_{2t}=\mu_2 H_{2t}$，可得

$$\frac{\tan\theta_1}{\tan\theta_2}=\frac{\mu_1}{\mu_2}. \tag{5.30}$$

这就是磁感应线在分界面上的“折射”关系.

由(5.29)式，若 $\mu_2=\mu_0$（真空或非铁磁性材料），$\mu_1\gg\mu_0$（铁磁质），则 $\theta_2\approx 0$，$\theta_1\approx 90°$，即在铁磁质中 **B** 线几乎与分界面平行，非常密集(图 5-21). 若将铁磁质做成中空的壳(图 5-22)，由于磁感应线被强烈地聚集到铁磁质之中，在铁磁质所包围的空腔中几乎没有磁感应线通过. 这表明，铁磁质能对它所包围的空腔起**磁屏蔽**的作用.

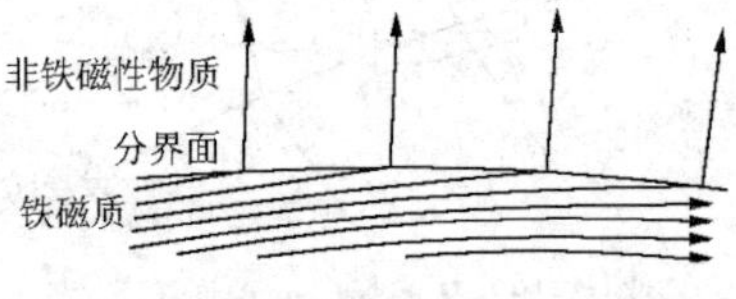

图 5-21　磁感应线集中在铁磁质内部

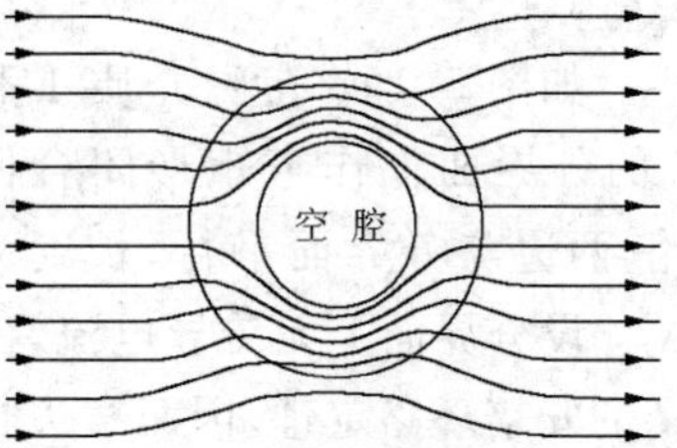

图 5-22　磁屏蔽

当然，它的磁屏蔽效果不如导体壳的静电屏蔽效果好. 为了达到更好的磁屏蔽效果，可采用多层铁磁质壳.

习　题

5.1　如图，一根沿轴向均匀磁化的细长永磁棒，磁化强度为

$\boldsymbol{M}$，试求图中标出各点的 $\boldsymbol{B}$ 和 $\boldsymbol{H}$.

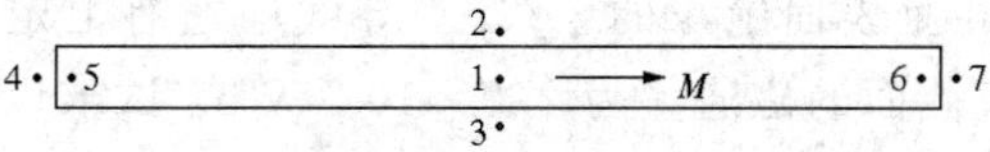

习题　5.1

5.2　如图，一带有窄缝隙的均匀磁化的永磁环，磁化强度为 $\boldsymbol{M}$，方向如图所示，试求图中标出各点的 $\boldsymbol{B}$ 和 $\boldsymbol{H}$.

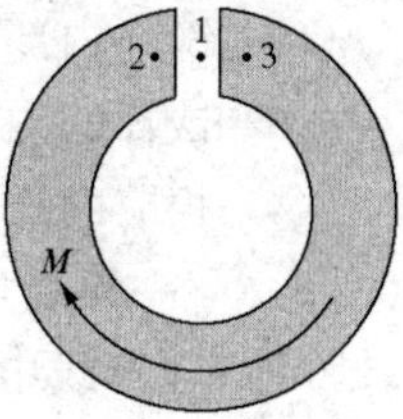

习题　5.2

5.3　如图，一无限长圆柱形直导线外包一层相对磁导率为 μ_r 的圆筒形均匀磁介质，导线半径为 R_1，磁介质的外半径为 R_2，导线内通有恒定电流 I，方向如图所示，且电流沿导线横截面均匀分布. 试求：

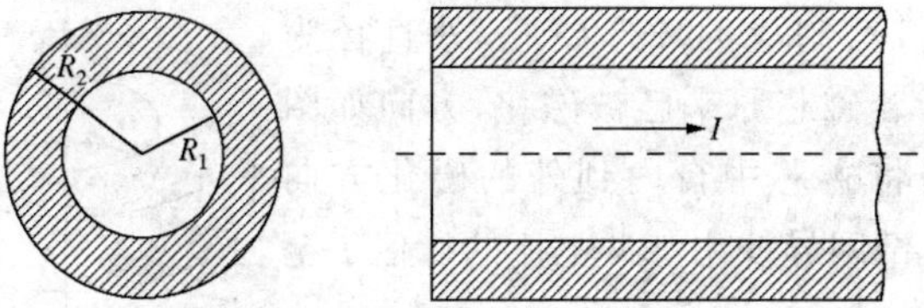

习题　5.3

(1) 介质内、外的磁场强度和磁感应强度的分布，并画出 H-r，B-r 曲线；

(2) 介质内、外表面的磁化面电流密度 i'.

5.4　如图，一均匀磁化的磁棒，磁化强度 $\boldsymbol{M}$ 沿棒长方向，试证明：在棒中垂面上，棒侧面附近内外 1 和 2 两点的磁场强度相等，而磁感应强度不相等.

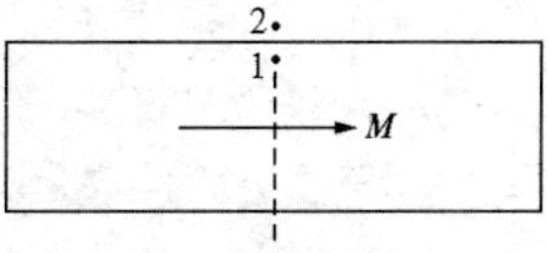

习题　5.4

5.5　一铁环中心线的周长为 30 cm，横截面积为 1.0 cm^2，在环上密绕 300 匝表面绝缘的导线. 当导线中通有恒定电流 32 mA 时，通过环横截面的磁通量为 2.0×10^{-6} Wb. 试求以下各物理量的值：

(1) 铁环内部磁感应强度 $\boldsymbol{B}$；

(2) 铁环内部磁场强度 $\boldsymbol{H}$；

(3) 铁环的磁化强度 $\boldsymbol{M}$；

(4) 相应的磁化率 χ_m 和相对磁导率 μ_r.

5.6　一螺绕环由表面绝缘的导线在铁环上密绕而成，每厘米绕有 10 匝，当导线中通有恒定电流为 2.0 A 时，测得铁环内的磁感应强度为 1.0 T，试求以下各物理量的值：(1) 铁环内的磁场强度 $\boldsymbol{H}$；(2) 铁环的磁化强度 $\boldsymbol{M}$；(3) 相应的相对磁导率 μ_r.

5.7　如图，由矫顽力为 160 A/m 的矩磁铁氧体材料制成的环形磁芯，外直径为 0.80 mm. 若磁芯原来已被磁化，方向如图所示，现需将磁芯中自内到外的磁化方向全部翻转，试问导线中脉冲电流的峰值 I 至少需要多少？

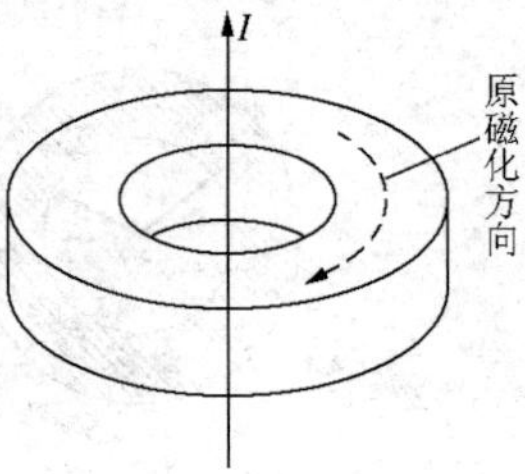

习题　5.7

5.8　在空气（$\mu_r=1$）和软铁（$\mu_r=7000$）的分界面上，

(1) 若软铁中的磁感应强度 $\boldsymbol{B}$ 与分界面法线的夹角为 85°，试求空气中的磁感应强度与分界面法线的夹角；

(2) 若空气中的磁感应强度 $\boldsymbol{B}$ 与分界面法线的夹角为 4°，试求软铁中的磁感应强度与分界面法线的夹角.

6 电磁感应

6.1 法拉第电磁感应定律

- 电磁感应现象的发现
- 法拉第对电磁感应的研究
- 法拉第电磁感应定律
- 楞次定律
- 涡电流 电磁阻尼与电磁驱动

● 电磁感应现象的发现

1820年奥斯特实验发现了电流的磁效应,揭示了电现象与磁现象之间的联系,同时,也提出了寻找其逆效应的研究课题.所谓逆效应是指磁的电效应,即磁体或电流能否对电荷起作用并产生感应电流,这种现象是否存在,发生条件是什么,表现形式如何.显然,它的发现将使人们对电现象和磁现象内在联系的认识更臻完善,有助于探索电磁现象的本质,意义重大.

然而,道路并不平坦.法拉第和安培曾将恒定电流或磁铁放在线圈附近,试图"感应"出电流,种种尝试均无所获.1823年科拉顿做了把磁棒插入或拔出螺线管的实验,由于当时尚无电流计,需用小磁针的偏转来检验有无感应电流,或许是为了避免磁棒插入或拔出时对磁针的影响,科拉顿把与螺线管相连的长导线穿过墙壁上的小洞连同与之平行的小磁针一并置于邻屋,待在此屋将磁棒插入或拔出后再去邻屋观察,结果磁针并无动静.或许,科拉顿期待的是某种持久恒定的效应，以致与新发现擦肩而过，遗憾终生. 1822 年阿喇果在测量地磁时偶然发现，金属物对附近振动的磁针有阻尼作用. 受此启发，1824 年阿喇果做了著名的圆盘实验，他把一个铜圆盘装在竖直轴上，盘上方用细丝吊一个磁针，当铜盘转动时，磁针会跟着转动（异步、滞后）. 这种电磁阻尼或电磁驱动其实都是典型的电磁感应现象（见本节末段），但因表现间接，当时未能识别也无从解释. 1829 年亨利发现通电线圈突然中断时，断处会出现电火花，此即自感现象（见 6.3 节），但因搁置未发表，不为人知. 上述种种表明，由于并未意识到电磁感应是一种在非恒定条件下出现的暂态效应，虽经多方寻找，真理在现象背后仍然似现似隐，电磁学的研究从静止、恒定到运动、变化的飞跃，何等艰难.

1831 年 8 月 29 日法拉第（Michael Faraday，1791—1867，英国）发现了电磁感应现象. 如图 6-1，法拉第在软铁环两侧分别缠绕 A，B 两线圈，A 线圈接电池与开关，B 线圈闭合并在其中一段直导线附近平行放置小磁针. 当开关合上，A 线圈接通电流的瞬间，磁针偏转，随即复原；当开关打开，A 线圈电流中断的瞬间，磁针反向偏转，随即复原. 实验表明，B 线圈中出现了瞬间的感应电流，寻找 11 年之久的电磁感应现象终于被发现了. 有人指出，如果法拉第将开关接在 B 线圈上，则将一无所获. 的确，天道酬勤，机遇垂青有心人，法拉第是幸运的.

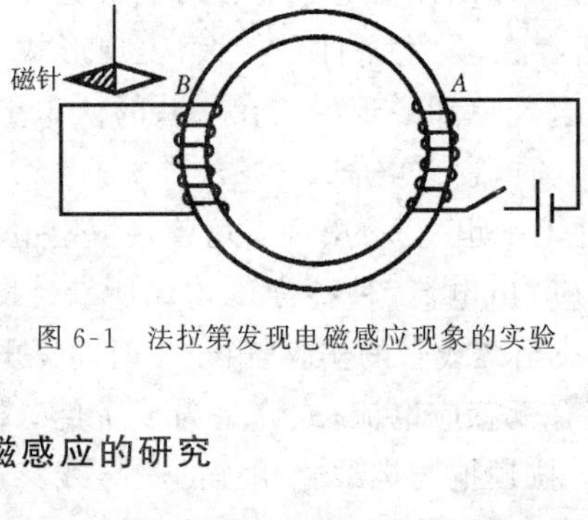

图 6-1　法拉第发现电磁感应现象的实验

- **法拉第对电磁感应的研究**

法拉第发现了电磁感应现象之后，茅塞顿开，立即领悟到这是一种在**变化、运动过程**中出现的**非恒定暂态效应**. 于是势如破竹，紧接着做了几十个有关实验,深藏不露的各种电磁感应现象终于喷涌而出.根据这些实验,法拉第把闭合导体回路中产生感应电流的情况概括成五类:变化的电流,变化的磁场,运动的恒定电流,运动的磁铁,在磁场中运动的导体,并正式把这类现象定名为**电磁感应**.法拉第明确指出,电磁感应不同于静电感应,与感应电流相关的并不是外在的原电流,而是原电流的变化.

法拉第并不满足于现象的发现和归纳,而是继续深入.感应电流的出现表明存在着某种推动电荷运动形成电流的电动势.1832年法拉第发现,在相同条件下,不同金属导体回路中产生的感应电流的大小与导体的导电能力成正比,由此意识到感应电流是由与导体性质无关的**感应电动势**产生的,并认为即使没有闭合导体回路即不出现感应电流,感应电动势依然存在.感应电动势概念的建立,感应电动势产生原因的探究,标志着法拉第由表及里地抓住了关键,把电磁感应的研究引向正确的方向.

对于电磁作用的机制,长期以来存在着两种截然不同的观点,与当时占统治地位的超距作用观点不同,法拉第持彻底的近距作用观点.根据对静电、静磁现象以及对电介质、磁介质的大量实验研究,法拉第认为,在带电体和磁体周围存在着某种特殊的"状态",并用电力线和磁力线来描述这种状态.法拉第指出,弯曲的力线是物质的,充满了空间,把相异的电荷或磁极联系起来;力线是电磁作用的传递者和媒介物;力线的疏密反映了电磁作用的强弱.法拉第用力线图像为静电、静磁现象提供了合理的解释,在他看来,力线是认识电磁现象必不可少的组成部分,甚至比产生或汇集力线的源更有研究价值.

为了说明产生感应电动势的原因,法拉第把描绘静态电磁作用的力线图像发展到动态,并把电力线和磁力线联系了起来.法拉第指出,在磁体或电流周围存在着一种"电紧张状态",其强弱由磁力线的疏密量度,磁体或电流的变化运动使得磁力线增减移动,引起"电紧张状态"变化,导致感应电动势的产生.法拉第认为,当通过导体回路的磁力线发生变化或导线切割磁力线时,就会产生感应电动势.法拉第基于近距作用场论观点提出的上述定性解释非常深刻但也很费解.后来,随着动生电动势与感生电动势的区分,洛伦兹力与涡旋电场的提出,感应电动势产生的原因才逐渐明确清晰并有了准确的定量表述(见 6.2 节).

1832 年 3 月在致英国皇家学会的密封信中,法拉第认为:“磁作用……是逐渐从磁体传播开去的,这种传播需要一定时间,而这个时间显然是非常短的”,“电感应也是这样传播的”,“磁力从磁极出发的传播类似于水面上波纹的振动或者空气粒子的声振动,……我打算把振动理论应用于磁现象,……这也是光现象最可能的解释”,“我认为也可以把振动理论应用于电感应”. 法拉第对磁光效应(偏振光的磁致旋转)的研究使他相信光和电磁现象有某种联系,他甚至猜测磁效应的传播可能与光速有相同的量级,暗示电磁波的存在. 以上这些光辉思想,不仅成为近距作用观点的经典陈述,而且成为后来被一一证实的天才预言.

近距作用的场论思想,寻找联系、提供统一解释的不懈追求,以及对应用的关注(例如,法拉第关于电动机和发电机的原理性实验为以电气化为标志的全球技术革命奠定了物理基础)构成了法拉第毕生学术活动的鲜明特色,集中体现了物理学“崇尚理性,崇尚实践,追求真理”的伟大精神.

• 法拉第电磁感应定律

电磁感应现象的现代演示实验如图 6-2 所示. 它们表明,由于磁棒运动、电流变化、导线切割磁力线,等等,使得通过闭合回路的磁通量发生变化时,将产生感应电动势,于是回路中出现感应电流.

1845 年诺埃曼经过理论分析,给出了电磁感应现象的定量规律,为

$$\mathscr{E}=-\frac{\mathrm{d}\Phi}{\mathrm{d}t}. \tag{6.1}$$

(6.1)式表明,**闭合导体回路中感应电动势 $\mathscr{E}$ 的大小与穿过回路的磁通量的变化率 $\mathrm{d}\Phi/\mathrm{d}t$ 成正比**,称为**法拉第电磁感应定律**. 磁通量 Φ 的定义为

$$\Phi=\iint\limits_{(S)}\boldsymbol{B}\cdot\mathrm{d}\boldsymbol{S}=\iint\limits_{(S)}B\cos\theta\,\mathrm{d}S, \tag{6.2}$$

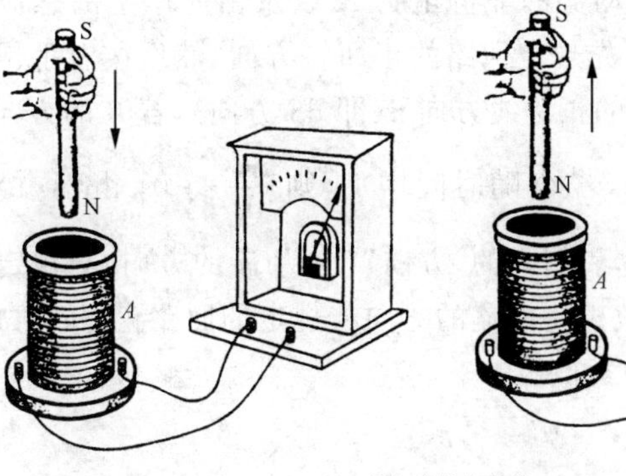

(a) 插入或拔出磁棒

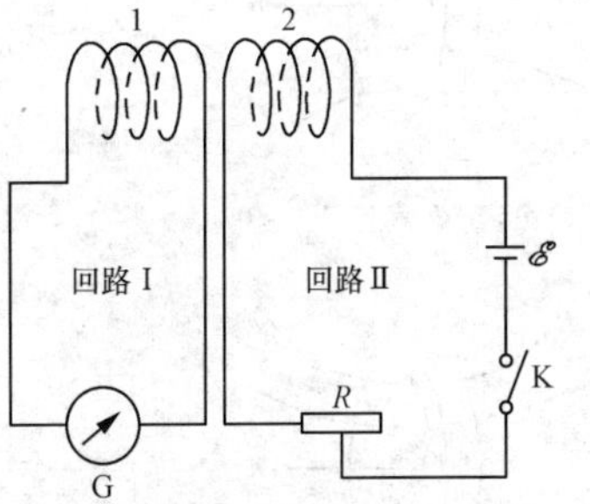

(b) 接通或断开初级线圈的电流

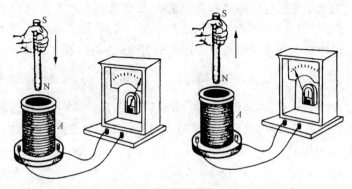

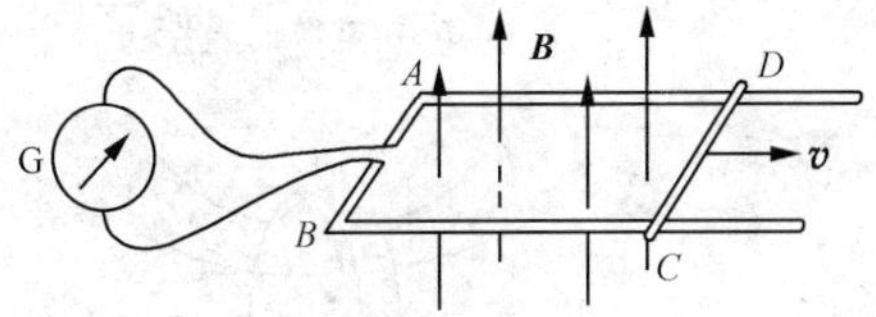

(c) 导线切割磁感应线的运动

图 6-2 电磁感应现象的演示实验

式中 S 是以闭合回路为周界的任意曲面的面积，$\boldsymbol{B}$ 是面元 $\mathrm{d}\boldsymbol{S}$ 处的磁感应强度，θ 是 $\boldsymbol{B}$ 和 $\mathrm{d}\boldsymbol{S}$(面元法线方向)的夹角.(6.1)式只适用于单匝导线构成的回路，若线圈由 N 匝串联而成，则(6.1)式中的 Φ 应代之以通过各匝线圈的 $\Psi=\Phi_1+\Phi_2+\cdots+\Phi_N$，若通过每匝线圈的磁通量 Φ 都相同，则 $\Psi=N\Phi$，Ψ 称为**磁通匝链数**(简称磁链)或总磁通.在国际单位制中，$\mathscr{E}$ 的单位为伏特(V)，Φ 的单位为韦伯(Wb)，$1\ \mathrm{Wb}=1\ \mathrm{T}\cdot\mathrm{m}^2$，$t$ 的单位为秒(s).

或许是因为磁通量的变化率难以测量，迄今未见直接验证(6.1)式的实验，(6.1)式的正确性由其种种推论与实验相符而确保.

(6.1)式中的负号是为了确定感应电动势的"方向".由于感应电动势 $\mathscr{E}$ 是标量，只有正负，本无方向可言，确切地说，式中的负号是为了确定导致感应电动势的非静电力 $\boldsymbol{K}$ 以及由此产生的感应电流的方向. 如图 6-3(a)，先规定回路的正回转方向，然后按右手螺旋法则定出回路包围面积的正法线方向 $\boldsymbol{n}$(即 $\mathrm{d}\boldsymbol{S}$ 方向)，若 $\boldsymbol{B}$ 的方向与 $\boldsymbol{n}$ 一致，则 $\Phi>0$ 为正值，若 Φ 随时间增加，则 $\dfrac{\mathrm{d}\Phi}{\mathrm{d}t}>0$，由(6.1)式的负号，此时 $\mathscr{E}<0$ 为负，表明 $\mathscr{E}$ 的"方向"(应为 $\boldsymbol{K}$ 的方向)与规定的回路正回转方向相反，故感应电流的方向与规定的回路正回转方向相反. 图 6-3(b)，(c)，(d)类似.

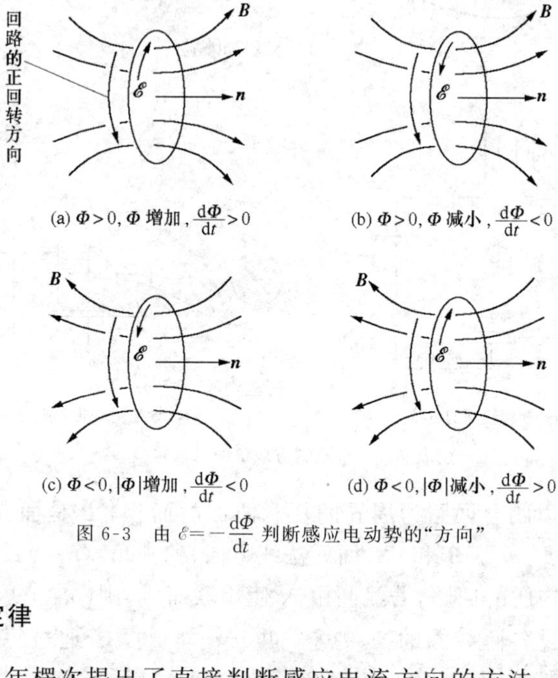

(a) $\Phi>0$, Φ 增加, $\dfrac{\mathrm{d}\Phi}{\mathrm{d}t}>0$　(b) $\Phi>0$, Φ 减小, $\dfrac{\mathrm{d}\Phi}{\mathrm{d}t}<0$

(c) $\Phi<0$, $|\Phi|$增加, $\dfrac{\mathrm{d}\Phi}{\mathrm{d}t}<0$　(d) $\Phi<0$, $|\Phi|$减小, $\dfrac{\mathrm{d}\Phi}{\mathrm{d}t}>0$

图 6-3　由 $\mathscr{E}=-\dfrac{\mathrm{d}\Phi}{\mathrm{d}t}$ 判断感应电动势的"方向"

- **楞次定律**

1834 年楞次提出了直接判断感应电流方向的方法：**闭合导体回路中感应电流的方向，总是使得感应电流所激发的磁场阻碍引起感应电流的磁通量的变化，称为楞次定律.**

如图 6-4(a)，磁棒的插入使通过线圈的磁通量增加，根据楞次定律，感应电流产生的磁场应"阻碍"这种增加，故应如图中虚线所示，由此，感应电流的方向按右手定则即可确定. 如图 6-4(b)，若磁棒拔出，则感应电流应反向. 图 6-3(a)(b)(c)(d)中感应电流的方向

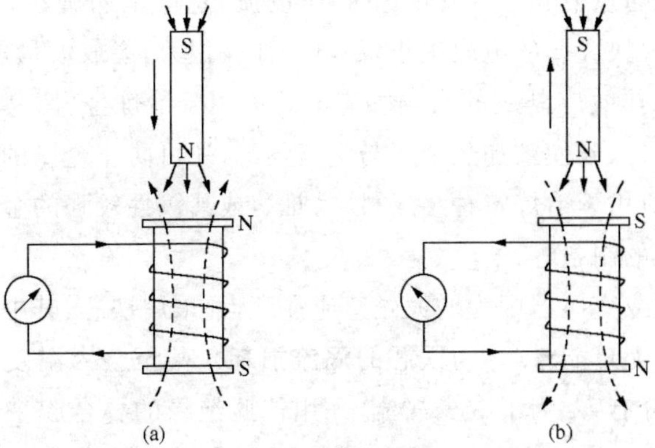

图 6-4 用楞次定律判断感应电流的方向

也同样可用楞次定律方便地作出判断.

楞次定律也可以表述为：**感应电流的效果总是反抗引起感应电流的原因**. 所谓"原因"，既可指磁通量的变化，也可指引起磁通量变化的相对运动或回路形变，感应电流的"效果"必定是反抗磁通量的变化、阻碍导致磁通量变化的相对运动或回路形变. 在有些问题(如电磁阻尼，电磁驱动)中，不要求具体确定感应电流的方向，只需判明感应电流所引起的机械效果，这时采用楞次定律的后一种表述更为方便.

在楞次定律两种等价的表述中，用于确定感应电流方向的关键词是"**阻碍**"或"**反抗**"，这是能量守恒定律的必然结果. 如图 6-4，当磁棒插入或拔出线圈时，产生感应电流，释放焦耳热，同时必须克服斥力或引力(都是阻力)做机械功，实际上，正是这部分机械功转化为焦耳热. 若感应电流方向与图 6-4 相反，则无论磁棒插入或拔出，都将受到与运动方向一致的推力，使之向着或背着线圈加速运动，则将既对外做功又释放焦耳热，能量无中生有，岂非荒唐！

• 涡电流　电磁阻尼与电磁驱动

大块金属处于变化磁场之中或在磁场中运动时，其中产生的感应电流呈涡旋状，称为**涡电流**，简称**涡流**. 例如，圆柱形铁芯绕以线圈，当线圈中通上交变电流时，铁芯就处在交变磁场之中，铁芯可以看作由一系列半径逐渐变化的薄圆管组成，每个圆管都是闭合回路，其中的磁通量变化使管壁产生感应电流，总体呈涡旋状，此即涡电流. 由于大块金属的电阻很小，涡电流往往很大，释放大量焦耳热. 利用涡电流热效应制成的高频感应电炉可用于冶炼金属，其优点是加热均匀快速，若使被加热金属与空气隔绝，还可防止金属的氧化和玷污，广泛应用于冶炼特种金属材料、难熔或活泼性较强的金属以及半导体材料的制备等.

电机或变压器中为增大磁感应强度，都采用铁芯，其中的涡电流不仅损耗大量能量(称为铁芯的**涡流损耗**)，甚至会因温度太高烧坏设备，十分有害. 为了减少涡流，采用彼此绝缘的叠合起来的硅钢片代替整块铁芯，增大电阻，减少涡流. 对于小型变压器，常用电阻率较高的铁氧体取代铁芯.

如本节第一段所述，**电磁阻尼**和**电磁驱动**是阿喇果首先发现而未能给予解释的，其实，它们都来源于涡电流在磁场中所受安培力的作用，即都是涡电流的机械效应. 例如，片状金属摆因轴上摩擦和空气阻力很小，可以长时间地摆动. 若置于两磁极之间，在摆动过程中，穿过摆的磁通量发生变化，引起感应电流，使摆受到磁场的安培力. 根据楞次定律，感应电流的效果总是反抗引起感应电流的原因，故安培力必定是阻力，即摆应受电磁阻尼迅速停止. 阿喇果两个实验的解释类此. 利用电磁阻尼，可使电磁仪表测量时仪表指针迅速稳定在平衡位置，常用的办法是把线圈绕在铝框上，随着线圈的摆动，铝框中产生涡电流，使摆动受阻. 电气火车中电磁制动器的原理也是电磁阻尼，其优点是没有机械摩擦，可以通过改变磁场来调节. 工业上广泛应用的感应异步电动机以及磁电式转速表都是利用电磁驱动的原理制成的.

6.2 动生电动势 感生电动势 涡旋电场

- 动生电动势
- 感生电动势 涡旋电场
- 交流发电机原理
- 电子感应加速器

如第 3 章所述，电源电动势 $\mathscr{E}=\int_{-\,(\text{电源内})}^{+} \boldsymbol{K}\cdot \mathrm{d}\boldsymbol{l}$ 是把单位正电荷经电源内部从负极搬到正极非静电力所做的功，式中 $\boldsymbol{K}$ 是单位正电荷所受的非静电力，来自电源内部的化学作用、温差、接触电势差等. 那么，在电磁感应现象中，产生感应电动势推动电荷运动形成感应电流的非静电力究竟是什么呢？电磁感应定律表明，感应电动势 $\mathscr{E}$ 来自磁通量 Φ 的变化，而 Φ 的变化又可区分为两种情况. 一种是在恒定磁场中因导体运动产生的感应电动势，称为**动生电动势**；另一种是导体不动，因磁场变化产生的感应电动势，称为**感生电动势**. 由于产生动生电动势和感生电动势的非静电力分别是**洛伦兹力**和**涡旋电场**的作用力，因此这种区分将使我们对电磁感应现象的物理本质有深入明确的认识.

• 动生电动势

当导体在恒定磁场中运动时，其中的自由电子 $-e$ 因跟随导体以速度 $\boldsymbol{v}$ 运动受到**洛伦兹力** $\boldsymbol{f}=-e\boldsymbol{v}\times\boldsymbol{B}$ 的作用，即单位正电荷受到的非静电力为 $\boldsymbol{K}=\boldsymbol{f}/(-e)=\boldsymbol{v}\times\boldsymbol{B}$，由此产生的**动生电动势**①为

$$\mathscr{E}_{\text{动生}}=\int(\boldsymbol{v}\times\boldsymbol{B})\cdot \mathrm{d}\boldsymbol{l}, \qquad (6.3)$$

式中的积分应遍及导体中运动的部分，(6.3)式提供了另一种计算动生电动势的方法. (6.3)式表明，若导体顺着磁场方向运动，即 $\boldsymbol{v}\,/\!/\,\boldsymbol{B}$，就不会有动生电动势，仅当导体**横切**磁场方向运动，即 $\boldsymbol{v}\,\not\parallel\,\boldsymbol{B}$，亦即仅当“导体切割磁感应线”时才有动生电动势.

例 1 如图 6-5，长 L 的铜棒在均匀磁场 $\boldsymbol{B}$ 中绕一端 O 点以 ω 匀角速旋转，且转动平面与 $\boldsymbol{B}$ 垂直，试求铜棒两端的电势差.

解 如图 6-5，铜棒任意 l 处 $\mathrm{d}l$ 小段的速度 $v=\omega l$，由(6.3)式，该小段上的动生电动势为

$$\mathrm{d}\mathscr{E}=(\boldsymbol{v}\times\boldsymbol{B})\cdot \mathrm{d}\boldsymbol{l}=B\omega l\,\mathrm{d}l,$$

---

① 本章只在某些公式中加下标“动生”、“感生”以示区别，通常则以不加下标的 $\mathscr{E}$ 笼统地表示动生电动势、感生电动势或两者之和，既用以表示感应电动势也用以一般电源的电动势. 请读者注意区别.

整条铜棒上的动生电动势为

$$\mathscr{E}=\int \mathrm{d}\mathscr{E}=\int_0^L B\omega l\,\mathrm{d}l=\frac{1}{2}B\omega L^2.$$

因正电荷所受非静电力(洛伦兹力)的方向由 O 点指向 A 点,故 A 端积累正电荷, O 端积累负电荷,当电荷积累产生的静电力与洛伦兹力相等反向时,达到平衡. 因铜棒不构成回路,相当于电源开路,正极 A 与负极 O 之间的电势差为

$$U_{AO}=\mathscr{E}=\frac{1}{2}B\omega L^2.$$

本题也可用(6.1)式求解,但需加辅助线构成虚拟的闭合回路,再通过其中磁通量的变化来计算感应电动势,结果相同.

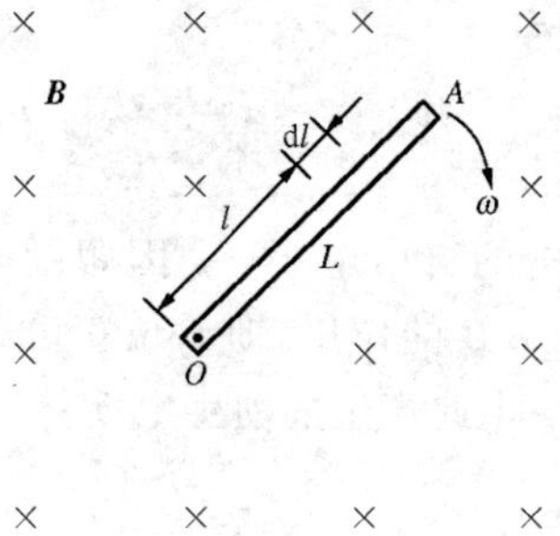

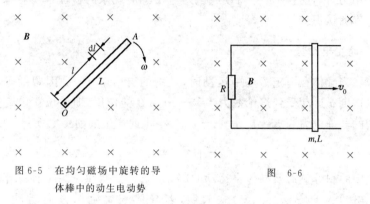

图 6-5　在均匀磁场中旋转的导体棒中的动生电动势

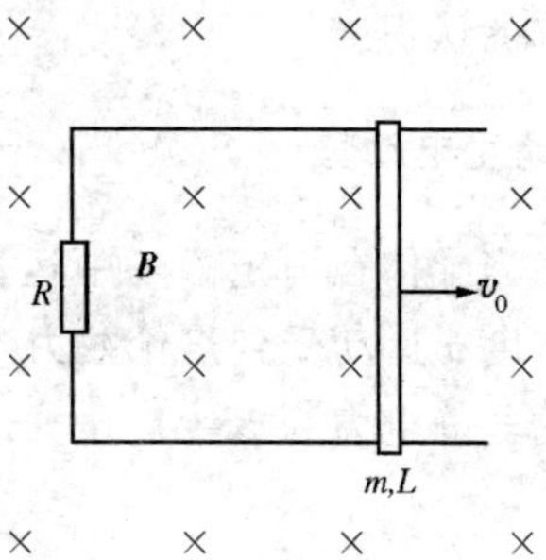

图　6-6

例 2　如图 6-6, 在水平面上有固定光滑导轨,导轨电阻为 R,集中分布. 质量为 m、长为 L、电阻可略的导体杆置导轨上,构成闭合回路. 均匀磁场 $\boldsymbol{B}$ 与水平面垂直,方向为⊗. 设杆以初速 $\boldsymbol{v}_0$ 向右运动. 试问: 杆的速度随时间如何变化,杆损失的动能哪里去了?

解　由(6.3)式,当杆以任意速度 $\boldsymbol{v}$ 向右运动时,产生的动生电动势为

$$\mathscr{E}=\int(\boldsymbol{v}\times\boldsymbol{B})\cdot\mathrm{d}\boldsymbol{l}=\int vB\,\mathrm{d}l=BLv,$$

也可用(6.1)式计算,为

$$|\mathscr{E}|=\frac{\mathrm{d}\Phi}{\mathrm{d}t}=\frac{\mathrm{d}}{\mathrm{d}t}\iint\boldsymbol{B}\cdot\mathrm{d}\boldsymbol{S}=BL\,\frac{\mathrm{d}x}{\mathrm{d}t}=BLv.$$

由楞次定律,回路中的感应电流沿逆时针方向,大小为

$$I=\frac{\mathscr{E}}{R}=\frac{BL}{R}v.$$

杆受到的安培力指向左方,为阻力,大小为

$$F=ILB=\frac{B^2L^2}{R}v.$$

由牛顿第二定律,杆的运动方程为

$$-\frac{B^2L^2}{R}v=m\frac{\mathrm{d}v}{\mathrm{d}t},$$

即

$$\frac{\mathrm{d}v}{v}=-\frac{B^2L^2}{mR}\mathrm{d}t=-\frac{\mathrm{d}t}{\tau},$$

式中时间常数 τ 为

$$\tau=\frac{mR}{B^2L^2}.$$

积分

$$\int_{v_0}^{v}\frac{\mathrm{d}v}{v}=-\int_0^t\frac{\mathrm{d}t}{\tau},$$

得

$$v=v_0\mathrm{e}^{-t/\tau}.$$

杆的速度从 v_0 开始按指数衰减,时间常数 τ 描绘了衰减的快慢.

损耗的焦耳热为

$$W=\int_{t=0}^{t=\infty}I^2R\mathrm{d}t=\frac{B^2L^2}{R}\int_0^{\infty}v^2\mathrm{d}t=\frac{B^2L^2v_0^2}{R}\int_0^{\infty}\mathrm{e}^{-2t/\tau}\mathrm{d}t$$

$$=\frac{B^2L^2v_0^2}{2R}\tau=\frac{1}{2}mv_0^2.$$

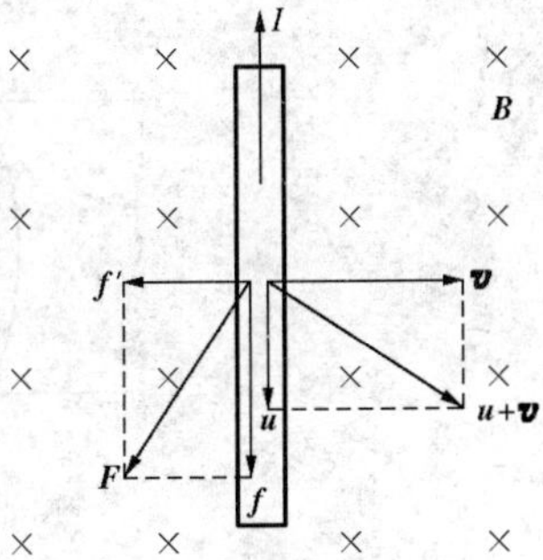

图 6-7 由洛伦兹力分析能量转化关系

杆的初始动能$\frac{1}{2}mv_0^2$ 全部转化为回路中感应电流释放的焦耳热,遵循能量守恒.

上述能量转化关系也可通过分析受力来说明.如图 6-7,当杆以速度 $\boldsymbol{v}$ 向右运动时,其中的自由电子除随杆以 $\boldsymbol{v}$ 运动外,因有感应电流同时相对于杆以平均定向速度 $\boldsymbol{u}$ 运动,故电子总的速度为$(\boldsymbol{u}+\boldsymbol{v})$,所受总的洛伦兹力为 $\boldsymbol{F}=-e(\boldsymbol{u}+\boldsymbol{v})\times\boldsymbol{B}$. 因 $\boldsymbol{F}$ 垂直$(\boldsymbol{u}+\boldsymbol{v})$,故总的洛伦兹力 $\boldsymbol{F}$ 不做功.但

其中一个分力 $\boldsymbol{f}=-e(\boldsymbol{v}\times\boldsymbol{B})$ 对电子作正功,产生动生电动势,引起感应电流;另一个分力 $\boldsymbol{f}'=-e(\boldsymbol{u}\times\boldsymbol{B})$ 与 $\boldsymbol{v}$ 反向,为阻力,做负功,杆所受安培力即为各电子所受 $\boldsymbol{f}'$ 之和. 可以证明, $\boldsymbol{f}$ 与 $\boldsymbol{f}'$ 做功的代数和为零. 总之,洛伦兹力不做功,但起了传递能量的作用,它把消耗的杆的动能转化为感应电流释放的焦耳热. 由此,也可以理解何以洛伦兹力不做功而安培力却做功.

- **交流发电机原理**

交流发电机的原理如图 6-8 所示,它是应用动生电动势的典型例子.

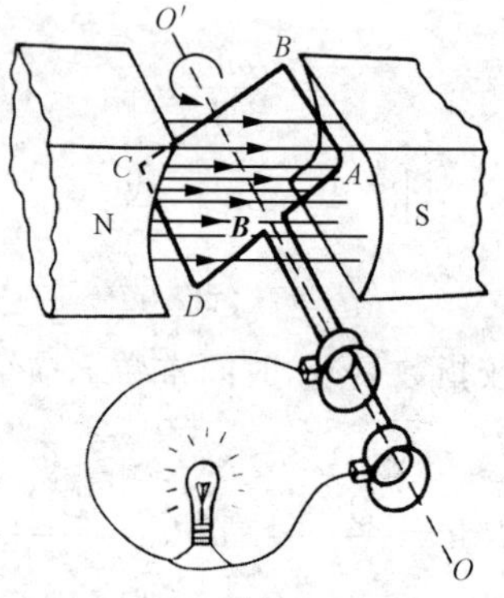

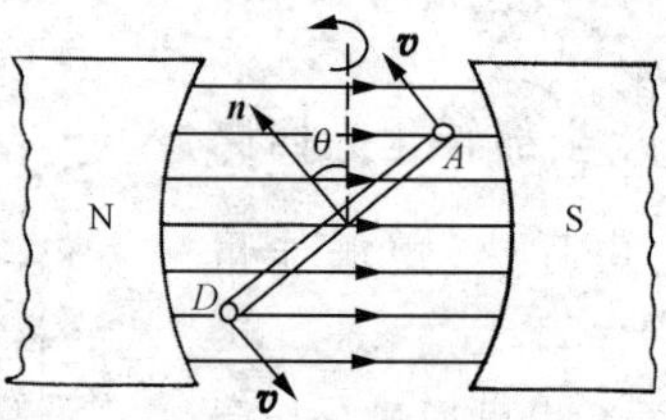

图 6-8 交流发电机原理

如图 6-8(a), 设面积为 S 的矩形刚性单匝线圈 $ABCD$ 在均匀磁场 $\boldsymbol{B}$ 中绕固定轴 OO' 以匀角速度 ω 转动. 为了避免线圈两根引线在转动中扭绞,线圈两端分别接在两个与线圈一起转动的铜环上,铜环通过两个有弹性的金属触头与外电路接通. 线圈在原动机(汽轮机,水轮机等)的推动下匀角速旋转. 试计算线圈与外电路构成的闭合回路中的感应电动势与感应电流.

当线圈转动时,AB 和 CD 两边(设边长 $AB=CD=l$,两边与转轴 OO' 的距离为 r)切割磁力线,产生动生电动势 $\mathscr{E}$. 因两边的速度方向不断变化,则线圈法线方向 $\boldsymbol{n}$ 与磁场 $\boldsymbol{B}$ 之间的夹角 θ 不断变化,$\mathscr{E}$ 随之变化. 如图 6-8(b),由(6.3)式,当夹角为 θ 时,动生电动势为

$$\begin{aligned}\mathscr{E}&=\int_A^B(\boldsymbol{v}\times\boldsymbol{B})\cdot\mathrm{d}l+\int_C^D(\boldsymbol{v}\times\boldsymbol{B})\cdot\mathrm{d}\boldsymbol{l}\\&=\int_0^l vB\sin\left(\frac{\pi}{2}+\theta\right)\mathrm{d}l+\int_0^l vB\sin\left(\frac{\pi}{2}-\theta\right)\mathrm{d}l\\&=2vBl\cos\theta=2\omega rlB\cos\omega t=BS\omega\cos\omega t,\end{aligned}$$

式中用到 $v=\omega r$, $S=2rl$(线圈面积)以及 $\theta=\omega t$.

也可用(6.1)式来计算,如图 6-8(b),通过线圈的磁通量 Φ 及感应电动势 $\mathscr{E}$ 为

$$\Phi=\boldsymbol{B}\cdot\boldsymbol{S}=BS\cos\left(\theta+\frac{\pi}{2}\right)=-BS\sin\omega t,$$

$$\mathscr{E}=-\frac{\mathrm{d}\Phi}{\mathrm{d}t}=\frac{\mathrm{d}}{\mathrm{d}t}(BS\sin\omega t)=BS\omega\cos\omega t.$$

上式结果表明,感应电动势 $\mathscr{E}$ 随时间 t 按余弦函数变化,称为**简谐交流电**. 当线圈中产生感应电流时,所受磁场的安培力为阻力,因此,为了持续发电,原动机需克服阻力的力矩做功,维持线圈不断转动. **交流发电机就是利用电磁感应现象将机械能转化为电能的装置.**

• 感生电动势 涡旋电场

当导体不动,因磁场变化产生的感应电动势称为感生电动势 $\mathscr{E}_{感生}$,那么,引起 $\mathscr{E}_{感生}$ 的非静电力究竟是什么呢?

1855 年,年轻的麦克斯韦(James Clerk Maxwell, 1831—1879,英国)发表了他关于电磁场理论的第一篇论文,题为"论法拉第力线". 受法拉第场论思想的深刻影响和 W. 汤姆孙类比研究的启发,麦克斯韦把电磁场与不可压缩流体恒定流动形成的流速场相类比,从后者移植了源,旋,通量,环流,高斯定理,环路定理等重要概念和

表达方式，使得静电场、恒定磁场的性质和区别一目了然，并有了准确的定量表述. 进而，麦克斯韦把目光转向电磁感应，根据法拉第为解释感应电动势而提出的动态磁力线、电力线相互联系的思想，借用了诺埃曼、韦伯超距作用电磁理论中有益的数学表述，麦克斯韦明确指出**变化磁场产生的涡旋电场**（也称有旋电场，curl electric field）**是引起感生电动势**[①]**的原因**，并且相信即使不存在导体回路、没有感应电流，变化磁场周围的涡旋电场依然存在.

与电荷产生的静电场不同，涡旋电场是由变化磁场产生的；与静电场有源无旋、电力线不闭合、可引入电势等性质不同，涡旋电场无源有旋（左旋）、电场线闭合、不存在电势. 静电场与涡旋电场的共同性在于，都能给予其中的电荷以作用力. 仿照静电场场强的定义，把单位正电荷所受涡旋电场的作用力称为涡旋电场的场强 $\boldsymbol{E}_{旋}$，$\boldsymbol{E}_{旋}$ 就是产生感生电动势 $\mathscr{E}_{感生}$ 的非静电力.

由电磁感应定律(6.1)式，若导体不动，只是磁场 $\boldsymbol{B}$ 变化，即只存在感生电动势，则可将 $\dfrac{\mathrm{d}}{\mathrm{d}t}$ 与 $\iint$ 两个运算的顺序交换，得

$$\mathscr{E}_{感生}=-\iint\limits_{(S)}\frac{\partial\boldsymbol{B}}{\partial t}\cdot\mathrm{d}\boldsymbol{S}. \tag{6.4}$$

按照麦克斯韦对感生电动势的解释，再结合电动势的一般定义 $\mathscr{E}=\int_{-\ (电源内)}^{+}\boldsymbol{K}\cdot\mathrm{d}\boldsymbol{l}$，取 $\boldsymbol{K}$ 为 $\boldsymbol{E}_{旋}$，有

$$\mathscr{E}_{感生}=\oint\limits_{(L)}\boldsymbol{E}_{旋}\cdot\mathrm{d}\boldsymbol{l}. \tag{6.5}$$

(6.4)和(6.5)式两种表述是等价的，前者来自经验的归纳，后者揭示了物理本质，式中的 S 是以闭合回路 L 为周界的曲面面积.

涡旋电场是**无源有旋场**，其高斯定理和环路定理为

$$\oiint\boldsymbol{E}_{旋}\cdot\mathrm{d}\boldsymbol{S}=0, \tag{6.6}$$

$$\oint\boldsymbol{E}_{旋}\cdot\mathrm{d}\boldsymbol{l}=-\iint\frac{\partial\boldsymbol{B}}{\partial t}\cdot\mathrm{d}\boldsymbol{S}. \tag{6.7}$$

---

① 洛伦兹力以及动生、感生电动势的区分都是后来的事，在法拉第、麦克斯韦时代笼统地都称为感应电动势.

(6.7)式来自(6.4)和(6.5)式,右端不为零表明涡旋电场有旋,右端的负号表明,$\partial \boldsymbol{B}/\partial t$ 的方向即磁场增加的方向,与其周围 $\boldsymbol{E}_{旋}$ 的环绕方向,成左手螺旋关系,即涡旋电场是**左旋**场.把(6.6)(6.7)式与静电场的高斯定理和环路定理(1.7)(1.8)式相比较,即可看出两者的显著区别.

一般情形,电荷与变化磁场并存,总电场 $\boldsymbol{E}$ 是电荷(无论静止或运动)产生的电场 $\boldsymbol{E}_{势}$(加下标“势”,以示区别并指明是保守场即势场)和变化磁场产生的涡旋电场 $\boldsymbol{E}_{旋}$ 之和,即

$$\boldsymbol{E} = \boldsymbol{E}_{势} + \boldsymbol{E}_{旋}. \tag{6.8}$$

把(6.6)(6.7)式分别与(1.7)(1.8)式相加(注意,已将(1.7)(1.8)式推广到非静止的普遍情形),得出**总电场 $\boldsymbol{E}$** 是**有源有旋**的,其中总电场 $\boldsymbol{E}$ 的环路定理为

$$\oint \boldsymbol{E} \cdot \mathrm{d}\boldsymbol{l} = -\iint \frac{\partial \boldsymbol{B}}{\partial t} \cdot \mathrm{d}\boldsymbol{S}. \tag{6.9}$$

(6.9)式是电磁场理论(麦克斯韦方程组)的基本方程之一,也是静电场环路定理在非恒定条件下的推广.

涡旋电场及其无源有旋的性质,是麦克斯韦在法拉第场论思想指引下为解释电磁感应现象提出的理论假设,在当时并无其他更多的实验支持.理论研究就是大胆假设、小心求证的探索过程,清晰的概念、准确的定量表述更为检验其是非真伪提供了可能,这是理论成熟的重要标志.此后,包括下述电子感应加速器在内的许多实验,证明了它的正确性.

还应强调指出,伴随着涡旋电场概念的建立,提出了一个深刻的问题:既然变化的磁场会产生涡旋电场,那么,其逆效应是什么,即变化的电场是否也会产生某种磁场呢?本来,从相互作用的角度看,电流的磁效应和电磁感应分别揭示了电(电流)对磁(磁体)的作用和磁(运动、变化的磁体或电流)对电(电荷)的作用,互为逆效应.从超距作用观点看来,电磁现象内在联系的两个侧面已经完备,别无其他.但从近距作用场论观点看来,电磁感应(指感生电动势)只是揭示了电场与磁场内在联系的一个侧面,另一个侧面尚付阙如、尚待探索.如所周知,正是对此的肯定回答,即认为变化电场也会产生磁场,

导致位移电流假设的提出，成为麦克斯韦建立电磁场理论的关键性突破(详见第 8 章). 两种不同物理观点在研究的对象、提出的问题、对同样现象的理解等方面都呈现出明显的差异，物理思想的指导意义和深刻影响由此可见一斑.

如果动生电动势与感生电动势并存，由(6.3)和(6.5)式，感应电动势为

$$\mathscr{E} = \mathscr{E}_{动生} + \mathscr{E}_{感生} = \int (\boldsymbol{v} \times \boldsymbol{B}) \cdot \mathrm{d}\boldsymbol{l} + \oint \boldsymbol{E}_{旋} \cdot \mathrm{d}\boldsymbol{l}$$

$$= \int (\boldsymbol{v} \times \boldsymbol{B}) \cdot \mathrm{d}\boldsymbol{l} - \iint \frac{\partial \boldsymbol{B}}{\partial t} \cdot \mathrm{d}\boldsymbol{S}. \qquad (6.10)$$

(6.1)式和(6.10)式是**感应电动势**的**两种等价表述**，也是计算感应电动势的两种方法. 在同一问题中，若有歧义，应以揭示物理本质的(6.10)式为准. 另外，$\mathscr{E}_{动生}$ 和 $\mathscr{E}_{感生}$ 的区分在一定程度上只有相对的意义，在某些问题中(如图 6-4)，随着参考系的变换(例如图 6-4 中从线圈移至磁棒)，$\mathscr{E}_{动生}$ 可以变成 $\mathscr{E}_{感生}$，或反之. 但在普遍情形，不可能通过坐标变换把 $\mathscr{E}_{感生}$ 完全归结为 $\mathscr{E}_{动生}$，反之亦然，换言之，两者在物理本质上是独立的.

例 3 如图 6-9，在水平面上有半径为 R 的固定光滑绝缘细圆环，环上串有质量为 m、电量为 $q(q>0)$ 的带电小珠，环内(及环上)有匀强磁场 $\boldsymbol{B}$，方向如图. 设 $t=0$ 时，$B=0$，小珠静止；$0<t<T$ 时，B 随时间 t 均匀地增大；$t=T$ 时，$B=B_0$. 试求从 0 到 T 时间内小珠所受的涡旋电场作用力以及小珠的运动状况.

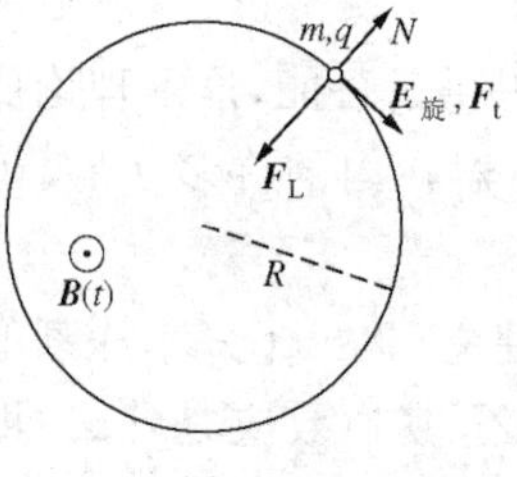

图 6-9

解 磁场变化产生的涡旋电场 $\boldsymbol{E}_{旋}$ 沿切向，使小珠受切向力 $\boldsymbol{F}_t$. 因 B 随 t 均匀地增大，故

$$B = B_0 \frac{t}{T}, \qquad \frac{\mathrm{d}B}{\mathrm{d}t} = \frac{B_0}{T}.$$

由(6.7)式，

$$\oint \boldsymbol{E}_{旋} \cdot \mathrm{d}\boldsymbol{l} = E_{旋} \cdot 2\pi R = -\iint \frac{\partial \boldsymbol{B}}{\partial t} \cdot \mathrm{d}\boldsymbol{S} = -\frac{B_0}{T}\pi R^2,$$

得

$$E_{旋}=\frac{B_0R}{2T},\qquad F_t=qE_{旋}=\frac{qB_0R}{2T}.$$

$\boldsymbol{E}_{旋}$ 与 $\boldsymbol{F}_t$ 均沿圆环切向，方向如图，大小不变. 在 $\boldsymbol{F}_t$ 的作用下，小珠在 0 到 T 时间内绕环做初速为零的匀加速圆周运动，在 t 时刻，小珠的切向加速度 a_t 及切向速度 v_t 分别为

$$a_t=\frac{F_t}{m}=\frac{qB_0R}{2mT},\qquad v_t=a_tt=\frac{qB_0R}{2mT}t.$$

讨论 当小珠绕环运动后，还将受到洛伦兹力 $\boldsymbol{F}_L$ 和圆环的作用力 $\boldsymbol{N}$，但两者均为法向力，并不影响小珠绕环的切向运动，实际上正是两者之和(矢量和)使小珠获得绕环运动所需的向心力.

- **电子感应加速器**

回旋加速器适于加速质量较大、相对论效应不显著的重离子. 电子感应加速器则适于加速质量很小、相对论效应十分显著的电子. 加速后的高能电子产生的 X 射线和 γ 射线，可用于核物理研究、无损探伤、治疗癌症等.

电子感应加速器的装置和原理如图 6-10 所示. 分成两截的圆柱形电磁铁缠以励磁线圈，其中通以交变电流(通常采用频率为 50 Hz 的市电)，在其周围产生轴对称的、随时间变化的、非均匀的磁场. 交变磁场在两极间产生的涡旋电场，用以加速两极间环形真空室内的电子；同时，磁场的洛伦兹力使电子回旋，并且，还要使电子始终在固定的圆轨道上回旋，加速，便于应用.

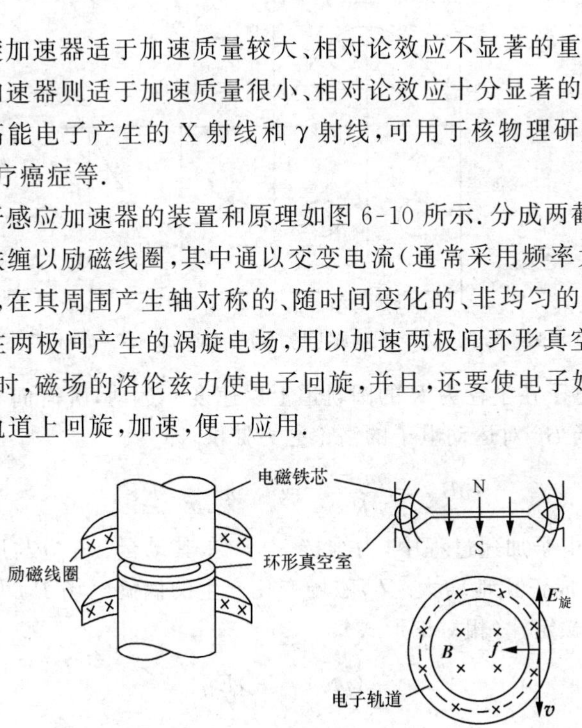

图 6-10 电子感应加速器原理图

为此,需解决几个问题:(1) 电子运动方向与磁场方向应配合好,使洛伦兹力提供向心力.(2) 电子运动方向与涡旋电场方向应配合好,使电子不断加速.为了满足以上两点,对于沿顺时针方向运动(如图 6-10)的电子来说,$\boldsymbol{B}$ 的方向应是⊗,涡旋电场 $\boldsymbol{E}_{旋}$ 应沿逆时针方向.这样,如图 6-11,在磁场变化的一个周期内只有前 1/4 周期可用于加速电子.(3) 为了使电子在加速过程中绕一固定圆轨道运动,以便最后用偏转装置将电子引离轨道打到靶上,对磁场的径向分布有一定要求,即应使圆轨道上的磁场 B_R 刚好等于圆轨道包围面积内磁场的平均值之半($\bar{B}/2$).现予证明,注意:由于电子质量小,很容易达到接近光速的高速,因此,在下述证明中必须考虑电子质量的相对论效应.

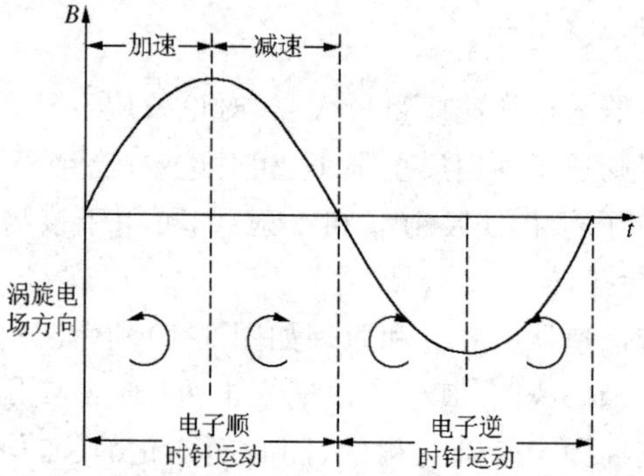

图 6-11 电子运动方向、涡旋电场方向与磁场方向及磁场变化的关系

设电子在半径为 R 的圆轨道上以速度 v 运动,所需向心力由轨道上磁场 B_R 对运动电子的洛伦兹力提供,即

$$evB_R = \frac{mv^2}{R} \quad 或 \quad mv = eRB_R. \tag{6.11}$$

可见,在电子加速过程中,为维持 R 不变,其动量 mv 应与所在处的磁场 B_R 成正比地增大.又,磁场变化产生的涡旋电场 $\boldsymbol{E}_{旋}$ 使电子加速,由牛顿定律(相对论形式)

$$\frac{\mathrm{d}}{\mathrm{d}t}(mv) = -eE_{旋}. \tag{6.12}$$

由(6.7)式,$\boldsymbol{E}_{旋}$ 应满足

$$\oint \boldsymbol{E}_{旋} \cdot \mathrm{d}\boldsymbol{l} = E_{旋} \cdot 2\pi R = -\iint \frac{\partial \boldsymbol{B}}{\partial t} \cdot \mathrm{d}\boldsymbol{S} = -\frac{\mathrm{d}}{\mathrm{d}t}\iint \boldsymbol{B} \cdot \mathrm{d}\boldsymbol{S}$$

$$= -\frac{\mathrm{d}}{\mathrm{d}t}(S\bar{B}) = -\pi R^2 \frac{\mathrm{d}\bar{B}}{\mathrm{d}t},$$

式中 $S=\pi R^2$ 是电子圆轨道的面积，$\bar{B}=\frac{1}{S}\iint \boldsymbol{B} \cdot \mathrm{d}\boldsymbol{S}$ 是圆面积 S 内的平均磁场. 即

$$E_{旋} = -\frac{R}{2}\frac{\mathrm{d}\bar{B}}{\mathrm{d}t}. \tag{6.13}$$

把(6.13)式代入(6.12)式，得

$$\frac{\mathrm{d}}{\mathrm{d}t}(mv) = \frac{eR}{2}\frac{\mathrm{d}\bar{B}}{\mathrm{d}t} \quad 或 \quad \mathrm{d}(mv) = \frac{eR}{2}\mathrm{d}\bar{B}.$$

设开始时 $v=0$，$\bar{B}=0$，任意 t 时刻为 v 和 $\bar{B}$，积分，得

$$mv = \frac{eR}{2}\bar{B}. \tag{6.14}$$

由(6.11)(6.14)式，在电子回旋、加速过程中，维持圆轨道半径 R 不变的条件是

$$B_R = \frac{1}{2}\bar{B}.$$

此外，为了防止电子在垂直方向和水平方向偏离轨道，还要求垂直方向的磁感应线呈弧形等(如图 6-10)，不赘述了.

大型电子感应加速器可使电子能量达到 100 MeV，此时电子速度已达 0.999 986 0c. 电子加速时辐射的能量损失是限制其能量提高的重要因素.

6.3 自感与互感

- 自感系数与互感系数
- 磁场的能量和能量密度
- 自感磁能与互感磁能

动生与感生电动势的区分着眼于非静电力的不同，有助于认识感应电动势的物理本质. 自感与互感电动势的区分则着眼于产生感

应电动势的原因来自自身还是外部，具有实际的应用价值，尤其是在电路中.两种区分，各有侧重，互为补充.

• 自感系数与互感系数

当一线圈中的电流变化时，激发的磁场相应变化，通过线圈自身的磁通量（或磁链）随之变化，使线圈中产生感应电动势.这种起因于自身的电磁感应现象称为**自感**现象，产生的感应电动势称为**自感电动势**.例如，载流线圈突然中断时，断开处会打火花，就是典型的自感现象.

设线圈中的电流为 I，则激发的磁感应强度以及通过线圈自身的磁链 Ψ 均与 I 成正比，有

$$\Psi = LI. \tag{6.15}$$

当 I 变化时，Ψ 随之变化，由法拉第电磁感应定律，线圈中的自感电动势为

$$\mathscr{E}_L = -L\frac{\mathrm{d}I}{\mathrm{d}t}, \tag{6.16}$$

式中的比例系数 L 称为**自感系数**，简称自感，描绘自感现象的强弱. L 的数值与线圈的大小、形状、匝数以及其中磁介质（指非铁磁质）的性质有关，即只取决于线圈的性质而与线圈中的电流无关（若线圈中充以铁磁质，则 L 还与 I 有关，较为复杂）.一般说来，自感系数的计算是比较复杂的.

在 MKSA 单位制中，L 的单位是亨利(H)，

$$1\,亨 = \frac{1\,韦}{1\,安} = \frac{1\,伏\cdot秒}{1\,安}, \quad 即 \quad 1\,\mathrm{H} = 1\,\frac{\mathrm{Wb}}{\mathrm{A}} = 1\,\frac{\mathrm{V\cdot s}}{\mathrm{A}}.$$

例 4 设单层密绕长直螺线管长 $l=40\ \mathrm{cm}$，截面积 $S=10\ \mathrm{cm}^2$，共 $N=2000$ 匝，试求其自感系数 L.

解 因螺线管的长度比其宽度大很多，可把管内磁场看作均匀分布，并忽略端点效应.设线圈中通有电流 I，由(4.16)式，管内磁感应强度为

$$B = \mu_0 nI,$$

式中 $n=N/l$ 是单位长度的匝数.因此，通过每匝线圈的磁通量为

$$\Phi = BS = \mu_0 nIS.$$

因设螺线管密绕，磁链为 $\Psi = N\Phi$. 由(6.15)式，螺线管的自感系数为

$$L = \frac{N\Phi}{I} = \frac{N\mu_0 nIS}{I} = \mu_0 \frac{N^2 S}{l} = 13\,\mathrm{mH}.$$

上述计算是近似的，用到了磁场均匀、忽略端点效应、各匝磁通量相同的假设，实际上例如有限长螺线管两端的磁场只是中间部分的一半，使磁链及实测的 L 都要小一些.

设两线圈毗邻，其一电流变化，使通过另一的磁链发生变化，产生的感应电动势，称为**互感电动势**，这种现象称为**互感**. 设线圈 1 的电流为 I_1，它激发的磁场通过线圈 2 的磁链为 Ψ_{12}，由毕-萨定律，Ψ_{12} 与 I_1 成正比，有

$$\Psi_{12} = M_{12} I_1. \tag{6.17}$$

同理，设线圈 2 的电流为 I_2，它激发的磁场通过线圈 1 的磁链为 Ψ_{21}，有

$$\Psi_{21} = M_{21} I_2. \tag{6.18}$$

由法拉第电磁感应定律，因 I_1 变化在线圈 2 中产生的互感电动势 $\mathscr{E}_{12}$ 以及因 I_2 变化在线圈 1 中产生的互感电动势 $\mathscr{E}_{21}$ 分别为

$$\mathscr{E}_{12} = -\frac{\mathrm{d}\Psi_{12}}{\mathrm{d}t} = -M_{12}\frac{\mathrm{d}I_1}{\mathrm{d}t}, \tag{6.19}$$

$$\mathscr{E}_{21} = -\frac{\mathrm{d}\Psi_{21}}{\mathrm{d}t} = -M_{21}\frac{\mathrm{d}I_2}{\mathrm{d}t}. \tag{6.20}$$

可以证明(见下)式中的比例系数 $M_{12} = M_{21}$，统一表为 M. M 称为**互感系数**，简称互感，描绘互感现象的强弱. M 的数值与两线圈的大小、形状、匝数、其中磁介质(非铁磁质)的性质以及两线圈的相对位置有关，而与线圈中的电流无关(若线圈中充以铁磁质，则 M 还与电流有关，较为复杂). 互感系数 M 一般不易计算，通常由实验测定，简单情形可用毕-萨定律及(6.17)(6.18)式计算. M 的单位与 L 相同，也是亨利(H).

不难设想，两个线圈的互感系数 M 与各自的自感系数 L_1，L_2 密切相关，但又不完全取决于后者，因为其间的相对位置即每一线圈产生的磁通量有多少能通过另一线圈尚待确定. 若两个线圈中每一

线圈产生的磁通量对于每一匝来说都相等，并且全部穿过另一线圈的每一匝，称为**无漏磁**. 把两个线圈密绕并缠在一起就能很好地实现无漏磁. 在无漏磁条件下，两线圈的相对位置对互感系数的影响不复存在，M 应仅由 L_1 和 L_2 确定.

证明 设线圈 1,2 的匝数分别为 N_1,N_2，电流分别为 I_1,I_2，通过每匝线圈的磁通量分别为 Φ_1,Φ_2，由(6.15)(6.16)(6.17)(6.18)式，有

$$L_1=\frac{N_1\Phi_1}{I_1},\qquad L_2=\frac{N_2\Phi_2}{I_2},$$

$$M=\frac{N_1\Phi_{21}}{I_2}=\frac{N_2\Phi_{12}}{I_1}.$$

因无漏磁

$$\Phi_{12}=\Phi_1,\qquad \Phi_{21}=\Phi_2. \tag{6.21}$$

由以上三式，得

$$M^2=\frac{N_1\Phi_{21}}{I_2}\cdot\frac{N_2\Phi_{12}}{I_1}=\frac{N_1\Phi_2}{I_2}\cdot\frac{N_2\Phi_1}{I_1}$$

$$=\frac{N_1\Phi_1}{I_1}\cdot\frac{N_2\Phi_2}{I_2}=L_1L_2,$$

即

$$M=\sqrt{L_1L_2}. \tag{6.22}$$

在有漏磁情形，一个线圈产生的磁通量不能全部通过另一线圈，(6.21)式应代之以

$$\Phi_{12}=K_2\Phi_1,\qquad \Phi_{21}=K_1\Phi_2,$$

式中 $K_1,K_2<1$，故(6.22)式变为

$$M=\sqrt{K_1K_2L_1L_2}=K\sqrt{L_1L_2}, \tag{6.23}$$

式中 $K=\sqrt{K_1K_2}$ 称为两线圈的**耦合系数**，描述漏磁对互感的影响. 若无漏磁，$K_1=K_2=1$，$K=1$；若有漏磁，$K_1,K_2<1$，$K<1$；若 $K=0$，则 $M=0$，表明两线圈无耦合，互感系数为零.

具有一定自感系数的线圈称为电感器，简称电感，是交流电路的基本元件之一，应用广泛(详见第 7 章). 利用各线圈之间的互感，可

制成各种类型的变压器,以传递能量和信号.但在有些情形,互感是有害的,如有线电话会因两路电话之间的互感而串音,对此应设法减小其间的耦合系数,避免干扰.

例 5 如图 6-12,两个共轴螺线管,管 2 绕在管 1 的中部,管长 $l_1=100\ \text{cm}$, $l_2=50\ \text{cm}$, $N_1=6000$ 匝, $N_2=3000$ 匝,截面积均为 $S=10\ \text{cm}^2$. 试求它们的互感系数和耦合系数.

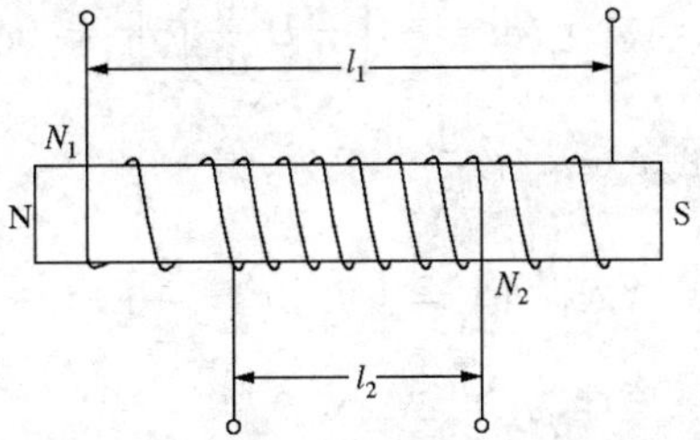

图 6-12 两个共轴螺线管的互感系数和耦合系数的计算

解 设在螺线管 1 中通以电流 I_1, 它在管中部的磁感应强度为

$$B=\mu_0 n_1 I_1=\mu_0 \frac{N_1}{l_1} I_1,$$

通过螺线管 2 的磁链为

$$N_2 \Phi_{12}=N_2 B S=N_2 \mu_0 \frac{N_1}{l_1} I_1 S.$$

两个螺线管之间的互感系数为

$$M=\frac{N_2 \Phi_{12}}{I_1}=\frac{\mu_0 N_1 N_2 S}{l_1}=2.3 \times 10^{-2}\ \text{H}.$$

两个螺线管各自的自感系数(忽略端点效应)为(参看例 4),

$$L_1=\mu_0 n_1^2 V_1=\mu_0 \frac{N_1^2 S}{l_1}, \qquad L_2=\mu_0 \frac{N_2^2 S}{l_2},$$

故耦合系数为

$$K=\frac{M}{\sqrt{L_1 L_2}}=\sqrt{\frac{l_2}{l_1}}=0.71.$$

显然, $K<1$ 是有漏磁即螺线管 2 产生的磁通量未能全部通过螺线管 1 所致.

• 自感磁能与互感磁能

一个线圈与直流电源接通，在电流由零增大到恒定值 I 的过程中，电源除提供线圈中产生焦耳热的能量外，还需反抗自感电动势 $\mathscr{E}_L$ 做功，后者即为载流线圈储存的能量，称为**自感磁能**. 设任意 t 时刻线圈中的电流为 i，则在 t 到 $(t+\mathrm{d}t)$ 时间内，电源反抗 $\mathscr{E}_L$ 做功为

$$\mathrm{d}A=-\mathscr{E}_L i\,\mathrm{d}t=-\left(-L\frac{\mathrm{d}i}{\mathrm{d}t}\right)i\,\mathrm{d}t=Li\,\mathrm{d}i,$$

式中用到(6.16)式 $\mathscr{E}_L=-L\dfrac{\mathrm{d}i}{\mathrm{d}t}$. 积分，得

$$A=\int\mathrm{d}A=\int_0^I Li\,\mathrm{d}i=\frac{1}{2}LI^2,$$

故载流线圈的自感磁能为

$$W_{自}=\frac{1}{2}LI^2. \tag{6.24}$$

两个相邻线圈分别与直流电源接通，在电流由零增大到恒定值 I_1 和 I_2 的过程中，电源除提供线圈中产生焦耳热的能量和反抗自感电动势做功外，还需反抗互感电动势做功，后者成为两载流线圈储存能量的一部分，称为**互感磁能**. 设任意 t 时刻两线圈中的电流分别为 i_1 和 i_2，则在 t 到 $(t+\mathrm{d}t)$ 时间内，电源反抗互感电动势 $\mathscr{E}_{21}$ 和 $\mathscr{E}_{12}$ 做功为

$$\begin{aligned}\mathrm{d}A&=\mathrm{d}A_1+\mathrm{d}A_2=-\mathscr{E}_{21}i_1\mathrm{d}t-\mathscr{E}_{12}i_2\mathrm{d}t\\&=-\left(-M_{21}\frac{\mathrm{d}i_2}{\mathrm{d}t}\right)i_1\mathrm{d}t-\left(-M_{12}\frac{\mathrm{d}i_1}{\mathrm{d}t}\right)i_2\mathrm{d}t\\&=M_{12}\mathrm{d}(i_1i_2),\end{aligned}$$

式中用到(6.19)(6.20)式 $\mathscr{E}_{12}=-M_{12}\,\mathrm{d}i_1/\mathrm{d}t$，$\mathscr{E}_{21}=-M_{21}\,\mathrm{d}i_2/\mathrm{d}t$ 及 $M_{21}=M_{12}$. 积分，得

$$A=\int\mathrm{d}A=M_{12}\int_0^{I_1I_2}\mathrm{d}(i_1i_2)=M_{12}I_1I_2,$$

故两个载流线圈的互感磁能为

$$W_{互}=M_{12}I_1I_2. \tag{6.25}$$

由(6.24)(6.25)式，两个载流线圈储存的总磁能为

$$W_m = W_{自1} + W_{自2} + W_{互} = \frac{1}{2}L_1 I_1^2 + \frac{1}{2}L_2 I_2^2 + M_{12} I_1 I_2. \tag{6.26}$$

推广到 k 个载流线圈的普遍情形，储存的**总磁能**为

$$W_m = \frac{1}{2}\sum_{i=1}^{k} L_i I_i^2 + \frac{1}{2}\sum_{\substack{i,j=1\\(i\neq j)}}^{k} M_{ij} I_i I_j, \tag{6.27}$$

式中 L_i 是第 i 个线圈的自感系数，M_{ij} 是线圈 i 与 j 之间的互感系数，I_i 是线圈 i 的恒定电流. 在(6.27)式中，因 L 为正，故自感磁能总是正的，因 M 可正可负，故互感磁能可正可负，当线圈 1 的电流 I_1 产生的通过线圈 2 的磁通量与线圈 2 的电流 I_2 产生的通过线圈 2 本身的磁通量同号时，M 为正，其间的互感磁能为正，反之，M 为负，互感磁能为负.

最后，根据两线圈的互感磁能与电流建立的过程无关，证明互感系数 $M_{12}=M_{21}$. 先接通电源 1 在线圈 1 中建立电流 I_1，设此过程中线圈 2 尚未接通故无互感磁能. 再接通电源 2 在线圈 2 中建立电流 I_2，设在此过程中，调节电源 1，平衡掉线圈 2 对线圈 1 的互感电动势，维持 I_1 不变，则电源 1 反抗互感电动势做功为

$$A = -\int \mathscr{E}_{21} I_1 \mathrm{d}t = -I_1 \int\left(-M_{21}\frac{\mathrm{d}i_2}{\mathrm{d}t}\right)\mathrm{d}t$$

$$= M_{21} I_1 \int_0^{I_2} \mathrm{d}i_2 = M_{21} I_1 I_2.$$

因 I_1 维持不变，不会在线圈 2 中产生互感电动势，故整个过程中储存的互感磁能为 $M_{21} I_1 I_2$. 同样，先建立 I_2，再建立 I_1 同时维持 I_2 不变，则储存的互感磁能应为 $M_{12} I_1 I_2$. 因互感磁能与建立电流的先后次序及具体过程无关，故 $M_{21} I_1 I_2 = M_{12} I_2 I_1$，即

$$M_{21} = M_{12} = M.$$

- **磁场的能量和能量密度**

线圈在建立电流的过程中克服感应电动势所做的功转变成为线圈储存的能量——磁能，但是，还没有说明磁能蕴藏在何处. 根据近距作用的场论观点，**磁能定域在磁场中**，凡磁场不为零处便具有相应

的磁能,能量是磁场的重要物理属性.

现在,借助于长直螺线管的特例,形式地导出普遍适用的磁场能量密度公式.

设长直螺线管长为 l, 截面积为 S, 共 N 匝,管内充满相对磁导率为 μ_r 的各向同性均匀磁介质,忽略端点效应,则当螺线管通有电流 I 时,管内磁场均匀,磁感应强度和磁场强度的大小分别为

$$B = \mu_0 \mu_r \frac{N}{l} I,$$

$$H = \frac{N}{l} I.$$

螺线管的自感系数为

$$L = \mu_0 \mu_r \frac{N^2}{l} S,$$

代入自感磁能公式(6.24)式,利用 $\mu = \mu_0 \mu_r$, 得出

$$W_m = \frac{1}{2} L I^2 = \frac{1}{2} \mu \frac{N^2}{l} S I^2$$
$$= \frac{1}{2} \left(\mu \frac{N}{l} I \right) \left(\frac{N}{l} I \right) (Sl) = \frac{1}{2} BHV,$$

式中 $V = Sl$ 是螺线管的体积. 故单位体积磁场蕴藏的能量即**磁场的能量密度**为

$$w_m = \frac{W_m}{V} = \frac{1}{2} BH,$$

或用矢量表示,为

$$w_m = \frac{1}{2} \boldsymbol{B} \cdot \boldsymbol{H}. \tag{6.28}$$

公式虽由长直螺线管特例导出,但普遍适用. 对于非均匀磁场,总的**磁场能量**为

$$W_m = \iiint w_m \mathrm{d}V = \iiint \frac{1}{2} \boldsymbol{B} \cdot \boldsymbol{H} \mathrm{d}V. \tag{6.29}$$

上式的积分范围为磁场占有的全部空间. (6.28)和(6.29)式表明,磁场的能量密度和能量完全由描述磁场的矢量 $\boldsymbol{B}$ 和 $\boldsymbol{H}$ 确定.

在结束本节时把电感线圈与电容器相比较是有益的. 两者颇多类似之处: L,M 或 C 都是描绘线圈或电容器本身性质的物理量(填

充铁磁质或铁电体的情形除外)；都储存能量(磁能或电能)；都是交流电路中的基本元件；有关公式形式相仿.

6.4 暂 态 过 程

- RL 电路的暂态过程
- RC 电路的暂态过程
- RLC 电路的暂态过程
- 灵敏电流计

自感与电阻组成的 RL 电路，在从 0 突升到 $\mathscr{E}$ 或从 $\mathscr{E}$ 突降到 0 的阶跃电压(如将直流电源接通或断开、短接)的作用下，由于自感的作用，电路中的电流不会瞬间突变，而有一个逐渐增大或减小的过程. 与此类似，电容和电阻组成的 RC 电路在阶跃电压的作用下，电容上的电压也不会瞬间突变. 这种在阶跃电压作用下，从初始状态逐渐变化到稳态的过程叫做**暂态过程**. 对暂态过程的讨论既不同于交流电路(虽然都涉及 R,L,C，但交流电路中的电源通常是简谐式渐变的)，也不同于直流电路(虽然都是直流电源，但直流电路只讨论达到稳态后的情形)，了解其特点和规律是一个重要的补充，有应用价值.

● RL 电路的暂态过程

如图 6-13 的电路包括直流电源 $\mathscr{E}$(内阻可略)以及串联的 R 和 L，把开关拨向 1，接通电源，由于有 L，电路中除 $\mathscr{E}$ 外还有反抗电流变化的自感电动势 $\mathscr{E}_L=-L\dfrac{\mathrm{d}i}{\mathrm{d}t}$，总的电动势是两者之和. 由欧姆定律(在电流变化不快的似稳条件下，欧姆定律依然成立)，有

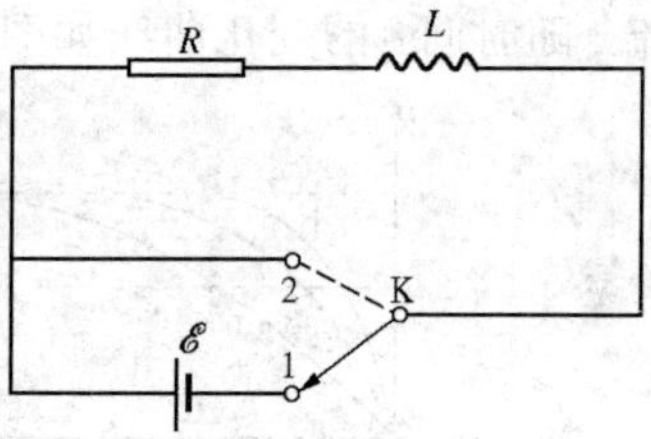

图 6-13 直流电源，RL 串联

$$\mathscr{E}+\mathscr{E}_L=\mathscr{E}-L\frac{\mathrm{d}i}{\mathrm{d}t}=iR,$$

或

$$L\frac{\mathrm{d}i}{\mathrm{d}t}+Ri=\mathscr{E}. \tag{6.30}$$

这是电路中瞬时电流 i 遵循的微分方程——一阶线性常系数非齐次微分方程,可用分离变量法求解.分离变量,得

$$\frac{\mathrm{d}i}{i-\dfrac{\mathscr{E}}{R}}=-\frac{R}{L}\mathrm{d}t.$$

积分,得

$$\ln\left(i-\frac{\mathscr{E}}{R}\right)=-\frac{R}{L}t+K,①$$

或

$$i-\frac{\mathscr{E}}{R}=K_1\mathrm{e}^{-\frac{R}{L}t},\quad K_1=\mathrm{e}^K.$$

式中 K 或 K_1 是积分常数,由初始条件即接通电源的 $t=0$ 时刻电流为 $i_0=0$ 来确定.代入上式,得 $K_1=-\mathscr{E}/R$. 由此解出

$$i=\frac{\mathscr{E}}{R}(1-\mathrm{e}^{-\frac{R}{L}t})=I_0(1-\mathrm{e}^{-\frac{t}{\tau}}). \tag{6.31}$$

可见,接通电源后电流 i 随时间 t 按**上式增长**逐渐达到**稳定值** $I_0=\mathscr{E}/R$. 增长的快慢取决于具有时间量纲的比值 $\tau=L/R$ 的大小. τ 称为 RL 电路的**时间常数**,当 $t=\tau$ 时,电流为

$$i(\tau)=I_0(1-\mathrm{e}^{-1})=0.632I_0,$$

τ 等于电流从 0 增加到稳定值 I_0 的 63%所需的时间,当 $t=5\tau$ 时, $i=I_0(1-\mathrm{e}^{-5})=0.994I_0$,已基本达到稳定值.对于不同的 τ 值,电流 i 随时间 t 的变化曲线如图 6-14(a)所示.

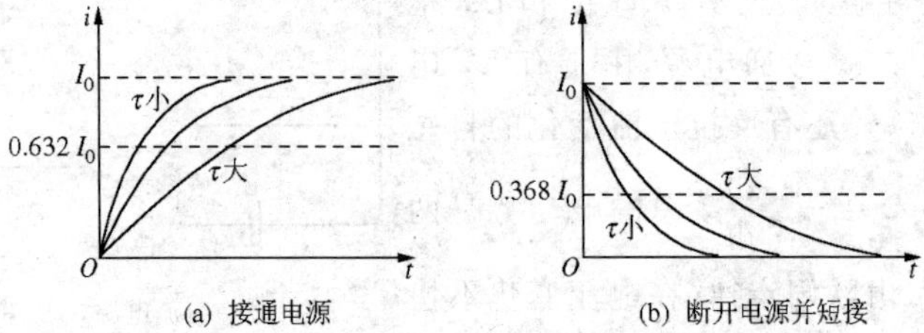

图 6-14 RL 电路的暂态过程($I_0=\mathscr{E}/R,\tau=L/R$)

① 当 $i<\dfrac{\mathscr{E}}{R}$ 时,这里出现负数的对数,为避免这种情况,可将前式两端改变符号后再积分,结果相同.

在图 6-13 中，当电流达到稳定值 I_0 后，将开关 K 由 1 拨到 2，即断开电源并短接，此时虽无电源，但因电流变化产生的自感电动势将阻碍电流的变化，使之逐渐衰减. 由欧姆定律，有

$$\mathscr{E}_L = -L\frac{\mathrm{d}i}{\mathrm{d}t} = iR,$$

或

$$L\frac{\mathrm{d}i}{\mathrm{d}t} + iR = 0. \tag{6.32}$$

分离变量，得

$$\frac{\mathrm{d}i}{i} = -\frac{R}{L}\mathrm{d}t.$$

积分，并由初始条件 $t=0$ 时刻电流为 $I_0=\mathscr{E}/R$ 定出积分常数 $K_2=\mathscr{E}/R$，得

$$i = K_2\mathrm{e}^{-\frac{R}{L}t} = \frac{\mathscr{E}}{R}\mathrm{e}^{-\frac{R}{L}t} = I_0\mathrm{e}^{-\frac{t}{\tau}}. \tag{6.33}$$

可见，断开电源短接后，RL 串联电路的电流从 $I_0=\mathscr{E}/R$ 按指数衰减，衰减的快慢取决于时间常数 $\tau=L/R$ 的大小，如图 6-14(b)所示.

• *RC* 电路的暂态过程

RC 电路的暂态过程就是 RC 电路的充放电过程.

如图 6-15 的电路包括直流电源 $\mathscr{E}$(内阻可略)以及串联的 R 和 C. 当开关拨向 1 时，接通电源，充电，电源电动势 $\mathscr{E}$ 应为电容器两极板上电压与 R 上电势降落之和；当开关由 1 拨向 2，断开电源并短接，放电. 故充电、放电过程的方程为

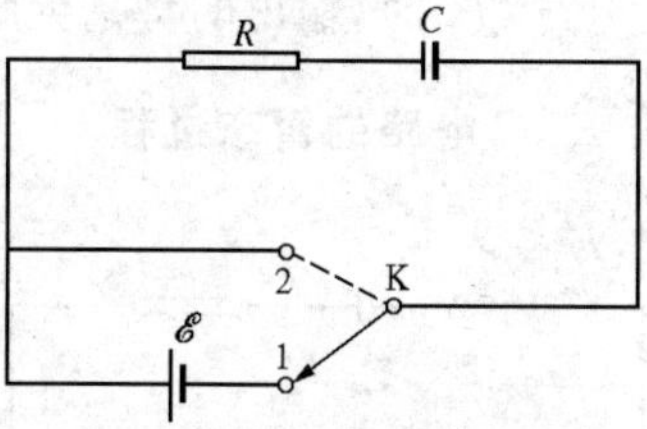

图 6-15 直流电源，RC 串联

$$\frac{q}{C} + iR = \begin{cases} \mathscr{E}, & \text{充电}, \\ 0, & \text{放电}. \end{cases}$$

把瞬时电流 $i=\mathrm{d}q/\mathrm{d}t$ 代入，得

$$R\frac{\mathrm{d}q}{\mathrm{d}t} + \frac{1}{C}q = \begin{cases} \mathscr{E}, & \text{充电}, \\ 0, & \text{放电}. \end{cases} \tag{6.34}$$

(6.34)式与(6.30)(6.32)式相仿，可同样分离变量求解，初条件：充电 $t=0$ 时 $q_0=0$，放电 $t=0$ 时 $q_0=C\mathscr{E}$，由此解出

$$\begin{cases} q = C\mathscr{E}(1-\mathrm{e}^{-\frac{1}{RC}t}), & \text{充电}, \\ q = C\mathscr{E}\mathrm{e}^{-\frac{1}{RC}t}, & \text{放电}. \end{cases} \tag{6.35}$$

可见,在 RC 电路的充电或放电过程中,电容器极板上的电量 q 均按指数规律增大或减小. 充电或放电过程的快慢由时间常数 $\tau=RC$ 描述, τ 越大,充电或放电越慢,如图 6-16 所示.

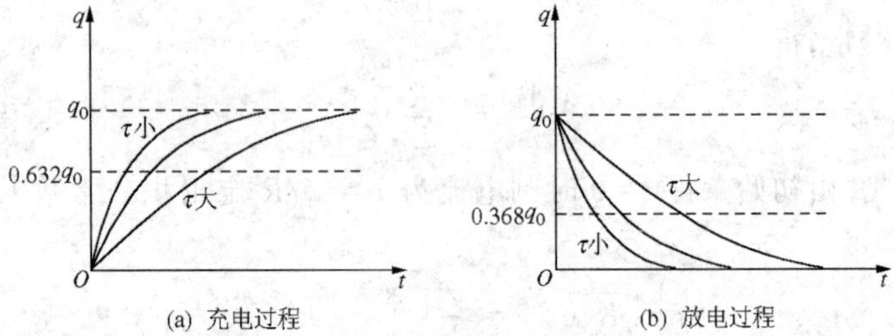

图 6-16 RC 电路的暂态过程($q_0=C\mathscr{E}, \tau=RC$)

RC 电路的暂态过程在电子学中特别是在脉冲技术中有广泛的应用,例如在脉冲技术中作为触发信号的尖脉冲就可以利用 RC 电路获得. 具体地说,从 RC 串联电路的输入端输入一宽度为 T_k 的矩形波,则从电阻 R 两端输出的波形会因 $\tau=RC$ 的不同有所变化,当 τ 远小于 T_k 时,输出的将是尖脉冲,这种 RC 电路叫做微分电路.

• RLC 电路的暂态过程

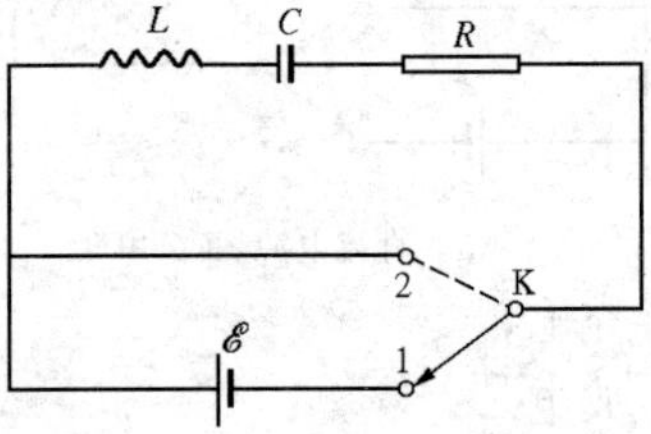

图 6-17 直流电源, RLC 串联

现在讨论 RLC 串联电路的暂态过程,电路如图 6-17 所示. 当开关拨向 1, 接通电源,充电;当开关由 1 拨向 2, 断开电源并短接,放电. 相应暂态过程的微分方程为

$$L\frac{\mathrm{d}i}{\mathrm{d}t}+iR+\frac{q}{C}=\begin{cases}\mathscr{E}, \\ 0.\end{cases}$$

把 $i=\dfrac{\mathrm{d}q}{\mathrm{d}t}$代入,得

$$L\frac{\mathrm{d}^2q}{\mathrm{d}t^2}+R\frac{\mathrm{d}q}{\mathrm{d}t}+\frac{q}{C}=\begin{cases}\mathscr{E}, \\ 0.\end{cases} \tag{6.36}$$

这是二阶线性常系数微分方程，方程的解的形式与阻尼度 λ 密切相关，λ 与 R,L,C 的关系如下，

$$\lambda=\frac{R}{2}\sqrt{\frac{C}{L}}. \tag{6.37}$$

当 $\lambda=0$，$\lambda<1$，$\lambda=1$，$\lambda>1$ 时，在充电和放电的暂态过程中，q 随 t 变化的曲线如图 6-18(a)和(b)所示，这四种情形分别称为**等幅自由振荡、阻尼振荡、临界阻尼、过阻尼**.

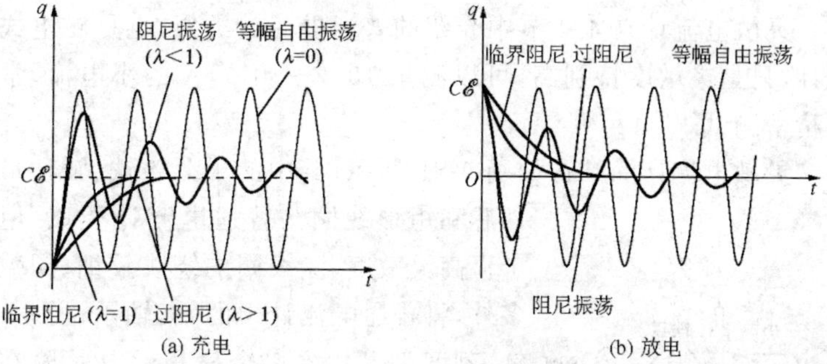

图 6-18 RLC 电路的暂态过程

上述结果可以从能量角度定性地说明. 在 RLC 电路中，L 和 C 是储能元件，其中的磁能和电能随电流 i 和电量 q 变化，彼此间可以可逆地转换，电阻 R 则是耗能元件，其中的电能单向地转化为热能. (6.37)式表明，阻尼度 λ 与 R 成正比，λ 的大小反映电路中电磁能耗散的情况.

当 $R=0$，$\lambda=0$ 时，能量无损耗. 在放电过程中，电容器极板积累的电量减少，线圈中电流增大，这是 C 中储存的电能转化为 L 中磁能的过程，放电结束时，C 中积累的电量降为零，全部电能转化为磁能. 然后，电路中的电流在自感电动势的推动下持续下去，使电容器反向充电，磁能又转化为电能. 因无损耗，充电和放电过程将反复进行，电量 q 随时间 t 的变化形成等幅自由振荡，其周期为 $T_0=2\pi\sqrt{LC}$.

当 $R\neq 0$ 但较小，使 $\lambda<1$ 时，每当电流通过电阻，便有能量损耗，虽仍有振荡，但振幅逐渐减小，此即阻尼振荡，其周期为 $T=2\pi\Big/\sqrt{\frac{1}{LC}-\frac{R^2}{4L^2}}$. 随着 R 增大，损耗加大，周期 T 增大，振幅的衰

减加剧.

当 R 增大到 $R=2\sqrt{L/C}$，使 $\lambda=1$ 时，阻尼振荡的周期 $T=\infty$，表明衰减过程单调进行，不再具有周期性，此即临界阻尼.

当 $R>2\sqrt{L/C}$，使 $\lambda>1$ 时，放电过程仍单调进行，只是更缓慢，此即过阻尼.

- **灵敏电流计**

灵敏电流计与4.4节中介绍的普通电流计类似，也是磁电式电流计，只是灵敏度特别高，可以测量 $10^{-7}\sim10^{-11}$ A的小电流，常用于精密测试.

灵敏电流计的结构如图6-19所示，其中的永久磁铁、圆柱形软铁芯和矩形线圈与普通电流计类似. 但为了提高灵敏度，除线圈的绕线较细、圈数较多外，将普通电流计中的轴、轴承、游丝、指针、刻度盘等代之以金属悬丝及粘附在悬丝上的小反射镜. 当线圈通电流时，在磁场中受磁力矩 $M_{磁}$ 作用发生偏转，同时悬丝扭转，产生反方向的弹性扭力矩 $M_{弹}$，由两者达到平衡时的偏转角即可确定待测电流. 将一束光投射到小镜上，从反射光束的偏向测出偏转角. 光束就是无重量的指针，灵敏电流计之所以"灵敏"就在于采用悬丝、小镜和光束来作测量.

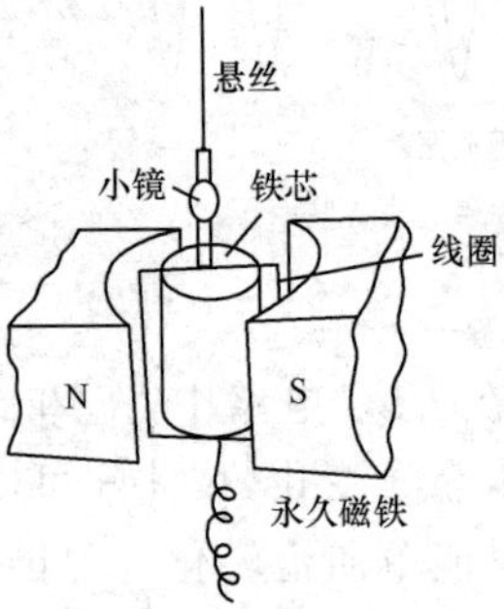

图6-19　灵敏电流计结构

线圈所受 $M_{磁}$ 和 $M_{弹}$ 与普通电流计相同，为

$$M_{磁}=NISB,$$

$$M_{弹}=-D\varphi,$$

式中 N,S,I 分别是线圈的匝数、面积、电流，B 是线圈两竖直边所在处的磁感应强度（$\boldsymbol{B}$ 的方向沿径向），D 是悬丝的扭转常数，φ 是偏转角，负号表示 $M_{弹}$ 与 φ 反向. 平衡时

$$M_{磁}=M_{弹},$$

故平衡偏转角 φ_0 为

$$\varphi_0 = \frac{NSB}{D}I = S_g I,$$

$$S_g = \frac{NSB}{D},$$

式中 S_g 称为电流计的**灵敏度**,是灵敏电流计的特征常数.

值得注意的是,以上讨论了平衡后的结果.在达到平衡的运动过程中,线圈除受 $M_磁$ 和 $M_弹$ 外,因竖直两边切割磁力线,产生动生电动势 $\mathscr{E}$,引起感应电流 i,还应受安培力矩——阻碍线圈运动的**电磁阻尼力矩** $M_阻$. 当有 $2N$ 条长为 l 的竖直边以速度 v 运动切割磁力线时,产生的动生电动势 $\mathscr{E}$ 为

$$\mathscr{E} = 2N\int_l (\boldsymbol{v}\times\boldsymbol{B})\cdot \mathrm{d}\boldsymbol{l} = 2NvBl$$

$$= 2Nr\omega Bl = NBS\omega = NBS\,\frac{\mathrm{d}\varphi}{\mathrm{d}t},$$

式中 $v=r\omega$, r 是线圈上下横边的长度之半, $\omega=\mathrm{d}\varphi/\mathrm{d}t$ 是线圈转动的角速度, φ 是角位移, $S=2rl$ 是线圈面积.线圈中的感应电流为

$$i = \frac{\mathscr{E}}{R} = \frac{NBS}{R}\frac{\mathrm{d}\varphi}{\mathrm{d}t} = \frac{NBS}{R_g + R_外}\frac{\mathrm{d}\varphi}{\mathrm{d}t},$$

式中 R_g 是电流计线圈的电阻, $R_外$ 是与线圈相连的外电路的电阻.线圈所受电磁阻尼力矩为

$$M_阻 = -NiSB = -\frac{(NSB)^2}{R}\frac{\mathrm{d}\varphi}{\mathrm{d}t} = -P\frac{\mathrm{d}\varphi}{\mathrm{d}t},$$

式中的负号表示 $M_阻$ 的方向与角速度 $\mathrm{d}\varphi/\mathrm{d}t$ 的方向相反,式中 P 的定义为

$$P = \frac{(NSB)^2}{R} = \frac{(NSB)^2}{R_g + R_外}, \tag{6.38}$$

叫做阻力系数. P 除与电流计本身的常数 N,S,B,R_g 有关外还与外电路电阻 $R_外$ 有关.

线圈的运动状态由 $M_磁,M_弹,M_阻$ 三力矩决定. 由转动定理,线圈的运动方程为

$$J\frac{\mathrm{d}^2\varphi}{\mathrm{d}t^2} = M_磁 + M_弹 + M_阻 = NSBI - D\varphi - P\frac{\mathrm{d}\varphi}{\mathrm{d}t},$$

或

$$J\frac{\mathrm{d}^2\varphi}{\mathrm{d}t^2}+P\frac{\mathrm{d}\varphi}{\mathrm{d}t}+D\varphi=NSBI, \tag{6.39}$$

式中 J 为线圈的转动惯量.(6.39)式与(6.36)式相同,也是二阶线性常系数微分方程,解的形式取决于阻尼度 λ 的大小,λ 为

$$\lambda=\frac{P}{2\sqrt{JD}}. \tag{6.40}$$

当 $\lambda=0$, $\lambda<1$, $\lambda=1$, $\lambda>1$ 时,φ 随 t 的变化如图 6-20 所示,分别是等幅自由振荡,阻尼振荡,临界阻尼,过阻尼四种情形.

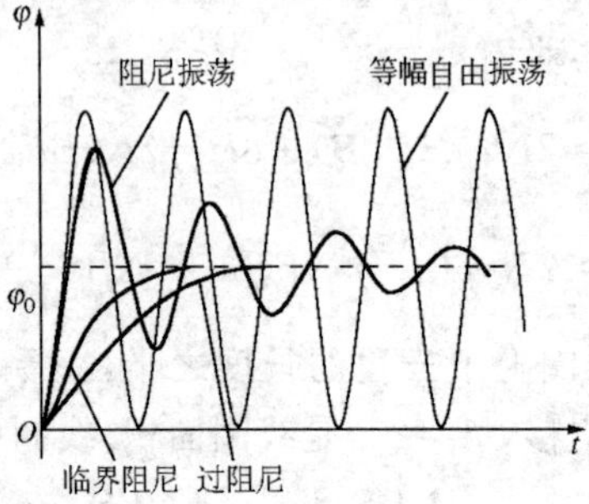

图 6-20　灵敏电流计的四种运动状态

对于灵敏电流计线圈的这四种运动状态,我们不从数学上求解,只从能量转化角度作一分析. 如前所述,$M_{磁}$ 和 $M_{弹}$ 决定了线圈最后达到的平衡偏转角 φ_0. 如果没有 $M_{阻}$(即阻力系数 $P=0$),线圈将在 φ_0 两侧来回摆动,线圈的转动动能与弹性势能相互转化,机械能守恒,作等幅自由振荡,就像弹簧振子或单摆那样. 有了 $M_{阻}$(即 $P\neq0$)又如何呢?$M_{阻}$ 源于感应电流 i,而产生 i 所需的能量来自切割磁力线的线圈所具有的动能,这部分电能最终将以焦耳热的形式耗散在电路中. 所以,$M_{阻}$ 使线圈的机械能不断减少,不再守恒. 当 P 较小,使得 $\lambda<1$ 时,$M_{阻}$ 较小,线圈仍围绕 φ_0 振荡,但随着机械能的消耗,摆幅越来越小,此即阻尼振荡. 随着 P 的增大,摆幅的减小加剧,当 P 达到某个临界值,使得 $\lambda=1$ 时,线圈直接趋向平衡位置 φ_0,不再振荡,此即临界阻尼状态. 当 P 更大,使得 $\lambda>1$ 时,线圈单调趋向平衡位置 φ_0 的过程变得更加缓慢,此即过阻尼状态.

上述分析对实际测量意义重大. 首先,为了准确、快捷地读出待

测电流的平衡偏转角 φ_0，应避免阻尼振荡和过阻尼，使线圈在临界阻尼状态下工作. 为此，由(6.38)(6.40)式，可通过调节外电阻 $R_{外}$ 来改变阻力系数 P，使阻尼度 λ 接近于 1，达到临界阻尼状态. 其次，利用过阻尼状态使线圈迅速回零. 一次测量结束后，有时会断开电流计的电路，这相当于 $R_{外}=\infty$，P，λ 为零，于是线圈将围绕零点作等幅自由振荡，往复不已. 为了使线圈迅速回零，以便进行下一次测量，当线圈摆到零点时，可立即将线圈两端短接，使 $R_{外}=0$，即使 P，λ 增大，达到过阻尼状态，于是线圈即刻停止，再进行下一次测量.

6.5 超 导 体

- 零电阻现象
- 迈斯纳效应
- 磁通量子化和约瑟夫森效应
- 二流体模型和伦敦方程
- BCS 理论简介
- 高 T_c 超导材料

自从 1911 年发现超导体以来，它独特的性质和诱人的应用前景引起了人们极大的兴趣，相关的实验研究、理论探索和技术开发此起彼伏，不断深入扩展. 20 世纪 80 年代中期，随着高温超导材料的发现，超导体的研究再一次掀起了高潮.

本节着重从实验上叙述超导体种种独特的性质，并给出描绘超导体电磁性能的伦敦方程，尽可能作一些唯象的理论解释，对低温超导的微观理论、高温超导材料、技术应用等只稍加介绍，借以开阔视野，了解基础内容与前沿研究之间的内在联系.

• 零电阻现象

超导体的发现源于低温技术的进展. 1895 年，曾被视为"永久气体"的空气被液化，1898 年氢气被液化. 液态空气和液态氢在 1 大气压下的沸点分别是 81 K 和 20 K，由此进入了 14 K 的低温区. 1908 年，以荷兰物理学家卡末林-昂内斯(H. Kamerlingh-Onnes)为首的小组在莱顿实验室液化氦成功，并测出液态氦在 1 大气压下的沸点是 4.25 K，利用降低液氦蒸气压使液氦沸点下降的方法，他们获得了 4.25～1.15 K 的低温.

1911 年,卡末林-昂内斯等在测量汞电阻率随温度的变化时发现,汞的电阻在 4.2 K 附近突然消失. 如图 6-21 所示,横坐标是温度,纵坐标是该温度下的汞电阻与 0℃ 的汞电阻之比,在 4.2 K 附近,汞的电阻比从 0.0020 突然下降到低于 10^{-6},当时估计,在 1.5 K 汞的电阻比将低于 10^{-9}. 此后发现,除汞外,不少金属、合金以及化合物,在低温下也有电阻突然跌落为零的现象. 具有**零电阻**或超导电现象的物体称为**超导体**,它所处的特殊状态称为超导态,从正常态转变为超导态的温度 T_c 称为**超导转变温度**或**超导临界温度**. 超导电性不仅会在 $T>T_c$ 时被破坏,实验发现,在 $T<T_c$ 时,外磁场或超导体中电流的增大也会破坏超导电性,通常用**临界磁场** B_c 和**临界电流** J_c 来表征,B_c 和 J_c 都随温度变化.

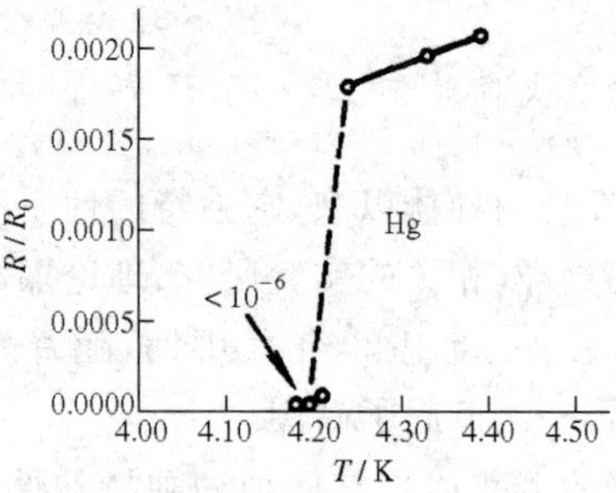

图 6-21　零电阻现象

零电阻现象还表现为超导回路中的电流长期持续不断. 如前所述,若将金属环(电阻为 R,自感为 L)放在磁场中,突然撤去磁场,在涡旋电场的作用下环内会出现感应电流,因焦耳热损耗,感应电流逐渐衰减为零,衰减的快慢由时间常数 $\tau=L/R$ 表征. 若在建立感应电流的同时降温到 $T<T_c$ 使之变为超导回路,实验得出,在无外电源的条件下,电流可持续几年之久,仍观测不到任何衰减.

近代的测量得出,超导体的电阻率小于 $10^{-28}\ \Omega\cdot m$,远小于正常金属的最低电阻率 $10^{-15}\ \Omega\cdot m$. 以上的实验事实都表明,超导体的电阻率实际已为零.

• 迈斯纳效应

超导体具有将磁场完全排斥在外的**完全抗磁性**,称为**迈斯纳效应**.零电阻效应和完全抗磁性是超导体两个**独立**的基本性质.

零电阻效应使人们设想超导体中不可能存在电场,否则电流将越来越大以致不可控制.由于变化磁场会产生涡旋电场,所以超导体中的磁场不允许变化,即原有的磁通量既不能减少也不能增加.据此,设想了如图 6-22 和图 6-23 的实验结果.前者将金属球先经冷却转变为超导体,再加磁场,然后撤去磁场;后者先加磁场,再冷却转变为超导体,然后撤去磁场.由于超导体中磁场不能变化,前者的结果应是磁力线完全无法进入超导球,后者则似应将磁力线"冻结"在超导球之中.

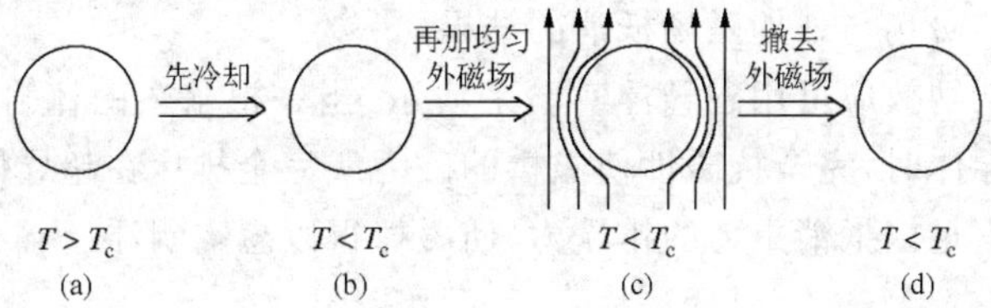

图 6-22

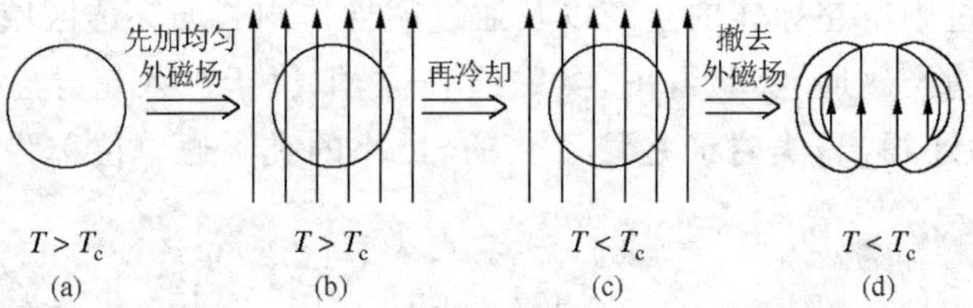

图 6-23

1933 年迈斯纳(W. F. Meissner)等对围绕球形导体(单晶锡)周围的磁场分布进行了细心的实验测量.他们惊奇地发现,不论先降温后加磁场,还是先加磁场后降温,只要锡球过渡到超导态,其中的磁场就恒等于零,实验的结果如图 6-22 和图 6-24 所示.可见迈斯纳效应是超导体另一独立的基本性质.

应该指出,磁场并不是在超导体的几何表面上突然降低为零的,

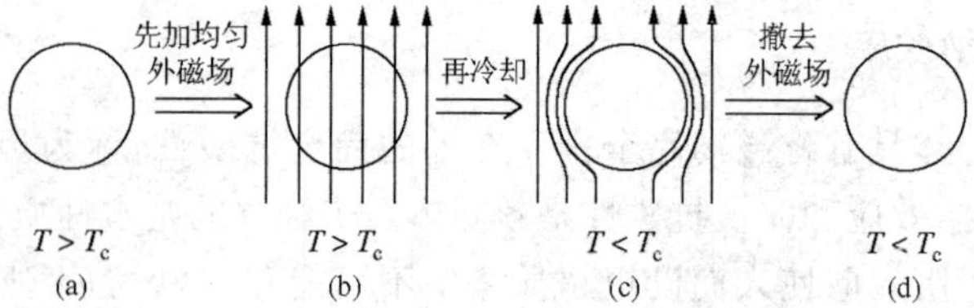

图 6-24

而是经过超导体表面薄层逐渐减弱的，表面薄层的厚度即磁场的透入深度与材料性质有关，大致为 $10^{-4}\sim10^{-6}$ cm.

具有完全抗磁性的**超导体**是一种**完全没有磁性、根本不存在磁化**的特殊物体. 换言之，**超导体的磁化强度** $\boldsymbol{M}=0$，相对磁导率 $\mu_r=1$，其中 $\boldsymbol{B}=\mu_0\boldsymbol{H}=0$. 实际上，加外磁场后，超导体的表面薄层会出现某种面分布的传导电流，超导体内部的 $\boldsymbol{B}=0$ 正是该薄层电流产生的磁场与外加磁场抵消的结果.

迈斯纳效应可用磁悬浮实验来演示. 当一根永久磁棒自上而下靠近超导体时，完全抗磁性使磁棒的磁力线完全排斥在超导体之外，结果产生足以抵消重力的排斥力，使磁棒得以悬空飘浮.

- **磁通量子化和约瑟夫森效应**

通过中空超导体内空腔以及通过超导体内表面穿透区域的总磁通量称为类磁通. 实验得出，**类磁通守恒**，取决于进入超导态的初始值. 实验还得出，**类磁通**是**量子化**的，最小的类磁通单位称为**磁通量子**，为

$$\Phi_0=\frac{h}{2e}=2.067\,834\,61\times10^{-15}\ \mathrm{Wb},$$

式中 h 是普朗克常数，e 是电子电量绝对值.

实验发现：若两超导膜之间夹有 $10^{-3}\sim10^{-4}$ μm 的绝缘薄层，在不加任何电压的条件下，绝缘薄层中仍可持续地通过直流电；若在两超导膜上加直流电压 U，将有一定频率 ω 的交流电通过绝缘薄膜，ω 与 U 的关系为

$$\omega=\frac{2eU}{\hbar}$$

($\hbar=h/2\pi$),同时向外辐射电磁波.上述现象分别称为直流与交流约瑟夫森效应,统称**约瑟夫森效应**,这是一种**隧道效应**.如所周知,当宏观物体的动能小于势垒高度相应的势能差时,便无法穿越,微观粒子则不然,由于其波动性,除反射外,仍有一定的透射概率,此即隧道效应.

量子化现象和隧道效应本来只为微观粒子所具有,超导体的磁通量子化和约瑟夫森效应却都是在**宏观尺度**上的**量子效应**,它们再次显示了超导体的特殊性质.

利用约瑟夫森效应和磁通量子化制成的超导量子干涉器件(SQUID)极为灵敏,可以测量微弱的磁场和电压,广泛应用于物理学和医学的许多方面.

• 二流体模型和伦敦方程

1934 年高特(Gorter)和卡西米尔(Casimir)提出的二流体模型为解释低温超导的独特性质奠定了物理基础.

二流体模型认为,当温度 $T<T_c$ 金属转变为超导体后,原有自由电子(称为**正常电子**)中的一部分会“凝聚”成**超导电子**,随着温度的进一步降低,超导电子越来越多,0 K 时全部成为超导电子.与正常电子不同,超导电子与晶格不发生碰撞,不会被晶格散射,因而可以在晶格点阵中自由穿行不受阻尼,具有理想的导电性.

二流体模型的重要依据是,当金属转变为超导体后,其**电子比热容**显著增大.实验表明,$T>T_c$ 时,金属的比热容与温度 T 成正比,随着温度降低到 T_c 以下,比热容出现跳跃式的增大,变化规律也显著不同,由于金属转变为超导体后,晶格结构并无变化,只能归结为电子比热容显著增大.据此,高特和卡西米尔认为,当温度从 T_c 进一步下降时,除了正常电子释放多余的内能外,还因一部分正常电子“凝聚”成超导电子而释放一定的能量.所谓凝聚,指的是速度或动量的有序化而并非位置的集中,超导电子具有理想导电性的原因即在于此.

超导体中的电流是由超导电子定向流动形成的,正常电子并无贡献,这就是零电阻现象的原因.为了解释迈斯纳效应,试举一例.如图 6-25 的圆柱体,两边为正常金属,中间为超导体,恒定电流沿轴向通过.在金属中,正常电流均匀分布,所产生的环状磁场遍布其中.在超导体中,可以证明超导电流只分布在表面薄层内(见(6.49)式),由于每一对线状超导电流在超导体内部产生的磁场刚好抵消,使超导体内磁场为零,此即完全抗磁性.

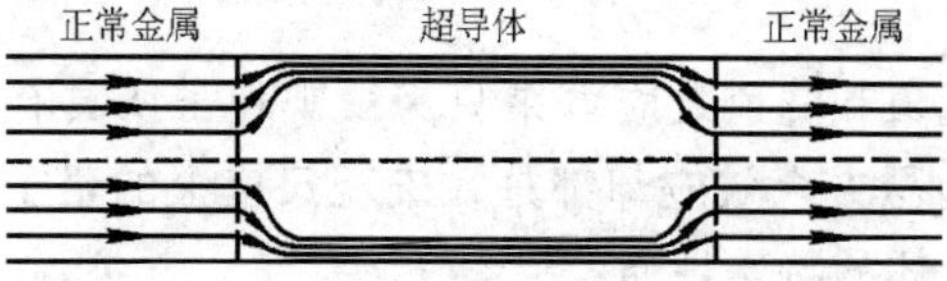

图 6-25

根据二流体模型,伦敦兄弟提出了适用于超导体的电磁性能方程,建立了低温超导的宏观唯象理论.

前已指出,超导体的磁化强度 $\boldsymbol{M}=0$,相对磁导率 $\mu_r=1$,通常还认为超导体的相对介电常数 $\varepsilon_r=1$,由此,已有 $\boldsymbol{B}=\mu_0\boldsymbol{H}$,$\boldsymbol{D}=\varepsilon_0\boldsymbol{E}$ 两个方程,分别描绘超导体的磁化和极化性质.关键在于尚需建立描述超导体导电性能的方程,即寻找超导电流与 $\boldsymbol{E}$,$\boldsymbol{B}$ 的关系.

设超导体中超导电子与正常电子的数密度分别为 n_s,n_n,总自由电子密度 $n=n_s+n_n$.设超导电流密度与正常电流密度分别为 $\boldsymbol{j}_s$,$\boldsymbol{j}_n$,总电流密度为 $\boldsymbol{j}=\boldsymbol{j}_s+\boldsymbol{j}_n$.设超导电子的速度为 $\boldsymbol{u}$,电量为 e_s,质量为 m_s(根据 BCS 理论,超导电子是库珀对,即:$e_s=2e$,$m_s=2m$,e,m 分别是电子的电量和质量),则

$$\boldsymbol{j}_s=n_s e_s\boldsymbol{u} \quad \text{或} \quad \boldsymbol{u}=\frac{\boldsymbol{j}_s}{n_s e_s}.$$

若超导体内存在电场 $\boldsymbol{E}$,则超导电子受力 $e_s\boldsymbol{E}$,因无阻尼,将加速运动,有

$$m_s\dot{\boldsymbol{u}}=e_s\boldsymbol{E},$$

式中 $\dot{\boldsymbol{u}}=\frac{\mathrm{d}\boldsymbol{u}}{\mathrm{d}t}$.由以上两式,得

$$\dot{\boldsymbol{j}}_s=\frac{n_s e_s^2}{m_s}\boldsymbol{E},$$

或

$$\mu_0\dot{\boldsymbol{j}}_s=\mu_0\frac{n_s e_s^2}{m_s}\boldsymbol{E}=\frac{\boldsymbol{E}}{\lambda^2}, \tag{6.41}$$

式中 λ 具有长度量纲，

$$\lambda = \left(\frac{m_s}{\mu_0 n_s e_s^2}\right)^{\frac{1}{2}}. \tag{6.42}$$

(6.41)式称为**伦敦第一方程**，它表明，与正常电流的欧姆定律 $\boldsymbol{j}_n = \sigma\boldsymbol{E}$ 不同，超导电流的变化率 $\dot{\boldsymbol{j}}_s = \mathrm{d}\boldsymbol{j}_s/\mathrm{d}t$ 与电场 $\boldsymbol{E}$ 成正比，而并非 $\boldsymbol{j}_s$ 与 $\boldsymbol{E}$ 成正比. 在稳态情形，若超导体内有直流电，则 $\boldsymbol{j}_s$ 恒定，$\dot{\boldsymbol{j}}_s = 0$，由(6.41)式，$\boldsymbol{E} = 0$，同时 $\boldsymbol{j}_n = \sigma\boldsymbol{E} = 0$，不存在正常电流及相应的损耗，这就是直流电可以在超导环内维持数年并不衰减的原因. 在非稳态情形，若超导体内有交流电，则 $\dot{\boldsymbol{j}}_s \neq 0$，$\boldsymbol{E} \neq 0$，$\boldsymbol{j}_n \neq 0$，超导体内既存在电场又存在正常电流及相应的交流损耗.

把(6.41)式取旋度，利用电磁感应定律 $\nabla \times \boldsymbol{E} = -\dfrac{\partial \boldsymbol{B}}{\partial t}$，得

$$\mu_0 \nabla \times \dot{\boldsymbol{j}}_s = \frac{1}{\lambda^2} \nabla \times \boldsymbol{E} = -\frac{1}{\lambda^2} \frac{\partial \boldsymbol{B}}{\partial t},$$

或

$$\frac{\partial}{\partial t}\left(\mu_0 \nabla \times \boldsymbol{j}_s + \frac{1}{\lambda^2}\boldsymbol{B}\right) = 0.$$

上式表明，括弧中的量应为恒定值，设取为零，得

$$\mu_0 \nabla \times \boldsymbol{j}_s = -\frac{1}{\lambda^2}\boldsymbol{B}. \tag{6.43}$$

(6.43)式揭示了超导电流 $\boldsymbol{j}_s$ 与磁场 $\boldsymbol{B}$ 的关系，称为**伦敦第二方程**.

综上，**超导体的电磁性能方程**为

$$\begin{cases} \boldsymbol{D} = \varepsilon_0 \boldsymbol{E}, \\ \boldsymbol{B} = \mu_0 \boldsymbol{H}, \\ \boldsymbol{j}_n = \sigma \boldsymbol{E}, \\ \mu_0 \dot{\boldsymbol{j}}_s = \dfrac{1}{\lambda^2}\boldsymbol{E}, \\ \mu_0 \nabla \times \boldsymbol{j}_s = -\dfrac{1}{\lambda^2}\boldsymbol{B}. \end{cases} \tag{6.44}$$

把(6.44)式代入麦克斯韦方程(见(8.12)式)，即可得出适用于超导体的麦克斯韦方程，其中 $\boldsymbol{B}$ 的旋度方程为

$$\nabla \times \boldsymbol{B} = \mu_0(\boldsymbol{j}_s + \boldsymbol{j}_n) + \mu_0 \varepsilon_0 \frac{\partial \boldsymbol{E}}{\partial t}. \tag{6.45}$$

在稳态情形，超导体内 $\boldsymbol{j}_s=$恒量，$\boldsymbol{j}_n=0$，$\dfrac{\partial \boldsymbol{E}}{\partial t}=0$，代入(6.45)式，得

$$\nabla\times\boldsymbol{B}=\mu_0\boldsymbol{j}_s.$$

或

$$\nabla\times(\nabla\times\boldsymbol{B})=\mu_0\nabla\times\boldsymbol{j}_s. \tag{6.46}$$

把伦敦第二方程(6.43)式代入，得

$$\nabla^2\boldsymbol{B}-\frac{1}{\lambda^2}\boldsymbol{B}=0. \tag{6.47}$$

这就是稳态情形超导体内磁场分布应满足的方程.

为了得出具体结果，设 $\boldsymbol{B}$ 沿 x 方向，其大小随 z 变化，即 $\boldsymbol{B}=B(z)\hat{\boldsymbol{x}}$，$\hat{\boldsymbol{x}}$ 为单位矢量，设边界 $z=0$ 处的磁场大小为 B_0，则(6.47)式变为

$$\frac{\mathrm{d}^2B(z)}{\mathrm{d}z^2}-\frac{1}{\lambda^2}B(z)=0,$$

其解为

$$\boldsymbol{B}(z)=B_0\mathrm{e}^{-\frac{z}{\lambda}}\hat{\boldsymbol{x}}. \tag{6.48}$$

(6.48)式表明，在稳态情形，超导体中的磁场从边界处的 B_0 向内指数衰减，在 $z=\lambda$ 处，$B=B_0/\mathrm{e}=0.37B_0$，通常把 λ 称为**透入深度**，λ 的量级为 10^2 Å.

把(6.48)式代入(6.46)式，得

$$\boldsymbol{j}_s=\frac{1}{\mu_0}\nabla\times\boldsymbol{B}=-\frac{1}{\mu_0\lambda}B_0\mathrm{e}^{-\frac{z}{\lambda}}\hat{\boldsymbol{y}}. \tag{6.49}$$

可见，在稳态情形，超导体中的超导电流 $\boldsymbol{j}_s$ 也是从表面向内按指数衰减，透入深度也是 λ. 实际上，在超导体内，正是表面薄层中超导电流产生的磁场与外磁场抵消，导致完全抗磁性.

总之，在二流体模型上建立的伦敦方程描绘了超导体特殊的电磁性能，给出了超导电流与电场、磁场的关系，指出在超导体中电场起着加速超导电流和维持正常电流的作用，磁场起着维持(有旋的)超导电流的作用，由此成功地解释了零电阻现象和完全抗磁性(还可解释类磁通守恒)，定量地预言了磁场和超导电流的穿透深度. 但是，它没有说明超导电子的微观本质，只是一种宏观唯象理论.

最后，把超导体的伦敦方程与德鲁德的金属导电经典电子论

(3.2 节)相比较是有益的. 在金属中,自由电子(即超导体中正常电子)在热运动背景下的定向运动以及与晶格的碰撞,使得传导电流(即超导体中的正常电流)$\boldsymbol{j}_{\mathrm{n}}$ 与电场 $\boldsymbol{E}$ 成正比,遵从欧姆定律,有电阻,电阻与温度有关,电流有热效应;在超导体中,超导电子无热运动,与晶格不碰撞,使得超导电流的变化率 $\frac{\mathrm{d}}{\mathrm{d}t}\boldsymbol{j}_{\mathrm{s}}$ 与电场 $\boldsymbol{E}$ 成正比,不遵从欧姆定律,导致零电阻和完全抗磁性,等等. 由此可见,同样的研究方法,不同的对象,不同的唯象模型,并不复杂的推导,得出截然不同的结论,而又都成功地解释了实验事实. 经典内容与前沿进展的这种比较既能拓展视野,又能加深理解,值得记取.

- **BCS 理论简介**

1950 年发现的**超导体同位素效应**表明,同一种金属不同同位素的 T_{c} 不同. 实验得出, T_{c} 与晶格离子平均质量 M(改变不同同位素的混合比例可改变 M)的关系为

$$T_{\mathrm{c}} \propto M^{-\beta}.$$

例如,对于汞, $\beta \approx 1/2$. 如所周知,金属由晶格与共有化的自由电子(正常电子)构成,其中的作用十分复杂,但大体说来,无非是电子之间的相互作用、晶格离子之间的相互作用以及电子与晶格离子之间的相互作用. 在同一种金属的不同同位素中,电子分布相同,只是离子质量不同,即晶格的运动有所不同. 因此,同位素效应暗示,在正常电子向超导电子转变的过程中,电子与晶格离子的作用可能起了关键作用.

受同位素效应及其他有关实验的启发,1957 年巴丁(J. Bardeen)、库珀(L. N. Cooper)、施里弗(J. R. Schrieffer)在量子力学基础上建立了低温超导的微观理论——BCS 理论. 它认为,两个电子通过交换声子产生净吸引力,形成束缚态,结合成对(**库珀对**),这就是二流体模型中的超导电子. 具体地说,在金属中,离子晶格相互关联地作集体运动,形成的波动称为格波,格波的能量是量子化的,其能量子称为声子. 当某个电子经过离子晶格时,其间的库仑引力造成局部正电荷密度增大,这一扰动以格波形式在晶格内传播,会对别处的另一个电子产生吸引作用,当此吸引作用超过两电子间的库仑斥

力时,两电子就结合成对,这是一个松弛的体系,两电子的距离约为10^{-4} cm. BCS理论成功地为低温超导的种种独特性质提供了定量的理论解释,为此荣获1972年诺贝尔物理学奖.

• 高T_c超导材料

从1911年到20世纪80年代,除许多金属外,还发现大量合金、金属化合物、半导体也具有超导电性,但它们的转变温度都很低,以Nb_3Ge的$T_c=23.2$ K为最高. 换言之,T_c大都处于液氦(4.2 K)或液氢(20 K)的温区,必须伴随复杂昂贵的低温设备和技术,从而大大限制了超导体可能的应用前景.

1986年以来高温超导材料的研究取得了突破性进展,发现了许多T_c在液氮(77 K)温区以上的氧化物超导体. 1986年4月柏诺兹和缪勒发现La-Ba-Cu-O氧化物的T_c高于30 K,以此为开端,1986年12月中科院赵忠贤等发现Sr-La-Cu-O的$T_c=48.6$ K, Ba-La-Cu-O的$T_c=46.3$ K, 1987年2月赵忠贤等又发现$Ba_xY_{5-x}Cu_5O_{5(3-y)}$的$T_c=78.5$ K, 1987年5月北京大学物理系制备出$T_c=84$ K的超导薄膜, 1988年1月日本宣布Bi-Sr-Ca-Cu-O的$T_c\approx105$ K, 1988年3月美国宣布Tl-Ba-Ca-Cu-O的$T_c=125$ K, 1993年4月发现Hg-Ba-Ca-Cu-O的$T_c=134$ K,等等,迎来了高T_c超导研究的热潮.

超导的应用十分广泛,前景诱人. 已经制成的超导磁体避免了常规电磁铁因焦耳热产生的高温,具有磁场强、体积小、重量轻、耗电少的显著优点. 超导电缆输电、超导发电机、超导电动机、超导储能以及磁悬浮列车等的实现,将会引起新的电工技术的革命. 利用超导隧道效应制作的各种器件,已经在低温电子学等许多方面日益显示其重要性. 此外,超导在电子计算机和加速器技术上也有重要应用.

迄今,关于高温超导,尚无公认的理论解释.

习　题

6.1 如图,线圈$ABCD$放在$B=0.60$ T的均匀磁场中,磁场方向与线圈平面的夹角$\alpha=60°$, $AB=1.0$ m,可左右滑动. 今使AB以$v=5.0$ m/s的速率向右运动,试求所产生的感应电动势的大小及感应电流的方向.

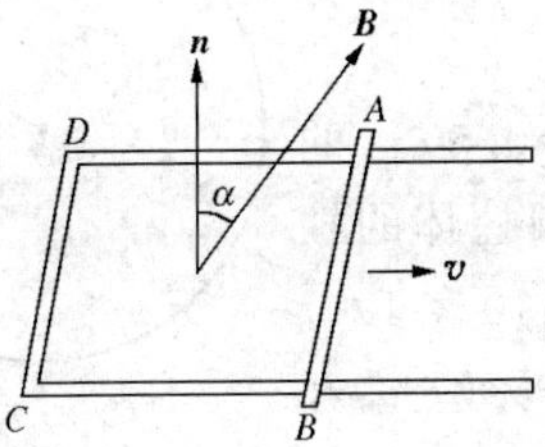

习题　6.1

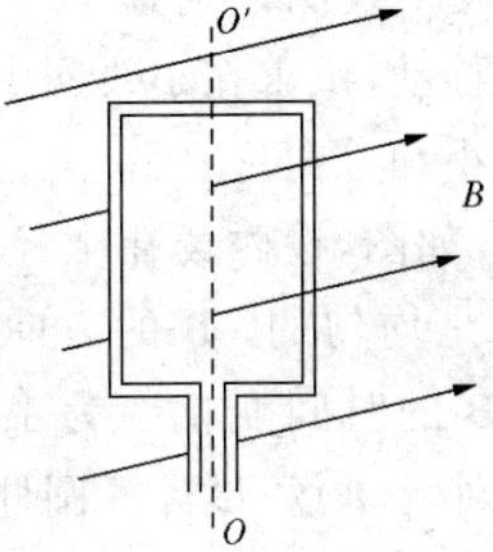

习题　6.2

6.2　如图，一简单的交流发电机，其线圈转轴 OO' 与均匀磁场 $\boldsymbol{B}$ 垂直，已知 $B=0.84\ \mathrm{T}$，线圈面积 $S=25\ \mathrm{cm}^2$，线圈匝数 $N=10$ 匝，每秒钟转 50 圈. 设开始时线圈平面的法线与 $\boldsymbol{B}$ 垂直，试求感应电动势 $\mathscr{E}$.

6.3　如图，一无限长直导线通有交变电流 $i=I_0\sin\omega t$，矩形线圈 $ABCD$ 与它共面，AB 边与直导线平行. 线圈长为 l，AB 边和 CD 边到直导线的距离分别为 a 和 b. 试求：

(1) 通过矩形线圈所围面积的磁通量；

(2) 矩形线圈中的感应电动势.

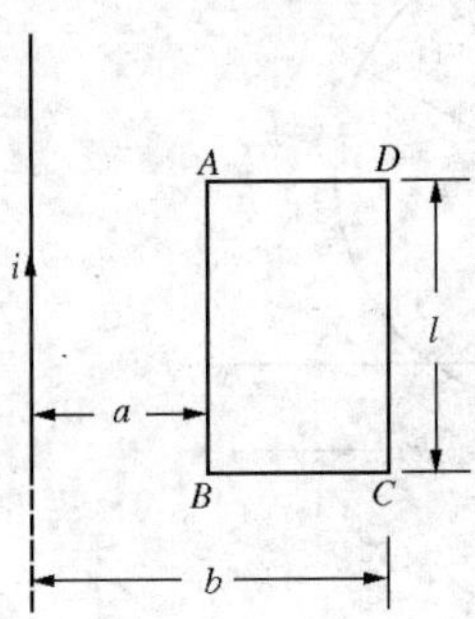

习题　6.3

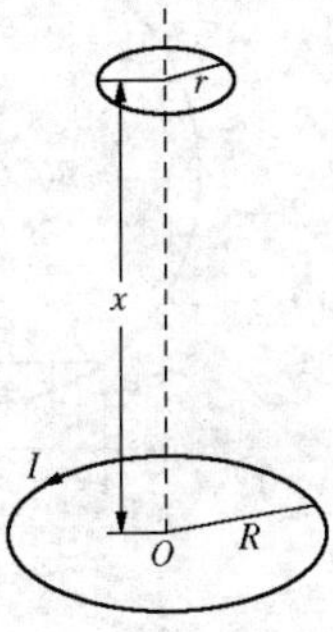

习题　6.4

6.4　如图，两个同轴的平面圆线圈，半径分别为 R 和 r，相距为 x，且 $x\gg R$，因此当大线圈有电流 I 通过时，小线圈面积内的磁场可看成均匀.

(1) 试求通过小线圈面积的磁通量；

(2) 设小线圈以匀速率 v 沿轴线方向离开大线圈移动，试求在小线圈中产生的感应电动势的大小和方向.

6.5 如图，设磁场在半径 $R=0.50\,\text{m}$ 的圆柱体内是均匀的，$\boldsymbol{B}$ 的方向与圆柱体的轴线平行，$\boldsymbol{B}$ 的时间变化率为 $1.0\times10^{-2}\,\text{T/s}$，圆柱体之外无磁场. 试计算圆柱横截面上离开中心 O 点距离为 $0.10\,\text{m}$，$0.25\,\text{m}$，$0.50\,\text{m}$，$1.0\,\text{m}$ 处各点的涡旋电场场强.

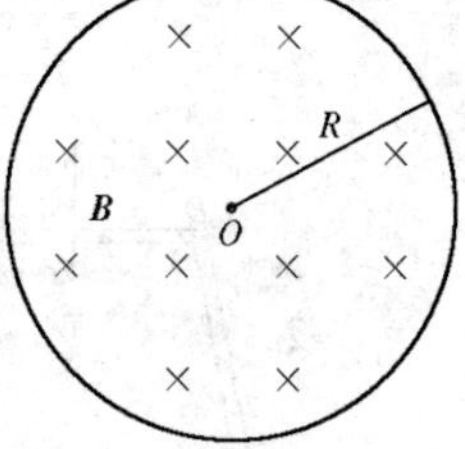

习题　6.5

6.6 已知电子感应加速器中，电子加速的时间是 $4.2\,\text{ms}$，电子轨道内最大磁通量为 $1.8\,\text{Wb}$，试求电子沿轨道绕行一周平均获得的能量. 若电子最终获得的能量为 $1.0\times10^{8}\,\text{eV}$，电子将绕行多少周？若轨道半径为 $84\,\text{cm}$，电子绕行的路程有多少米？

6.7 如图，均匀磁场 $\boldsymbol{B}$ 处于半径为 R 的圆柱体内，其方向与圆柱体的轴线平行，且 $\boldsymbol{B}$ 随时间作均匀变化，变化率 k 为常量，$k>0$，圆柱体之外无磁场. 有一长为 $2R$ 的金属细棒放在图示位置，其一半位于磁场内部，另一半在磁场外部，试求棒两端的电势差 U_{DA}.

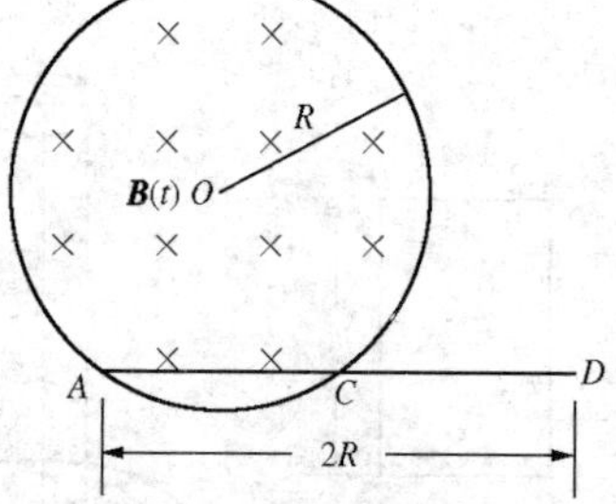

习题　6.7

6.8 一纸筒长 $30\,\text{cm}$，直径 $3.0\,\text{cm}$，上面绕有 500 匝线圈，可近似看作无限长直螺线管. (1) 试求该线圈的自感系数 L_0；(2) 如果在上述线圈内放入 $\mu_r=5000$ 的铁芯，试求此时线圈的自感系数 L.

6.9 如图，两圆形扁平线圈均由表面绝缘的细导线绕成，大线

圈的匝数 $N=100$，半径 $R=20.0\ \mathrm{cm}$，小线圈放在大线圈的中心，两者同轴，小线圈匝数 $N'=50$，圆面积为 $S=4.00\ \mathrm{cm}^2$. (1) 试求两线圈之间的互感系数；(2) 当大线圈导线中的电流每秒减少 50.0 A 时，试求小线圈中的感应电动势.

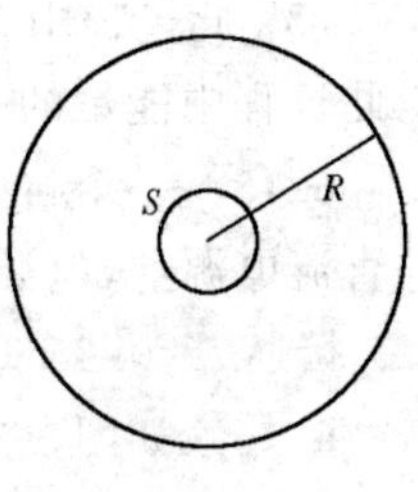

习题　6.9

6.10　线圈 1 和线圈 2 串联顺接后总自感 $L=1.90\ \mathrm{H}$，若在维持它们的形状和位置都不变的情况下，改成串联反接，则相应的总自感 $L'=0.70\ \mathrm{H}$，设两线圈的耦合系数为 0.50，试求两线圈的自感系数 L_1，L_2 以及它们之间的互感系数 M.

6.11　一螺线管长 30 cm，横截面的直径为 15 mm，由 2500 匝表面绝缘的导线均匀密绕而成，其中铁芯的相对磁导率 $\mu_r=1000$. 试求导线中通有 2.0 A 恒定电流时，螺线管中心处的磁场能量密度.

6.12　一根圆柱形的长直导线载有恒定电流 I，电流均匀分布在它的横截面上，试证明：这导线内部单位长度的磁场能量为 $\dfrac{\mu_0 I^2}{16\pi}$.

6.13　一同轴线由很长的直导线和套在它外面的同轴圆筒构成，导线的半径为 a，圆筒的内半径为 b，外半径为 c. 电流 I 由圆筒流去，由直导线流回，在它们的横截面上，电流都是均匀分布的.

(1) 试求以下四处磁能密度 w_m 的表达式：导线内、导线和圆筒之间、圆筒体内、圆筒外；

(2) 当 $a=1.0\ \mathrm{mm}$，$b=4.0\ \mathrm{mm}$，$c=5.0\ \mathrm{mm}$，$I=10\ \mathrm{A}$ 时，试问每米长度的同轴线中储存的磁场能量为多少？

6.14　如图，两根平行长直导线，横截面都是半径为 a 的圆，中心相距为 d，属于同一回路，由一电源提供大小相等、方向相反的电流. 设两导线内部的磁通量都可略去不计.

(1) 试求这对导线单位长度的自感系数；

(2) 若维持电流不变，将导线间的距离增大一倍时，磁场对单位长度导线做了多少功？(设 $d\gg a$)

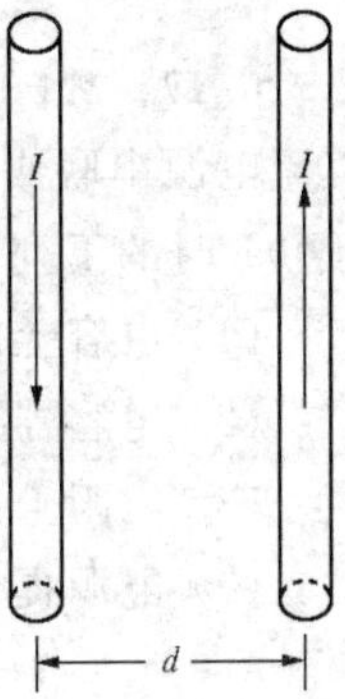

习题　6.14

(3) 此过程中单位长度的磁能改变多少?是增加还是减少?讨论此过程中能量的来源.

6.15 一个自感为3.0 H、导线电阻为6.0 Ω的线圈,接在12 V的直流电源上,电源内阻可略去不计.试求:(1) 刚接通时的 $\mathrm{d}i/\mathrm{d}t$;(2) 接通 $t=0.2$ s 时的 $\mathrm{d}i/\mathrm{d}t$;(3) 电流 $i=1.0$ A 时的 $\mathrm{d}i/\mathrm{d}t$.

6.16 如图,一自感为 L、电阻为 R 的线圈与一无自感的电阻 R_0 串联后接到电源上,电源的电动势为 $\mathscr{E}$,内阻可忽略不计.

(1) 试求开关 K_2 闭合 t 时间后,BC 两端的电势差 U_{BC} 和 AB 两端的电势差 U_{AB};

(2) 若 $\mathscr{E}=20$ V,$R_0=50$ Ω,$R=150$ Ω,$L=5.0$ H,试求 $t=0.5\tau$ (τ 为电路的时间常数)时 BC 两端的电势差 U_{BC} 和 AB 两端的电势差 U_{AB};

(3) 待电路中电流达到稳定值,闭合开关 K_1.试求闭合0.01 s后,通过 K_1 中的电流的大小和方向.

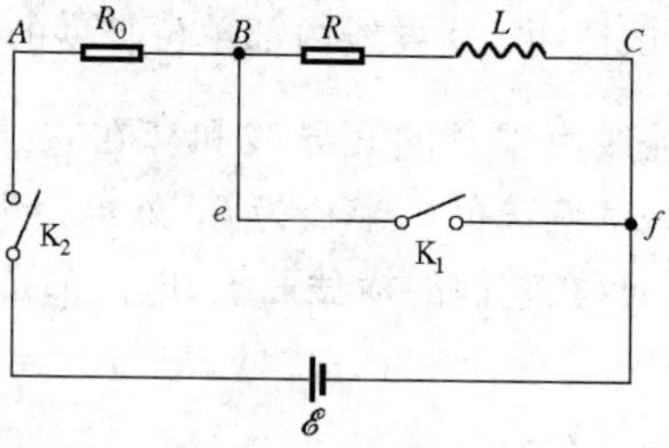

习题 6.16

6.17 3.00×10^6 Ω的电阻与1.00 μF的电容和 $\mathscr{E}=4.00$ V的直流电源串联成闭合回路,电源内阻可忽略不计.试求在电路接通后1.00 s时的下列各量:

(1) 电容上电荷增加的速率;

(2) 电容器内储存能量增加的速率;

(3) 电阻上产生的热功率;

(4) 电源提供的功率.

7 交 流 电

7.1 交流电概述

· 交流电的基本形式是简谐交流电　　· 基本假设
· 简谐交流电的特征量

与直流电路中电源的电动势恒定不变不同,如果电路中电源的电动势 $e(t)$ 随时间 t 周期性地变化,则其中各部分的电压 $u(t)$ 和电流 $i(t)$ 也将随时间周期性地变化,由此,电路中的元件除电阻 R 外还有电感 L 和电容 C,它们具有不同的性质和特征,这种由交变电源和 R,L,C 元件构成的电路称为**交流电路**. 与直流电路相比,交流电路更为复杂多样,具有广泛和重要的应用,成为电子学、电工学以及电磁测量的基础. 抽象地说,与直流电路类似,交流电路的理论就是要弄清楚其中所涉及的各 $e(t)$,$u(t)$,$i(t)$ 以及 R,L,C 之间的关系,并建立起完备的方程组,这是相关应用的理论基础,也是本章的主要内容. 限于课程性质,对许多应用只能作初步的介绍.

• 交流电的基本形式是简谐交流电

交流电路中电压、电流随时间变化的曲线图形称为交流电的波形.由于实际需要的不同,交流电波形的形式多样,常见的如图 7-1 所示,图(a),简谐波,即正弦或余弦函数,如市电为 50 赫的简谐波;图(b),电子示波器扫描用的锯齿波;图(c),电子计算机中用的矩形脉冲;图(d),激光通信用来载波的尖脉冲;图(e)(f),广播电视通信用的调幅波和调频波(振幅和频率随时间变化的简谐波);图(g)(h),电子琴中用特殊波形的交流电来模仿各种声音,如小提琴和单簧管的声音.

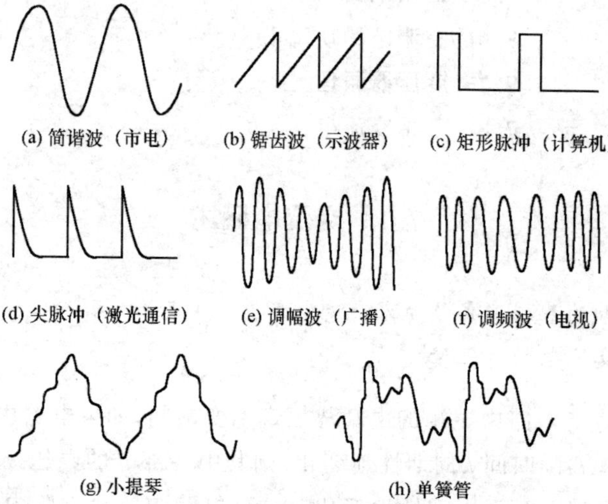

图 7-1 各种形式的交流电

尽管交流电的波形多种多样,但根据傅里叶级数理论,任何**非简谐式**的**周期性**变化的波形都可以展开成一系列频率成整数倍的简谐成分的叠加.图 7-2 画出了周期性矩形脉冲傅里叶展开的叠加过程,图(a)是振幅为 1、频率为 f 的简谐波,图(b)是它与振幅为 1/3,频率为 $3f$ 的简谐波的叠加,图(c)是以上两个简谐波与振幅为 1/5、频率为 $5f$ 的简谐波的叠加,图(d)是矩形脉冲傅里叶展开式前十项的叠加.容易看出,随着参与叠加的项数的增多,叠加所得的波形与矩形脉冲更加接近.因此,在各种具有周期性变化波形的交流电中,**简**

谐交流电是**最基本、最重要**的形式，它是处理一切交流电问题的基础，本章只讨论简谐交流电.

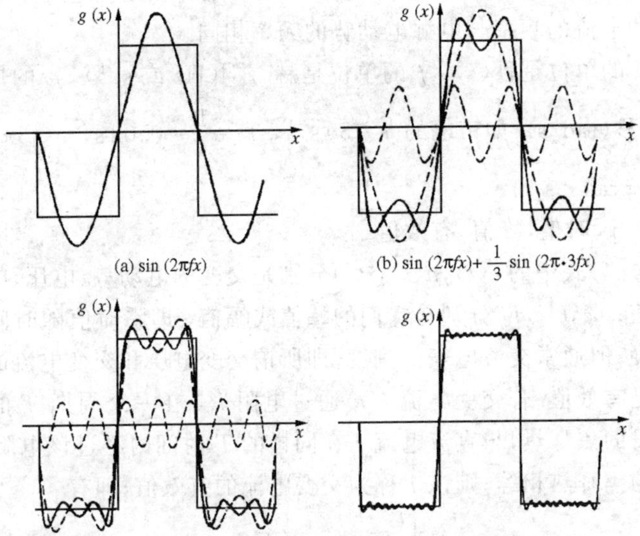

(a) $\sin(2\pi fx)$

(b) $\sin(2\pi fx)+\frac{1}{3}\sin(2\pi\cdot 3fx)$

(c) $\sin(2\pi fx)+\frac{1}{3}\sin(2\pi\cdot 3fx)+\frac{1}{5}\sin(2\pi\cdot 5fx)$

(d) 前10项叠加的结果

图 7-2 矩形脉冲傅里叶展开的叠加

- **简谐交流电的特征量**

简谐交流电的电动势、电压、电流可以写成时间 t 的正弦或余弦函数

$$\begin{cases} e(t) = \mathscr{E}_0 \cos(\omega t + \varphi_e), \\ u(t) = U_0 \cos(\omega t + \varphi_u), \\ i(t) = I_0 \cos(\omega t + \varphi_i). \end{cases} \tag{7.1}$$

简谐量的特征量是频率、峰值(振幅)、相位.

1. 频率，周期，角频率

频率 f 是单位时间内交流电作周期性变化的次数，**周期** T 是作一次周期性变化所需的时间，(7.1)式中的 ω 称为交流电的**角频率**(也称**圆频率**)，是 f 的 2π 倍，三者的关系是

$$\omega = 2\pi f = \frac{2\pi}{T}. \qquad (7.2)$$

简谐交流电的 ω, f, T 取决于振动系统即电源，交流电路中各部分电压和电流的频率与电源电动势的频率相同.

T 的单位是秒(s)，f 的单位是赫[兹](Hz 或 s^{-1})，ω 的单位是弧度/秒(rad/s). 如市电的 $f=50\ s^{-1}$，$T=\frac{1}{f}=0.02\ s$，$\omega=2\pi f=\frac{2\pi}{T}=100\pi\ rad\cdot s^{-1}$.

2. 瞬时值，峰值，有效值

(7.1)式中的 $e(t), u(t), i(t)$ 分别是交变的电动势、电压、电流的**瞬时值**；$\mathscr{E}_0, U_0, I_0$ 分别是它们的**峰值**或**幅值**，即瞬时值随时间变化的幅度；但通常交流电表的刻度，即所谓交变电压和交变电流的数值指的是**有效值**. 若交变电流 $i(t)$ 通过电阻 R，在一个周期 T 的时间内散发的焦耳热，与直流电流 I 在同样的 T 时间内经过该电阻 R 时散发的焦耳热相等，则该 I 称为交变电流的有效值，即有

$$\int_0^T Ri^2 \mathrm{d}t = RI^2 T,$$

故交变电流的有效值 I 为

$$I = \sqrt{\frac{1}{T}\int_0^T i^2 \mathrm{d}t} = \sqrt{\frac{1}{T}\int_0^T I_0^2 \cos^2(\omega t + \varphi_i)\mathrm{d}t} = \frac{I_0}{\sqrt{2}}. \qquad (7.3)$$

同样，交变电压、交变电动势的有效值为 $U=U_0/\sqrt{2}$，$\mathscr{E}=\mathscr{E}_0/\sqrt{2}$，总之，简谐交流电的有效值等于其峰值的 $1/\sqrt{2}$. 例如，通常说市电的电压为 220 V，即指有效值，其峰值则为 $U_0=\sqrt{2}U\approx 311$ V.

3. 相位，初相位

(7.1)式中的 $(\omega t+\varphi_e)$，$(\omega t+\varphi_u)$，$(\omega t+\varphi_i)$ 分别是交变的电动势、电压、电流的**相位**，$\varphi_e, \varphi_u, \varphi_i$ 分别是它们的**初相位**，即 $t=0$ 时刻的相位，选择不同的时间零点可使初相位取不同的值. 与机械简谐振动一样，交流电的相位是描述瞬时状态(瞬时值和变化趋势)的重要物理量. 如果两个同频简谐量之间有相位差，就表示它们变化的步调并不一致.

用时间 t 或用相位 $(\omega t+\varphi)$ 来描述简谐量是完全等价的，区别在

于 t 的单位是秒，$(\omega t+\varphi)$ 的量纲是角度，单位是弧度，它们分别在一个周期 $0\sim T$ 的时间内或 $0\sim 2\pi$ 内把各个运动状态及其变化完整地描绘出来，周而复始.

例 1 已知交变电流 $i(t)=I_0\cos(\omega t+\varphi_i)$ 的相位 $(\omega t+\varphi_i)$ 依次为 $0,\frac{\pi}{2},\pi,\frac{3\pi}{2},2\pi$，试求相应的电流瞬时值及变化趋势并作图.

解 由 $i(t)=I_0\cos(\omega t+\varphi_i)$ 及 $\frac{\mathrm{d}}{\mathrm{d}t}i(t)=-I_0\omega\sin(\omega t+\varphi_i)$，得出

$(\omega t+\varphi_i)$	$i(t)$	$\frac{\mathrm{d}}{\mathrm{d}t}i(t)$	变化趋势
0	I_0	0	正的峰值
$\frac{\pi}{2}$	0	<0	由正值向负值变化
π	$-I_0$	0	负的峰值
$\frac{3\pi}{2}$	0	>0	由负值向正值变化
2π	I_0	0	正的峰值

取相位 $(\omega t+\varphi_i)$ 为横坐标，电流 $i(t)$ 为纵坐标，作出电流随相位变化的曲线如图 7-3 所示，它完整地描绘了当相位从 0 到 2π 时电流变化的全貌.

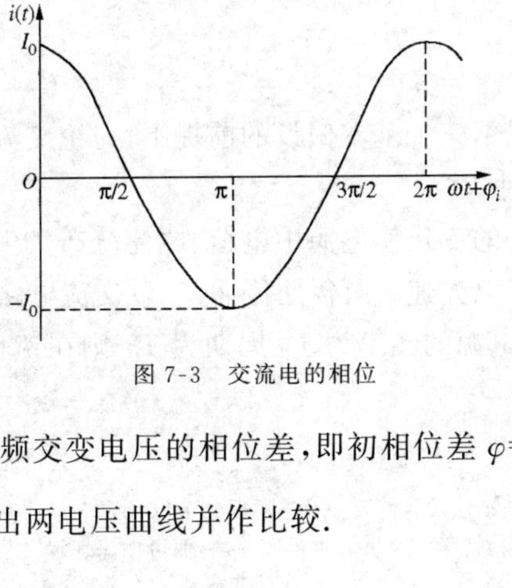

图 7-3 交流电的相位

例 2 两同频交变电压的相位差，即初相位差 $\varphi=\varphi_{u_1}-\varphi_{u_2}=0,\frac{\pi}{2},\pi,\frac{3\pi}{2}$，试画出两电压曲线并作比较.

解

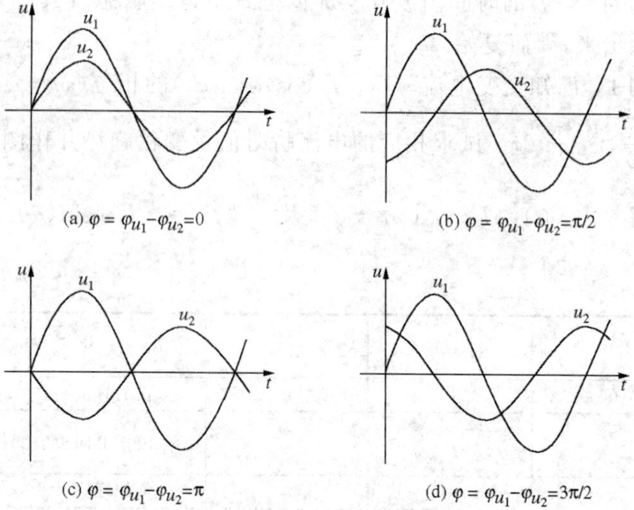

图 7-4 具有不同相位差的两同频交变电压曲线

解 如图 7-4(a)，$\varphi=0$，两电压同相位，变化的步调完全一致；如图(c)，$\varphi=\pi$，两电压变化的步调刚好相反，例如其一达到正的峰值时，另一为负的峰值；如图(b)(d)，两电压变化的步调有差别.

由此可见，相位差描绘了两同频简谐量变化的步调是否一致或相反，或相差多少.

- **基本假设**①

本章将在以下三个基本假设的前提下，讨论交流电路.

1. 似稳条件

电源电动势的变化使电源中电荷、电流分布发生变化，引起周围电磁场的变化并以光速 c 向各处传播，导致交流电路各处的电荷、电流随之变化. 设电源的频率为 f，周期为 T，则在 T 时间内传播的距离为波长 λ，即

① 为了阐明“基本假设”，需要涉及本章后几节以及第 8 章的有关内容，本段不妨先读一遍，大致有所了解，待学完全书后再重读一遍，便可加深理解.

$$\lambda = cT = \frac{c}{f}.$$

如果电源的频率 f 很高，即 λ 很短，使得 λ 与电路的尺寸 l 可相比拟或更小，则电源中电荷、电流分布的变化就不能及时地影响到整个电路，而是由近及远地先后影响电路各个部分，使得电路中不同部分的电磁场以及电荷、电流的变化按距离的远近而落后不同的相位．于是，即使在同一根无分支的导线上，同一时刻各处也会有不同的电流，即基尔霍夫第一定律不再适用．另外，频率高、变化快，电路中到处都有较强的涡旋电场，于是电压概念失效，基尔霍夫第二定律不再适用．

与此相反，如果 f 较低，即 λ 很大，使得 $\lambda \gg l$，则电源的变化经电磁场传播到整个电路各处所需的时间 l/c 将远小于周期 T，即可以认为电源的变化**同时**影响到整个电路的各个部分．于是，在同一时刻，同一无分支导线各处的电流相等，基尔霍夫第一定律有效．另外，因 f 低，变化慢，电路中的涡旋电场可略，于是，电压概念依然适用，基尔霍夫第二定律有效．

似稳条件（也称**准恒条件**）可表为

$$\lambda \gg l \quad \text{或} \quad T \gg \frac{l}{c} \quad \text{或} \quad f \ll \frac{c}{l}. \tag{7.4}$$

在似稳条件下，可以认为，每一时刻电磁场的分布与同一时刻电荷、电流分布的关系和直流电路一样，只不过它们一起同步地作缓慢的变化．

通常，实验室中电子仪器的尺寸 l 为几厘米到几十厘米量级，如果采用 $f=50$ Hz 的市电，$\lambda=cT=3\times10^6$ m，则 $\lambda \gg l$，满足似稳条件；如果 f 高于 10^8，则似稳条件不再满足．

本章的交流电路理论只在似稳条件下适用，反之，若似稳条件不适用，则需代之以电磁波传播的理论．由此可见，一个似乎技术性很强的因素（电源频率 f 的高低）有时会产生深远的影响．

2．集中元件

为了能用基尔霍夫定律处理交流电路，除了上述似稳条件外，还要求电路中的元件为集中元件.

在电感 L 和电容 C 元件内,集中了较强的磁场和电场,它们的变化会产生较强的涡旋电场和位移电流(见第 8 章),使电压概念失效、传导电流不连续(中断),即使基尔霍夫定律在其中失效.但在一般交流电路中,L 和 C 元件在电路中只占据很小的体积,若撇开这些小范围,那么,从电容外部看,电流从一极板流入另一极板流出似乎依旧保持连续,从电感的外部取积分路线,电场的功仍近似与路径无关,电压概念仍有效.

集中元件是指分别把磁场和电场集中在自身内部很小范围的电感元件和电容元件.似稳条件和集中元件是交流电路基尔霍夫定律成立的前提.

元件是**线性**的,即假设电阻、电感、电容元件的 R,L,C 值只由元件本身性质决定,与电流无关(如果电感中填充铁磁质,电容中填充铁电体,则其 L,C 值还与电流有关,即此元件是非线性的).

元件是**"单纯"**的,即假设电阻元件只有 R 别无其他,电感和电容元件只有 L 和 C 别无其他.实际的元件通常都不单纯(包括连接导线),都有一定的分布电阻、分布电容、分布电感,但可看作是等效的单纯元件的某种组合.

总之,假设交流电路中的元件是集中的、线性的、单纯的.

3. 线性电路

如果电路中有多个交流电源,它们的频率可以相同也可以不同,则电路中同时传播着多个同频或不同频的简谐交流电.如果各简谐交流电在同一电路中传播时彼此独立、互不干扰(即其间没有能量的交换),则此交流电路称为**线性电路**.对此,可将各简谐成分逐个单独处理,再相加.

线性电路和线性元件的条件使交流电路的基尔霍夫方程组是线性的,便于求解.

综上,本章的基本假设是:似稳条件,集中的、线性的、单纯的元件,线性电路.

7.2 交流电路中的元件

·电阻　·电感　·电容　·小结

交流电路中的元件有电阻 R、电感 L、电容 C 三种,弄清楚各元件上电压与电流的关系,既可了解各自不同的性质,也为讨论由它们组合而成的交流电路奠定基础.

由于在交流电路中电压和电流都是简谐量,除频率都等于电源的频率外,关心的是两者的峰值(或有效值)关系以及相位关系,为此,定义元件的**阻抗** Z 和**相位差** φ 为

$$Z = \frac{U_0}{I_0} = \frac{U}{I}, \tag{7.5}$$

$$\varphi = \varphi_u - \varphi_i, \tag{7.6}$$

Z 和 φ 合起来反映了元件本身的特性.

● 电阻

如图 7-5(a)所示,在似稳条件下,欧姆定律仍适用于交流电路中的电阻元件. 设电压的初相位 $\varphi_u=0$, 则 $u(t)=U_0\cos\omega t$, 由欧姆定律,电流为

$$i(t) = \frac{u(t)}{R} = \frac{U_0}{R}\cos\omega t = I_0\cos\omega t,$$

故

$$\begin{cases} Z_R = \dfrac{U_0}{I_0} = R, \\ \varphi_R = \varphi_u - \varphi_i = 0. \end{cases} \tag{7.7}$$

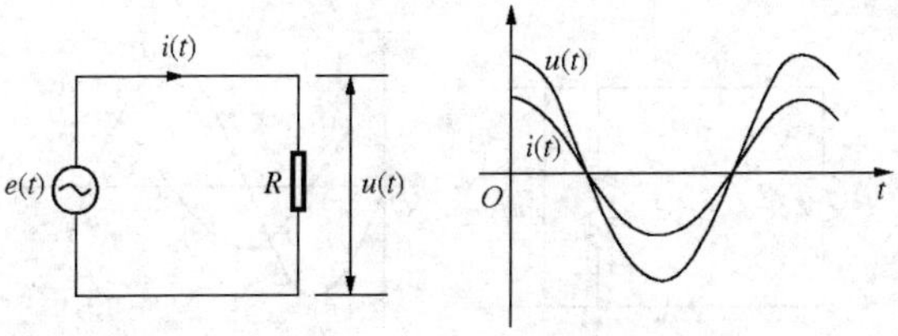

(a) 纯电阻的交流电路　(b) 电阻上 $u(t)$ 与 $i(t)$ 的相位关系

图 7-5 电阻元件

(7.7)式表明,对于电阻元件,其交流阻抗就是它的电阻 R,电压与电流的相位一致,如图 7-5(b)所示.

- **电感**

如图 7-6(a)所示,当交流电流 $i(t)$ 通过电感 L 时,在线圈内产生自感电动势

$$\mathscr{E}_L(t)=-L\frac{\mathrm{d}i}{\mathrm{d}t}.$$

设交流电源的电动势为 $e(t)$,内阻为零,则 $e(t)$ 就是电感元件两端的电压 $u(t)$,由欧姆定律,因电路中无电阻,得

$$e(t)+\mathscr{E}_L(t)=u(t)+\mathscr{E}_L(t)=0,$$

即

$$u(t)=-\mathscr{E}_L(t)=L\frac{\mathrm{d}i}{\mathrm{d}t}.$$

设电流的初相位 $\varphi_i=0$,则 $i(t)=I_0\cos\omega t$,代入,得

$$u(t)=LI_0(-\omega\sin\omega t)=\omega LI_0\cos\left(\omega t+\frac{\pi}{2}\right),$$

故

$$\begin{cases}Z_L=\dfrac{U_0}{I_0}=\omega L,\\[2ex]\varphi_L=\varphi_u-\varphi_i=\dfrac{\pi}{2}.\end{cases}\qquad(7.8)$$

(7.8)式表明,电感元件的阻抗(也称感抗)除与电感 L 成正比外,还与角频率 ω 成正比,ω 越高,Z_L 越大,具有“**阻高频、通低频**”的特性;另外在相位关系上,电压超前电流 $\pi/2$,如图 7-6(b)所示.

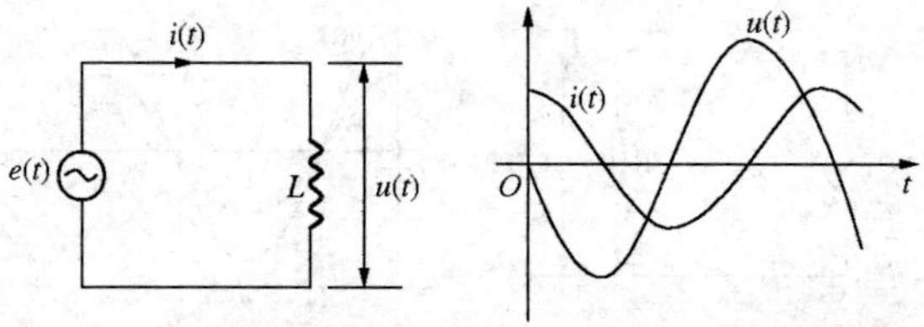

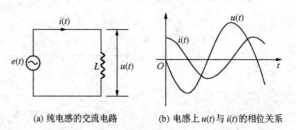

(a) 纯电感的交流电路　　(b) 电感上 $u(t)$ 与 $i(t)$ 的相位关系

图 7-6　电感元件

● 电容

如图 7-7(a)所示，电容上的电压 $u(t)$ 与两极板所带电量 $q(t)$ 成正比，即 $q(t)=Cu(t)$，$q(t)$ 的变化就是电容的不断充电和放电，电路中的电流 $i(t)$ 就是充电和放电的电流，有

$$i(t)=\frac{\mathrm{d}}{\mathrm{d}t}q(t)=C\frac{\mathrm{d}}{\mathrm{d}t}u(t).$$

设 $\varphi_u=0$，则 $u(t)=U_0\cos\omega t$，代入，得

$$i(t)=CU_0(-\omega\sin\omega t)=\omega CU_0\cos\left(\omega t+\frac{\pi}{2}\right),$$

故

$$\begin{cases} Z_C=\dfrac{U_0}{I_0}=\dfrac{1}{\omega C}, \\ \varphi_C=\varphi_u-\varphi_i=-\dfrac{\pi}{2}. \end{cases} \tag{7.9}$$

(7.9)式表明，电容元件的阻抗(也称容抗)除与电容 C 成反比外，还与角频率 ω 成反比，ω 越低，Z_C 越大，对于直流电，因 ω 为零，Z_C 为无穷大，具有**"通高频、阻低频、隔直流"**的特性；另外，在相位关系上，电压落后电流 $\pi/2$，如图 7-7(b)所示.

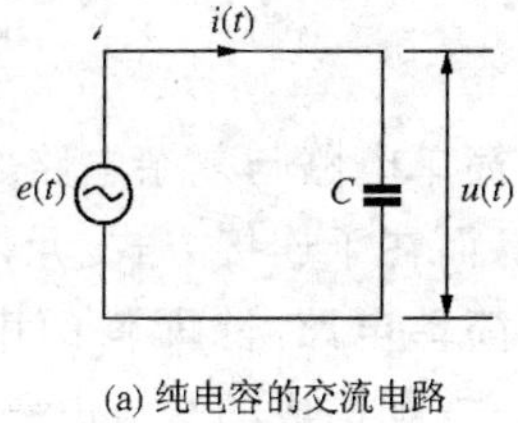

(a) 纯电容的交流电路

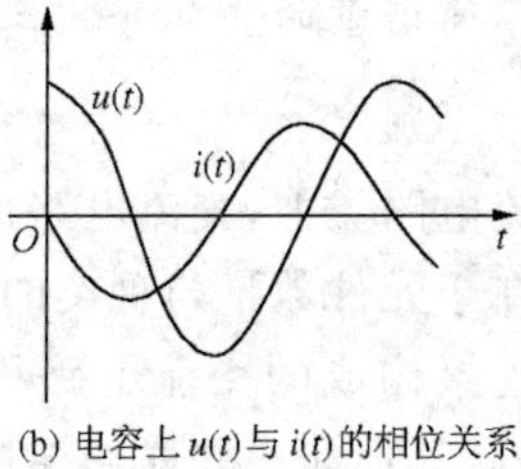

(b) 电容上 $u(t)$ 与 $i(t)$ 的相位关系

图 7-7　电容元件

● 小结

现将交流电路中电阻、电感、电容三元件的阻抗和相位差特性列于表 7.1 中，以便比较.

表 7.1 交流电路元件的比较

元 件	$Z=\frac{U_0}{I_0}=\frac{U}{I}$	$\varphi=\varphi_u-\varphi_i$
电阻 R	$Z_R=R$(与 ω 无关)	0
电感 L	$Z_L=\omega L\propto\omega$	$\frac{\pi}{2}$
电容 C	$Z_C=\frac{1}{\omega C}\propto\frac{1}{\omega}$	$-\frac{\pi}{2}$

(1) 交流电路中元件的特性需用阻抗和相位差两个参量才能完整地描述.

(2) 在交流电路中，电压与电流的峰值(或有效值)之间的关系和直流电路中的欧姆定律相似，具有简单的比例关系，$U_0=I_0Z$ 或 $U=IZ$，但因电压与电流之间有相位差，两者的瞬时值之间一般并无简单的比例关系.

(3) 三元件阻抗的频率特性明显不同，三元件上电压与电流的相位差也明显不同. 正是这种差别甚至相反的特性，使得由这些元件组合而成的交流电路丰富多彩、应用广泛.

7.3 元件的串并联——矢量图解法

- 一维同频简谐量的叠加——三角函数法
- 串并联电路的矢量图解法

与直流电路类似，交流电路也有简单电路与复杂电路之分，其间的差别不在于元件数量与种类的多寡而在于连接方式. 元件按串联、并联方式连接构成的交流电路称为**简单电路**. 除元件的串联、并联外，如果还有其他非串并联的连接方式，则构成的交流电路称为**复杂电路**.

本节讨论元件串并联的简单交流电路，介绍它的一种计算方法——矢量图解法.

• 一维同频简谐量的叠加——三角函数法

根据本章的基本假设(似稳条件、集中元件、线性电路)，在串联

电路中,通过各元件的电流瞬时值 $i(t)$ 相等,电路两端总电压的瞬时值等于各元件上电压瞬时值之和,即

$$u(t)=u_1(t)+u_2(t)+\cdots. \tag{7.10}$$

在并联电路中,各元件两端的电压瞬时值相等,总电流的瞬时值等于各元件上电流的瞬时值之和,即

$$i(t)=i_1(t)+i_2(t)+\cdots. \tag{7.11}$$

因此,串并联交流电路的基本问题是同频简谐量的叠加,可一般地表为

$$a(t)=a_1(t)+a_2(t)+\cdots, \tag{7.12}$$

式中 $a_1(t)$, $a_2(t)$, …表示分电压或分电流(瞬时值), $a(t)$ 表示总电压或总电流(瞬时值).

利用三角函数的运算可以证明,两个(或多个)一维同频简谐量相加后得到的仍是同一频率的简谐量,后者的峰值、初相位与前两者峰值、初相位的关系为

$$\begin{cases} a(t)=A\cos(\omega t+\varphi)=a_1(t)+a_2(t) \\ \qquad =A_1\cos(\omega t+\varphi_1)+A_2\cos(\omega t+\varphi_2), \\ A^2=A_1^2+A_2^2+2A_1A_2\cos(\varphi_2-\varphi_1), \\ \tan\varphi=\dfrac{A_1\sin\varphi_1+A_2\sin\varphi_2}{A_1\cos\varphi_1+A_2\cos\varphi_2}. \end{cases} \tag{7.13}$$

(7.13)式表明,在串联电路中,总电压的峰值(或有效值)并不等于分电压的峰值(或有效值)之和,在并联电路中,总电流的峰值(或有效值)并不等于分电流的峰值(或有效值)之和,即 $U_0\neq U_{10}+U_{20}$, $I_0\neq I_{10}+I_{20}$, 其原因在于两分电压或两分电流之间有相位差.

- **串并联电路的矢量图解法**

上述结果也可以用矢量图解法同样得出.

如图 7-8 所示,一个在同一平面(纸面)内以角速度 ω 逆时针旋转的矢量,若取矢量的长度等于简谐量的峰值 A, 取矢量与水平轴的夹角等于简谐量的相位 $(\omega t+\varphi)$ (在 $t=0$ 时,夹角为 φ, 经 t 时间后转过 ωt 角,夹角为 $(\omega t+\varphi)$), 则该**旋转矢量并非简谐量**,但它在水平轴上的投影 $A\cos(\omega t+\varphi)$ 是简谐量,可用来**表示简谐量**.

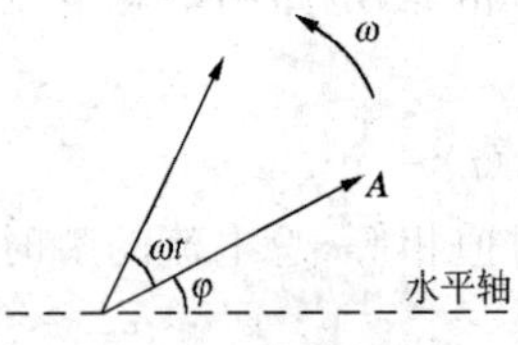

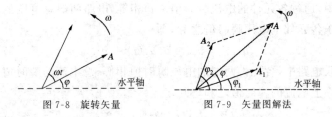

图 7-8 旋转矢量

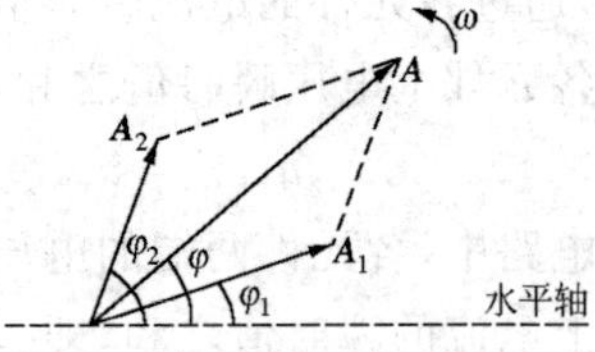

图 7-9 矢量图解法

如图 7-9 所示，两个同频简谐量 $a_1(t)$ 和 $a_2(t)$ 可用两个旋转矢量 $\boldsymbol{A}_1$ 和 $\boldsymbol{A}_2$ 表示，这两个旋转矢量的合矢量 $\boldsymbol{A}=\boldsymbol{A}_1+\boldsymbol{A}_2$ 所表示的简谐量 $a(t)$ 刚好就是这两个简谐量相加得出的简谐量，即 $a(t)=a_1(t)+a_2(t)$. 因此，可以用旋转矢量的求和表示简谐量的求和，这就是**矢量图解法**. 注意，由于 $\boldsymbol{A}_1,\boldsymbol{A}_2,\boldsymbol{A}$ 三矢量均以 ω 逆时针旋转，三者的夹角以及相对大小关系在转动中保持不变，计算时画任意时刻的矢量图均可，通常都画 $t=0$ 时刻的矢量图（图 7-9 画出的就是 $t=0$ 时刻的矢量图），此时各矢量与水平轴的夹角等于初相位.

例 3 RL 串联. 已知 R,L,ω，试求 RL 串联电路的总阻抗 Z 以及总电压与总电流的相位差 φ.

又，设总电压有效值为 $U=120\ \mathrm{V}$，$R=260\ \Omega$，$Z_L=\omega L=150\ \Omega$，试写出 $i(t),u(t),u_R(t),u_L(t)$ 的瞬时值（取 $i(t)$ 的初相位为零）.

解 如图 7-10(a)，在 RL 串联电路中，总电流与流经 R 和 L 的电流（瞬时值）相等，即 $i(t)=i_R(t)=i_L(t)$，于是代表它们的旋转矢量也相同，即 $\boldsymbol{I}=\boldsymbol{I}_R=\boldsymbol{I}_L$，在图(b)中画成水平矢量（因已设 $i(t)$ 初相位为零）. 因 $u_R(t)$ 与 $i_R(t)$ 同相位，$u_L(t)$ 的相位比 $i_L(t)$ 超前 $\pi/2$，故在图(b)中 $\boldsymbol{U}_R$ 为水平矢量，$\boldsymbol{U}_L$ 垂直 $\boldsymbol{I}_L$ 并向上，$\boldsymbol{U}=\boldsymbol{U}_R+\boldsymbol{U}_L$ 表示总电压 $u(t)$. 如图(b)，由几何关系，得

$$
\begin{aligned}
U &= \sqrt{U_R^2+U_L^2} = \sqrt{(IZ_R)^2+(IZ_L)^2} \\
&= I\sqrt{R^2+(\omega L)^2},
\end{aligned}
$$

$$
\tan\varphi = \frac{U_L}{U_R} = \tan\frac{\omega L}{R},
$$

$$
Z = \frac{U}{I} = \sqrt{R^2+(\omega L)^2}.
$$

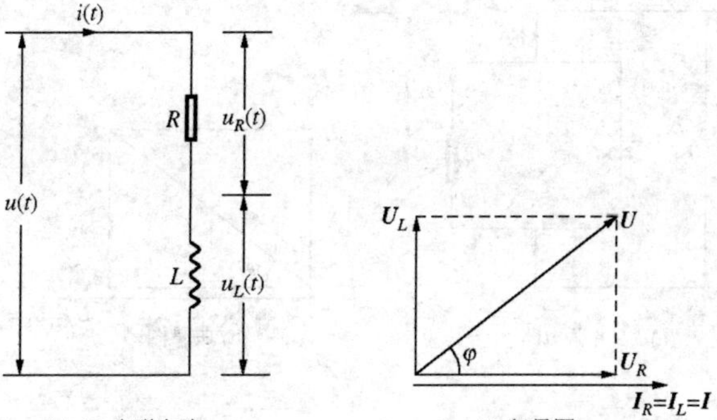

(a) RL 串联电路　　(b) 矢量图

图 7-10

将有关数值代入，得

$$Z=300\,\Omega,$$

$$\varphi=\frac{\pi}{6},$$

$$i(t)=I_0\cos\omega t=\frac{\sqrt{2}U}{Z}\cos\omega t=\frac{120\sqrt{2}}{300}\cos\omega t$$

$$=0.4\sqrt{2}\cos\omega t\ \mathrm{A},$$

$$u(t)=U_0\cos(\omega t+\varphi)=\sqrt{2}U\cos(\omega t+\varphi)$$

$$=120\sqrt{2}\cos\left(\omega t+\frac{\pi}{6}\right)\mathrm{V},$$

$$u_R(t)=U_{R0}\cos\omega t=I_0R\cos\omega t=104\sqrt{2}\cos\omega t\ \mathrm{V},$$

$$u_L(t)=U_{L0}\cos\left(\omega t+\frac{\pi}{2}\right)=I_0Z_L\cos\left(\omega t+\frac{\pi}{2}\right)$$

$$=60\sqrt{2}\cos\left(\omega t+\frac{\pi}{2}\right)\mathrm{V}.$$

例 4 RC 并联. 已知 R,C,ω，试求 RC 并联电路的总阻抗 Z 以及总电压与总电流的相位差 φ.

解 如图 7-11(a)，在 RC 并联电路中，总电压与 R 两端、C 两端的电压(瞬时值)相等，即 $u(t)=u_R(t)=u_C(t)$，于是代表它们的旋转矢量相同，即 $\boldsymbol{U}=\boldsymbol{U}_R=\boldsymbol{U}_C$，在图(b)中画成水平矢量(即设初相位为零). 因 $u_R(t)$与 $i_R(t)$同相位，$u_C(t)$的相位比 $i_C(t)$落后 $\pi/2$，故

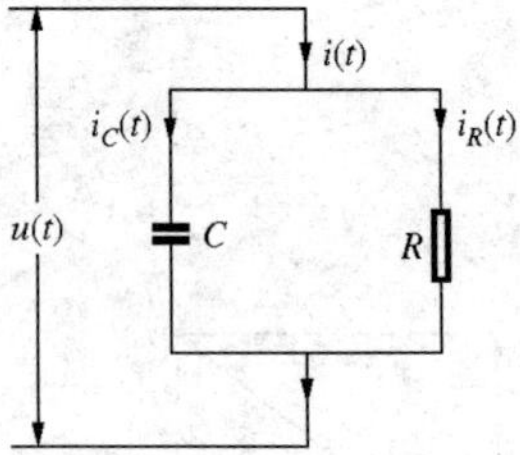

(a) RC 并联电路

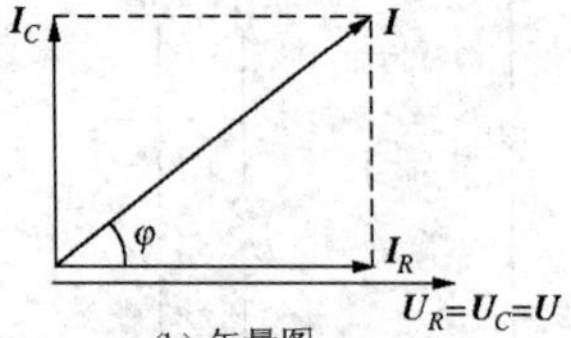

(b) 矢量图

图　7-11

图(b)中 $\boldsymbol{I}_R$ 为水平矢量，$\boldsymbol{I}_C$ 垂直 $\boldsymbol{U}_C$ 向上，$\boldsymbol{I}=\boldsymbol{I}_R+\boldsymbol{I}_C$ 表示总电流. 如图(b),由几何关系,得

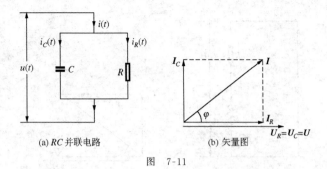

$$I=\sqrt{I_R^2+I_C^2}=\sqrt{\left(\frac{U}{R}\right)^2+\left(\frac{U}{1/\omega C}\right)^2}$$
$$=U\sqrt{(1/R)^2+(\omega C)^2},$$

$$\tan\varphi=-\frac{I_C}{I_R}=-\frac{U/\dfrac{1}{\omega C}}{U/R}=-\omega CR,$$

$$Z=\frac{U}{I}=\frac{1}{\sqrt{(1/R)^2+(\omega C)^2}}.$$

例 5　串并联. 如图 7-12(a)，RC 并联再与 L 串联,已知 $Z_L=Z_C=R$，试求以下简谐量之间的相位差：(1) $u_C(t)$与 $i_R(t)$，(2) $i_C(t)$与 $i_R(t)$，(3) $u_R(t)$与 $u_L(t)$，(4) $u(t)$与 $i(t)$.

解　如图 7-12(b)，先画矢量图. 因 RC 并联，$\boldsymbol{U}_R=\boldsymbol{U}_C=\boldsymbol{U}_{RC}$，以此为基准,三者都画成水平矢量. 因 $\boldsymbol{I}_R /\!/ \boldsymbol{U}_R$，$\boldsymbol{I}_C\perp\boldsymbol{U}_C$ 向上($\boldsymbol{I}_C$ 比 $\boldsymbol{U}_C$ 超前 π/2)，$\boldsymbol{I}_R+\boldsymbol{I}_C=\boldsymbol{I}_{RC}$，$\boldsymbol{I}_{RC}=\boldsymbol{I}_L=\boldsymbol{I}$，故 $\boldsymbol{I}_R$,$\boldsymbol{I}_C$,$\boldsymbol{I}_{RC}$,$\boldsymbol{I}_L$,$\boldsymbol{I}$ 五者可先后画出. 又因 $\boldsymbol{U}_L\perp\boldsymbol{I}_L$ 向左($\boldsymbol{U}_L$ 比 $\boldsymbol{I}_L$ 超前 π/2)，$\boldsymbol{U}=\boldsymbol{U}_L+\boldsymbol{U}_{RC}$，可画出 $\boldsymbol{U}_L$,$\boldsymbol{U}$. 于是,全部电流、电压的矢量图如图(b)所示.

由题设，$Z_C=R$，即 $I_C=I_R$，$\boldsymbol{I}_C$ 与 $\boldsymbol{I}_R$ 的长度相等且垂直,故合矢量 $\boldsymbol{I}$ 与 $\boldsymbol{I}_R$ 的夹角 $\varphi_1=\pi/4$，$\boldsymbol{I}$ 与 $\boldsymbol{I}_C$ 的夹角 $\varphi=\pi/4$.

由矢量图,利用几何关系,得

$$I=I_{RC}=\sqrt{I_C^2+I_R^2}=\sqrt{2}I_R.$$

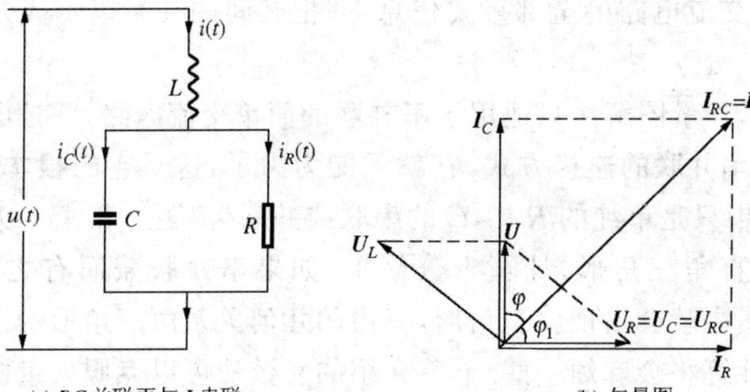

(a) *RC* 并联再与 *L* 串联　　(b) 矢量图

图 7-12

由题设，$Z_L=R$，故

$$U_L = IZ_L = \sqrt{2}I_RR = \sqrt{2}U_R.$$

因 $\boldsymbol{U}_L \perp \boldsymbol{I}_L$，$\boldsymbol{I}_L=\boldsymbol{I}$，$\boldsymbol{I}$ 与 $\boldsymbol{I}_R$ 的夹角 $\varphi_1=\pi/4$，$\boldsymbol{I}_R /\!/ \boldsymbol{U}_R$，故 $\boldsymbol{U}_L$ 与 $\boldsymbol{U}_R$ 的夹角为 $\pi/2+\pi/4=3\pi/4$. 又因 $U_L=\sqrt{2}U_R$，故 $\boldsymbol{U}=\boldsymbol{U}_R+\boldsymbol{U}_L$ 应**垂直向上**，即 $\boldsymbol{U}\perp\boldsymbol{U}_R$ 两者的夹角为 $\pi/2$，由几何关系

$$U^2 = U_L^2 - U_R^2 = (\sqrt{2}U_R)^2 - U_R^2 = U_R^2.$$

至此，根据题设的条件，准确地确定了各电压、电流矢量之间的相位(夹角)关系，以及各电压矢量的相对大小、各电流矢量的相对大小. 图(b)即据此画出.

由矢量图：

(1) $\boldsymbol{U}_C$ 与 $\boldsymbol{I}_R$ 同相位，$\Delta\varphi=0$.

(2) $\boldsymbol{I}_C$ 比 $\boldsymbol{I}_R$ 超前 $\pi/2$，$\Delta\varphi=\pi/2$.

(3) $\boldsymbol{U}_R$ 比 $\boldsymbol{U}_L$ 落后 $3\pi/4$，$\Delta\varphi=-3\pi/4$.

(4) $\boldsymbol{U}$ 比 $\boldsymbol{I}$ 超前 $\pi/4$，$\Delta\varphi=\pi/4$.

以上三例表明，对于由元件串并联构成的简单交流电路，根据元件的特征和串联、并联的性质，利用矢量表示简谐量、矢量和表示同频简谐量之和的方法，可以画出该电路全部电流以及电压(简谐量)的矢量图. 矢量图上任意两矢量的夹角就是两相应简谐量(无论电压还是电流)的相位差，矢量图上各电流矢量(或电压矢量)的大小关系就是相应电流(或电压)的峰值或有效值的关系. 简言之，**矢量图**集中了串并联交流电路的全部重要信息,并把其间的关系表示成几何关系,一目了然.

然而,矢量图解法只适用于串并联的简单交流电路,一旦电路中出现了非串并联的连接方式,它就无能为力了,这是它的**根本限制**.另外,如果只是单纯的 R,L,C 的串联或并联(例题 3 和 4),矢量图中只出现直角三角形,计算十分简单.如果串并联兼而有之(例题 5),矢量图中就会出现斜三角形,三边的几何关系由三角形的余弦定律给出,计算将会麻烦一些.下节介绍的复数法可以克服矢量图解法的限制和缺点,成为求解交流电路的普遍方法.

7.4 交流电路的复数解法

- 复数的基本知识
- 交流电的复数表示
- 串并联交流电路的复数解法
- 串并联交流电路的应用
- 交流电路的基尔霍夫方程组及其复数形式
- 交流电桥

复数法是求解交流电路的普遍方法,不仅适用于串并联的简单交流电路,还适用于需要用交流电路的基尔霍夫方程组才能求解的复杂电路.通过简谐量的复数表示,利用复数所具有的加、减、乘、除、微分、积分等丰富的运算功能,可以将交流电路的各种公式写成和直流电路相似的形式,简单明确,便于计算.

• 复数的基本知识

复数 $\widetilde{A}$ 有两种表示法

$$\widetilde{A} = x + \mathrm{j}y, \qquad ①$$

$$\widetilde{A} = A\mathrm{e}^{\mathrm{j}\varphi}, \qquad ②$$

式中 x 和 y 称为复数的实部和虚部, $\mathrm{j}=\sqrt{-1}$为虚数单位, A 和 φ 称为复数的模(或绝对值)和幅角.由欧拉公式

$$\mathrm{e}^{\mathrm{j}\varphi} = \cos\varphi + \mathrm{j}\sin\varphi. \qquad ③$$

复数两种表示法的关系为

$$\begin{cases} x = A\cos\varphi, \\ y = A\sin\varphi, \end{cases} \qquad ④$$

$$\begin{cases} A = \sqrt{x^2 + y^2}, \\ \varphi = \arctan\dfrac{y}{x}. \end{cases} \qquad ⑤$$

如图 7-13，取 x 轴为实轴，y 轴为虚轴，构成复平面，则复数 $\widetilde{A}$ 对应复平面中的(x,y)点或长度为 A 且与 x 轴的夹角为 φ 的矢量. 由此，复数两种表示法之间的关系一目了然.

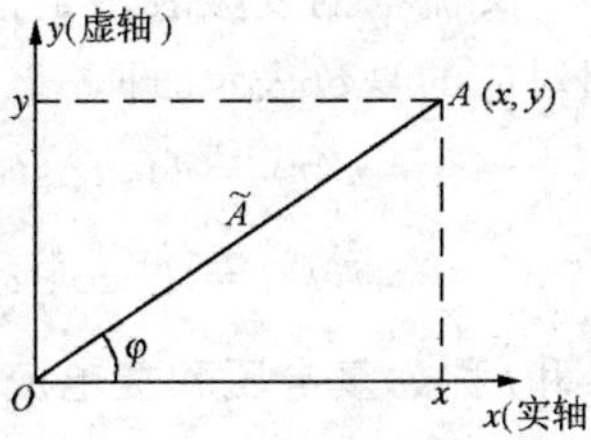

图 7-13 复数的平面表示

虚数单位 $\mathrm{j}=\sqrt{-1}$的基本性质是

$$\begin{cases} \mathrm{j}^2 = -1, \\ \dfrac{1}{\mathrm{j}} = -\mathrm{j}, \\ \mathrm{j} = \mathrm{e}^{\mathrm{j}\frac{\pi}{2}}, \\ \dfrac{1}{\mathrm{j}} = \mathrm{e}^{-\mathrm{j}\frac{\pi}{2}}. \end{cases} \qquad ⑥$$

复数的四则运算(加、减、乘、除)为

$$\begin{cases} \widetilde{A}_1 \pm \widetilde{A}_2 = (x_1 + \mathrm{j}y_1) \pm (x_2 + \mathrm{j}y_2) \\ \qquad\qquad = (x_1 \pm x_2) + \mathrm{j}(y_1 \pm y_2), \\ \widetilde{A}_1 \cdot \widetilde{A}_2 = (A_1\mathrm{e}^{\mathrm{j}\varphi_1})(A_2\mathrm{e}^{\mathrm{j}\varphi_2}) = A_1A_2\mathrm{e}^{\mathrm{j}(\varphi_1+\varphi_2)}, \\ \dfrac{\widetilde{A}_1}{\widetilde{A}_2} = \dfrac{A_1\mathrm{e}^{\mathrm{j}\varphi_1}}{A_2\mathrm{e}^{\mathrm{j}\varphi_2}} = \dfrac{A_1}{A_2}\mathrm{e}^{\mathrm{j}(\varphi_1-\varphi_2)}. \end{cases} \qquad ⑦$$

复数 $\widetilde{A}$ 的共轭 $\widetilde{A}^*$ 定义为

$$\widetilde{A}^* = x - \mathrm{j}y = A\mathrm{e}^{-\mathrm{j}\varphi}, \qquad ⑧$$

故

$$\widetilde{A}\widetilde{A}^* = A^2 = x^2 + y^2. \qquad ⑨$$

• 交流电的复数表示

一个随时间变化的简谐量可以用对应的复数表示，即

$$a(t)=A\cos(\omega t+\varphi)\longleftrightarrow\widetilde{A}=A\mathrm{e}^{\mathrm{j}(\omega t+\varphi)}.$$

复数 $\widetilde{A}$ 的模和幅角分别等于它所表示的简谐量的峰值和相位，复数 $\widetilde{A}$ 的实部等于它所表示的简谐量.

交流电的复数表示是把交流电路中的电压、电流等同频简谐量用对应的复数表示，即

$$u(t)=U_0\cos(\omega t+\varphi_u)\longleftrightarrow\widetilde{U}=U_0\mathrm{e}^{\mathrm{j}(\omega t+\varphi_u)},$$

$$i(t)=I_0\cos(\omega t+\varphi_i)\longleftrightarrow\widetilde{I}=I_0\mathrm{e}^{\mathrm{j}(\omega t+\varphi_i)}.$$

$\widetilde{U}$ 和 $\widetilde{I}$ 称为**复电压**和**复电流**，它们的**实部**等于所代表的电压和电流.

因复数可乘除，将任意一段交流电路的复电压 $\widetilde{U}$ 与复电流 $\widetilde{I}$ 之比定义为该电路的**复阻抗** $\widetilde{Z}$，即

$$\widetilde{Z}=\frac{\widetilde{U}}{\widetilde{I}}=\frac{U_0\mathrm{e}^{\mathrm{j}(\omega t+\varphi_u)}}{I_0\mathrm{e}^{\mathrm{j}(\omega t+\varphi_i)}}=\frac{U_0}{I_0}\mathrm{e}^{\mathrm{j}(\varphi_u-\varphi_i)}=Z\mathrm{e}^{\mathrm{j}\varphi}. \tag{7.14}$$

复阻抗 $\widetilde{Z}$ 的**模** $Z=U_0/I_0$ 等于该电路的**阻抗**，**复阻抗** $\widetilde{Z}$ 的**幅角** $\varphi=\varphi_u-\varphi_i$ 等于该电路电压与电流的**相位差**. 因此，复阻抗概括了该电路的基本性质.

(7.14)式可以写为

$$\widetilde{U}=\widetilde{I}\widetilde{Z}. \tag{7.15}$$

(7.15)式与直流电路中欧姆定律 $U=IR$ 的形式相同，$\widetilde{Z}$ 与 R 的地位相当. (7.15)式是求解**串并联**交流电路的基本公式，使用方便，计算简单. 复数具有的乘除的运算功能显示了它的威力.

复阻抗 $\widetilde{Z}$ 的倒数称为**复导纳** $\widetilde{Y}$，即

$$\widetilde{Y}=\frac{1}{\widetilde{Z}}=\frac{1}{Z}\mathrm{e}^{-\mathrm{j}\varphi}=Y\mathrm{e}^{-\mathrm{j}\varphi}. \tag{7.16}$$

复导纳 $\widetilde{Y}$ 的模 $Y=1/Z$ 是阻抗的倒数，称为**导纳**，复导纳 $\widetilde{Y}$ 的幅角 $-\varphi$ 是电压与电流相位差 $\varphi=(\varphi_u-\varphi_i)$ 的负值.

根据 $\widetilde{Z}$ 和 $\widetilde{Y}$ 的定义，利用 7.2 节表中的结果，R,L,C 元件的复阻抗和复导纳的公式如表 7.2 所示.

表 7.2 交流电路元件的复阻抗和复导纳

元件	阻抗 Z	相位差 φ	复阻抗 $\tilde{Z}$	复导纳 $\tilde{Y}$
R	$Z_R=R$	$\varphi_R=0$	$\tilde{Z}_R=R$	$\tilde{Y}_R=\frac{1}{R}$
L	$Z_L=\omega L$	$\varphi_L=\frac{\pi}{2}$	$\tilde{Z}_L=\mathrm{j}\omega L$	$\tilde{Y}_L=\frac{1}{\mathrm{j}\omega L}$
C	$Z_C=\frac{1}{\omega C}$	$\varphi_C=-\frac{\pi}{2}$	$\tilde{Z}_C=\frac{1}{\mathrm{j}\omega C}$	$\tilde{Y}_C=\mathrm{j}\omega C$

交流电路的**复数解法**就是利用交流电的复数表示以及其间的关系,对于一段给定的电路,通过复数运算求得复数结果,再将所得复数结果还原成该电路交流电压、交流电流等实际结果.

- **串并联交流电路的复数解法**

根据本章的基本假设(似稳条件,集中元件,线性电路),串联电路各元件中电流的瞬时值相等 $i(t)=i_1(t)=i_2(t)=\cdots$, 串联电路两端总电压的瞬时值等于各元件两端分电压的瞬时值之和 $u(t)=u_1(t)+u_2(t)+\cdots$; 并联电路各元件两端电压的瞬时值相等 $u(t)=u_1(t)=u_2(t)=\cdots$, 并联电路总电流的瞬时值等于各元件中分电流的瞬时值之和 $i(t)=i_1(t)+i_2(t)+\cdots$. 以上结果用复数表示,为

$$\text{串联}\quad\begin{cases}\tilde{I}=\tilde{I}_1=\tilde{I}_2=\cdots,\\ \tilde{U}=\tilde{U}_1+\tilde{U}_2+\cdots,\end{cases}\tag{7.17a}$$

$$\text{并联}\quad\begin{cases}\tilde{U}=\tilde{U}_1=\tilde{U}_2=\cdots,\\ \tilde{I}=\tilde{I}_1+\tilde{I}_2+\cdots.\end{cases}\tag{7.17b}$$

利用复数形式的欧姆定律(7.15)式,对于一般交流电路和其中各元件,有 $\tilde{U}=\tilde{I}\tilde{Z}$ 及 $\tilde{U}_1=\tilde{I}_1\tilde{Z}_1$, $\tilde{U}_2=\tilde{I}_2\tilde{Z}_2$, $\cdots$, 代入(7.17)式,得

$$\text{串联}\quad \tilde{Z}=\tilde{Z}_1+\tilde{Z}_2+\cdots,\tag{7.18a}$$

$$\text{并联}\quad \frac{1}{\tilde{Z}}=\frac{1}{\tilde{Z}_1}+\frac{1}{\tilde{Z}_2}+\cdots\quad\text{或}\quad\tilde{Y}=\tilde{Y}_1+\tilde{Y}_2+\cdots.\tag{7.18b}$$

(7.18)式就是交流电路**复阻抗**的**串联和并联公式**,其形式与直流电路电阻的串联和并联公式相同,这是复数法的又一优点,但请注意,复阻抗 $\tilde{Z}$ 中有物理意义的是它的模即阻抗 Z 以及幅角即相位差 φ,

需要把它们求出来，这是比直流电路复杂的地方．又，对于并联电路，用复导纳公式计算较为简单．

例 6　试用复数法求解 RL 串联电路的阻抗和相位差（见图 7-10）．

解　由(7.18a)式，

$$\tilde{Z}=\tilde{Z}_R+\tilde{Z}_L=R+\mathrm{j}\omega L,$$

故

$$Z=\sqrt{R^2+(\omega L)^2},$$

$$\varphi=\arctan\frac{\omega L}{R}.$$

例 7　试用复数法求解 RC 并联电路的阻抗和相位差（见图 7-11）．

解　由(7.18b)式，

$$\tilde{Y}=\tilde{Y}_R+\tilde{Y}_C=\frac{1}{R}+\mathrm{j}\omega C,$$

故

$$Y=\sqrt{\left(\frac{1}{R}\right)^2+(\omega C)^2},$$

$$Z=\frac{1}{Y}=\frac{1}{\sqrt{\left(\frac{1}{R}\right)^2+(\omega C)^2}},$$

$$-\varphi=\arctan\frac{\omega C}{1/R}=\arctan\omega CR.$$

例 8　如图 7-14，RL 串联，再与 C 并联，试用复数法求总阻抗和相位差．

解　由(7.18)式，

$$\tilde{Z}_{RL}=\tilde{Z}_R+\tilde{Z}_L=R+\mathrm{j}\omega L,$$

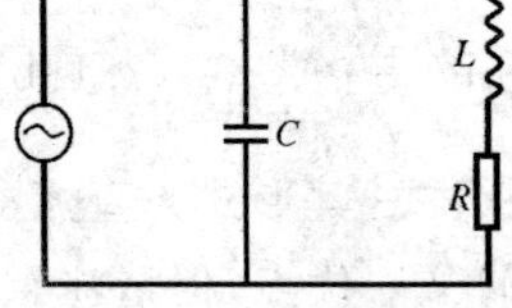

图 7-14　RL 串联再与 C 并联

$$\tilde{Y}=\tilde{Y}_{RL}+\tilde{Y}_C=\frac{1}{R+\mathrm{j}\omega L}+\mathrm{j}\omega C$$

$$=\frac{1-\omega^2LC+\mathrm{j}\omega CR}{R+\mathrm{j}\omega L},$$

$$\tilde{Z}=\frac{1}{\tilde{Y}}=\frac{R+\mathrm{j}\omega L}{1-\omega^2LC+\mathrm{j}\omega CR}=\frac{\tilde{Z}_1}{\tilde{Z}_2},$$

其中

$$\widetilde{Z}_1 = R + \mathrm{j}\omega L = Z_1 \mathrm{e}^{\mathrm{j}\varphi_1},$$

$$\widetilde{Z}_2 = (1 - \omega^2 LC) + \mathrm{j}\omega CR = Z_2 \mathrm{e}^{\mathrm{j}\varphi_2}.$$

整个电路的总阻抗为

$$Z = |\widetilde{Z}| = \frac{Z_1}{Z_2} = \sqrt{\frac{R^2 + (\omega L)^2}{(1 - \omega^2 LC)^2 + (\omega CR)^2}}.$$

相位差为

$$\varphi = \varphi_1 - \varphi_2 = \arctan\frac{\omega L}{R} - \arctan\frac{\omega CR}{1 - \omega^2 LC}.$$

利用三角恒等式

$$\arctan x - \arctan y = \arctan\frac{x - y}{1 + xy},$$

得

$$\begin{aligned}\varphi &= \arctan\frac{\dfrac{\omega L}{R} - \dfrac{\omega CR}{1 - \omega^2 LC}}{1 + \dfrac{\omega L}{R}\dfrac{\omega CR}{(1 - \omega^2 LC)}} \\ &= \arctan\frac{\omega L - \omega C[R^2 + (\omega L)^2]}{R}.\end{aligned}$$

本题的电路是并联谐振电路，其结果将在 7.5 节中用到.

以上例 6、例 7 与 7.3 节中的例 3、例 4 相同，是单纯的串联或并联，无论用矢量法或复数法计算都很简单. 例 8 则串并联兼而有之，读者可尝试用矢量法计算一下，相当麻烦，借以体会复数法的优点.

• 串并联交流电路的应用

在交流电路中，电感、电容元件的阻抗不仅与 L,C 有关，还与频率有关，这种特性称为“频率响应”，有许多应用，下面择要作一些介绍.

1. 滤波

图 7-15(a)是 RC 串联电路，当电源包括各种频率的交流信号时，因两元件上电压(峰值)之比正比于阻抗之比，与 ω 有关，即

$$\frac{U_C}{U_R} = \frac{1/\omega C}{R} = \frac{1}{\omega CR}.$$

使得高频信号的电压在电阻元件上分配得较多，低频信号的电压在电容元件上分配得较多，若从电容两端输出信号，将得到更多的低频成分的信号电压，起到了**低通滤波**的作用. 图 7-15(b)是多级 RC 低通滤波电路，与图(a)比，它的效果更好.

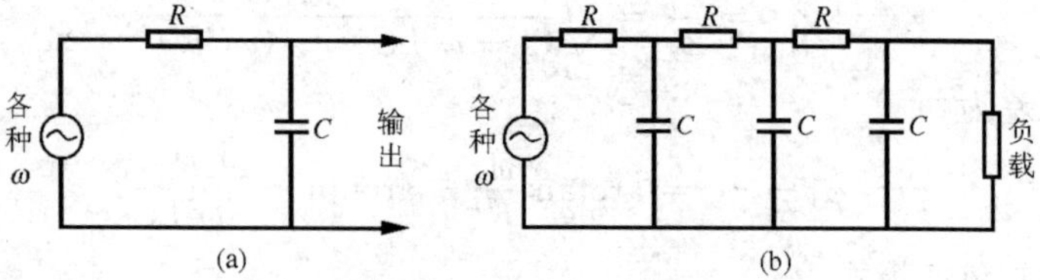

图 7-15 RC 低通滤波电路

反之，若将 R, C 位置对调以 R 为输出，或改成 RL 串联电路以 L 为输出，就构成**高通滤波**电路，如图 7-16 所示.

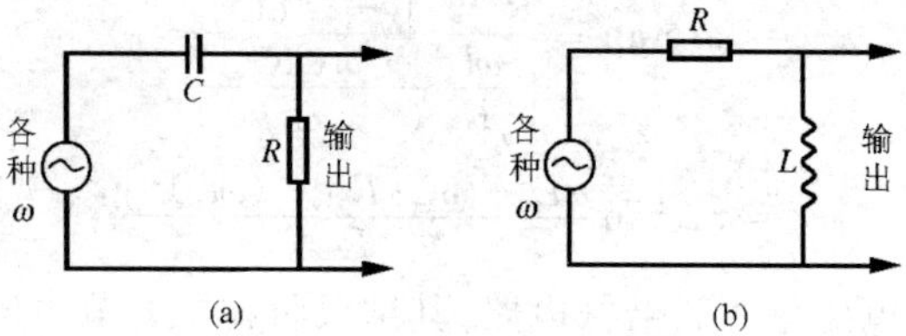

图 7-16 高通滤波电路

2. 旁路

在无线电电路的设计中，往往要求某一部位有一定的直流压降，但同时必须让交流畅通、交流压降很小，使压降保持稳定. 为此，可采用如图 7-17 的 RC 并联电路，则通过电容和电阻的交流电流(有效值)I_C 和 I_R 之比为

$$\frac{I_C}{I_R}=\frac{R}{\dfrac{1}{\omega C}}=\omega CR.$$

只要 C 足够大，$I_C \gg I_R$，可使交流成分主要从 C 通过. 同时，直流成分全部从 R 通过. 所以，并联的 C 起了**交流旁路**的作用，称为旁路电容.

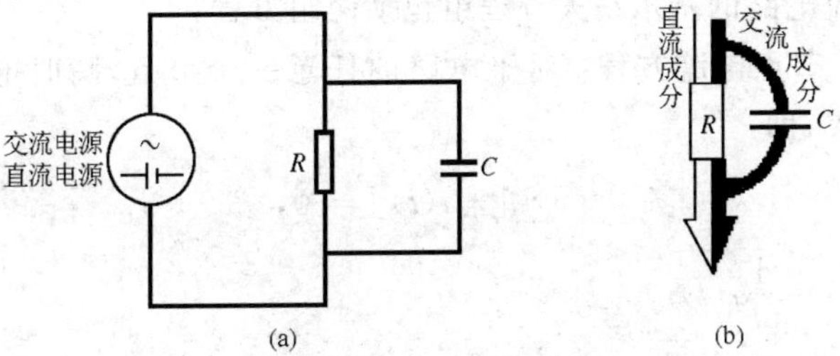

图 7-17　交流旁路

3. 移相

图 7-18(a)的 RC 串联电路与图 7-15(a)相同，但交流电源的频率只有一个 ω. 由矢量图(b)可知，C 的输出电压 U_C 与输入电压 U (RC 串联电路的总电压)有相位差

$$\Delta\varphi = -\arctan\frac{U_R}{U_C} = -\arctan\omega CR.$$

可见电路起到了**移相**的作用.

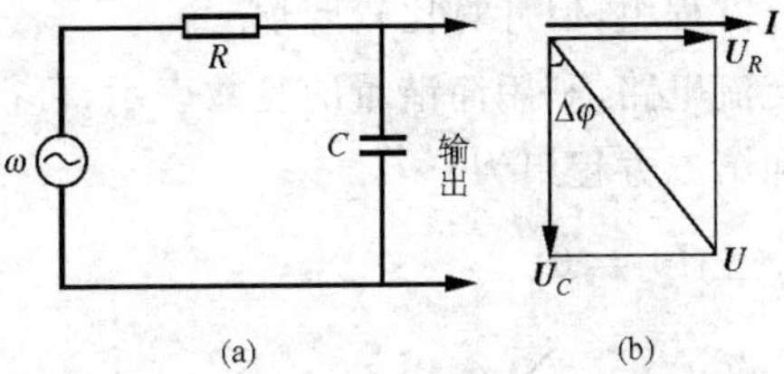

图 7-18　RC 串联移相电路及其矢量图

• 交流电路的基尔霍夫方程组及其复数形式

对于复杂交流电路，由于包括非串并联的连接方式，仅靠串并联公式已不够用，在本章基本假设(似稳条件，集中元件，线性电路)的条件下，**交流电路的基尔霍夫方程组**揭示了交流电路的**普遍规律**，成为求解交流电路的**完备方程组**.

交流电路基尔霍夫方程组与直流电路基尔霍夫方程组的形式相仿，只需将电压、电流、电动势由直流电路的恒定值改为交流电路的瞬时值即可.

交流电路的基尔霍夫方程组包括两组方程：

(1) **节点电流方程**：对于电路的任意一个节点，瞬时电流的代数和为零，即

$$\sum[\pm i(t)]=0, \tag{7.19}$$

式中 $i(t)=\frac{\mathrm{d}}{\mathrm{d}t}q(t)$.

(2) **回路电压方程**：沿电路中任意一个闭合回路，瞬时电压的代数和为零，即

$$\sum[\pm u(t)]=0, \tag{7.20}$$

式中在 R,L,C 元件和理想电源两端的瞬时电压分别为 $u_R(t)=i(t)R, u_L(t)=L\frac{\mathrm{d}i(t)}{\mathrm{d}t}, u_C(t)=\frac{q(t)}{C}$ 和 $u(t)=e(t)$.

关于节点和回路的含义以及由以上两式可以建立的独立方程组均与直流电路的基尔霍夫方程组相同.以上两式给出了求解交流电路的完备的微分方程组，但计算比较麻烦.

对于简谐交流电路，利用简谐量的复数表示，可得出**复数形式**的基尔霍夫第一和第二方程组为

$$\sum(\pm\tilde{I})=0, \tag{7.21}$$

$$\sum(\pm\tilde{U})=\sum(\pm\tilde{I}\tilde{Z})+\sum(\pm\tilde{\mathscr{E}})=0. \tag{7.22}$$

说明：

(1) **符号法则**：与直流电路相同：标定电源极性和电流方向，流入节点的电流取负，流出节点的电流取正；标定回路绕行方向，电流方向与绕行方向一致时电流取正，相反时取负，绕行方向与电源极性一致(即从负极到正极穿过它)时电动势取负，相反时取正.

(2) (7.21)(7.22)两式给出了**复数形式的完备的线性代数方程组**，便于计算.但解出复电流或复电压后，需给出它们的**模**和**幅角**，这才是有物理意义的结果.

(3) 除本章的基本假设外，还需假设电路中各电感之间的**互感**忽略不计.

(4) 从基础研究的角度看来，无论直流电路还是交流电路的基尔霍夫方程组，都是电流连续性方程、电场环路定理、各种元件所遵循的规律、电源的基本性质等在一定条件下的结果，并没有任何新的内容. 然而，对于由电源和各种元件组成的交直流电路来说，关心的是电源的电动势，各种元件的性质以及电压、电流的关系，种种应用均源于此. 基尔霍夫方程正是揭示其间关系的完备方程组，成为交直流电路的理论基础. 这是一个从基础研究过渡到应用研究的范例，值得细细品味.

- **交流电桥**

直流电桥是测量电阻的基本仪器之一. 交流电桥是测量电容、电感、频率以及 Q 值(见 7.5 节)等的基本仪器，在交流测量中应用广泛. 交流电桥与直流电桥的结构相似，采用交流电源以及能检测交流电的平衡示零器(检流计)，四臂是 R,L,C 的某种组合，尽管并不繁杂，未达到平衡时却仍是不能归结为串并联的复杂电路.

如图 7-19 所示为一般形式的交流电桥，其中包含交流电源

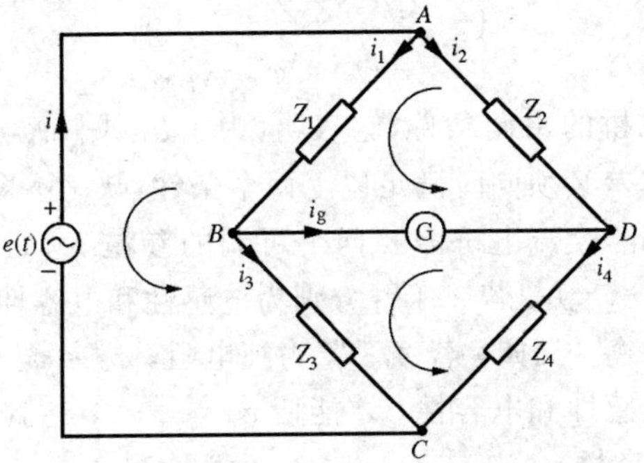

图 7-19　交流电桥的原理

$e(t)$，检流计 G，四臂阻抗分别为 Z_1,Z_2,Z_3,Z_4. 现在讨论它的平衡条件. 首先，标定各支路的电流方向及各回路的绕行方向如图所示. 未达到平衡时，由复数形式的基尔霍夫定律，可列出三个独立的节点电流方程以及三个独立的回路电压方程如下：

$$\begin{cases} \tilde{I} = \tilde{I}_1 + \tilde{I}_2, \\ \tilde{I}_1 = \tilde{I}_g + \tilde{I}_3, \\ \tilde{I}_2 + \tilde{I}_g = \tilde{I}_4, \end{cases}$$

$$\begin{cases} \tilde{I}_1\tilde{Z}_1 + \tilde{I}_g\tilde{Z}_g - \tilde{I}_2\tilde{Z}_2 = 0, \\ \tilde{I}_3\tilde{Z}_3 - \tilde{I}_4\tilde{Z}_4 - \tilde{I}_g\tilde{Z}_g = 0, \\ \tilde{\mathscr{E}} - \tilde{I}_3\tilde{Z}_3 - \tilde{I}_1\tilde{Z}_1 = 0. \end{cases}$$

上述方程组是完备的,若已知 $\tilde{\mathscr{E}}$,$\tilde{Z}_1$,$\tilde{Z}_2$,$\tilde{Z}_3$,$\tilde{Z}_4$,$\tilde{Z}_g$,则 $\tilde{I}$,$\tilde{I}_1$,$\tilde{I}_2$,$\tilde{I}_3$,$\tilde{I}_4$,$\tilde{I}_g$ 可求.

交流电桥达到平衡时,$\tilde{I}_g=0$,于是 $\tilde{I}_1=\tilde{I}_3$,$\tilde{I}_2=\tilde{I}_4$,电桥成为简单的串并联电路,上式与四臂有关的公式简化为

$$\begin{cases} \tilde{I}_1\tilde{Z}_1 = \tilde{I}_2\tilde{Z}_2, \\ \tilde{I}_3\tilde{Z}_3 = \tilde{I}_4\tilde{Z}_4, \end{cases}$$

相除,得

$$\tilde{Z}_1\tilde{Z}_4 = \tilde{Z}_2\tilde{Z}_3, \tag{7.23}$$

或

$$\begin{cases} Z_1Z_4 = Z_2Z_3, \\ \varphi_1 + \varphi_4 = \varphi_2 + \varphi_3. \end{cases} \tag{7.24}$$

这就是**交流电桥**的**平衡条件**,它表明,为了达到平衡,交流电桥四臂的阻抗和相位差必须同时满足以上**两个条件**,缺一不可,否则就不能达到平衡,由此,交流电桥需要**两个可调**的**参量**. 例如,若 1,2 臂为纯电阻,$\varphi_1=\varphi_2=0$,若 3,4 臂分别为电感性和电容性,$\varphi_3\neq\varphi_4$,就不可能达到平衡. 又如,若 2,3 臂为纯电阻,$\varphi_2=\varphi_3=0$,则 1,4 臂必须分别为电感性和电容性,才能使 $\varphi_1=-\varphi_4$,达到平衡.

例 9 电容桥.

如图 7-20 的电容桥用于测量绝缘材料的电容和损耗,它的四臂阻抗分别为

$$\tilde{Z}_1 = r_x - \frac{\mathrm{j}}{\omega C_x},$$

$$\tilde{Z}_2 = -\frac{\mathrm{j}}{\omega C_2},$$

$\widetilde{Z}_3 = R_3$,

$\widetilde{Z}_4 = \dfrac{1}{1/R_4 + \mathrm{j}\omega C_4}$.

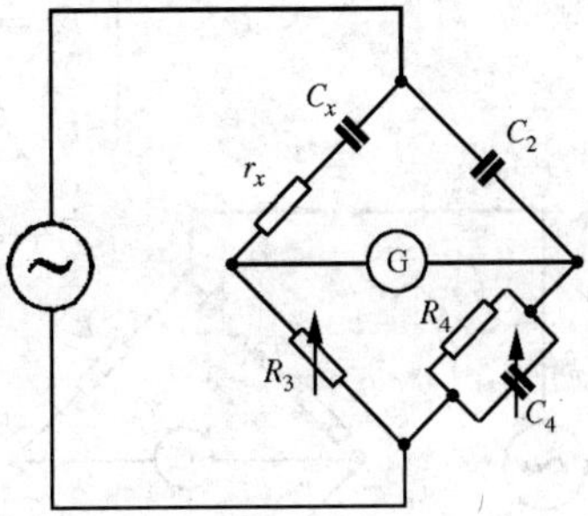

图 7-20 电容桥

调节 R_3 和 C_4，电桥达到平衡后应满足(7.23)式,即

$$\widetilde{Z}_1 = r_x - \frac{\mathrm{j}}{\omega C_x} = \frac{\widetilde{Z}_2\widetilde{Z}_3}{\widetilde{Z}_4} = -\frac{\mathrm{j}R_3}{\omega C_2}\left(\frac{1}{R_4} + \mathrm{j}\omega C_4\right).$$

实部和虚部应分别相等,得

$$\begin{cases} r_x = \dfrac{R_3 C_4}{C_2}, \\ C_x = C_2 \dfrac{R_4}{R_3}. \end{cases}$$

于是 C_x 和 r_x 可测.通常感兴趣的材料的耗散因素为

$$\tan\delta = \omega C_x r_x = \omega C_4 R_4.$$

例 10 麦克斯韦 LC 电桥.

如图 7-21，包括电感和电容的电桥称为麦克斯韦电桥,适于测量 L 较小的电感.它的四臂阻抗分别为

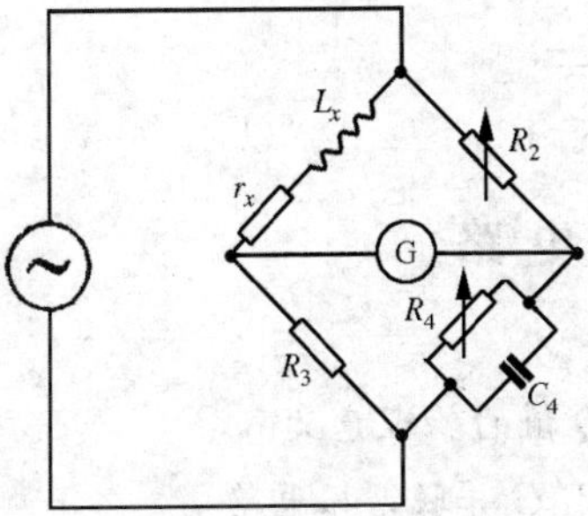

图 7-21 麦克斯韦 LC 电桥

$\widetilde{Z}_1 = r_x + \mathrm{j}\omega L_x$,

$\widetilde{Z}_2 = R_2$,

$\widetilde{Z}_3 = R_3$,

$\widetilde{Z}_4 = \dfrac{1}{1/R_4 + \mathrm{j}\omega C_4}$.

调节 R_2 和 R_4，电桥达到平衡后应满足(7.23)式,即

$$\widetilde{Z}_1 = r_x + \mathrm{j}\omega L_x = \frac{\widetilde{Z}_2\widetilde{Z}_3}{\widetilde{Z}_4} = R_2 R_3\left(\frac{1}{R_4} + \mathrm{j}\omega C_4\right).$$

实部和虚部应分别相等,得

$$\begin{cases} r_x = \dfrac{R_2 R_3}{R_4}, \\ L_x = C_4 R_2 R_3. \end{cases}$$

例 11 频率电桥.

如图 7-22，频率电桥的第一臂就是 $R_1L_1C_1$ 串联，另三臂是电阻 R_2, R_3, R_4. 先采用直流电源，将 C_1 短路，四臂均为电阻，调节直流电桥达到平衡，有

$$\frac{R_1}{R_2} = \frac{R_3}{R_4}.$$

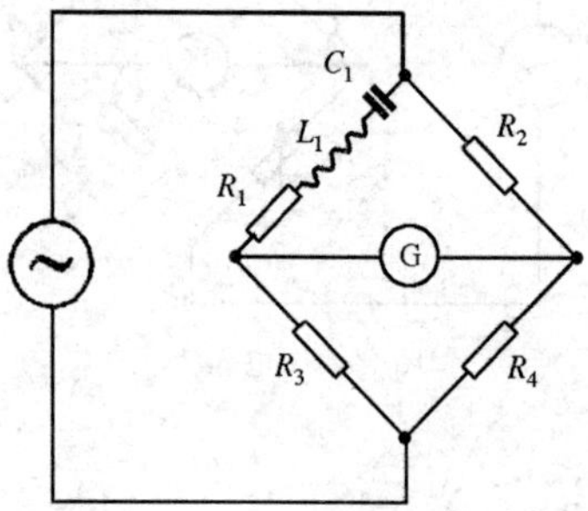

图 7-22 频率电桥

再换用交流电源，恢复 C_1，调节 C_1 或 L_1，使交流电桥达到平衡，此时第一臂 $R_1L_1C_1$ 呈串联谐振状态(见 7.5 节)，为电阻性，满足

$$\omega L_1 - \frac{1}{\omega C_1} = 0.$$

由此，即可测出交流电源的频率

$$\omega = \frac{1}{\sqrt{L_1 C_1}}.$$

7.5 谐振电路

- RLC 串联谐振电路
- 频率选择性 通频带宽度
- Q 值的物理意义
- RLC 并联谐振电路

交流电路的基本理论在电子学、电工学、电磁测量等方面有许多应用. 本节以谐振电路为例，对交流电路在电子学中的应用稍作介绍.

• RLC 串联谐振电路

由于电感、电容元件的阻抗不仅与 L, C 有关还与频率有关，当电感和电容元件同时出现在交流电路中时，随着频率的变化，就会发

生一种重要的新现象——**谐振**. 它类似于机械振动系统的共振现象.

图 7-23(a)是 RLC 串联电路,(b)是它的矢量图,由复数法,总的复数阻抗为

$$\tilde{Z}=\tilde{Z}_{RLC}=\tilde{Z}_R+\tilde{Z}_L+\tilde{Z}_C=R+\mathrm{j}\left(\omega L-\frac{1}{\omega C}\right).$$

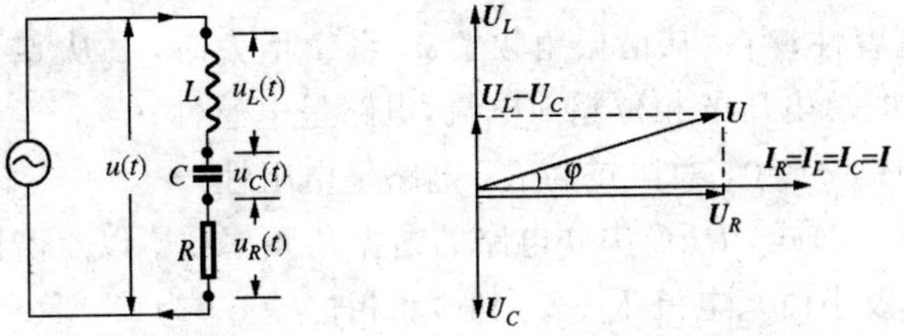

(a) RLC 串联电路 (b) 矢量图

图 7-23

故 RLC 串联电路的总阻抗和相位差为

$$\begin{cases}Z=\dfrac{U}{I}=\sqrt{R^2+\left(\omega L-\dfrac{1}{\omega C}\right)^2},\\[2ex]\varphi=\varphi_u-\varphi_i=\arctan\dfrac{\omega L-\dfrac{1}{\omega C}}{R}.\end{cases}\tag{7.25}$$

式(7.25)表明,RLC 串联电路的 Z 和 φ 除与 R,L,C 有关外,还与 ω 有关. 当 R,L,C 给定,若维持总电压 U 一定,则随着 ω 的变化,总阻抗 Z,电流 I,相位差 φ 都将发生相应的变化,如图 7-24 所示.

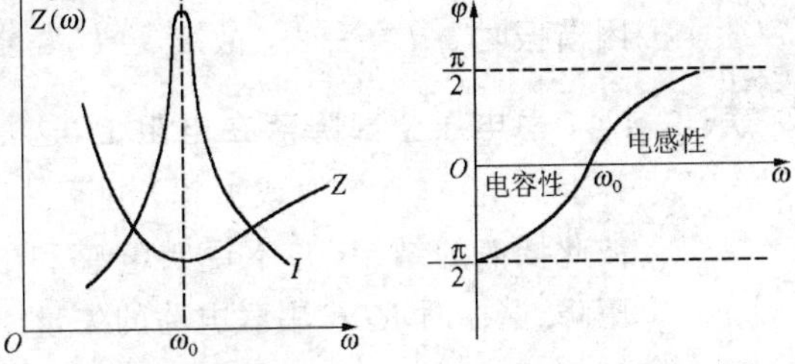

(a) 谐振曲线 (b) 相位差 φ 随 ω 的变化

图 7-24 RLC 串联电路的谐振

图 7-24(a)表明,若总电压 U 给定,当频率由低变高时,Z 由大变小再变大,I 由小变大再变小,分别出现极小值和极大值.这种当总电压给定时随着频率的变化,电流出现极大值的现象称为**谐振**,谐振时的频率称为**谐振频率**,$Z(\omega)$和 $I(\omega)$曲线称为**谐振曲线**.

图 7-24(b)给出了相位差 $\varphi(\omega)$的曲线.当 ω 从零增大到谐振角频率 ω_0 时,φ 从 $-\pi/2$ 逐渐增加至零,即总电压的相位落后于电流,电路呈电容性;当 ω 从谐振角频率 ω_0 继续增大时,φ 从零继续增加到 $\pi/2$,即总电压的相位超前电流,电路呈电感性;当 ω 等于谐振角频率 ω_0 时,$\varphi=0$,总阻抗为 R,电路呈电阻性.

由(7.25)式,RLC 串联电路的谐振角频率ω_0,以及谐振时的总阻抗 Z_0(极小值)、电流 I_m(极大值)和相位差 φ_0 为

$$\begin{cases} \omega_0 = \dfrac{1}{\sqrt{LC}}, \\ Z_0 = R, \\ I_m = \dfrac{U}{R}, \\ \varphi_0 = 0. \end{cases} \tag{7.26}$$

谐振时 RLC 串联电路各元件上的电压为

$$\begin{cases} U_L = I_m Z_L = \dfrac{U}{R}\omega_0 L, \\ U_C = I_m Z_C = \dfrac{U}{R}\dfrac{1}{\omega_0 C}, \\ U_R = I_m R = U. \end{cases} \tag{7.27}$$

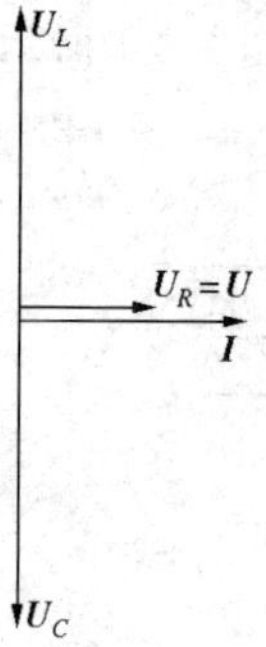

图 7-25 RLC 串联电路谐振时的矢量图

因谐振时 $\omega_0 L=\dfrac{1}{\omega_0 C}$,故 $U_L=U_C$.**谐振时 $U=U_R$,总电压全部降落在电阻上**,这是电感和电容上的电压(有效值或振幅)相等、相位相反,而彼此抵消的结果,并不说明电感和电容上没有压降.谐振时 RLC 串联电路的矢量图如图 7-25 所示,U_L 或 U_C 与 U 之比为

$$Q = \frac{U_L}{U} = \frac{U_C}{U} = \frac{\omega_0 L}{R} = \frac{1}{\omega_0 CR}. \tag{7.28}$$

式中定义的 Q 称为**谐振电路的品质因数**，描绘谐振时的**电压分配**，这是 Q 的物理意义之一.

通常的串联谐振电路由电感线圈和电容器串联而成，其等效电阻 R 往往远小于谐振时的感抗 $\omega_0 L$ 或容抗 $1/\omega_0 C$，Q 值可达几十到几百，这样，即使总电压较小，但谐振时加在 L 和 C 上的电压会很大，有可能超过元件的耐压，导致破坏，这是实验中需要注意的.

- **频率选择性　通频带宽度**

串联谐振电路可用来选择信号，这是它在电子技术中的应用之一.

由总阻抗 Z 的表达式(7.25)式可知，若 Q 值很大，谐振时的总阻抗 $Z_0=R$ 相对 $\omega_0 L=1/\omega_0 C$ 而言是很小的. 当偏离谐振角频率 ω_0 时，$(\omega L-1/\omega C)^2$ 之值迅速增大，总阻抗 Z 随之增大，在总电压 U 一定时，电流 I 大大减小. 所以 Q 值越大，$I(f)$ 曲线($\omega=2\pi f$)的谐振峰就越尖锐，如图 7-26(a)所示.

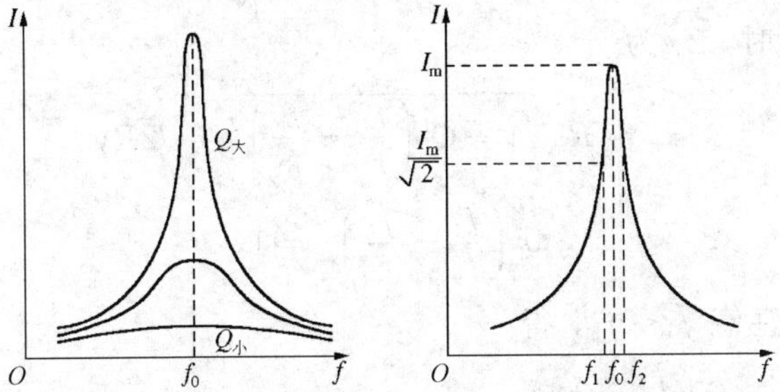

(a) Q 值越大，谐振峰越尖锐　　(b) 通频带宽度

图 7-26　串联谐振电路的 $I(f)$ 曲线

由于谐振峰的尖锐程度直接决定了电路的频率选择性能的好坏，为了给予定量描绘，引入"通频带宽度"的概念. 如图 7-26(b)，规定电流等于 $I_m/\sqrt{2}$(约为最大电流值 I_m 的 70.7%)处所对应的两个频率 f_1 和 f_2 之差 Δf 为**通频带宽度**，即

$$\Delta f = f_2 - f_1. \tag{7.29}$$

显然，通频带宽度 Δf 与谐振频率 f_0 之比 $\Delta f/f_0$ 越小，谐振峰越尖

锐,电路的**频率选择性**就越好.上面的定性分析已经指出,Q 值越大,谐振峰越尖锐,$\Delta f/f_0$ 越小,下面给予定量证明.

设与频率 f_1,f_2 相应的电流和总阻抗分别为 I_1,I_2 和 Z_1, Z_2,则

$$I_1=I_2=\frac{I_m}{\sqrt{2}}=\frac{U}{\sqrt{2}R},$$

$$Z_1=Z_2=\frac{U}{I_1}=\frac{U}{I_2}=\sqrt{2}R.$$

把 RLC 串联电路总阻抗的公式(7.25)式改写为

$$\begin{aligned}Z&=R\sqrt{1+\left(\frac{\omega L}{R}-\frac{1}{\omega CR}\right)^2}\\&=R\sqrt{1+\left(\frac{\omega_0 L}{R}\right)^2\left(\frac{\omega}{\omega_0}-\frac{\omega_0}{\omega}\right)^2}.\end{aligned}$$

将 $\omega=2\pi f$, $\omega_0=2\pi f_0$ 和 $\omega_0 L/R=Q$ 代入上式,可将总阻抗表示为

$$Z=R\sqrt{1+Q^2\left(\frac{f}{f_0}-\frac{f_0}{f}\right)^2}.$$

当 $f=f_1$ 时, Z_1 为

$$Z_1=R\sqrt{1+Q^2\left(\frac{f_1}{f_0}-\frac{f_0}{f_1}\right)^2}=\sqrt{2}R,$$

故
$$Q^2\left(\frac{f_1}{f_0}-\frac{f_0}{f_1}\right)^2=1,$$

开方时应注意 $f_1<f_0$,得

$$Q\left(\frac{f_0}{f_1}-\frac{f_1}{f_0}\right)=1\quad 或\quad f_0^2-f_1^2=\frac{f_1 f_0}{Q}.$$

对于 $f=f_2$ 作同样处理,得

$$f_2^2-f_0^2=\frac{f_2 f_0}{Q},$$

两式相加,消去(f_2+f_1),得

$$f_2-f_1=\frac{f_0}{Q}=\Delta f,$$

或
$$Q=\frac{f_0}{\Delta f}.\tag{7.30}$$

(7.30)式表明,串联谐振电路的 Q 值等于谐振频率 f_0 与通频带宽度 Δf 之比,即 **Q 值与通频带宽度 Δf 成反比**, Q 值越大, Δf 越小,谐振峰越尖锐,频率选择性越好,这是 Q 值的又一物理意义.

- **Q 值的物理意义**

Q 值描绘了 RLC 串联谐振电路的电压分配和频率选择性.实际上,作为标志谐振电路性能好坏的物理量,品质因数 Q 值的物理意义是多方面的,其中,最基本的物理意义是, Q 值的大小反映了谐振时电路中储能与耗能之比.现仍以 RLC 串联电路为例加以说明.

在 RLC 串联电路中,电阻 R 是耗能(转变为焦耳热)元件,在交流电的一个周期 T 内,电阻上平均耗能为(参看下节(7.37)式)

$$W_R = I^2 RT,$$

式中 $I=\dfrac{I_0}{\sqrt{2}}$是电流的有效值.

在 RLC 串联电路中,电感 L 和电容 C 是储能元件,分别储存磁能 W_{m} 和电能 W_{e},

$$W_{\mathrm{m}} = \frac{1}{2}Li^2(t), \qquad W_{\mathrm{e}} = \frac{1}{2}Cu_C^2(t)$$

总储能 W_{tot}是两者之和,为(取 $i(t)=I_0\cos\omega t$)

$$\begin{aligned} W_{\mathrm{tot}} &= W_{\mathrm{m}} + W_{\mathrm{e}} = \frac{1}{2}Li^2(t) + \frac{1}{2}Cu_C^2(t) \\ &= \frac{1}{2}LI_0^2\cos^2\omega t + \frac{1}{2}C\left[\frac{I_0}{\omega C}\cos\left(\omega t - \frac{\pi}{2}\right)\right]^2 \\ &= \frac{1}{2}LI_0^2\cos^2\omega t + \frac{1}{2}\frac{I_0^2}{\omega^2 C}\sin^2\omega t. \end{aligned}$$

谐振时, $\omega=\omega_0=\dfrac{1}{\sqrt{LC}}$, 总储能为

$$W_{\mathrm{tot}} = \frac{1}{2}LI_0^2 = LI^2.$$

因 L 和 C 中储存的磁能 W_{m} 和电能 W_{e} 都随时间变化,故总储能 W_{tot}也随时间变化.但在谐振时,总储能 W_{tot}保持恒定,不随时间变化,即电感 L 中磁能 W_{m} 的增、减等于电容 C 中电能 W_{e} 的减、增,互

相交换，总量不变.

在 RLC 串联电路中，谐振时，储能与耗能(一个周期内)之比为

$$\frac{W_{\text{tot}}}{W_R}=\frac{LI^2}{I^2RT}=\frac{1}{2\pi}\frac{\omega_0 L}{R}=\frac{Q}{2\pi}.$$

式中用到 $\frac{1}{T}=f=\frac{\omega}{2\pi}=\frac{\omega_0}{2\pi}$ 以及(7.28)式 $Q=\frac{\omega_0 L}{R}$，即

$$Q=2\pi\frac{W_{\text{tot}}}{W_R}. \tag{7.31}$$

(7.31)式表明，谐振电路的 Q 值等于**谐振时电路中**的**总储能** W_{tot} 与一个周期内**耗能** W_R **之比**的 2π 倍. Q 值越大意味着对于一定的储能，所需付出的能量损耗越少，这是 Q 值最基本的物理意义.

- RLC **并联谐振电路**

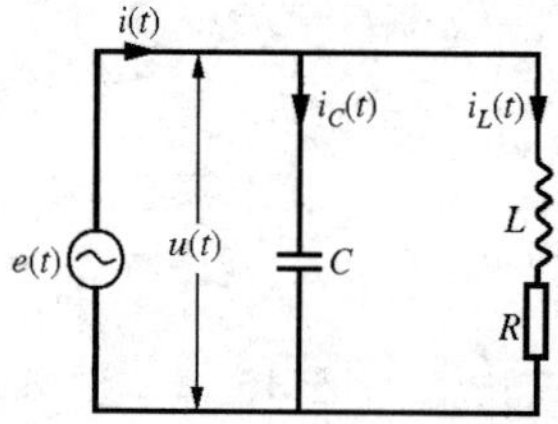

图 7-27 RLC 并联谐振电路

图 7-27 的 RLC 并联电路实际上由电感线圈和电容器并联而成，R 是电感线圈的等效串联电阻，电容器绝缘介质中的损耗通常很小，可以略去不计. 在 7.4 节例 8 中给出了此 RLC 并联电路的总阻抗 Z 以及总电压 $u(t)$ 与总电流 $i(t)$ 的相位差 φ 为

$$\begin{cases} Z=\dfrac{U}{I}=\sqrt{\dfrac{R^2+(\omega L)^2}{(1-\omega^2 LC)^2+(\omega CR)^2}}, \\ \varphi=\varphi_u-\varphi_i=\arctan\dfrac{\omega L-\omega C[R^2+(\omega L)^2]}{R}. \end{cases} \tag{7.32}$$

可见，RLC 并联电路的 Z，φ，I(在 U 给定时)都与 ω 有关，并且在特定的谐振角频率 ω_0 时，Z 达到极大值、I 达到极小值、φ 为零，出现谐振现象，如图 7-28 所示.

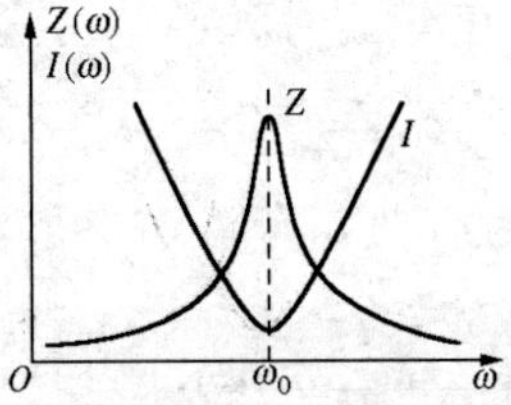

(a) 谐振曲线

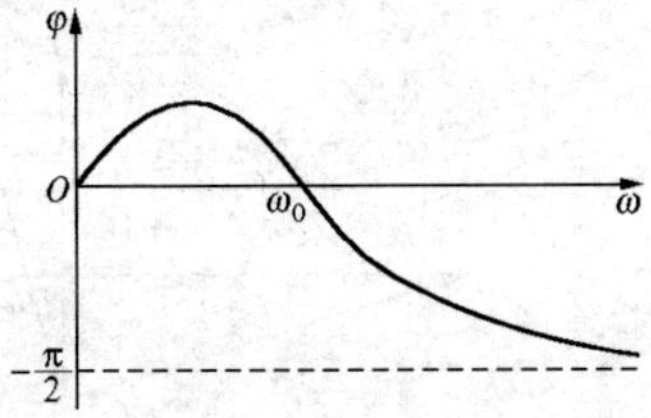

(b) φ(ω) 曲线

图 7-28 *RLC* 并联电路的谐振

由 $\varphi(\omega)=0$ 解出 *RLC* 并联电路的谐振频率为①

$$\begin{cases} \omega_0 = \sqrt{\dfrac{1}{LC} - \left(\dfrac{R}{L}\right)^2}, \\ f_0 = \dfrac{1}{2\pi}\sqrt{\dfrac{1}{LC} - \left(\dfrac{R}{L}\right)^2}. \end{cases} \tag{7.33}$$

把(7.33)式代入(7.32)式，得出谐振时总阻抗的极大值 Z_m 和总电流的极小值(设 U 给定)I_0 为

$$\begin{cases} Z_m = \dfrac{L}{CR}, \\ I_0 = \dfrac{U}{Z_m} = \dfrac{UCR}{L}. \end{cases} \tag{7.34}$$

RLC 并联电路谐振时的矢量图如图 7-29 所示. 通常，谐振时并联电路两支路的电流有效值 I_L 和 I_C 接近相等，而相位差接近 π，故总电流 I_0 很小，谐振时 I_C 与 I_0 之比为

$$\frac{I_C}{I_0} = \frac{U/Z_C}{U/Z_m} = \frac{Z_m}{Z_C} = \frac{L/CR}{1/\omega_0 C} = \frac{\omega_0 L}{R} = Q. \tag{7.35}$$

上式表明，*RLC* 并联电路谐振时的电流分配，即 I_C 或 I_L 与总电流 I_0 之比等于该电路的品质因数 Q.

---

① 由 $Z(\omega)$ 求极值得出的谐振频率为

$$f_0' = \frac{1}{2\pi}\sqrt{\frac{1}{LC}\sqrt{1+\frac{2R^2C}{L}} - \left(\frac{R}{L}\right)^2},$$

f_0' 与 f_0 有所不同，通常 R 很小，$\dfrac{2R^2C}{L} \ll 1$，故 $f_0 \approx f_0'$.

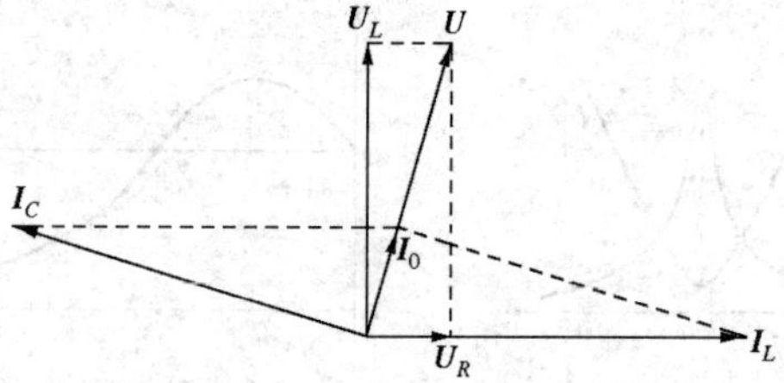

图 7-29 RLC 并联电路谐振时的矢量图

又,如图 7-28(b),谐振($\omega=\omega_0$)时,RLC 并联电路呈电阻性,在 $\omega<\omega_0$ 和 $\omega>\omega_0$ 时分别呈电感性和电容性($\omega=0$ 时呈电阻性).

与串联谐振电路一样,并联谐振电路在电子技术中也有不少应用,特别是作为主要电路应用于选频放大器、振荡器、滤波器之中.

7.6 交流电的功率

· 瞬时功率与平均功率　　　· 功率因数 $\cos\varphi$

本章最后三节将介绍交流电在电工学中的应用. 本节讨论交流电的功率,涉及电能合理利用和降低能耗的问题,为工矿企业所关注.

● 瞬时功率与平均功率

在直流电路中,任意一段电阻为 R 的电路上消耗的电功率 P 等于该电路两端的电压 U 与其中电流 I 的乘积,即 $P=IU=I^2R$,不随时间变化.

交流电路的区别在于,任一段电路的电流、电压都随时间变化,$i(t)=I_0\cos\omega t$(取 $\varphi_i=0$),$u(t)=U_0\cos(\omega t+\varphi)$($\varphi=\varphi_u-\varphi_i=\varphi_u$),因此,该电路上消耗的电功率也将随时间变化,为

$$P(t)=u(t)i(t)=U_0I_0\cos\omega t\cos(\omega t+\varphi)$$
$$=\frac{1}{2}U_0I_0\cos\varphi+\frac{1}{2}U_0I_0\cos(2\omega t+\varphi).\qquad(7.36)$$

$P(t)$称为**瞬时功率**,包括与时间无关的常数项和以二倍频率作周期

性变化的项.

瞬时功率在一个周期 T 内的平均值叫做**平均功率** $\bar{P}$，为

$$\bar{P} = \frac{1}{T}\int_0^T P(t)\mathrm{d}t = \frac{1}{2}U_0 I_0 \cos\varphi = UI\cos\varphi, \qquad (7.37)$$

式中 U, I 是电压、电流的**有效值**，φ 是 $u(t)$ 与 $i(t)$ 的相位差，$\cos\varphi$ 称为**功率因数**.

对于纯电阻元件，$\varphi=0$，$\cos\varphi=1$，平均功率 $\bar{P}=UI=I^2R$. 对于纯电感元件，$\varphi=\pi/2$，$\cos\varphi=0$，$\bar{P}=0$. 对于纯电容元件，$\varphi=-\pi/2$，$\cos\varphi=0$，$\bar{P}=0$. 图 7-30 画出了纯电阻、纯电感、纯电容元件上电压 $u(t)$、电流 $i(t)$ 和瞬时功率 $P(t)$ 随时间变化的曲线，并标明了相应的平均功率. 在纯电阻元件上，电压 $u(t)$ 与电流 $i(t)$ 同相位，其乘积瞬时功率 $P(t)$ 永远为正，表明电阻元件总是从电源吸取电能，把它转化为热能散发. 在纯电感和纯电容元件上，$u(t)$ 与 $i(t)$ 的相位差分别为 $\pm\pi/2$，$P(t)$ 有正有负，正负号每隔 1/4 周期改变一次，即既有能量由电源输入并以磁场能量（电感）和电场能量（电容）的形式储存起来，又有能量从电感和电容中输出回授电源，并且在一个周期内两者相等，故平均功率为零. 换言之，纯电感和纯电容元件平均而言并不消耗能量，只是不断与电源交换能量.

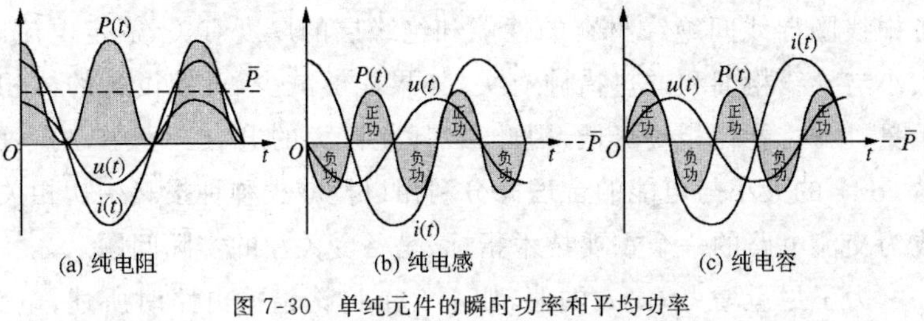

图 7-30 单纯元件的瞬时功率和平均功率

对于任意一段由 R, L, C 组合而成的交流电路，由(7.37)式，因 $\pi/2>\varphi>-\pi/2$，$\cos\varphi$ 介乎 0 和 1 之间，$0<\bar{P}<IU$. 图 7-31 画出了某电路上 $u(t)$，$i(t)$，$P(t)$ 的变化曲线，并标明了 $\bar{P}$，由图可见，$P(t)$ 时正时负，但在一个周期中 $P(t)>0$ 的时间比 $P(t)<0$ 的时间长，表明该电路从电源吸收的能量大于回授给电源的能量，两者平均

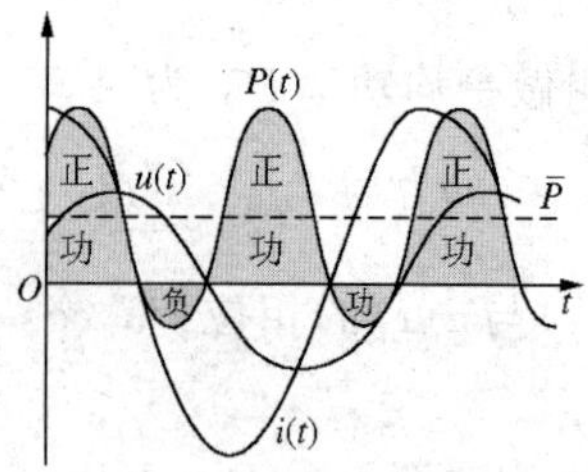

图 7-31　任意电路上的瞬时功率和平均功率

值之差就是在一个周期内消耗的平均功率 $\bar{P}(>0)$，它是在电阻上通过焦耳热散发的.

- **功率因数** $\cos\varphi$

如上，任意一段交流电路的平均功率 $\bar{P}=IU\cos\varphi$，其中 $\cos\varphi$ 称为**功率因数**，φ 是该电路电压 $u(t)$ 与电流 $i(t)$ 的**相位差**. “该电路”可以是一台设备（发电、输电或用电设备），也可以是一个车间或工厂.

电器的额定电压 U 和额定电流 I 的乘积称为**额定容量**或**视在功率** $S=IU$，单位是伏安或千伏安（V·A 或 kV·A）. 为了满足设备的要求，需要输送 $S=IU$ 的功率，但该设备实际消耗的只是 $\bar{P}=IU\cos\varphi$，剩余部分在其中往返授受，占而不用，犹如“大马拉小车”，使电能得不到充分利用. 同时，对于在一定电压 U 下输送同样的功率 $\bar{P}$ 而言，电流 I 与功率因数 $\cos\varphi$ 成反比，而输电线上的电能损失（因有电阻）与 I^2 成正比，因此，为提高功率因数 $\cos\varphi$ 可减小通过输电线的电流，减少输电线上的电能损失. 另外，额定电压的大小与设备中线圈导线间绝缘材料的性能和绝缘层的厚度有关，额定电流的大小与导线粗细和散热措施有关，如果能够减少，可使设备的体积、重量、用材、能耗相应降低. 因此，在耗能巨大的电力工程中，功率因数 $\cos\varphi$ 的大小与**电能的合理充分利用**以及**减少种种损耗**密切相关，成为交流电路的一个重要技术指标，是备受关注的实际问题.

为了尽量增大 $\cos\varphi$ 的值，如 7.5 节讨论谐振电路时所述，电路中的 L 和 C 应配置适当，使电路接近电阻性，则 $\varphi\approx0$，$\cos\varphi\approx1$. 通常，对于电感性的设备，可利用并联电容器来增大 $\cos\varphi$，对于电容性的设备，可利用并联电感线圈来增大 $\cos\varphi$. 通过功率因数的讨论，相信读者对相位差 φ 的重要意义将会有进一步的体会.

例 12　如图 7-32 所示的日光灯由灯管、镇流器、起辉器组成，可以看作 LR 串联电路. 为了提高功率因数 $\cos\varphi$，并联电容 C.

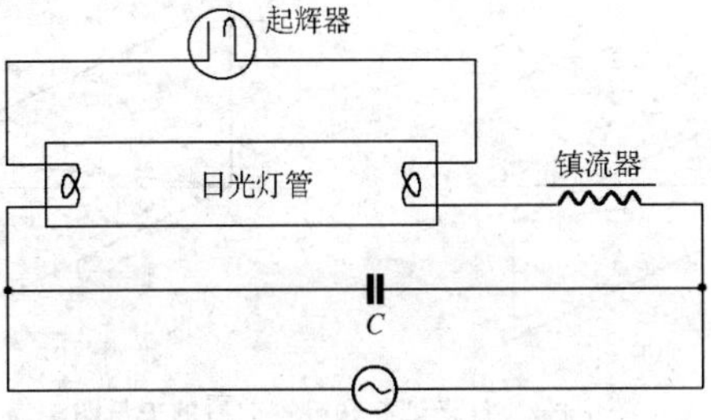

图 7-32 并联电容器提高日光灯的功率因数

已知日光灯的功率 40 W，电压 220 V，频率 50 Hz，功率因数 $\cos\varphi=0.4$. 为了将功率因数提高到 $\cos\varphi'=0.9$，试求应并联多大的电容 C.

解 因电容的平均功率为零,并联电容后电路的平均功率 $\bar{P}$ 不变,电压 U 也不变,只是总电流由原来的 I 改变为 I',故

$$\bar{P}=UI\cos\varphi=UI'\cos\varphi',$$

即

$$I=\frac{\bar{P}}{U\cos\varphi},\qquad I'=\frac{\bar{P}}{U\cos\varphi'}. \tag{①}$$

为了弄清楚并联电容前后各电流的关系,可作矢量图.并联电容前,以电压 $\boldsymbol{U}=\boldsymbol{U}_{LR}$ 为参考,画成水平方向,因电路呈电感性,且总电流 $\boldsymbol{I}=\boldsymbol{I}_{LR}$ 与 $\boldsymbol{U}$ 的相位差为 φ ($\boldsymbol{I}$ 落后),可画出 $\boldsymbol{I}$. 并联电容后,电压 $\boldsymbol{U}=\boldsymbol{U}_{LR}=\boldsymbol{U}_C$ 不变,总电流变为 $\boldsymbol{I}'$, $\boldsymbol{I}'$ 与 $\boldsymbol{U}$ 的相位差为 φ'($\boldsymbol{I}'$可能落后也可能超前,如图 7.33(a)(b)),可画出 $\boldsymbol{I}'$. 并联电容后 $\boldsymbol{I}'=\boldsymbol{I}_C+\boldsymbol{I}_{LR}$，其中 $\boldsymbol{I}_C$ 与 $\boldsymbol{U}_C$(即 $\boldsymbol{U}$)的相位差为 $\pi/2$($\boldsymbol{I}_C$ 超前),可画出 $\boldsymbol{I}_C$. 又因并联电容后 $\boldsymbol{U}=\boldsymbol{U}_{LR}$ 不变,故 $\boldsymbol{I}_{LR}=\boldsymbol{I}$ 即为并联电容前的总电流. 于是,并联电容前后各电流的关系为

$$\boldsymbol{I}'=\boldsymbol{I}_C+\boldsymbol{I}.$$

据此,作矢量图如图 7-33 所示,由几何关系,得

$$I_C=I\sin\varphi\pm I'\sin\varphi'. \tag{②}$$

又

$$I_C=U\omega C. \tag{③}$$

由①②③式,解出

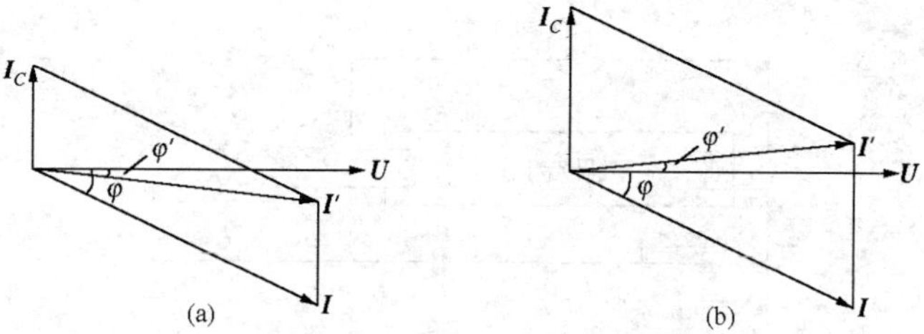

图 7-33 日光灯并联电容前后的矢量图

$$\begin{aligned}C&=\frac{I_C}{U\omega}=\frac{I\sin\varphi\pm I'\sin\varphi'}{U\omega}\\&=\frac{\bar{P}}{U^2\omega}\left(\frac{\sin\varphi}{\cos\varphi}\pm\frac{\sin\varphi'}{\cos\varphi'}\right)\\&=\frac{\bar{P}}{2\pi fU^2}\left(\frac{\sqrt{1-\cos^2\varphi}}{\cos\varphi}\pm\frac{\sqrt{1-\cos^2\varphi'}}{\cos\varphi'}\right)\\&=7.3\,\mu\text{F 或 }4.8\,\mu\text{F}.\end{aligned}$$

7.7 变压器原理

- 理想变压器
- 电压变比公式
- 电流变比公式
- 阻抗变比公式
- 功率传输效率
- 各种变压器

变压器是利用互感现象制成的电力装置,因能升高或降低交流电的电压而得名.变压器种类繁多,功能各异,应用广泛,但结构、原理类似,本节介绍理想变压器的原理.

• 理想变压器

变压器的原理性结构如图 7-34 所示,由绕在同一铁芯上的两个线圈组成.连接到电源上的线圈称为原线圈或初级线圈,连接到负载上的线圈称为副线圈或次级线圈,两个线圈通常并不联通(自耦变压器除外).接交流电源后,在原线圈中产生交变电流,激发的交变磁通量经铁芯传输到副线圈,产生感应电动势和感应电流,它反过来通过铁芯又影响到原线圈，这就是变压器工作时的基本物理过程．通过原、副线圈之间的**互感**，变压器不仅使输入和输出的电压不等，而且使电流和阻抗也发生了改变．

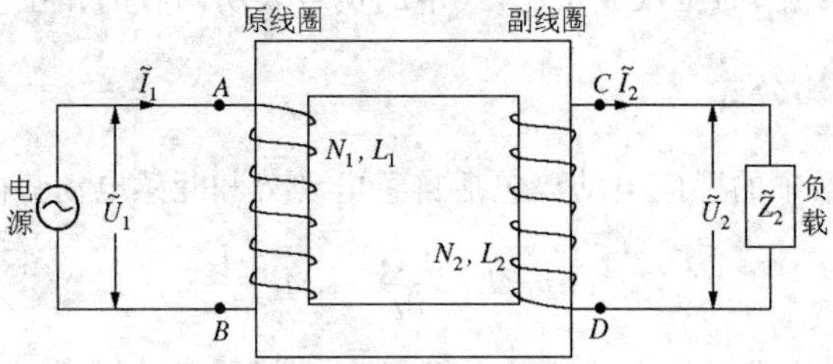

图 7-34　变压器原理

理想变压器满足下述条件：

(1) 无漏磁，即通过原、副线圈每匝的磁通量都相等．

(2) 无铜损，即两线圈均无电阻，其中的焦耳热损耗可略．

(3) 无铁损，即铁芯中的磁滞损耗和涡流损耗可略．

(4) 原线圈的电感量趋于无穷大，从而空载电流(见下文)趋于零．

下面导出理想变压器的各种变比公式．

- **电压变比公式**

首先规定原、副线圈中电流的正方向如图 7-34 所示，这样，它们在铁芯内产生的磁感应线的方向相同．设原、副线圈的匝数分别为 N_1, N_2，设通过每匝的磁通量均为 Φ(无漏磁)，则原、副线圈中的感应电动势(写成复数形式)分别为

$$\widetilde{\mathscr{E}}_{AB} = -N_1 \frac{\mathrm{d}\widetilde{\Phi}}{\mathrm{d}t}, \qquad \widetilde{\mathscr{E}}_{DC} = -N_2 \frac{\mathrm{d}\widetilde{\Phi}}{\mathrm{d}t}.$$

因无铜损、无铁损，两线圈可看作无内阻的电源，其端电压 $\widetilde{U}_{AB}, \widetilde{U}_{DC}$ 等于其中感应电动势的负值，即

$$\widetilde{U}_{AB} = -\widetilde{\mathscr{E}}_{AB}, \qquad \widetilde{U}_{DC} = -\widetilde{\mathscr{E}}_{DC}.$$

规定变压器的输入电压 $\widetilde{U}_1$ 和输出电压 $\widetilde{U}_2$ 分别为

$$\widetilde{U}_1 = \widetilde{U}_{AB}, \qquad \widetilde{U}_2 = \widetilde{U}_{CD} = -\widetilde{U}_{DC}.$$

由以上三式，得

$$\frac{\widetilde{U}_1}{\widetilde{U}_2}=-\frac{N_1}{N_2}. \tag{7.38}$$

这就是理想变压器的**电压变比公式**,表明输入电压与输出电压的有效值与原、副线圈的匝数成正比,式中的负号表明两者的相位差为 π.

- **电流变比公式**

原线圈中的感应电动势包括自感电动势和互感电动势两部分,为

$$\widetilde{\mathscr{E}}_{AB}=-L_1\frac{\mathrm{d}\widetilde{I}_1}{\mathrm{d}t}-M\frac{\mathrm{d}\widetilde{I}_2}{\mathrm{d}t},$$

式中 L_1 是原线圈的自感系数, M 是两线圈的互感系数, $\widetilde{I}_1$ 和 $\widetilde{I}_2$ 分别是输入电流和输出电流(复数形式),为

$$\widetilde{I}_1=I_1\mathrm{e}^{\mathrm{j}(\omega t+\varphi_{i_1})},\qquad \widetilde{I}_2=I_2\mathrm{e}^{\mathrm{j}(\omega t+\varphi_{i_2})}.$$

将 $\widetilde{I}_1$, $\widetilde{I}_2$ 代入求微, 得出输入电压为

$$\widetilde{U}_1=-\widetilde{\mathscr{E}}_{AB}=\mathrm{j}\omega L_1\widetilde{I}_1+\mathrm{j}\omega M\widetilde{I}_2.$$

副线圈未接负载称为**空载**,空载时 $\widetilde{I}_2=0$, 空载时原线圈中的电流 $\widetilde{I}_1=\widetilde{I}_0$ 称为**空载电流**或励磁电流,由上式,得

$$\widetilde{I}_0=\frac{\widetilde{U}_1}{\mathrm{j}\omega L_1}.$$

空载电流的作用是在铁芯内产生一定的交变磁通量,从而在原线圈内引起一定的感应电动势,以平衡输入电压.由以上两式,得

$$\mathrm{j}\omega L_1\widetilde{I}_0=\mathrm{j}\omega L_1\widetilde{I}_1+\mathrm{j}\omega M\widetilde{I}_2,$$

即

$$\mathrm{j}\omega L_1(\widetilde{I}_1-\widetilde{I}_0)+\mathrm{j}\omega M\widetilde{I}_2=0.$$

令

$$\widetilde{I}_1'=\widetilde{I}_1-\widetilde{I}_0,$$

得

$$\frac{\widetilde{I}_1'}{\widetilde{I}_2}=-\frac{M}{L_1}.$$

上式表明, $\widetilde{I}_1'$ 与负载电流 $\widetilde{I}_2$ 成正比, $\widetilde{I}_1'$ 可看作是负载电流“反射”到原线圈中的电流,称为**反射电流**.在无漏磁条件下

$$L_1=\frac{N_1\Phi_1}{I_1},\qquad M=\frac{N_2\Phi_1}{I_1},$$

即

$$\frac{M}{L_1}=\frac{N_2}{N_1}.$$

由理想变压器条件(4)，$L_1 \to \infty$，$\tilde{I}_0 = 0$，$\tilde{I}_1 = \tilde{I}_1'$，于是

$$\frac{\tilde{I}_1}{\tilde{I}_2} = -\frac{N_2}{N_1}. \tag{7.39}$$

这就是理想变压器的**电流变比公式**，表明输入电流和输出电流的有效值与原、副线圈的匝数成反比，式中的负号表明两者的相位差为 π.

- **阻抗变比公式**

设负载的复阻抗为 $\tilde{Z}_2$，则 $\tilde{U}_2 = \tilde{I}_2 \tilde{Z}_2$. 输入电压 $\tilde{U}_1$ 与反射电流 $\tilde{I}_1'$ 之比叫做折合阻抗或反射阻抗，用 $\tilde{Z}_1'$ 表示. 由(7.38)(7.39)式及 $\tilde{I}_1 = \tilde{I}_1'$，得

$$\tilde{Z}_1' = \frac{\tilde{U}_1}{\tilde{I}_1'} = \frac{-\dfrac{N_1}{N_2}\tilde{U}_2}{-\dfrac{N_2}{N_1}\tilde{I}_2} = \left(\frac{N_1}{N_2}\right)^2 \tilde{Z}_2.$$

可见，负载阻抗折合到输入回路，其值要乘以匝数比的平方. 理想变压器 $\tilde{I}_1 = \tilde{I}_1'$，其输入阻抗 $\tilde{Z}_1$ 为

$$\tilde{Z}_1 = \frac{\tilde{U}_1}{\tilde{I}_1} = \left(\frac{N_2}{N_1}\right)^2 \tilde{Z}_2. \tag{7.40}$$

变压器的这一**变换阻抗**的作用，常被用于使负载电阻与电源内阻匹配，以获得最大的输出功率.

- **功率传输效率**

变压器的(平均)输入功率 $\overline{P}_1$ 和输出功率 $\overline{P}_2$ 分别为

$$\overline{P}_1 = U_1 I_1 \cos\varphi_1, \qquad \overline{P}_2 = U_2 I_2 \cos\varphi_2,$$

式中 φ_1 为 $\tilde{U}_1$ 和 $\tilde{I}_1$ 的相位差，φ_2 为 $\tilde{U}_2$ 和 $\tilde{I}_2$ 的相位差. 因为 $\tilde{U}_1$ 和 $\tilde{U}_2$ 的相位差、$\tilde{I}_1$ 和 $\tilde{I}_2$ 的相位差都是 π，故 $\cos\varphi_1 = \cos\varphi_2$. 再利用电压、电流的变比公式，即可证明

$$\overline{P}_1 = \overline{P}_2. \tag{7.41}$$

上式表明，理想变压器的输入功率等于输出功率，即功率传输效率为 100%. 这是假定理想变压器本身没有能量损耗的结果. 实际变压器

必定存在各种损耗,其功率传输效率远小于100%.

● 各种变压器

在电力工程和电子技术中广泛使用变压器来变电压、变电流、变阻抗以及电路间的耦合.常见的变压器有以下几种,用途不同,结构和规格也都有差别.

1. 电力变压器

在输电、供电系统中使用,功率较大.发电厂发出的电力,在远距离输电时,为减少输电线路上的功率损耗,常用变压器升高电压,以减小线路上的电流(高压输电).电流到达用户后,为确保安全并合乎用电设备的电压要求,再用变压器降低电压.

2. 电源变压器

在电子仪器中常常需要各种不同的电压,通常采用电源变压器将220 V的市电变到各种需要的电压.

3. 耦合变压器

电子线路中常用耦合变压器作级间耦合,如收音机的输入变压器、输出变压器、中周变压器等都是.耦合变压器的作用是多方面的,如用输出变压器达到阻抗匹配就是一例.

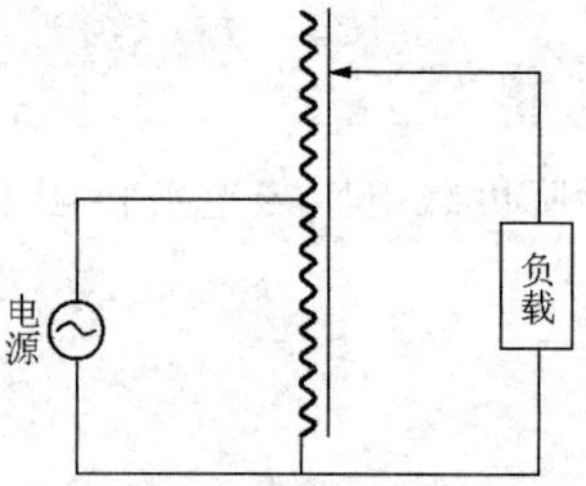

图7-35 调压变压器

4. 调压变压器(自耦变压器)

调压变压器就是一种带有铁芯的线圈,电源加在其中的一段上,滑动头接负载,改变滑动头位置可得到连续改变的输出电压(图7-35).

7.8 三相交流电

· 三相交流电 相电压与线电压 · 三相交流电的功率
· 三相电路中负载的连接 · 三相感应电动机的基本原理

• 三相交流电 相电压与线电压

三相交流电在生产和生活中应用最为广泛. 三相交流发电机是利用电磁感应原理制成的,其结构如图 7-36(a)所示,由转动的磁铁(转子)和固定在机壳中彼此相隔 120°的三组线圈(定子)组成. 当转子以匀角速度 ω 旋转时,在每组线圈中都会感应出交变电动势,它们的振幅、角频率相同,彼此间的相位差为 $2\pi/3$, 即

$$\begin{cases} e_{AX}(t) = \mathscr{E}_0 \cos \omega t, \\ e_{BY}(t) = \mathscr{E}_0 \cos\left(\omega t - \dfrac{2\pi}{3}\right), \\ e_{CZ}(t) = \mathscr{E}_0 \cos\left(\omega t - \dfrac{4\pi}{3}\right). \end{cases} \tag{7.42}$$

三相发电机提供的三个交流电称为**三相交流电**,简称三相电,其波形如图 7-36(b)所示.

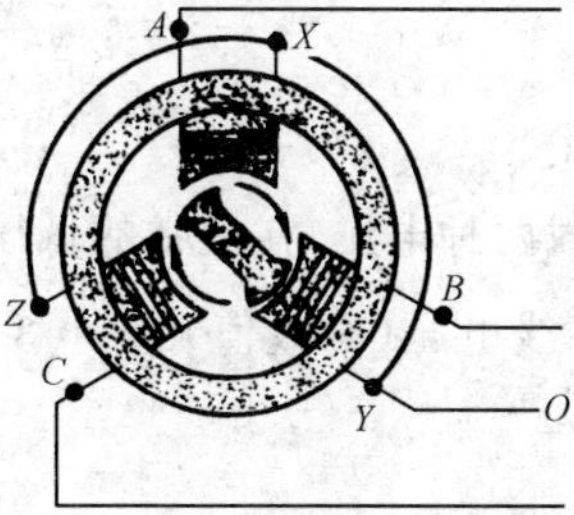

(a) 三相交流发电机示意图

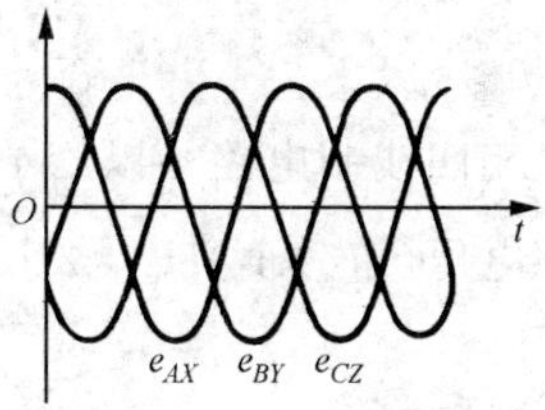

(b) 三相电波形曲线

图 7-36 三相电的产生

三相发电机的每一组线圈都可以作为一个独立的电源,用两根导线引出,这样三组线圈需用六根导线对外供电,很不经济. 为了减少输电导线, 通常采用如图 7-37 的星形连接, 即将三组线圈的末端 X,Y,Z 接在一起, 引出一根导线 O, 称为中线或零线, 从始端 A, B,C 各引出一根导线,称为端线或火线,这样共有四根引出导线,称为**三相四线制**. 实际上还常把中线接地,只保留三根端线作为输出导线,称为三相三线制.

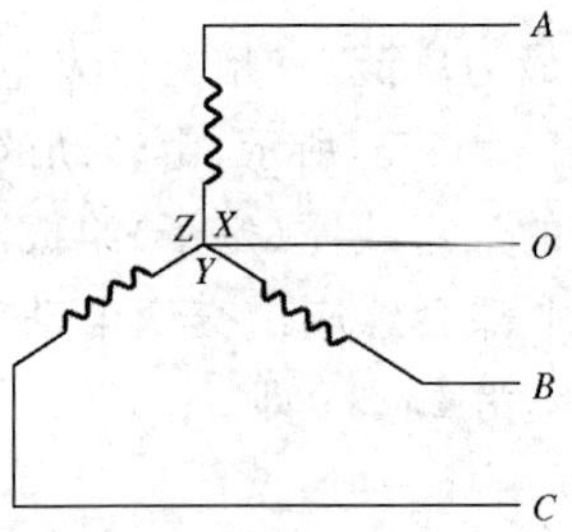

图 7-37 三相发电机的星形连接

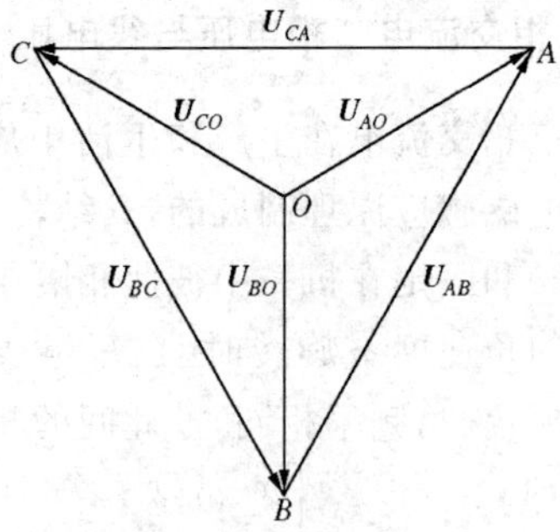

图 7-38 相电压与线电压矢量图

端线与中线间的电压 $u_{AO}(t)$,$u_{BO}(t)$,$u_{CO}(t)$称为**相电压**，其有效值表为 U_φ，即 $U_{AO}=U_{BO}=U_{CO}=U_\varphi$，两端线间的电压 $u_{AB}(t)$，$u_{BC}(t)$,$u_{CA}(t)$称为**线电压**,其有效值表为 U_l，即 $U_{AB}=U_{BC}=U_{CA}=U_l$. 由三相电压的矢量图(图 7-38)可以看出,线电压 U_l 与相电压 U_φ 的关系为

$$U_l=\sqrt{3}U_\varphi\ . \tag{7.43}$$

因此,三相四线制电路可以给予负载两种电压. 在通常的低压配电系统中,相电压(有效值)$U_\varphi=220\ \mathrm{V}$，线电压(有效值)$U_l=\sqrt{3}\times 220\ \mathrm{V}=380\ \mathrm{V}$.

- **三相电路中负载的连接**

在三相四线制电路中,负载(用电器)的连接方式有星形连接(Y 连接)和三角形连接(△连接)两种.

负载的**星形连接**如图 7-39(a)所示,每组负载上的电压就是三相电的相电压. 若三相负载完全相同,则各相电流(有效值)相等,彼此相位差 2π/3. 由图 7-39(b)的电流矢量图可以看出,三个电流矢量之和为零,表明流过中线的电流为零,在这种情况下可以省去中线. 若三相负载不同,则中线电流不为零,中线不能省去,否则就会造成下述恶果：(1) 因各相负载不同,使各相电流不同,导致各相电压不同,或偏高或偏低. (2) 相电压会随负载的变化而变化. (3) 若两相负载断开,则第三相不通,无法用电. 为此,在负载星形连接时,常采用坚韧的钢线做中线,以免断开.

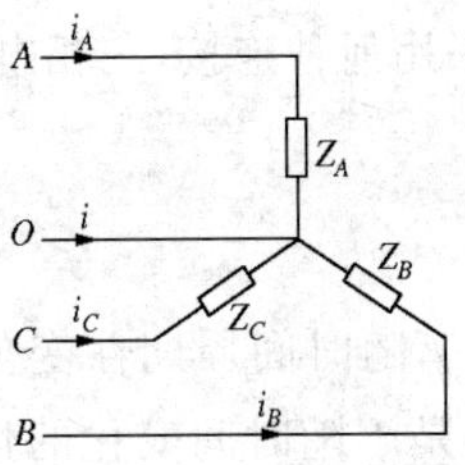

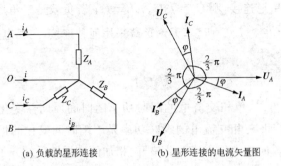

(a) 负载的星形连接

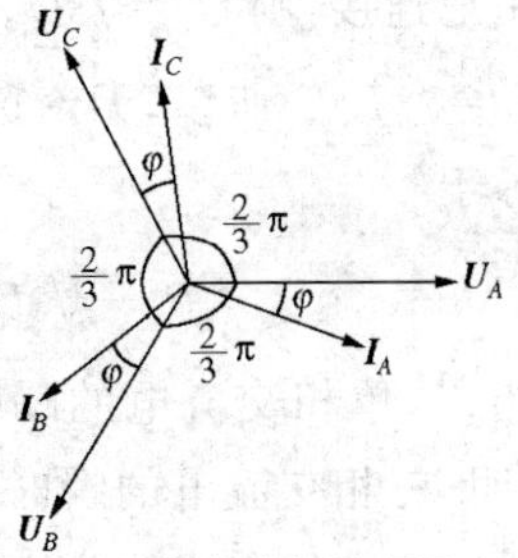

(b) 星形连接的电流矢量图

图　7-39

负载的**三角形连接**如图 7-40(a)所示,即将负载接在两火线之间,加在每相负载上的电压都是三相电的线电压. 若三相负载相同,则相电流(有效值)相等 $I_{AB}=I_{BC}=I_{CA}=I_\varphi$(记作 I_φ),彼此相位差为 $2\pi/3$,线电流(有效值)也相等 $I_A=I_B=I_C=I_l$(记作 I_l). 由图 7-40(b)的电流矢量图,得

$$I_l=\sqrt{3}I_\varphi\ .\tag{7.44}$$

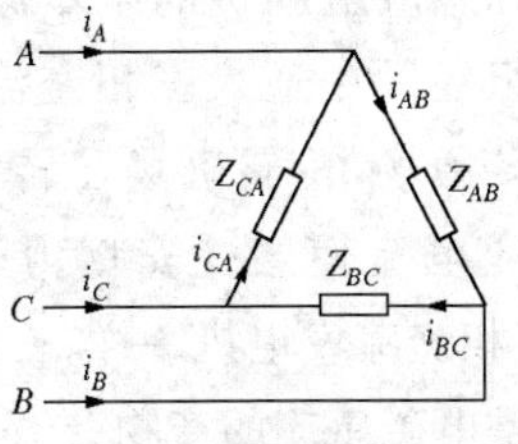

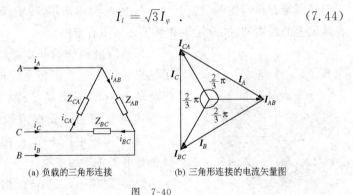

(a) 负载的三角形连接

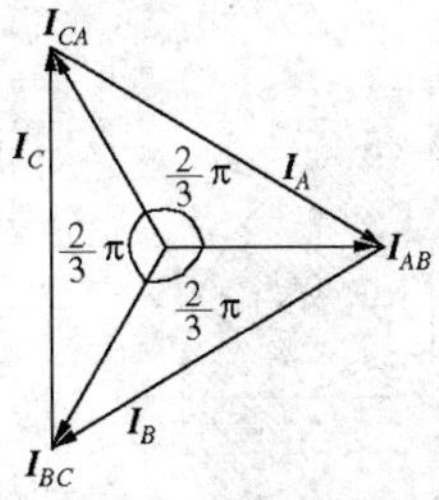

(b) 三角形连接的电流矢量图

图　7-40

- **三相交流电的功率**

三相交流电的功率等于各相功率之和. 在三相负载相同时,用 U_φ, I_φ, $\cos\varphi$ 表示每一相的相电压有效值、相电流有效值、功率因数,则三相电路的总平均功率为

$$\overline{P} = 3U_\varphi I_\varphi \cos\varphi \,. \qquad (7.45)$$

若负载是星形连接,则 $U_l=\sqrt{3}U_\varphi$, $I_l=I_\varphi$; 若负载是三角形连接,则 $U_l=U_\varphi$, $I_l=\sqrt{3}I_\varphi$. 所以,无论负载采用何种连接,三相电路的**总平均功率**都等于

$$\overline{P} = \sqrt{3}U_l I_l \cos\varphi \,. \qquad (7.46)$$

应该指出,单相交流电的瞬时功率随时间周期性变化.与此不同,可以证明,三相交流电的瞬时功率是不随时间变化的恒量,这是因为各相瞬时功率的高峰彼此错开,相加的结果填平补齐了.

● 三相感应电动机的基本原理

电动机是把电能转化为机械能的动力装置,种类很多,其中,三相感应电动机结构简单、工作可靠、使用方便,应用最为广泛,这也成为广泛采用三相电的重要原因.

三相感应电动机由定子(固定部分)和转子(转动部分)组成.定子包括固定在机座内的三组互成 120°的线圈和铁芯,转子包括固定在转轴上的线圈和铁芯.定子和转子之间留有空隙.

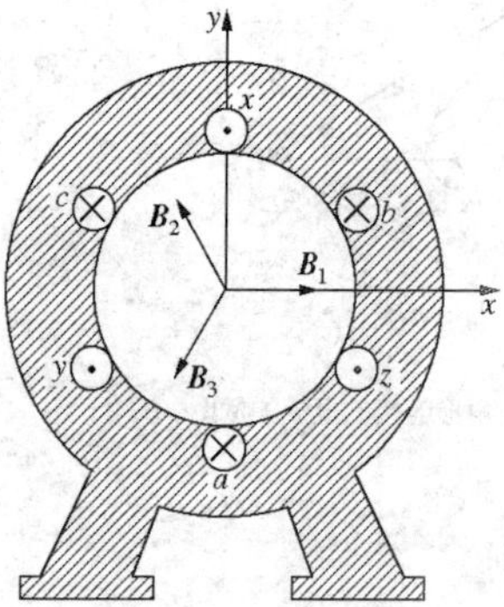

图 7-41　三相感应电动机定子线圈产生旋转磁场

三相感应电动机的基本原理是,在定子三组线圈中通入三相交流电,它们产生旋转磁场,旋转磁场在转子线圈中产生感应电流使之受安培力作用而转动.与三相交流发电机一样,三相感应电动机也是电磁感应的产物.

如图 7-41 所示,三组彼此相隔 120°的定子线圈 ax, by, cz 中通以三相交流电,三个电流的瞬时值分别为(以从始端 a, b, c 流入为电流正方向),

$$\begin{cases} i_{ax}(t) = i_1(t) = I_0 \cos\omega t, \\ i_{by}(t) = i_2(t) = I_0 \cos\left(\omega t - \dfrac{2\pi}{3}\right), \\ i_{cz}(t) = i_3(t) = I_0 \cos\left(\omega t - \dfrac{4\pi}{3}\right). \end{cases}$$

三组线圈在定子内部产生三个磁场的大小分别为

$$\begin{cases} B_1 = B_0 \cos\omega t, \\ B_2 = B_0 \cos\left(\omega t - \dfrac{2\pi}{3}\right), \\ B_3 = B_0 \cos\left(\omega t - \dfrac{4\pi}{3}\right). \end{cases}$$

$\boldsymbol{B}_1, \boldsymbol{B}_2, \boldsymbol{B}_3$ 的方向如图 7-41 所示，总磁场 $\boldsymbol{B}$ 是三者的矢量和. 为了确定 $\boldsymbol{B}$ 的大小和方向，给出 $\boldsymbol{B}_1, \boldsymbol{B}_2, \boldsymbol{B}_3$ 的 x, y 分量为

$$\begin{cases} B_{1x} = B_1 = B_0 \cos\omega t, \\ B_{2x} = B_2 \cos\dfrac{2\pi}{3} = -\dfrac{1}{2}B_0 \cos\left(\omega t - \dfrac{2\pi}{3}\right), \\ B_{3x} = B_3 \cos\dfrac{4\pi}{3} = -\dfrac{1}{2}B_0 \cos\left(\omega t - \dfrac{4\pi}{3}\right), \\ B_{1y} = 0, \\ B_{2y} = B_2 \sin\dfrac{2\pi}{3} = \dfrac{\sqrt{3}}{2}B_0 \cos\left(\omega t - \dfrac{2\pi}{3}\right), \\ B_{3y} = B_3 \sin\dfrac{4\pi}{3} = -\dfrac{\sqrt{3}}{2}B_0 \cos\left(\omega t - \dfrac{4\pi}{3}\right), \end{cases}$$

故总磁场的 x, y 分量为

$$\begin{cases} B_x = B_{1x} + B_{2x} + B_{3x} = \dfrac{3}{2}B_0 \cos\omega t, \\ B_y = B_{1y} + B_{2y} + B_{3y} = \dfrac{3}{2}B_0 \sin\omega t. \end{cases}$$

总磁场的大小为

$$B = \sqrt{B_x^2 + B_y^2} = \frac{3}{2}B_0. \tag{7.47}$$

在任一时刻 t，$\boldsymbol{B}$ 的方向与 x 轴的夹角 α 的正切为

$$\tan\alpha = \frac{B_y}{B_x} = \tan\omega t. \tag{7.48}$$

设 $t=0$ 时 $\alpha=0$，则 t 时刻 $\alpha=\omega t$.

以上两式表明，总磁场的大小 B 不随时间变化，但总磁场 $\boldsymbol{B}$ 的方向随时间变化，总磁场 $\boldsymbol{B}$ 是一个大小恒定的、以匀角速度 ω 逆时针旋转的矢量——**旋转磁场**.

我国工业用交流电的频率为 50 Hz，故旋转磁场的转速为 50 r(转)/s=3000 r/min.

根据电磁感应原理，旋转磁场使转子回路中的磁通量变化，产生感应电动势，激发感应电流，感应电流受磁场的安培力作用使转子转动起来. 根据楞次定律，转子的转动方向应与磁场的旋转方向相同，但转子的转速总是小于磁场的转速(转速相同就不会产生感应电流)，即转子与磁场的旋转**异步**，故称异步电动机. 例如，有的三相感应电动机的转速为 2880 r/min，稍低于旋转磁场的转速.

习　　题

7.1　试在同一时间坐标轴上画出两个简谐交流电压

$$u_1(t) = 311\cos(100\pi t - 2\pi/3)\,\mathrm{V},$$
$$u_2(t) = 311\sin(100\pi t - 5\pi/6)\,\mathrm{V}$$

的曲线. 它们的峰值、有效值、频率、周期和初相位各为多少？两者的相位差为多少？哪个超前？

7.2　在某频率下，电容 C 和电阻 R 的阻抗之比为 $Z_C : Z_R = 3 : 4$；现将它们串联后接到有效值为 100 V 的该频率的交流电源上.

(1) 分别求 C 和 R 两端的电压有效值 U_C 和 U_R；

(2) 试求总电压与电流的相位差.

7.3　如图，U_1 和 U_2 分别表示电路中的分压有效值，已知 $U_1 = U_2 = 20$ V，$Z_C = R_2$，试求：

(1) 总电压有效值 U；

(2) 总电压与总电流之间的相位差，并用矢量图说明之.

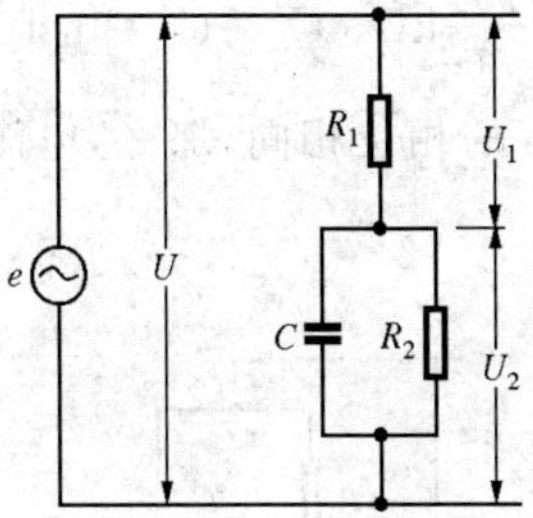

习题　7.3

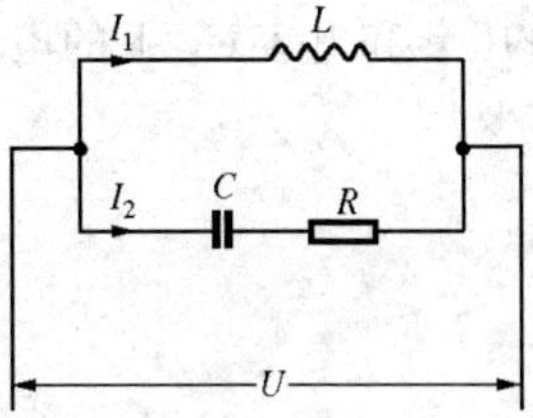

习题　7.4

7.4　在图中，I_1 与 I_2 表示电路两支路的电流有效值，已知 $Z_C : R = 1 : 1$，试求：

(1) 两支路中电流之间的相位差；

(2) 总电压与电容上的电压之间的相位差，并用矢量图说明之.

7.5　如图，有三条支路汇于一点，电流的正方向如图所示，设

$$i_1 = 30\cos(\omega t + \pi/4)\,\mathrm{A},$$

$$i_2 = 40\cos(\omega t - \pi/3)\,\mathrm{A},$$

试分别用矢量法和复数法求 i_3 的瞬时表达式.

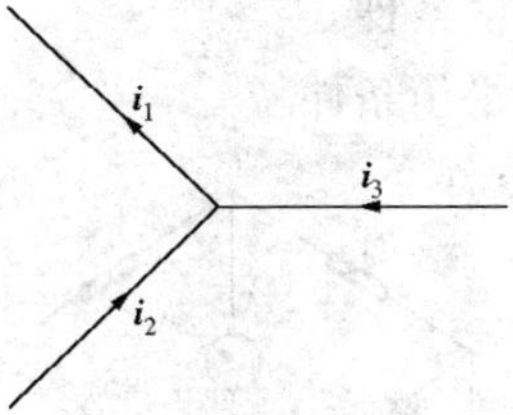

习题　7.5

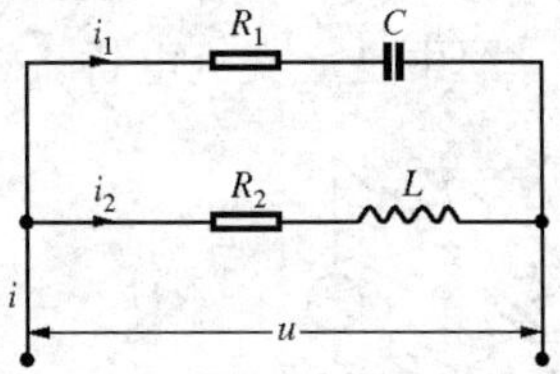

习题　7.6

7.6　如图，电路中电源频率为 1.0 kHz，$R_1 = 3.0\,\Omega$，$R_2 = 1.0\,\Omega$，$C = \frac{500}{\pi}\,\mu\mathrm{F}$，$L = \frac{1.0}{\pi}\,\mathrm{mH}$.

(1) 试求各支路的复阻抗及总阻抗，总电路是电感性还是电容性的？

(2) 如果总电压 u 的有效值为 2.0 V，初相位为 30°，试求 i_1，i_2 和总电流 i 的有效值及初相位.

7.7 如图电路，已知 $R_1=R_2=\frac{100}{\pi}\,k\Omega$，$C_1=C_2=0.10\,\mu F$，若要使总电压 u 和电容 C_2 上的电压 u_2 的相位相同，那么，电源的频率 f 应为多少？

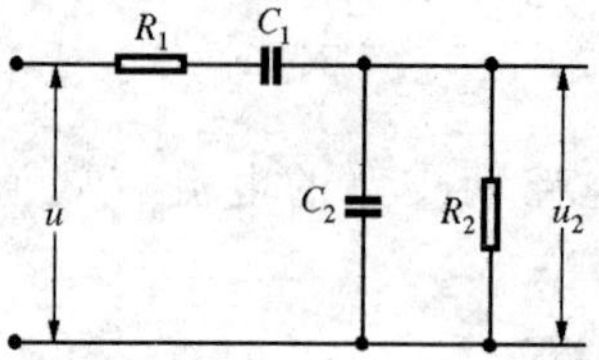

习题 7.7

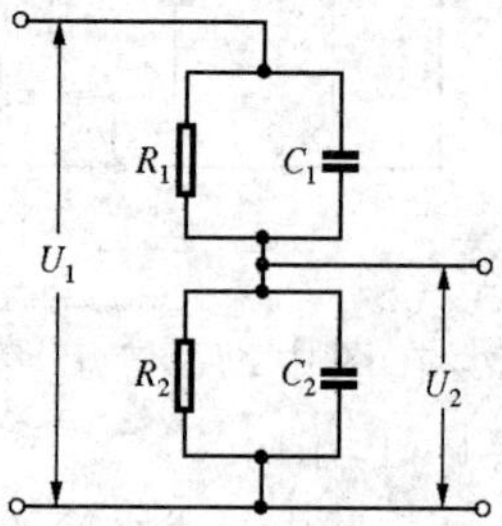

习题 7.8

7.8 如图是一种能够消除分布电容影响的脉冲分压器，当电路中 C_1, C_2, R_1, R_2 满足一定条件时，该电路就能和直流电路一样，使输入电压有效值 U_1 与输出电压有效值 U_2 之比等于电阻之比：

$$\frac{U_2}{U_1}=\frac{R_2}{R_1+R_2},$$

而和频率无关，试求电容、电阻应满足的条件.

7.9 图中是一交流电桥，试求其平衡条件.

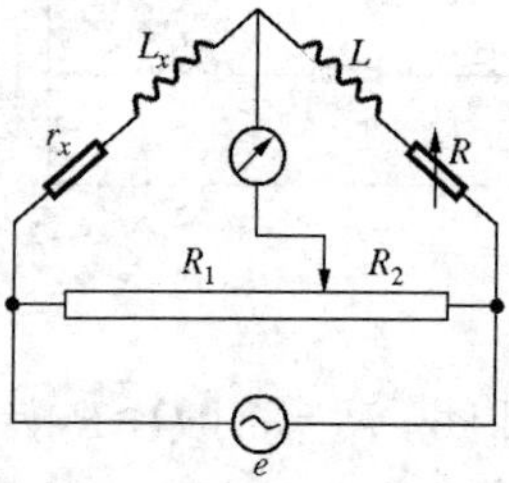

习题 7.9

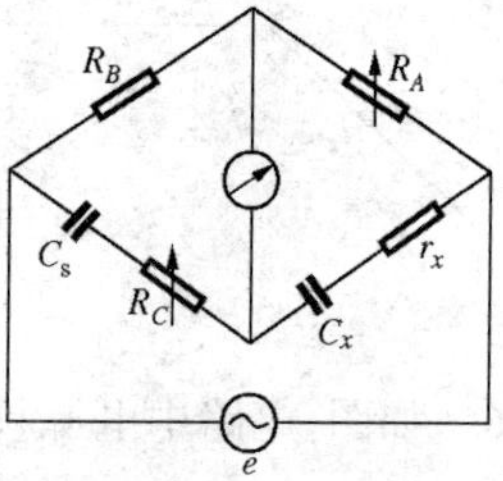

习题 7.10

7.10 图中是一交流电桥，测量时选用标准电容 $C_s=0.100\,\mu F$，当电桥平衡时，测得 $R_A=1000\,\Omega$，$R_B=2050\,\Omega$，$R_C=10.0\,\Omega$，试求待测电容的 C_x 和 r_x 之值.

7.11 如图，在 RLC 串联电路中，$R=300\,\Omega$，$L=250\,mH$，$C=$

8.00 μF，A 是交流安培计，V，V_1—V_4 都是交流伏特计. 现将 a，b 两端接到电压为 220 V 频率 f 可变的交流电源上. 试问：

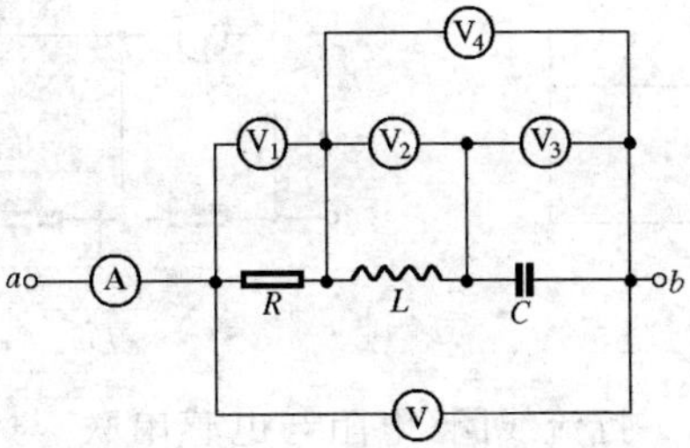

习题　7.11

（1）f 为何值时，电路发生谐振？此时安培计及各伏特计的读数各为多少？

（2）若接在市电电源（220 V，50 Hz）上，则安培计及各伏特计的读数各为多少？

（3）分别求出以上两种情况下，a，b 间消耗的功率.

7.12　发电机的额定容量为 22 kV·A，它能供多少盏功率因数 0.5、平均功率 40 W 的日光灯正常发光？如果把日光灯的功率因数提高到 0.8 时，能供多少盏？

7.13　一个 110 V，50 Hz 的交流电源供给一电路 330 W 的功率，电路的功率因数为 0.6，且电流相位落后于电压.

（1）若在电路中串联一电容器使功率因数增到 1，试求电容器的电容；这时电源供给多少有功功率？

（2）若改为并联一电容器使功率因数增到 0.9，试求电容器的电容；这时电源供给多少有功功率？

（3）根据计算结果，讨论上述两种提高功率因数方法的差异和合理性.

7.14　如图，一抗流线圈（电阻与电感串联）与一无自感的电阻 R 并联后接到交流电源上，已知总电流和各支路电流有效值分别为 $I=4.5$ A，$I_1=2.5$ A，$I_2=2.8$ A，$R=50\ \Omega$. 试求：

（1）电阻 R 和抗流线圈所消耗的平均功率 $\overline{P}_1$ 和 $\overline{P}_2$；

（2）抗流线圈的等效串联电阻 r.

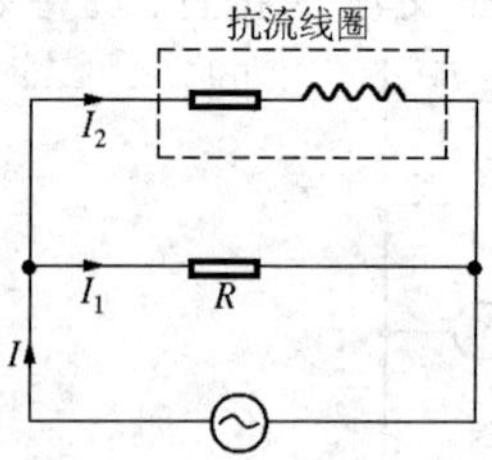

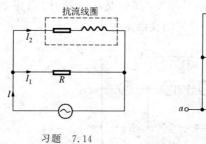

习题　7.14

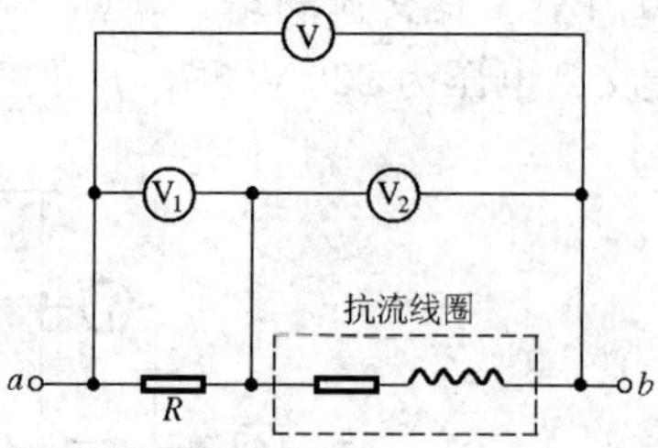

习题　7.15

7.15　如图,一抗流线圈(电阻与电感串联)与一无自感的电阻 R 串联后接到交流电源上,已知总电压和分电压有效值分别为 $U=120\ \mathrm{V}$, $U_1=44\ \mathrm{V}$, $U_2=91\ \mathrm{V}$, $R=20\ \Omega$. 试求:

(1) 电阻 R 和抗流线圈所消耗的平均功率 $\overline{P}_1$ 和 $\overline{P}_2$;

(2) 抗流线圈的等效串联电阻 r.

7.16　有一星形连接的三相对称负载,每相负载为电阻 R 与电感 L 串联构成. 已知 $R=6.0\ \Omega$, $Z_L=8.0\ \Omega$, 电源的线电压有效值为 380 V.

(1) 试求线电流有效值和三相负载所消耗的总功率;

(2) 如果改成三角形连接,试求线电流有效值和三相负载所消耗的总功率.

8 麦克斯韦电磁场理论

8.1　简要的历史回顾

· 两个基本问题,两种不同观点,两类理论探索
· 韦伯的电磁力公式——超距作用的电磁理论
· 麦克斯韦建立电磁场理论的三篇论文
· 洛伦兹力公式——基本的电磁力公式

● 两个基本问题,两种不同观点,两类理论探索

库仑定律、毕-萨定律、安培定律,特别是法拉第电磁感应定律的相继建立,不仅表明电磁学各个局部的规律已经发现,而且表明对电磁现象的研究已经从静止、恒定的特殊情形扩展到运动、变化的普遍情形,已经从孤立的电作用、磁作用扩展到其间的联系.与此同时,关于物质导电(欧姆定律)、极化、磁化性质的研究也有了进展.这一切意味着,在19世纪中叶,建立普遍的电磁理论,对各种电磁现象提供统一解释的条件已经具备,时机已经成熟,历史的机遇呈现在物理学家面前.

那么,所谓的普遍电磁理论究竟应该是什么呢?纵观电磁学史,在漫长的历程中,人们观察现象、设计实验、寻找联系、发现规律、关注应用等等,对此,历来并无争议.但是,有两个深层次的基本问题却长期令人困惑,争论不休.其一,电磁作用是超距作用还是近距作用,即电磁作用是否需要媒介物传递、是否需要传递时间,这种媒介物

(称为以太、电力线或磁力线、电磁场)是客观存在的特殊形态的物质抑或只是一种描绘手段.其二,什么是电,即电、电荷是客观存在的实体——带电粒子,带电粒子的运动形成电流;抑或电荷、电流并非客观实体,只是传递电磁作用的媒介物的某种运动状态或表现形式.

围绕着这两个基本问题存在着针锋相对、泾渭分明的两派.以法德两国物理学家为代表的"源派",持超距作用观点,认为电磁作用是直接的、瞬间的作用,无需媒介物传递,否认电磁场的客观存在,同时认为电是客观存在的实体、是带电粒子,带电粒子的运动形成电流.源派致力于电磁作用的研究,先后发现了库仑定律、毕-萨定律、安培定律.安培提出了磁现象的本质是电流,诺埃曼和韦伯先后给出了电磁感应定律的定量表述,等等,可谓硕果累累,但源派试图建立基本电磁力公式用以解释一切电磁作用的心愿终未实现.以英国物理学家法拉第、麦克斯韦为代表的"场论派"持近距作用观点,认为电磁作用需要媒介物传递,需要传递时间,电磁场是客观存在,是理解和解释一切电磁现象的关键,锲而不舍地致力于电磁场的研究,最终以电磁场理论的预言——电磁波——得到赫兹实验的证实而宣告彻底的胜利.然而场论派否认电荷是客观存在的实体,认为电只是以太的某种运动状态和表现形式,或许正是由于期待通过电磁场的研究,对电荷、电流本质的认识能够有所突破,场论派始终未能关注统一电磁力公式的建立.

总之,由于场、源两派对电磁学的两个基本问题持截然不同的两种观点,导致两类目标和方法都颇为不同的理论探索.

- **韦伯的电磁力公式——超距作用的电磁理论**

1845 年德国物理学家、源派的代表人物之一韦伯(W. E. Weber, 1804—1891)明确地提出了"**带电粒子**"的概念.韦伯认为,电是客观存在的实体,电就是带电粒子,电荷、质量、集中性是带电粒子的基本属性,电流是带电粒子的运动,一切电磁作用都应归结为相对静止或相对运动的带电粒子之间的相互作用.据此,经过不断的尝试和探索,1846 年韦伯给出了**基本的电磁力公式**为

$$F=\frac{ee'}{r^2}\left[1-\frac{1}{c^2}\left(\frac{\mathrm{d}r}{\mathrm{d}t}\right)^2+\frac{2r}{c^2}\frac{\mathrm{d}^2r}{\mathrm{d}t^2}\right],\qquad(8.1)$$

式中 e,e' 是两带电粒子的电量,$r,\frac{\mathrm{d}r}{\mathrm{d}t},\frac{\mathrm{d}^2r}{\mathrm{d}t^2}$ 是两带电粒子的距离、相对速度、相对加速度,$c=1/\sqrt{\varepsilon_0\mu_0}$ 是电量的电磁单位与静电单位的比值,$\boldsymbol{F}$ 的方向沿 e 和 e' 的连线,F 称为韦伯力,(8.1)式称为韦伯的电磁力公式.

不难看出,(8.1)式的第一项是库仑力(两带电粒子相对静止),第二、三项与两带电粒子的相对速度、相对加速度有关,涉及运动电荷的作用、电流作用和电磁感应,却难以令人信服地作出圆满的解释,作用力方向沿连线(中心力)的假设更与事实不尽符合. 尤其致命的是,(8.1)式完全无法解释后来发现的由变化磁场产生的涡旋电场对电荷的作用力以及由变化电场产生的磁场对电流的作用力. 可见,由于否认电磁场的客观存在及其在电磁作用中的重要地位,(8.1)式中不出现电磁场 $\boldsymbol{E},\boldsymbol{B}$,这是源派试图以(8.1)式统一解释全部电磁现象而终未如愿的根本原因.

尽管如此,韦伯的相关工作依然具有不可磨灭的历史意义. 第一,带电粒子概念的提出正确而重要. 1897 年 J. J. 汤姆孙的阴极射线实验发现了电子,此后又发现了质子等等,历经半个多世纪之后,终于为带电粒子的概念提供了确凿的证明,从此,关于什么是电和电流的论争尘埃落定. 第二,1855 年韦伯和科尔劳施(Kohlrausch)利用库仑扭秤以及韦伯发明的冲击电流计,测出(8.1)式中电量的电磁单位与静电单位的比值为 $c=1/\sqrt{\varepsilon_0\mu_0}=3.1074\times10^8$ m/s,与 1849 年菲佐(Fizeau)测出的光在空气中的传播速度 3.14858×10^8 m/s 十分接近,但被认为是一种巧合,并未引起他们的特别注意. 然而这却成为麦克斯韦认定 c 为真空光速,并进而推断光就是电磁波的重要依据. 后来爱因斯坦在建立狭义相对论时确立了光速不变原理,c 成为一切物质和信息传播速度的上限,成为标志宇宙特征的基本物理常数之一. 追根溯源,韦伯功不可没. 第三,尽管(8.1)式不能成立,但韦伯建立基本电磁力公式的目标依然有效. 1892 年洛伦兹在建立经典电子论时,受(8.1)式的启示,洞察其缺失,把带电粒子与电磁场两大正确观点相结合,建立了基本的电磁力公式——洛伦兹力公式,统一解释了全部电磁作用,实现了韦伯未竟的事业.

正是由于以上原因，韦伯建立基本的电磁力公式(8.1)式的有关工作被电磁学史专家惠特克(E. Whittaker)誉为“第一个电子理论”，韦伯是当之无愧的“电子论”鼻祖.

- **麦克斯韦建立电磁场理论的三篇论文**

麦克斯韦(James Clerk Maxwell, 1831—1879, 英国)继承了法拉第彻底的近距作用观点，以电磁场为研究对象，从类比入手，继承发展了矢量分析的数学成果，经过艰苦的探索，终于建立了以**麦克斯韦方程**和**电磁波**为标志的**电磁场理论**. 他的工作集中反映在以下三篇论文之中.

第一篇论文为《论法拉第力线》(1855～1856). 麦克斯韦指出“我并不试图建立任何物理理论”，只是希望“通过严格应用法拉第的思想和方法”，整理已有成果，寻找内在联系. 麦克斯韦在对力线作了细致的描绘，认识到从数学上说，力线的空间分布是一种矢量场，之后，把静电场、恒定磁场与不可压缩流体恒定流动形成的流速场作系统的“物理类比”，从后者移植了源、旋，通量、环流，高斯定理、环路定理等一系列重要概念和表达方式，弄清了静电场、恒定磁场作为矢量场的性质和区别，找到了恰当的数学表述. 据此，麦克斯韦把当时已知的各种电磁学物理量区分为两类(有旋或无旋，有源或无源)，消除了混乱，澄清了思想，为电磁场的理论研究作好了准备.

在论文第二部分的“论法拉第的电紧张状态”中，麦克斯韦把目光转向电磁感应. 感应电流的产生，表明存在某种非静电力，关键在于它来自何处，本质是什么. 源派认为，它来自彼此相对运动的带电粒子，试图用(8.1)式予以解释，但未能成功. 法拉第从场观点出发，认为电流、磁体周围存在着某种“电紧张状态”，电流、磁体的运动变化导致电紧张状态的变化产生了非静电力引起了感应电流. 换言之，法拉第是从电磁场的相互联系来解释电磁感应的，但是，法拉第没有给出定量表述.

麦克斯韦继承了法拉第的场观点，明确指出，因磁场变化引起的电紧张状态的变化，产生了涡旋电场 $\boldsymbol{E}_{旋}$，导致感应电动势，引起感应电流，并给出了定量表述. 应该指出，在 1855 年的《论法拉第力线》

中麦克斯韦把引起电磁感应的非静电力称为感应电动力，1861年改称感应电场或涡旋电场. 涡旋电场概念的提出意义重大：第一，把法拉第电、磁场相互联系的思想明确化、定量化了. 第二，丰富了对电场的认识，除了电荷产生的有源无旋的电场外，又有了变化磁场产生的无源有旋的涡旋电场，两者的产生原因和作为矢量场的性质都不同，但都能施予电荷作用力. 第三，提出了重要的逆问题，即既然变化的磁场会产生涡旋电场，那么，变化的电场是否也会产生什么，换言之，电、磁场的联系是否存在另一侧面，麦克斯韦在第三篇论文中回答了自己提出的问题，建立了位移电流的概念. 第四，把感应电动力改称涡旋电场，把“力”改为“场”，一字之差，寓意深长，它表明与其他非静电力不同，涡旋电场具有弥散性，是在一定空间范围连续分布的特殊形态的物质.

第二篇论文为《论物理力线》(1861～1862). 麦克斯韦首先精心设计了电磁以太的力学模型，具体地描绘了电磁以太的结构和运动特征，试图用以说明磁力线和电力线的性质，并尽可能地为各种电磁现象提供统一的近距作用解释.

如图8-1所示，麦克斯韦把六角形的磁以太称为“分子涡旋”，绕磁力线旋转，成右手螺旋关系，图中六角形内的小箭头表示分子涡旋的旋转方向，“+”或“−”表示磁力线向外或向内，分子涡旋具有弹性，其角速度和密度分别与磁场强度和磁导率成正比. 电以太称为“粒子”，是处在磁以太之间并与之啮合的类似于“惰轮”的细微粒子，图中用圆圈表示，电以太受电力的作用会移动，这种移动与电流对应.

如图8-1，当电流从 A 向 B 流动时，电以太沿 AB 移动(滚动前进)，使与之啮合的上下两排磁以太分别按逆时针和顺时针方向旋转，并经电以太依次带动上下各排，结果形成了与电流成右手螺旋关系的充满空间的磁力线，这就是电流产生磁场的具体机制. 若 AB 中的电流突然中止，则沿 AB 移动的电以太随即停止，从而使与之啮合的 gh 排的磁以太不再旋转，但上面的 kl 排以及其他各排磁以太仍在旋转(下面同样)，于是 pq 层(以及其他层)中的电粒子将从 p 向 q 运动，表现为感应电流，这就是电磁感应的具体机制.

继而，麦克斯韦又用电磁以太的力学模型来讨论静电作用. 他认

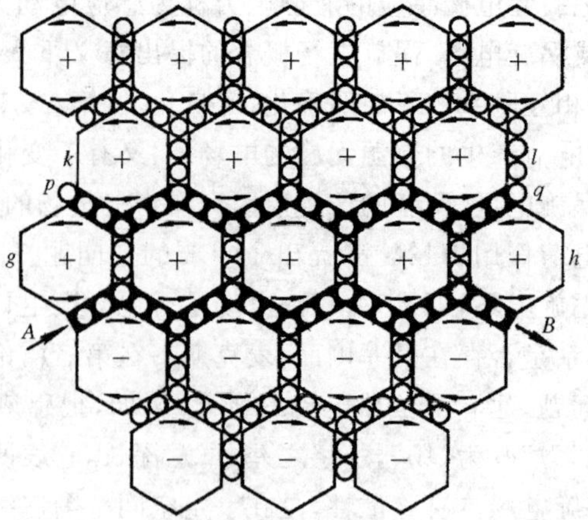

图 8-1　麦克斯韦的分子涡旋(磁以太)和粒子(电以太)模型

为，电以太受电力作用后，因与磁以太啮合，无法移去，但会出现偏离原先平衡位置的位移，达到新的平衡位置，同时使与之啮合的磁以太变形，具有弹性势能. 电力撤消后，电以太回复原先的平衡位置，磁以太的形变随之消除，这就是静电作用的具体机制.

如果由于电场的变化使电以太所受电力发生变化，则电以太偏离原先平衡位置的位移将相应变化，这种位移的变化(与有电流时电以太的滚动前进类似)同样会导致磁以太的旋转，产生磁力线. 换言之，不仅电流(电荷的流动)会产生磁场，因**电场变化**引起的电以太位移的变化也同样会**产生磁场**. **"位移电流"**(displacement current)概念由此诞生，这就是变化磁场产生涡旋电场的逆效应. 于是，涡旋电场和位移电流完整地揭示了电场与磁场内在联系的两个侧面，同时也为变化电磁场在真空中的传播——电磁波提供了物理依据. 应该指出，如果说电磁感应现象为涡旋电场提供了实验依据，那么，在当时，位移电流则是并无任何实验支持的大胆理论假设.

接着，麦克斯韦认为，以电磁以太为载体，以电场和磁场的内在联系为依据，变化的电磁场以波动形式在真空中传播，**电磁波**的概念由此诞生. 通常，在弹性媒质中可以传播横波，波速为 $v=\sqrt{m/\rho}$，其中 m，ρ 为弹性媒质的切变模量、密度. 为了计算在电磁以太(也是弹性媒质)中电磁波的传播速度,麦克斯韦不可思议地找到了电磁以太的切变模量 m、密度 ρ 与真空介电常数 ε_0、磁导率 μ_0 之间的关系[①],得出真空中电磁波的传播速度为

$$c_{\text{电磁波(真空)}} = \sqrt{\frac{m}{\rho}}_{\text{(电磁以太)}} = \frac{1}{\sqrt{\varepsilon_0 \mu_0}}. \tag{8.2}$$

1855 年韦伯和科尔劳施的实验测出电量的电磁单位和静电单位的比值为(见前)$1/\sqrt{\varepsilon_0\mu_0} = 3.1074\times10^8$ m/s. 1849 年菲佐测出光在空气中的传播速度为 $c_{\text{光(空气)}} = 3.148\,58\times10^8$ m/s. 由上式以及两个数据惊人的一致加上光可以在真空中传播,使麦克斯韦断定

$$c_{\text{电磁波(真空)}} = c_{\text{光(真空)}} = c, \tag{8.3}$$

并明确指出:“我们不可避免地推论:光是媒质中起源于电磁现象的横波”,从此,光波成为电磁波的一个频段,实现了光现象与电磁现象的大统一.

综观上述,彪炳史册、熠熠生辉的位移电流、电磁波概念以及光是电磁波的结论,竟然脱胎于如此离奇的电磁以太模型,人们在惊叹麦克斯韦丰富想象力的同时仍然感到匪夷所思、难以置信. 正如 W. 汤姆孙指出,它是“怪诞的、天才的,但并非完全站得住脚的假设.”麦克斯韦清醒地意识到这些不足,但他坚信由此找到的联系、得出的结论是正确的. 他指出:“这是力学可以想象和便于研究的一种联系模型,它适宜于显示已知电磁现象之间真实的联系. 因此,我敢于说,任何理解这一假设的暂时性质的人将发现,在他真正理解这些现象之后,这一假设对他的研究是利多于弊的.”于是,在第三篇论文中,麦克斯韦直接提出了电磁场理论的研究课题,建立了后来以他命名的电磁场方程组,再次得出了电磁波的结论. 在拆除了赖以建筑的脚手架后,一座雄伟壮美的理论大厦终于耸立在人间.

1865 年《电磁场的动力学理论》发表. 开宗明义,麦克斯韦明确宣布:“我所提议的理论可以称为电磁场的理论,因为它必须涉及电或磁物体附近的空间,它也可以称为动力学的理论,因为它假设在该

---

① 参看,陈秉乾、陈熙谋:《麦克斯韦是怎样得出电磁波传播速度与光速相等的》,《大学物理》1991 年第 5 期.

空间存在着运动着的物质,导致可以观察的电磁现象.""电磁场是包含和围绕着处于电磁状态的物体的那一部分空间",电磁场是"一种弥漫的物质,密度很小但确有,能运动,能以很大而有限的速度把运动从一部分传输到另一部分",电磁场能够"接受和储存"能量,等等.由此可见,在建立了涡旋电场、位移电流、电磁波等概念,揭示了内在联系和本质特征之后,麦克斯韦用简明的语言直接提出了**电磁场动力学理论**的宏大课题,而不只是它的某些局部或细节.

在论文第三部分"电磁场的普遍方程组",麦克斯韦把静电场和恒定磁场的高斯定理和环路定理的适用条件放宽,补充涡旋电场和位移电流,再与描绘实物电磁性能的方程结合,建立了电磁场运动变化所遵循的普遍方程组.这是一个包括 20 个变量(标量)共 20 个方程的完备方程组,它后来被加工成更为简洁的形式,称为**麦克斯韦电磁场方程组**.

然后,根据他的方程组,麦克斯韦严格证明真空中电磁波传播速度等于光速,再次得出"光是按照电磁定律经过场传播的电磁扰动"的结论,开创了光的电磁理论.此外,还讨论了许多具体问题.

• 洛伦兹力公式——基本的电磁力公式

19 世纪末,荷兰物理学家洛伦兹(H. A. Lorentz, 1853—1928)集场、源两派理论之长,弃其短,经过综合、深化、发展,创立了经典电子论,把经典电磁理论推向顶峰.洛伦兹认为,电磁场和带电粒子都是客观存在,在全部电磁现象(包括光学现象和物性)中必须同时考虑两者的存在和作用.洛伦兹把 19 世纪后半期气体分子运动论的成果引入电磁学,认为实物由大量带正、负电的带电粒子构成,它们的集体行为决定了物质的电磁性质,并认为麦克斯韦电磁场方程在微观尺度仍成立,其平均结果则是宏观电磁场方程.洛伦兹提出自由电荷和极化(束缚)电荷、分子电(偶极)矩、分子磁矩等模型,用以解释导电、极化、磁化等现象.根据上述观点、方法、模型,在几十年间洛伦兹成功地解释了当时所观察到的一系列电磁现象和光学现象,并为狭义相对论的建立奠定了基础.

洛伦兹力公式是基本的电磁力公式,是洛伦兹在建立经典电子论时作出的重要贡献之一.洛伦兹继承了场派近距作用的场观点和源派电就是带电粒子的观点,并予以结合.洛伦兹认为,一切电作用归根到底是电场 $\boldsymbol{E}$ 对带电粒子 q 的作用,一切磁作用归根到底是磁场 $\boldsymbol{B}$ 对运动带电粒子 $q\boldsymbol{v}$ 的作用.1892 年,在电子尚未发现、并无任何实验证据的条件下,洛伦兹给出了基本的电磁力公式——洛伦兹力公式,为

$$\boldsymbol{F} = q\boldsymbol{E} + q\boldsymbol{v} \times \boldsymbol{B}, \tag{8.4}$$

式中 $\boldsymbol{E}$ 是总电场,包括自由电荷、极化电荷(无论静止或运动)产生的电场以及变化磁场产生的涡旋电场;$\boldsymbol{B}$ 是总磁场,包括传导电流、磁化电流、极化电流(无论恒定或变化)产生的磁场以及变化电场产生的磁场(极化电流与变化电场之和称为位移电流).可见,洛伦兹力公式中的 $\boldsymbol{E}$,$\boldsymbol{B}$ 与麦克斯韦电磁场方程中的 $\boldsymbol{E}$,$\boldsymbol{B}$ 的含义完全相同.(8.4)式已为尔后的大量实验所证明.洛伦兹力公式涵盖了库仑定律、安培定律、法拉第电磁感应定律,并予以拓展,使前两者不受静止或恒定条件的限制.例如,式中的 $\boldsymbol{E}$,不仅包括静止电荷产生的遵从库仑定律的库仑场(静电场)$\boldsymbol{E}_{静}$,还可以包括运动电荷产生的不遵从库仑定律的电场 $\boldsymbol{E}_{动}$.例如,式中的 $\boldsymbol{B}$,不仅包括恒定电流产生的遵从毕-萨定律的恒定磁场 $\boldsymbol{B}_{恒定}$,还可以包括变化电流产生的不遵从毕-萨定律的磁场 $\boldsymbol{B}_{变化}$.至于电磁感应,其实质是洛伦兹力($q\boldsymbol{v} \times \boldsymbol{B}$)和涡旋电场 $\boldsymbol{E}_{旋}$,也都包含在(8.4)式的两项之中.总之,(8.4)式是基本的电磁力公式,它把一切电磁作用都囊括于其中.洛伦兹力公式和麦克斯韦电磁场方程组(包括介质方程)是经典电磁理论的两大支柱,分别揭示了电磁作用的规律和电磁场运动变化的规律(包括介质的电磁性质),构成了完整的理论体系,电磁学的全部规律几乎尽在其中.

8.2 麦克斯韦电磁场方程组

- 对象,目标,方法,数学手段
- 位移电流 安培环路定理的推广
- 麦克斯韦电磁场方程组(积分形式,微分形式,边界条件)

• 对象,目标,方法,数学手段

麦克斯韦以电磁场为研究对象,以建立电磁场的动力学理论为目标.这个理论应该揭示电磁场的内在联系,描绘电磁场的运动变化规律并涉及实物的电磁性质.这个理论的基础应该是一个用$\boldsymbol{E}$,$\boldsymbol{D}$,$\boldsymbol{B}$,$\boldsymbol{H}$和q,I以及ε,μ,σ表示的完备方程组——电磁场方程组.从它出发,既可以定量地解释各种已经观察到的电磁现象,又可以定量地预测许多未知的、尚待发现的电磁现象,理论预言和实验结果的比较将确定这个理论的是非真伪、价值地位.

为了建立电磁场方程组,麦克斯韦采用的方法是大胆的推广和重要的增补.由于电磁场是矢量场,麦克斯韦决定以矢量分析的高斯定理和环路定理作为数学手段,在整理、归纳已有的静电场、恒定磁场的高斯定理和环路定理后,作出了大胆的推广(从静止、恒定推广到普遍情形)和重要的增补(涡旋电场和位移电流),再加上介质方程组,建立了以他命名的完备的电磁场方程组.

• 位移电流　安培环路定理的推广

涡旋电场和位移电流是麦克斯韦电磁场理论的核心概念.它们指出,变化磁场产生(涡旋)电场,变化电场产生磁场,电磁场是具有内在联系的统一体.同时,位移电流的引入,也为将恒定条件下的安培环路定理推广到非恒定情形时遇到的困难提供了解决办法.由于涡旋电场已在6.2节详述,下面,结合安培环路定理的推广,阐明位移电流的物理含义和定量表述.

在恒定条件下,磁场的安培环路定理为(见第4章)

$$\oint_{(L)} \boldsymbol{H}\cdot \mathrm{d}\boldsymbol{l} = I_0 = \iint_{(S)} \boldsymbol{j}_0 \cdot \mathrm{d}\boldsymbol{S}, \tag{8.5}$$

式中I_0是穿过以闭合回路L为边界的任意曲面S的传导电流.式中$\boldsymbol{H}$和$\boldsymbol{B}$的关系是$\boldsymbol{B}=\mu_0\mu_r\boldsymbol{H}$(线性各向同性磁介质),$\boldsymbol{B}$是传导电流$I_0$与磁化电流$I'$共同产生的磁场.

把上式推广到非恒定情形会遇到什么矛盾呢？为了说明,试举一例.

如图 8-2 所示,直流电源 $\mathscr{E}$ 与电容器 C(其中填充电介质)相连,构成回路. 考虑接通、断开即充、放电瞬间电流变化的非恒定过程亦即第 6 章中讨论的 RC 串联电路的暂态过程. 设某时刻回路中的传导电流为 I_0, 设该时刻两极板上相应的自由电荷为 $\pm q_0$, 如图,作闭合回路 L, 分别取两个以 L 为边界的曲面 S_1 和 S_2. S_1 在电容器外,导线中的传导电流穿过 S_1; S_2 经过电容器两极板之间的空间,将一极板包围在内,导线中的电流不穿过 S_2. 则由上式,按照 I_0 的含义,应有

$$\iint_{(S_1)} \boldsymbol{j}_0 \cdot \mathrm{d}\boldsymbol{S} = I_0 \neq 0, \qquad \iint_{(S_2)} \boldsymbol{j}_0 \cdot \mathrm{d}\boldsymbol{S} = 0,$$

出现了矛盾. 显然,这是充、放电过程中电流不连续,即传导电流在两极板上中断,无法通过两极板之间的空间所致.

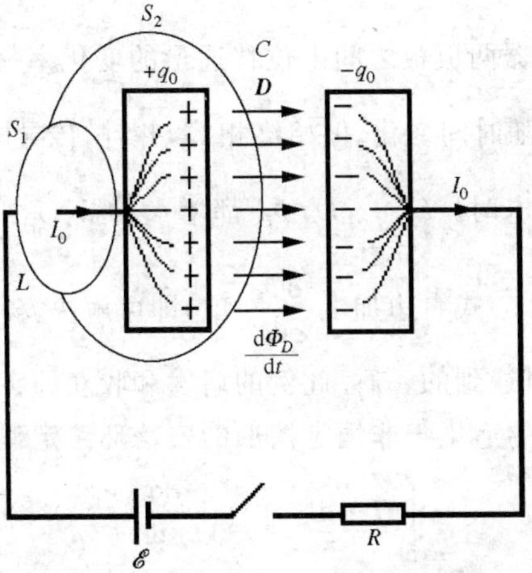

图 8-2　把恒定条件下的安培环路定理推广到非恒定情形时遇到的矛盾

如何修正呢? 在产生矛盾的同时,如果仔细审视相关的细节,就有可能为推广安培环路定理时需作的修正提供线索. 注意到充放电过程中,传导电流在电容器两极板相对表面上的中断会导致两极板上自由电荷的积累或损失,即 $\pm q_0$ 会发生变化,从而使两极板之间的电场发生变化,如果电容器中充有电介质,则电场的变化还会同时引起极化的变化,总之在充放电的非恒定过程中,导线中传导电流 I_0 的变化会引起两极板之间电位移矢量 $\boldsymbol{D}$ 及其通量 Φ_D 的变化. 那

么,其间的定量关系如何呢?

因传导电流 I_0,极板上自由电荷 q_0 及其面密度 σ_0,以及两极板之间电位移矢量 $\boldsymbol{D}$ 及其通量 Φ_D(均指瞬时值)之间的关系为

$$I_0=\frac{\mathrm{d}q_0}{\mathrm{d}t},\qquad q_0=\sigma_0 S,\qquad D=\sigma_0=\frac{q_0}{S},$$

$$\Phi_D=\iint_{(S)}\boldsymbol{D}\cdot\mathrm{d}\boldsymbol{S}=DS=\frac{q_0}{S}\cdot S=q_0,$$

式中 S 是电容器极板的面积,又,在计算 D 时假设电容器内为均匀电场,忽略边缘效应.由上述推广到非静止普遍情形的电场高斯定理(见下节),得出

$$\frac{\mathrm{d}\Phi_D}{\mathrm{d}t}=\frac{\mathrm{d}q_0}{\mathrm{d}t}=I_0.$$

上式表明,电容器两极板之间电位移通量的变化率 $\frac{\mathrm{d}\Phi_D}{\mathrm{d}t}$ 与导线中的传导电流 I_0 都随时间变化,但始终相等,并且,传导电流的方向也与 $\boldsymbol{D}$ 一致,充(放)电时,I_0,q_0,D,Φ_D 都增大(减小),$\frac{\mathrm{d}\Phi_D}{\mathrm{d}t}$ 为正(负).因此,只要在(8.5)式右边加上 $\frac{\mathrm{d}\Phi_D}{\mathrm{d}t}$ 项,即可解决安培环路定理推广到非恒定情形时遇到的矛盾.此例的启发和收获即在于此.

于是,推广的适用于**非恒定情形的安培环路定理**为

$$\oint_{(L)}\boldsymbol{H}\cdot\mathrm{d}\boldsymbol{l}=I_0+\frac{\mathrm{d}\Phi_D}{\mathrm{d}t},\tag{8.6}$$

式中 I_0 为传导电流,$I_D=\frac{\mathrm{d}\Phi_D}{\mathrm{d}t}$称为**位移电流**,两者之和称为全电流,全电流在任何情况下都是连续的.利用 $\boldsymbol{D}$ 的定义式 $\boldsymbol{D}=\varepsilon_0\boldsymbol{E}+\boldsymbol{P}$,可将位移电流表为

$$\begin{aligned}I_D&=\frac{\mathrm{d}\Phi_D}{\mathrm{d}t}=\frac{\mathrm{d}}{\mathrm{d}t}\iint\boldsymbol{D}\cdot\mathrm{d}\boldsymbol{S}=\iint\frac{\partial\boldsymbol{D}}{\partial t}\cdot\mathrm{d}\boldsymbol{S}\\&=\varepsilon_0\iint\frac{\partial\boldsymbol{E}}{\partial t}\cdot\mathrm{d}\boldsymbol{S}+\iint\frac{\partial\boldsymbol{P}}{\partial t}\cdot\mathrm{d}\boldsymbol{S}.\end{aligned}\tag{8.7}$$

式中包括两项,下面分别讨论其物理意义.

(8.7)式第二项$\iint \frac{\partial \boldsymbol{P}}{\partial t}\cdot \mathrm{d}\boldsymbol{S}$是极化电流. 由(2.12)式,极化强度$\boldsymbol{P}$与极化电荷$q'$的关系为

$$\oiint \boldsymbol{P}\cdot \mathrm{d}\boldsymbol{S}=-q',$$

式中q'是闭合曲面内的极化电荷,求导,得

$$\frac{\mathrm{d}}{\mathrm{d}t}\oiint \boldsymbol{P}\cdot \mathrm{d}\boldsymbol{S}=\oiint \frac{\mathrm{d}\boldsymbol{P}}{\mathrm{d}t}\cdot \mathrm{d}\boldsymbol{S}=-\frac{\mathrm{d}q'}{\mathrm{d}t}.$$

又,极化电流的连续方程为

$$\oiint \boldsymbol{j}_P\cdot \mathrm{d}\boldsymbol{S}=-\frac{\mathrm{d}q'}{\mathrm{d}t},$$

式中$\boldsymbol{j}_P$是极化电流密度. 由以上两式,得

$$\oiint \frac{\partial \boldsymbol{P}}{\partial t}\cdot \mathrm{d}\boldsymbol{S}=\oiint \boldsymbol{j}_P\cdot \mathrm{d}\boldsymbol{S}.$$

可见,$\oiint \frac{\partial \boldsymbol{P}}{\partial t}\cdot \mathrm{d}\boldsymbol{S}$是通过闭合曲面的极化电流, 同样,(8.7)式中的$\iint \frac{\partial \boldsymbol{P}}{\partial t}\cdot \mathrm{d}\boldsymbol{S}$则是通过曲面(非闭合) 的**极化电流**. 应该指出,极化电流是当存在电介质时,由于电场变化引起电介质极化程度的变化所产生的电流,它只在非恒定时才存在. 又,尽管极化电荷被束缚不能宏观移动,但在电场变化时,大量极化电荷微观移动的宏观效果等价于宏观的极化电流.

(8.7)式第一项$\varepsilon_0\iint \frac{\partial \boldsymbol{E}}{\partial t}\cdot \mathrm{d}\boldsymbol{S}$是变化电场项. 若为真空, 无电介质,则$\boldsymbol{P}=0$, $\frac{\partial \boldsymbol{P}}{\partial t}=0$, 位移电流就只剩此项了. 它是位移电流的关键部分,表明**变化电场激发磁场**.

总之,由(8.7)式定义的**位移电流包括变化电场**和**极化电流**两部分.

推广后适用于非恒定普遍情形的安培环路定理(8.6)式中的$\boldsymbol{H}$,经介质方程$\boldsymbol{B}=\mu_r\mu_0\boldsymbol{H}$与$\boldsymbol{B}$相关. 注意,现在的$\boldsymbol{B}$是传导电流、磁化电流、极化电流以及变化电场四者产生的磁场之和,即为**总磁场**. (恒定条件下的安培环路定理为(8.5)式,与其中$\boldsymbol{H}$相关的$\boldsymbol{B}$是仅由传

导电流和磁化电流产生的磁场.)四者都产生磁场,即都有磁效应,这是共性,但前三者都是电流——电荷的流动,又与变化电场(与任何电荷的流动无关)有明显区别.

- **麦克斯韦电磁场方程组(积分形式,微分形式,边界条件)**

在讨论了涡旋电场、位移电流这两个把电场、磁场联系起来并扩大了电场、磁场含义的重要概念之后,现在逐一审查已有的静电场、恒定磁场的高斯定理和环路定理的成立条件和适用范围,予以推广和增补,建立电磁场方程组.

静电场的高斯定理为(见第 2 章)

$$\oiint \boldsymbol{D}\cdot \mathrm{d}\boldsymbol{S}=q_0, \tag{①}$$

式中 $\boldsymbol{D}=\varepsilon_0\varepsilon_r\boldsymbol{E}$,$\boldsymbol{E}$ 是自由电荷 q_0 和极化电荷 q' 共同产生的电场,成立条件是静止.麦克斯韦认为,此式可以不加修正地推广到不受静止条件限制的普遍情形.但在普遍情形,与 $\boldsymbol{D}$ 相联系的 $\boldsymbol{E}$ 中除了 q_0 和 q' 产生的电场外,还应增补变化磁场产生的涡旋电场 $\boldsymbol{E}_{旋}$,因 $\boldsymbol{E}_{旋}$ 是无源的,增补后①式无需修改.因此,经推广、增补后,①式应理解为普遍适用的总电场的高斯定理,其中与 $\boldsymbol{D}$ 经 $\boldsymbol{D}=\varepsilon_0\varepsilon_r\boldsymbol{E}$ 相联系的总电场 $\boldsymbol{E}$ 是 q_0,q' 产生的电场与 $\boldsymbol{E}_{旋}$ 之和.

静电场的环路定理为(见第 2 章)

$$\oint \boldsymbol{E}_{势}\cdot \mathrm{d}\boldsymbol{l}=0,$$

式中 $\boldsymbol{E}_{势}$ 是 q_0,q' 产生的电场,成立条件是静止.麦克斯韦认为,此式可不加修正地推广到不受静止条件限制的普遍情形.但在普遍情形,除 q_0,q' 产生的 $\boldsymbol{E}_{势}$ 外,还应增补变化磁场产生的 $\boldsymbol{E}_{旋}$,其环路定理为(见第 6 章)

$$\oint \boldsymbol{E}_{旋}\cdot \mathrm{d}\boldsymbol{l}=-\iint \frac{\partial \boldsymbol{B}}{\partial t}\cdot \mathrm{d}\boldsymbol{S}.$$

两式相加,得出普遍适用的总电场 $\boldsymbol{E}=\boldsymbol{E}_{势}+\boldsymbol{E}_{旋}$ 的环路定理为

$$\oint \boldsymbol{E}\cdot \mathrm{d}\boldsymbol{l}=-\iint \frac{\partial \boldsymbol{B}}{\partial t}\cdot \mathrm{d}\boldsymbol{S}. \tag{②}$$

①②式表明,总电场 $\boldsymbol{E}$ 是有源有旋的.

恒定磁场的高斯定理为

$$\oiint \boldsymbol{B}_1 \cdot \mathrm{d}\boldsymbol{S} = 0,$$

式中 $\boldsymbol{B}_1$(即第 5 章中的 $\boldsymbol{B}$)是传导电流 I_0 和磁化电流 I' 产生的磁场，成立条件是恒定，麦克斯韦认为此式可不加修正地推广到非恒定的普遍情形. 但在普遍情形，除 I_0，I' 产生的磁场外，还应增补极化电流 I_p 和变化电场 $\frac{\partial \boldsymbol{E}}{\partial t}$(两者之和称为位移电流 I_D)产生的磁场 $\boldsymbol{B}_2$，因 $\boldsymbol{B}_2$ 也是无源的，其高斯定理为

$$\oiint \boldsymbol{B}_2 \cdot \mathrm{d}\boldsymbol{S} = 0.$$

两式相加，得出普遍适用的总磁场 $\boldsymbol{B}=\boldsymbol{B}_1+\boldsymbol{B}_2$ 的高斯定理为

$$\oiint \boldsymbol{B} \cdot \mathrm{d}\boldsymbol{S} = 0. \qquad ③$$

恒定磁场的安培环路定理推广到普遍情形时应增补位移电流，已在上节详述，为

$$\oint \boldsymbol{H} \cdot \mathrm{d}\boldsymbol{l} = I_0 + \iint \frac{\partial \boldsymbol{D}}{\partial t} \cdot \mathrm{d}\boldsymbol{S}, \qquad ④$$

式中 $\boldsymbol{B}=\mu_0\mu_r\boldsymbol{H}$，$\boldsymbol{D}=\varepsilon_0\varepsilon_r\boldsymbol{E}$，$\boldsymbol{B}$ 为总磁场，$\boldsymbol{E}$ 为总电场. ③④式表明，总磁场 $\boldsymbol{B}$ 是无源有旋的.

综合以上①②③④四式，得出普遍情形的电磁场方程组为

$$\begin{cases} \oiint \boldsymbol{D} \cdot \mathrm{d}\boldsymbol{S} = q_0, \\ \oint \boldsymbol{E} \cdot \mathrm{d}\boldsymbol{l} = -\iint \frac{\partial \boldsymbol{B}}{\partial t} \cdot \mathrm{d}\boldsymbol{S}, \\ \oiint \boldsymbol{B} \cdot \mathrm{d}\boldsymbol{S} = 0, \\ \oint \boldsymbol{H} \cdot \mathrm{d}\boldsymbol{l} = I_0 + \iint \frac{\partial \boldsymbol{D}}{\partial t} \cdot \mathrm{d}\boldsymbol{S}. \end{cases} \qquad (8.8)$$

描述介质电磁性质(极化，磁化，导电)的方程组为

$$\begin{cases} \boldsymbol{D} = \varepsilon_0\varepsilon_r\boldsymbol{E}, \\ \boldsymbol{B} = \mu_0\mu_r\boldsymbol{H}, \\ \boldsymbol{j}_0 = \sigma\boldsymbol{E}. \end{cases} \qquad (8.9)$$

(8.8)式和(8.9)式中的 $\boldsymbol{E}$ 是总电场,即为自由电荷 q_0、极化电荷 q'(无论静止或运动)以及变化磁场 $\frac{\partial \boldsymbol{B}}{\partial t}$ 三者产生的电场之和;$\boldsymbol{B}$ 是总磁场,即为传导电流 I_0、磁化电流 I'、极化电流 I_p(无论恒定或变化)以及变化电场 $\frac{\partial \boldsymbol{E}}{\partial t}$ 四者产生的磁场之和. (8.8)式称为**麦克斯韦电磁场方程组(积分形式)**. (8.9)式称为**介质方程组**,只适用于线性各向同性介质. (8.9)式中的 $\boldsymbol{j}_0$ 为传导电流密度. (8.8)式与(8.9)式合在一起构成**完备**的方程组,成为讨论一切电磁场问题的基础.

应该指出,麦克斯韦方程组是**线性**的,这是电磁场可以叠加的必要条件. 另外,在方程组中,$\boldsymbol{E}$,$\boldsymbol{D}$ 和 $\boldsymbol{B}$,$\boldsymbol{H}$ 的性质有所不同,地位并不对称,例如,电场有源而磁场无源,其原因是迄今尚未发现与电荷对应的孤立的磁荷,因而也不存在与传导电流对应的传导磁流.

利用矢量分析的高斯定理和斯托克斯定理(见附录二),可由麦克斯韦方程组的积分形式导出其微分形式. 例如,(8.8)第一式为

$$\oiint_{(S)} \boldsymbol{D} \cdot \mathrm{d}\boldsymbol{S} = \iiint_{(V)} \nabla \cdot \boldsymbol{D} \mathrm{d}V = q_0 = \iiint_{(V)} \rho_0 \, \mathrm{d}V,$$

式中 V 是闭合高斯面 S 包围的体积,ρ_0 是自由电荷体密度. 因上式对任何体积 V 都成立,故被积函数必须相等,得

$$\nabla \cdot \boldsymbol{D} = \rho_0.$$

(8.8)第四式为

$$\oint_{(L)} \boldsymbol{H} \cdot \mathrm{d}\boldsymbol{l} = \iint_{(S)} (\nabla \times \boldsymbol{H}) \cdot \mathrm{d}\boldsymbol{S} = I_0 + \iint_{(S)} \frac{\partial \boldsymbol{D}}{\partial t} \cdot \mathrm{d}\boldsymbol{S}$$
$$= \iint_{(S)} \left(\boldsymbol{j}_0 + \frac{\partial \boldsymbol{D}}{\partial t} \right) \cdot \mathrm{d}\boldsymbol{S},$$

式中 S 是以闭合回路 L 为周界的曲面,$\boldsymbol{j}_0$ 是传导电流密度,$\frac{\partial \boldsymbol{D}}{\partial t}$ 是位移电流密度. 因上式对任何曲面 S 都成立,故被积函数必须相等,得

$$\nabla \times \boldsymbol{H} = \boldsymbol{j}_0 + \frac{\partial \boldsymbol{D}}{\partial t},$$

(8.8)的第二、三式可如法炮制. 于是得出

$$\begin{cases}\nabla\cdot\boldsymbol{D}=\rho_0,\\ \nabla\times\boldsymbol{E}=-\dfrac{\partial\boldsymbol{B}}{\partial t},\\ \nabla\cdot\boldsymbol{B}=0,\\ \nabla\times\boldsymbol{H}=\boldsymbol{j}_0+\dfrac{\partial\boldsymbol{D}}{\partial t}.\end{cases}\tag{8.10}$$

(8.10)式称为**麦克斯韦方程组**的**微分形式**,这是一组偏微分方程,是将麦克斯韦方程组(积分形式)用于宏观体元得出的. 当然,(8.10)式需结合介质方程(8.9)式才完备. 另外,只有在已知边界条件时,才能由(8.9)式唯一求解.

所谓电磁场的**边界条件**是指两种介质分界面两侧的电磁场应满足的关系,它是将(8.8)式用于界面上时得出的. 第2章和第5章曾讨论过静电场与恒定磁场的边界条件,现在讨论普遍情形即电场和磁场都随时间变化、存在涡旋电场与位移电流时的边界条件. 在以下推导中,假设分界面上不存在自由电荷和传导电流.

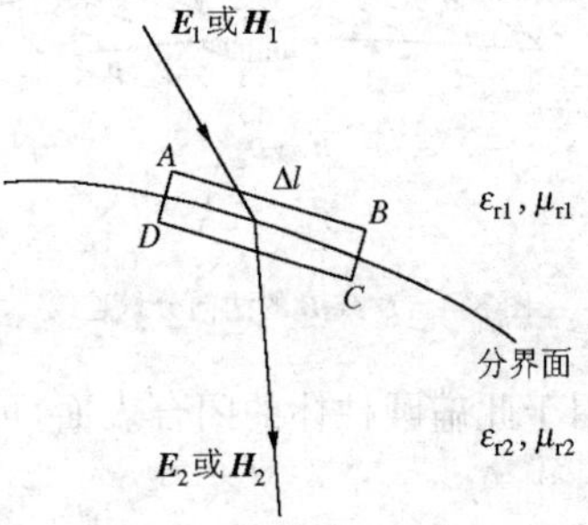

图 8-3 $\boldsymbol{E}$ 或 $\boldsymbol{H}$ 的切向分量连续

如图 8-3 所示是介质 1($\varepsilon_{r1},\mu_{r1}$)与介质 2($\varepsilon_{r2},\mu_{r2}$)的分界面,两侧的电磁场分别为 $\boldsymbol{E}_1,\boldsymbol{H}_1$ 和 $\boldsymbol{E}_2,\boldsymbol{H}_2$. 为讨论其间的关系,作窄矩形闭合回路 $ABCDA$, 其中 AB,CD 与界面平行,长度为 Δl, AD,BC 的长度趋于零. 将(8.8)第二式

$$\oint\boldsymbol{E}\cdot\mathrm{d}\boldsymbol{l}=-\iint\frac{\partial\boldsymbol{B}}{\partial t}\cdot\mathrm{d}\boldsymbol{S}$$

用于此矩形闭合回路, 因 AD,BC 趋于零, 故这两段 $\boldsymbol{E}$ 线积分的极限为零,又因矩形闭合回路面积趋于零,而 $\partial\boldsymbol{B}/\partial t$ 不可能无限大,故等式右边积分的极限也为零. 于是得出

$$E_{1t}\Delta l-E_{2t}\Delta l=0,$$

即

$$E_{1t}=E_{2t},$$

式中 E_{1t},E_{2t}分别是 $\boldsymbol{E}_1$,$\boldsymbol{E}_2$ 的切向分量, 上式表明, 界面两侧电场强度的切向分量相等,即 $\boldsymbol{E}$ 的切向分量经界面时具有连续性.

将(8.8)第四式

$$\oint \boldsymbol{H}\cdot \mathrm{d}\boldsymbol{l} = I_0 + \iint \frac{\partial \boldsymbol{D}}{\partial t}\cdot \mathrm{d}\boldsymbol{S}$$

用于矩形闭合回路 $ABCDA$，设 $I_0=0$，可同样证明，界面两侧磁场强度的切向分量相等

$$H_{1t} = H_{2t},$$

即 $\boldsymbol{H}$ 的切向分量具有连续性.

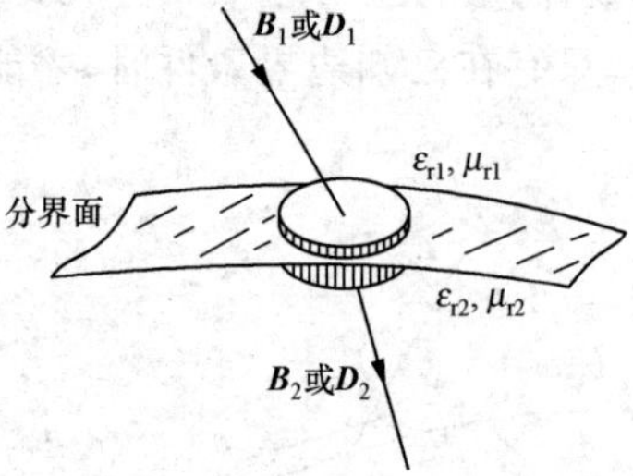

图 8-4　$\boldsymbol{D}$ 或 $\boldsymbol{B}$ 的法向分量连续

为了讨论界面两侧 $\boldsymbol{D}_1$ 与 $\boldsymbol{D}_2$，$\boldsymbol{B}_1$ 与 $\boldsymbol{B}_2$ 的关系，作如图 8-4 的扁圆柱体，上下底面与界面平行，面积为 S，侧面的高趋于零. 设分界面上无自由电荷，将(8.8)第一、三式

$$\oiint \boldsymbol{D}\cdot \mathrm{d}\boldsymbol{S} = q_0 = 0,$$

$$\oiint \boldsymbol{B}\cdot \mathrm{d}\boldsymbol{S} = 0$$

用于此扁圆柱体的闭合表面，可同样证明，界面两侧 $\boldsymbol{D}$ 或 $\boldsymbol{B}$ 的法向分量相等

$$D_{1n} = D_{2n}, \qquad B_{1n} = B_{2n},$$

即 $\boldsymbol{D}$ 或 $\boldsymbol{B}$ 的法向分量连续.

综上，在分界面不存在自由电荷和传导电流的条件下，普遍的**电磁场边界条件**为

$$\begin{cases} E_{1t} = E_{2t}, \\ H_{1t} = H_{2t}, \\ D_{1n} = D_{2n}, \\ B_{1n} = B_{2n}. \end{cases} \tag{8.11}$$

8.3　电磁波　赫兹实验

- 电磁波及其性质
- 赫兹电磁波实验
- 电磁辐射
- 电磁波谱

● 电磁波及其性质

电磁波是麦克斯韦电磁场方程最重要的推论或预言之一,也是检验电磁场方程是否正确的试金石.

所谓波动指的是振动的传播,通常关心的是:何者在振动,靠什么传播,以及波的纵横、传播速度、频率、波长等等.例如,绳波是绳的各部分在振动,靠其间的切变弹性传播,为横波;声波是空气在振动,靠空气分子间的弹性(压缩、膨胀)传播,为纵波,波速约千公里/小时;水面波是表面的水分子在振动,靠表面张力传播,水分子沿椭圆轨道往返振动;等等.

然而,电磁波(包括光波)有所不同,它可以在真空中传播,传播速度高达30万公里/秒,为横波,等等.那么究竟是何者在振动,传播的机制又是什么呢?麦克斯韦认为,电磁场是在一定空间范围内连续分布具有弥散性的客观存在,由于变化的磁场在其周围产生涡旋电场,变化的电场在其周围产生(有旋的)磁场,依赖电磁场的内在联系,电磁振荡将在空间由近及远地传播开来,形成电磁波.简言之,电磁波的载体(即振动的主体)是电磁场,传播机制是电磁场的内在联系,这就使得它无需依赖任何弹性介质(如绳、空气、水等),可以在真空中传播.如图8-5所示,如果空间某处有一个电磁振源,它能产生交变的电场或磁场,则依赖电磁场的内在联系,电磁振荡将在空间由近及远地传播形成电磁波,图中画出的只是电磁振荡沿某一直线传播的示意图,实际上当然是向各个方向传播的,电力线、磁力线的分布也要复杂得多.

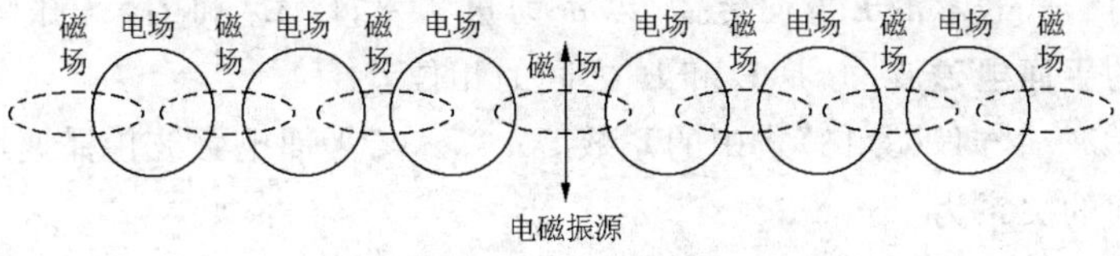

图 8-5 电磁振荡的传播

(示意图)

麦克斯韦方程组是电磁场运动变化所遵循的规律,由它可以严格定量地论证电磁波及其基本性质.这些重要的预言丰富了电磁场理论的内容,也为检验其是非真伪提供了可能.下面尽可能简捷地推演出相关结论.

麦克斯韦方程组的微分形式为(8.10)式,在没有自由电荷、传导电流的线性各向同性介质中,$\rho_0=0$,$\boldsymbol{j}_0=0$,$\boldsymbol{D}=\varepsilon_r\varepsilon_0\boldsymbol{E}$,$\boldsymbol{B}=\mu_r\mu_0\boldsymbol{H}$,代入(8.10)式,得

$$\begin{cases}\nabla\cdot\boldsymbol{E}=0,\\ \nabla\times\boldsymbol{E}=-\mu_0\mu_r\dfrac{\partial\boldsymbol{H}}{\partial t},\\ \nabla\cdot\boldsymbol{H}=0,\\ \nabla\times\boldsymbol{H}=\varepsilon_0\varepsilon_r\dfrac{\partial\boldsymbol{E}}{\partial t}.\end{cases}\tag{8.12}$$

利用矢量公式(见附录二中⑤式)

$$\nabla\times(\nabla\times\boldsymbol{E})=\nabla(\nabla\cdot\boldsymbol{E})-\nabla^2\boldsymbol{E},$$

将(8.12)第二式取旋度,再将第一、四式代入;同样,将(8.12)第四式取旋度,再将第二、三式代入,得

$$\begin{cases}\nabla^2\boldsymbol{E}=\varepsilon_0\mu_0\varepsilon_r\mu_r\dfrac{\partial^2\boldsymbol{E}}{\partial t^2},\\ \nabla^2\boldsymbol{H}=\varepsilon_0\mu_0\varepsilon_r\mu_r\dfrac{\partial^2\boldsymbol{H}}{\partial t^2}.\end{cases}\tag{8.13}$$

(8.13)式是 $\boldsymbol{E}$ 和 $\boldsymbol{H}$ 遵循的波动方程,它表明变化的电磁场以**波动**形式传播,方程的特解为

$$\begin{cases}\boldsymbol{E}=\boldsymbol{E}_0\cos(\omega t-\boldsymbol{k}\cdot\boldsymbol{r}),\\ \boldsymbol{H}=\boldsymbol{H}_0\cos(\omega t-\boldsymbol{k}\cdot\boldsymbol{r}+\varphi).\end{cases}\tag{8.14}$$

(8.14)式表示沿 $\boldsymbol{k}$ 方向传播,以 ω 为角频率,以 $\boldsymbol{E}_0$ 和 $\boldsymbol{H}_0$ 为振幅矢量的**平面电磁波**,φ 是 $\boldsymbol{E}$ 和 $\boldsymbol{H}$ 之间的相位差.

波动方程(8.13)式中的系数 $\varepsilon_0\mu_0\varepsilon_r\mu_r$ 与平面电磁波传播速度 v 之间的关系为

$$v_{\text{电磁波(介质)}}=\frac{1}{\sqrt{\varepsilon_0\mu_0\varepsilon_r\mu_r}}.\tag{8.15}$$

在真空中,$\varepsilon_r=\mu_r=1$,电磁波的速度 c 为

$$c_{\text{电磁波(真空)}}=\frac{1}{\sqrt{\varepsilon_0\mu_0}}.\tag{8.16}$$

1855 年韦伯和科尔劳施测出电量的电磁单位和静电单位的比值 $1/\sqrt{\varepsilon_0\mu_0}=3.1074\times10^8$ m/s,1849 年菲佐测出光在空气中的传播速度为 3.14858×10^8 m/s,两者十分接近.麦克斯韦由此断定:电磁波和光波在真空中的传播速度相等,即 $c=c_{电磁波(真空)}=c_{光波(真空)}=1/\sqrt{\varepsilon_0\mu_0}\approx3\times10^8$ m/s,光波是电磁波的一个频段.进而推断,电磁波和光波在介质中的传播速度也应相等,即 $v=v_{电磁波(介质)}=v_{光波(介质)}$.由(8.15)(8.16)式,电磁波在真空与介质中的传播速度之比为 $c_{电磁波(真空)}/v_{电磁波(介质)}=\sqrt{\varepsilon_r\mu_r}$.在光学中,真空光速与光在介质中的传播速度之比称为该介质的折射率 n,即 $n=c_{光波(真空)}/v_{光波(介质)}$.综合以上结果,得出

$$n=\frac{c_{光波(真空)}}{v_{光波(介质)}}=\frac{c_{电磁波(真空)}}{v_{电磁波(介质)}}=\sqrt{\varepsilon_r\mu_r}. \tag{8.17}$$

介质的折射率 n 是光学量,介质的 ε_r,μ_r 是电磁学量,可以分别独立测量,实验结果证明了(8.17)式的正确性,从而为光波就是电磁波的论断提供了又一个重要的证据.至此,光现象和电磁现象统一了起来,麦克斯韦方程成为光的电磁理论的基础,标志着光学的研究实现了从唯象理论向电磁理论的飞跃.

把(8.12)式代入(8.14)第一、三式,得出

$$\begin{cases}\boldsymbol{k}\cdot\boldsymbol{E}_0=0,\\ \boldsymbol{k}\cdot\boldsymbol{H}_0=0.\end{cases} \tag{8.18}$$

表明电矢量、磁矢量都与传播方向垂直,电磁波是**横波**.

把(8.14)式代入(8.12)第二、四式,得出

$$\boldsymbol{k}\times\boldsymbol{E}_0\sin(\omega t-\boldsymbol{k}\cdot\boldsymbol{r})=\omega\mu_0\mu_r\boldsymbol{H}_0\sin(\omega t-\boldsymbol{k}\cdot\boldsymbol{r}+\varphi),$$

即

$$\begin{cases}\boldsymbol{k}\times\boldsymbol{E}_0=\omega\mu_0\mu_r\boldsymbol{H}_0,\\ \omega t-\boldsymbol{k}\cdot\boldsymbol{r}=\omega t-\boldsymbol{k}\cdot\boldsymbol{r}+\varphi \quad 或 \quad \varphi=0.\end{cases} \tag{8.19}$$

(8.19)第一式表明 $\boldsymbol{E}_0\perp\boldsymbol{H}_0$,又由(8.18)式电磁波是横波,故 $\boldsymbol{E}$,$\boldsymbol{H}$,$\boldsymbol{k}$ 三者**相互垂直**,构成右手螺旋关系.(8.19)第二式表明 $\varphi=0$,即电振动与磁振动**同相位**.据此,画出如图 8-6 所示的平面电磁波示意图.又,由(8.19)第一式 $kE_0=\omega\mu_0\mu_rH_0$,即

$$E_0=\frac{\omega}{k}\mu_0\mu_r H_0=v\mu_0\mu_r H_0=\frac{\mu_0\mu_r}{\sqrt{\varepsilon_0\varepsilon_r\mu_0\mu_r}}H_0$$

$$=\sqrt{\frac{\mu_0\mu_r}{\varepsilon_0\varepsilon_r}}H_0. \tag{8.20}$$

这就是 E_0 和 H_0 大小的关系.

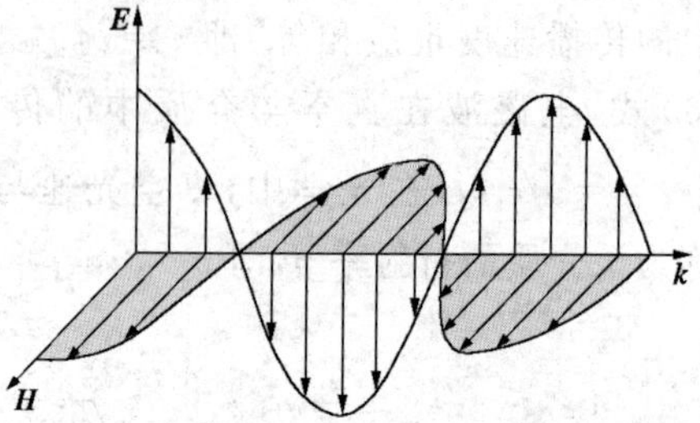

图 8-6 平面电磁波示意图，**E**,**H**,**k** 成右手螺旋关系

电磁波的传播伴随着能量的传播.在电磁波传播的空间中任取体积 V,由电磁场的能量密度公式

$$w=\frac{1}{2}(\boldsymbol{D}\cdot\boldsymbol{E}+\boldsymbol{B}\cdot\boldsymbol{H}),$$

体积 V 内电磁场总能量 W 的变化率为

$$\frac{\mathrm{d}W}{\mathrm{d}t}=\frac{\mathrm{d}}{\mathrm{d}t}\iiint\limits_{(V)}w\mathrm{d}V=\frac{\mathrm{d}}{\mathrm{d}t}\iiint\limits_{(V)}\frac{1}{2}(\boldsymbol{D}\cdot\boldsymbol{E}+\boldsymbol{B}\cdot\boldsymbol{H})\mathrm{d}V$$

$$=\frac{1}{2}\iiint\limits_{(V)}\frac{\partial}{\partial t}(\boldsymbol{D}\cdot\boldsymbol{E}+\boldsymbol{B}\cdot\boldsymbol{H})\mathrm{d}V.$$

设 V 内无自由电荷和传导电流，利用(8.12)第二、四式，上式的被积函数为

$$\frac{\partial}{\partial t}(\boldsymbol{D}\cdot\boldsymbol{E}+\boldsymbol{B}\cdot\boldsymbol{H})=2\varepsilon_0\varepsilon_r\boldsymbol{E}\cdot\frac{\partial\boldsymbol{E}}{\partial t}+2\mu_0\mu_r\boldsymbol{H}\cdot\frac{\partial\boldsymbol{H}}{\partial t}$$

$$=2\boldsymbol{E}\cdot(\nabla\times\boldsymbol{H})-2\boldsymbol{H}\cdot(\nabla\times\boldsymbol{E})$$

$$=-2\nabla\cdot(\boldsymbol{E}\times\boldsymbol{H}).$$

利用矢量分析的高斯定理，得

$$-\frac{\mathrm{d}W}{\mathrm{d}t}=\iiint\limits_{(V)}\nabla\cdot(\boldsymbol{E}\times\boldsymbol{H})\mathrm{d}V=\oint\!\!\!\oint\limits_{(S)}(\boldsymbol{E}\times\boldsymbol{H})\cdot\mathrm{d}\boldsymbol{S}, \tag{8.21}$$

式中 S 是包围体积 V 的闭合曲面. 根据能量守恒原理,(8.21)式表明,体积 V 内电磁场能量的减少,等于经 S 流出的能量. 令

$$\boldsymbol{S}=\boldsymbol{E}\times\boldsymbol{H}, \tag{8.22}$$

$\boldsymbol{S}$ 称为电磁波的**能流密度矢量**,也称**坡印亭矢量**,表示单位时间通过垂直于传播方向的单位面积的电磁场能量. $\boldsymbol{S}$ 的方向即为电磁场能量的传播方向, $\boldsymbol{S}$ 与 $\boldsymbol{E}$,$\boldsymbol{H}$ 都垂直且成右手螺旋关系. 通常关心的是它的平均值,对于简谐波,平均能流密度为

$$\overline{S}=\frac{1}{2}E_0H_0\propto E_0^2\ 或\ H_0^2, \tag{8.23}$$

即电磁波的平均能流密度与电场或磁场振幅的平方成正比.

电磁场具有动量. 电磁波的传播伴随着动量的传播,电磁波的动量密度为

$$\boldsymbol{g}=\frac{1}{c^2}\boldsymbol{S}=\frac{1}{c^2}(\boldsymbol{E}\times\boldsymbol{H}), \tag{8.24}$$

g 与 S 成正比, $\boldsymbol{g}$ 的方向为 $\boldsymbol{S}$ 的方向即沿着电磁波传播的方向. 当电磁波照射在物体上被反射或吸收时,其间的动量交换会对物体产生压力——**光压**.

综上,由麦克斯韦方程组导出的电磁波及其主要性质为

(1) 变化的电磁场在空间以波动形式传播,形成电磁波.

(2) 电磁波是横波. $\boldsymbol{E}\perp\boldsymbol{k}$,$\boldsymbol{H}\perp\boldsymbol{k}$; $\boldsymbol{E}\perp\boldsymbol{H}$; $\boldsymbol{E}$,$\boldsymbol{H}$,$\boldsymbol{k}$ 构成右手螺旋关系; $\boldsymbol{E}$ 和 $\boldsymbol{H}$ 同相位; E_0 和 H_0 的大小关系如(8.20)式.

(3) 电磁波在介质和真空中的传播速度分别为 $v=1/\sqrt{\varepsilon_0\mu_0\varepsilon_r\mu_r}$ 和 $c=1/\sqrt{\varepsilon_0\mu_0}$. 光波是电磁波的一个频段. 介质的折射率 n(光学性质)与 ε_r,μ_r(电磁性质)的关系为 $n=\sqrt{\varepsilon_r\mu_r}$.

(4) 电磁波的传播伴随着能量和动量的传播. 电磁波的能流密度矢量(坡印亭矢量)为 $\boldsymbol{S}=\boldsymbol{E}\times\boldsymbol{H}$. 电磁波的动量密度为 $\boldsymbol{g}=\frac{1}{c^2}\boldsymbol{S}=\frac{1}{c^2}\boldsymbol{E}\times\boldsymbol{H}$.

- **赫兹电磁波实验**

1887 年赫兹首先用实验方法证实电磁波的存在,为麦克斯韦电

磁场理论提供了决定性的证据.

赫兹采用的电磁波发射器是偶极振子,又称赫兹振子.如图 8-7 左方所示,A 和 B 是两段共轴的黄铜杆,它们是振荡偶极子的两半,A 和 B 中间留有一个火花间隙,间隙两边的端点上焊有一对磨光的黄铜球.振子的两半连接到感应圈的两极上.当充电到一定程度,间隙被火花击穿时,两段金属杆连成一条导电通路,这时它相当于一个振荡偶极子(偶极振子),在其中激起高频的振荡(在赫兹实验中振荡频率约为 $10^8 \sim 10^9$ 周/秒),向外发射同频的电磁波.感应圈以 $10 \sim 10^2$ 周/秒的频率一次次地使火花间隙充电,一次次地在两小球之间产生火花,一次次地向外发射电磁波.由于能量因辐射出去而不断损失,每次放电引起的高频振荡衰减得很快,因此,赫兹振子发射的实际上是一种间隙性的阻尼振荡,如图 8-8 所示.

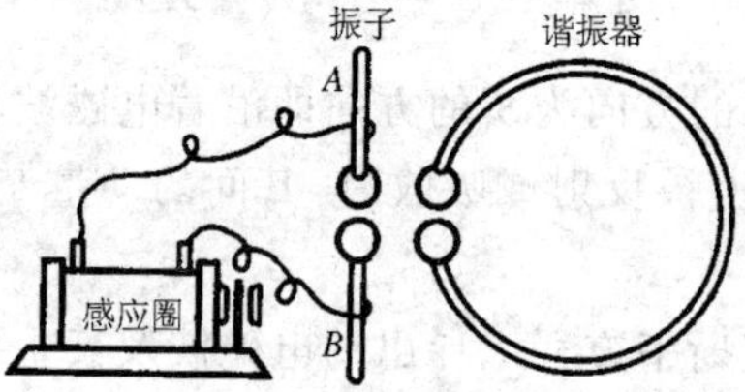

图 8-7　赫兹振子和谐振器

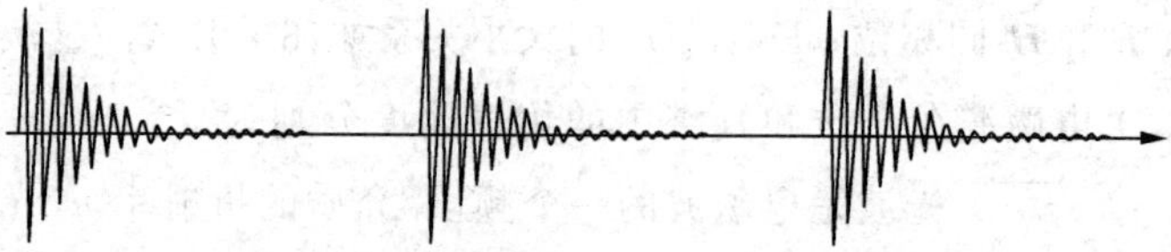

图 8-8　赫兹振子产生的间隙性阻尼振荡

为了探测由赫兹振子发射出来的电磁波,赫兹采用过两种类型的接收装置,其一与发射振子的形状和结构相同,另一是一种圆形铜环,其中也留有端点为球状的火花间隙(见图 8-7 右方),间隙的距离可以利用螺旋作微小的调节.接收电磁波的装置称为谐振器或探测器.

赫兹把谐振器放在与发射振子相隔一定的距离之外,适当地选择其方位,调节棒的间隙,使得来自发射振子的电磁波能在其中谐振.赫兹发现,当发射振子的间隙中有火花跳过时,即当发射振子向外发射电磁波时,与此同时谐振器的间隙里也有火花跳过,即接收到了电磁波.这样,赫兹首次通过实验,实现了电磁振荡的发射、在空间传播和接收,证实了电磁波的存在.

赫兹振子何以能作为有效的电磁波发射器呢?从原则上说,任何 LC 振荡电路都可以作为发射电磁波的振源,然而,为了有效地把电路中的电磁能发射出去,除了电路中必须有不断的能量补给外,还应具备以下两个条件.第一,频率必须足够高.由于电磁波在单位时间内辐射的能量与频率的四次方成正比,振荡电路固有频率越高,越有利于能量的发射.对于 LC 电路,在电阻 R 较小时,固有频率 $f_0 \approx \dfrac{1}{2\pi\sqrt{LC}}$,为了加大 f_0,必须同时减小 L 和 C 的值.第二,电路必须开放. LC 振荡电路是集中性元件的电路,电场(电能)集中在 C 中,磁场(磁能)集中在 L 中,为了把电磁场(电磁能)发射出去,应将电路开放,使电磁场能够分散到空间之中.对于电容器,为了开放,应减小极板面积,加大极板间隙;对于自感线圈,为了开放,应减少匝数,加大匝与匝的间隙.结果是 LC 振荡电路演化成一根直导线,如图 8-9 所示,电流在其中往复振荡,两端出现正负交替的等量异号电荷,产生的电场和磁场分布在周围空间,这样的一个电路叫做振荡偶极子或偶极振子.赫兹振子就是偶极振子,它同时满足频率高和电路开放两个条件,又由感应圈不断补充能量,成为能够有效地发射电磁波的振源.另外,伴随电磁振荡的发射,还有火花,便于察觉.实际上广播电台和电视台的天线,也都可以看作是偶极振子.

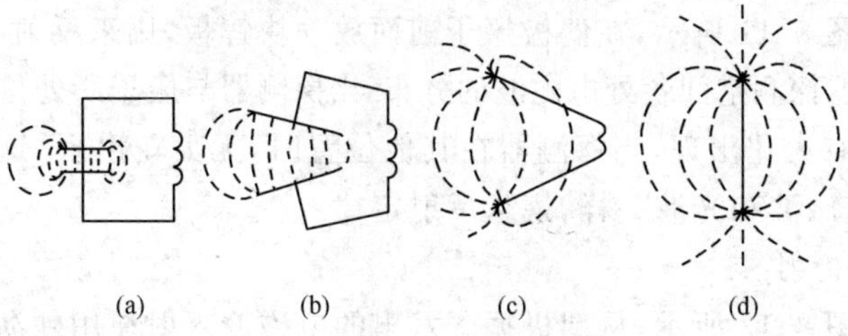

图 8-9 从 LC 振荡电路过渡到偶极振子

接着,赫兹利用他的偶极振子和谐振器以及相关设备又做了一系列有关电磁波的实验.

1. 直线进行和聚焦

如图 8-10 所示,为了使电磁波聚焦,赫兹把两米长的锌板弯成抛物柱面的形状,把偶极振子(发射器)和谐振器(探测器)分别放在两柱面的焦线上.调节感应圈使偶极振子产生火花,发射电磁波.当探测器的柱面与偶极振子的柱面正对着时(如图 8-10 所示),探测器出现火花;当探测器及其柱面放在其他位置时,探测器不出现火花.这个实验证明,电磁波具有直线进行和聚焦的性质,与光波相同.

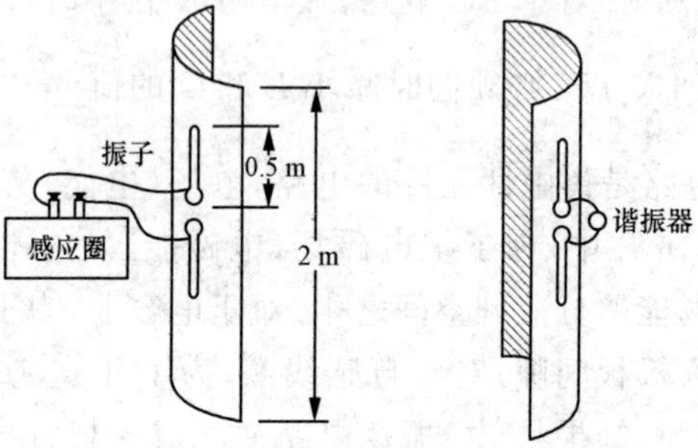

(a) 立体图

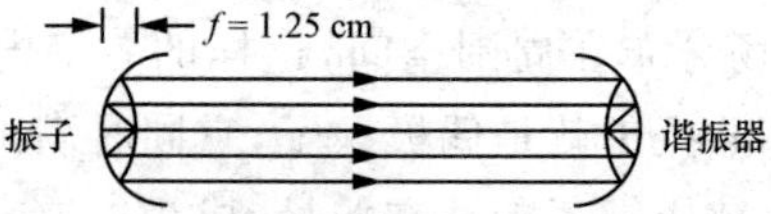

(b) 俯视图

图 8-10　电磁波的直线进行和聚焦

2. 反射

如图 8-11 所示,在偶极振子前面放一块锌板,用来反射电磁波,用探测器探测空间各处电磁波的分布.当探测器与振子所处位置的 $\theta'=\theta$ 时,有火花出现,当探测器在其他位置时,无火花出现.这个实验证明,电磁波和光波一样,遵从反射定律.

3. 折射

如图 8-12 所示,从偶极振子发出的电磁波入射在用硬沥青做成的很大的三棱体上,用谐振器探测电磁波的折射.根据测量的数据

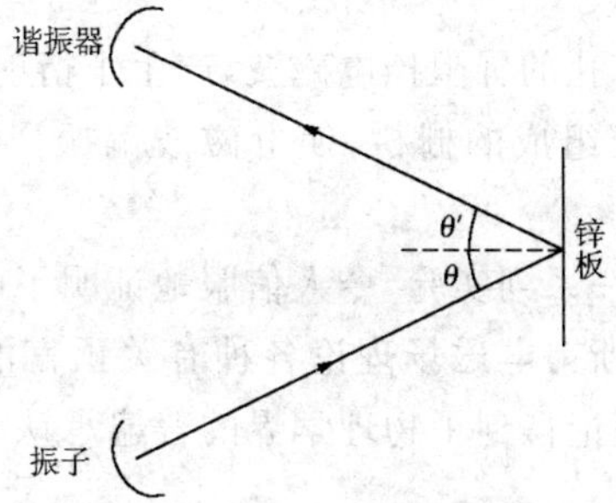

图 8-11 电磁波的反射

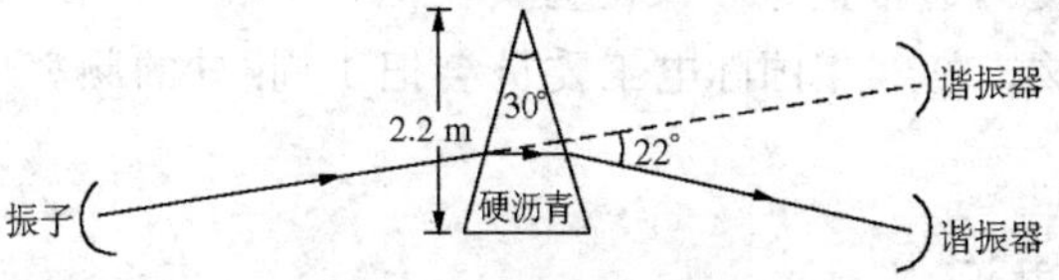

图 8-12 电磁波的折射

(入射角与折射角),得出硬沥青对电磁波的折射率为 $n=1.69$. 由麦克斯韦电磁场理论 $n=\sqrt{\varepsilon_r\mu_r}$,可由硬沥青的 ε_r,μ_r 的实验数据得出 n. 两个结果相符,证明电磁场理论正确.

4. 驻波;电磁波的传播速度

如图 8-13 所示,偶极振子发出的电磁波正入射到锌板上,反射后,入射电磁波与反射电磁波叠加形成驻波. 用探测器检测,在某些位置有较强火花,另外一些位置则完全没有火花,它们分别对应驻波的波腹和波节,空间周期性十分明显. 由相邻波节(或波腹)的距离测出电磁波的波长 λ, 由偶极振子的 C 和 L 估计出电磁振荡的频率 ν ($\nu\approx1/2\pi\sqrt{LC}$), 再由 $c=\lambda\nu$ 算出电磁波在空气中的传播速度,结果与光速十分接近,从而再次证明电磁波和光波的传播速度相同.

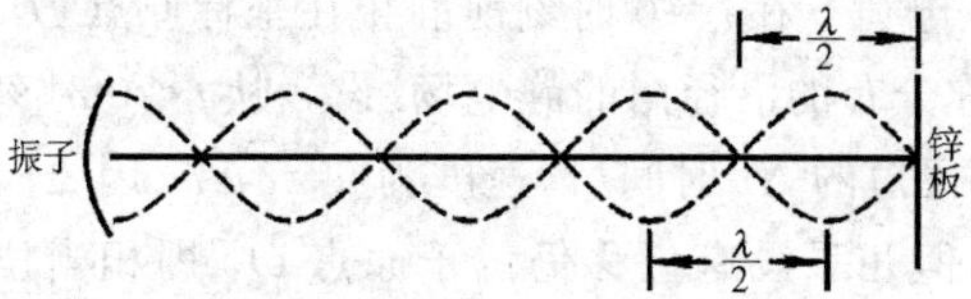

图 8-13 驻波(电磁波)

5. 衍射，偏振

赫兹用一块有孔的屏阻挡电磁波，产生了衍射．赫兹将电磁波通过由许多平行导线组成的栅栏，使电磁波偏振，从而证实电磁波是横波．

总之，赫兹的一系列实验，令人信服地证明了电磁波与光波的统一性，证实了麦克斯韦电磁场理论各种有关预言的正确性，从此，麦克斯韦的电磁场理论得到了物理学界的普遍承认，同时，也宣告了无线电科学的诞生．

1888 年 1 月 21 日，赫兹完成了他的著名论文《论电动力学作用的传播速度》，通常把这一天定为实验证实电磁波存在的纪念日．为了纪念赫兹，1933 年国际电工委员会把 1 周/秒的频率单位命名为赫兹(Hz)．

● 电磁辐射

电磁辐射就是向外发射电磁波的过程．

电磁波是变化电磁场在空间的传播，靠的是电磁场的内在联系即变化电场和变化磁场的相互激发．静止电荷只产生电场，不产生磁场，没有能量流动，不可能产生电磁波．匀速运动的点电荷既产生电场又产生磁场，但因电场沿径向，故能流密度 $\boldsymbol{S}=\boldsymbol{E}\times\boldsymbol{H}$ 的方向与径向垂直，没有沿径向的分量，也不能发射电磁波．因此，只有做加速运动的电荷才能发射电磁波，即电磁辐射是与电荷的加速运动相联系的．(例外的情形是，当电荷在介质中的运动速度大于介质中的光速时，也能辐射电磁波，这称为切连科夫辐射．)首先实现电磁波发射的赫兹振子就是一例．由于电荷做加速运动的方式不同，产生电磁波的方式也随之有所不同．

为了具体地说明加速运动电荷的电磁辐射过程，试举一例．如图 8-14 所示，点电荷 q 在 $t=0$ 时刻前静止在坐标原点 O，产生以 O 为中心的球对称分布的沿径向的静电场．设 q 从 $t=0$ 时刻开始以加速度 a 加速，经很短的 Δt 时间后，速度为 $u=a\Delta t$，因 Δt 很小，点电荷虽获得速度，但几乎没有位移仍位于原点 O，即相当位于原点的运动点电荷．设 q 从 $t=\Delta t$ 到 $t=\Delta t+\tau$ 时间内，以 u 做匀速运动到达

O'，即 $OO'=u\tau$. 现在来研究 $t=\Delta t+\tau$ 时刻空间的电场分布. 它应包括三部分：

第一部分，由 $t=0$ 时刻前静止在 O 点的点电荷产生的静电场. 它分布在以 O 点为球心、半径 $r=c(\Delta t+\tau)$ 的球面（图中的外球）之外. 在 $(\Delta t+\tau)$ 时刻，由电荷运动引起的场变化尚未传到这一区域，即球面外的观察者还得不到电荷由静止进入运动的信息.

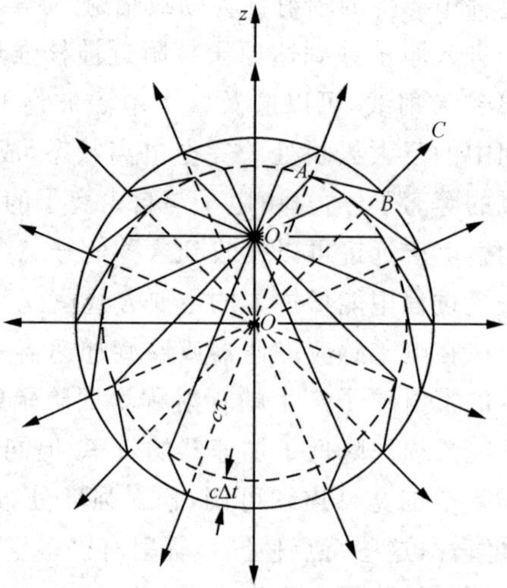

图 8-14 由静止突然进入匀速运动状态的点电荷周围的电场分布

第二部分是以速度 u 做匀速运动的点电荷的电场. 运动发生在 $t=\Delta t$ 到 $t=\Delta t+\tau$ 这段时间内，点电荷从 O 点到达 O' 点，当电荷运动速度较小（$u\ll c$）时，运动点电荷的电场仍可看作静电场，故在 $t=\Delta t+\tau$ 时刻静电场是位于 O' 点的点电荷产生的，它分布在以 O' 为中心、以 $r=c\tau$ 为半径的球面（图中的内球）之内.

第三部分是点电荷从 $t=0$ 到 $t=\Delta t$ 时间内做加速运动过程中产生的电场. 它分布在半径为 $r=c\tau$ 和半径为 $r=c(\Delta t+\tau)$ 两个不同心的球面之间厚约为 $c\Delta t$ 的薄壳层（图中两球之间）内. 壳层中的电场代表一种电场向另一种电场的过渡，因其中并无电荷，电场线不会中断，必须衔接，因此过渡层中的电场线必定弯折. 换言之，在过渡层中必定存在因电荷加速而产生的随时间变化的电场的横向分量，它必将伴随着一个也是横向的变化磁场，结果形成了沿径向向外辐射的电磁波.

这就是加速运动电荷辐射电磁波的简单物理过程. 当电荷做简谐振动时，不难设想，空间将交替出现电场线在不同方向的弯折区域，这些区域由近及远地传播，形成简谐波.

电子通过介质时，与其中的粒子碰撞而加速或减速，在这种碰撞过程中产生的辐射称为**轫致辐射**.最早观察到的X射线就是高速电子进入原子并到达原子核附近被核强烈加速而产生的.轫致辐射不限于X射线,可以遍及整个电磁波谱的各个波长范围.地球外层空间中的巨大云块处于完全电离状态,成为由自由电子和自由离子构成的等离子体,自由电子与自由离子的碰撞会发出无线电波和微波,用射电望远镜可以接收到这种信号.对于相对论性粒子,轫致辐射是碰撞过程中能量损失的主要方式.

在电子感应加速器或回旋加速器中,做圆周运动具有向心加速度的带电粒子产生的辐射称为**回旋辐射**或**同步辐射**.这种辐射造成的能量损失降低了加速器的效率.但同步辐射的辐射功率大,电磁波频率范围宽且连续可调,辐射强度分布在很小的锥角内并有很高的准直性,这些特点使同步辐射有许多重要应用.专门产生不同频率同步辐射的装置也称为光子工厂.

此外,金属中的自由电子做简谐振动可以产生无线电波,如广播、电视的无线电辐射.原子和原子核的辐射也是由其中电荷的加速引起的.

• 电磁波谱

赫兹实验首次用电磁振荡的方法产生电磁波,并证明电磁波与光波的性质相同.此后,随着科学的发展和技术的进步,许多实验进一步证明,无线电波、可见光、红外线、紫外线、X射线、γ射线等都是电磁波,只是频率或波长不同而已.但由于各频段电磁波的产生方法和探测手段颇为不同,特征和应用又有明显差异,故分频段命名,以示区别.按照真空中的波长或频率的顺序,把各种电磁波排列起来,构成了电磁波的大家庭——**电磁波谱**,如图8-15所示.因电磁波的波长或频率范围很广,图中采用对数标度.

由电磁振荡电路产生电磁振荡再经天线发射的电磁波称为无线电波,实际使用的无线电波的波长范围从几km到mm.其中,波长几km到50 m的中波以及波长50 m到10 m的短波用于无线电广播和通讯,波长10 m到1 cm甚至1 mm以下的超短波或微波用于调频无线电广播、电视、雷达、导航.近年来还将波长扩展到数千米、数万

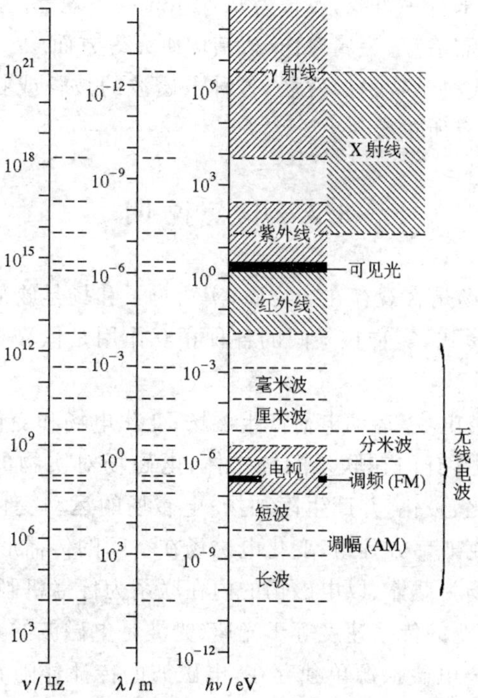

图 8-15 电磁波谱

米，用于跨越海洋的长距离通信和导航.

由原子、分子激发而产生的电磁波称为光波. 光波波长从十分之几毫米到 5 nm（1 nm＝10^{-9} m），其中波长约在 760～400 nm 的一段能引起人眼的视觉，称为可见光，波长大于 760 nm 的称为红外线，波长小于 400 nm 的称为紫外线. 红外线有显著的热效应，除可烘烤物体外，还用于遥感、夜视，成为军事和科研上的有效手段. 紫外线有明显的荧光效应、化学效应和生理作用，例如可用于杀菌.

X 射线可用高速电子流轰击金属靶得到，它是由原子中的内层电子发射的，波长约为 10～10^{-3} nm. X 射线有很强的穿透力，并能使照相底片感光和使荧光屏发光，医学上用于透视，工业上用于探伤，科研上用于分析晶体结构.

γ 射线是从天然放射性物质的原子核中发出的，也可由人工核反应产生,或来自宇宙线,波长为 0.01 nm 或更短. γ 射线的穿透力更强,用于肿瘤治疗、金属探伤、核结构研究等方面.

随着近代科学技术的发展,各种电磁波的波长或频率范围不断扩大,部分已有所重叠.

8.4 几点说明

1. 电磁场是客观存在的物质,实物粒子和场是物质存在的两种不同的基本形式,实物粒子间的各种相互作用是依靠相关场的传递实现的

电荷产生电场,运动电荷产生磁场;变化电场和变化磁场相互激发,电磁场是具有内在联系的统一体;电磁场对实物的作用引起感应、导电、极化、磁化,并产生附加场;电磁场的运动变化遵循确定的规律——麦克斯韦方程组;变化电磁场在空间的传播形成电磁波,电磁波以电磁场为载体、以电磁场的内在联系为传播机制,可以在真空中传播,电磁波的传播速度等于光速(光波是电磁波的一个频段),电磁波可以脱离电磁振源单独存在,电磁波的传播伴随着能量和动量的传播并且可以和实物粒子交换能量和动量,电磁波和实物粒子可以相互转化(例如,近代的研究表明,高能正、负电子对撞湮没成两个 γ 光子);等等. 所有这些毋庸置疑地证明,电磁场是客观存在的物质,实物粒子(具有集中性)和场(具有弥散性)是物质存在的两种不同的基本形式.

正如爱因斯坦指出,"实在概念的这一变革是物理学自牛顿以来的一次最深刻和最富有成效的变革."

2. 电磁场理论深远而广泛的影响

麦克斯韦的电磁场理论是物理学中继牛顿力学之后最伟大的成就. 麦克斯韦电磁场方程、介质电磁性质方程和洛伦兹力公式构成了描述电磁场运动变化规律和电磁作用普遍规律以及介质电磁性质的完整体系——经典电动力学.

电磁波的研究导致无线电通信、广播、电视的发展,从根本上说,作为信息的载体,电磁波迎来了当今的信息时代. 物质电磁性质的研

究推动了材料科学的发展,逐渐加深了对物质错综复杂的微观电磁结构的认识.带电粒子和电磁场相互作用的探讨,深入到物理学的许多领域,诞生了等离子体物理、磁流体力学等许多充满活力的新的学科分支,推动了天体物理、空间物理以及受控热核反应等的研究.光波是电磁波的一个频段,光现象与电磁现象的统一,把光学纳入了电磁场理论的范畴之中,使波动光学实现了从唯象理论到电磁理论的巨大飞跃,进入了高速发展的新时期.诸如此类,难以尽述.

总之,电磁场理论不仅对物理学、其他自然科学以及技术科学,而且对物质生产和社会发展都产生了极其深远而广泛的影响.基础研究的威力由此可见一斑.

3. 某些发展

如果在一个物理理论取得巨大成功的同时,认真审查它赖以建立的基础,往往还会引发出一些深刻的矛盾或问题,它们正是孕育新理论的胚胎,也是理解新旧理论继承发展关系以及旧理论适用范围的关键.

例如,物理学乃至自然科学的第一个理论体系——牛顿力学诞生之后,它的成功和完美曾经给人"高山仰止,不可及也"之感.然而,马赫独具慧眼,对绝对时空观和伽利略变换提出了深刻的批评.马赫认为,任何事物、任何物理量,只有通过彼此的比较、相互的联系才能认识和理解,因此,孤傲地凌驾在一切之上的"绝对时空"是不能接受的.

无独有偶,在麦克斯韦电磁场理论建立之后,少年时代的爱因斯坦就思考着这样一个问题:"如果我以光速 c 追随光线运动,我看到的这样一条光线,应当就好像一个在空中振荡而停止不前的电磁场.可是不论是根据经验,还是按照麦克斯韦方程,看来都不会发生这样的事情."换言之,如果认为麦克斯韦方程组对各惯性系都成立,那么,根据由绝对时空观得出的伽利略变换和速度合成公式,若在某一惯性系中各方向的光速均为 c,则在其他惯性系中各方向的光速不可能都为 c,即出现了光传播的各向异性.这表明,电磁场理论、伽利略变换、相对性原理三者之间存在着不可调和的矛盾.面对这一悖论,经过长时间的思考,爱因斯坦指出:"直到最后,我终于醒悟到时间(注:指绝对时间)是可疑的."于是,爱因斯坦以相对性原理和光速不变原理为基础,摒弃了牛顿的绝对时空观,把时空和物质的运动相联系,用洛伦兹变换取代伽利略变换,建立了狭义相对论.

另外,光电效应和康普顿效应的发现,使人们认识到光的粒子性,光既是电磁波又是光子流.后来,又发现实物粒子也具有波动性.麦克斯韦的电磁场理论无法解释微观世界广泛存在的波粒二象性,它只适用于宏观现象,是量子电动力学的经典极限.

伟大的物理学家,不仅能够出色地解决各种重大问题,而且善于深入地思考整个物理学大厦赖以支撑的基础.牛顿、麦克斯韦、爱因斯坦就是为数不多的杰出代表.

习　题

8.1　一平行板电容器的两极板都是半径为 10 cm 的圆导体片,在充电时,其中电场强度的变化率为 $\frac{\mathrm{d}E}{\mathrm{d}t}=1.0\times10^{12}\ \mathrm{V/(m\cdot s)}$.

(1) 试求两极板间的位移电流;

(2) 试求极板边缘处的磁感应强度.

8.2　加于圆形平行板电容器的交变电场为 $E(t)=E_0\sin\omega t$,设电荷在电容器极板上均匀分布,且边缘效应可忽略.

(1) 试求电容器中的位移电流密度表达式;

(2) 若 $E_0=720\ \mathrm{V/m}$, $\omega=10^5\pi$, 试求经过 $t=2.0\times10^{-5}\ \mathrm{s}$, 距电容器极板中心连线为 $r=1.0\ \mathrm{cm}$ 处的磁感应强度的大小.

8.3　如图为两个等量异号电荷组成的系统,它在空间形成静电场的电场线分布如图所示,当用导线连接这两个异号电荷,使之放电,导线上会产生焦耳热.试定性说明这部分能量从哪里来?并在图上画出能量传递途径.

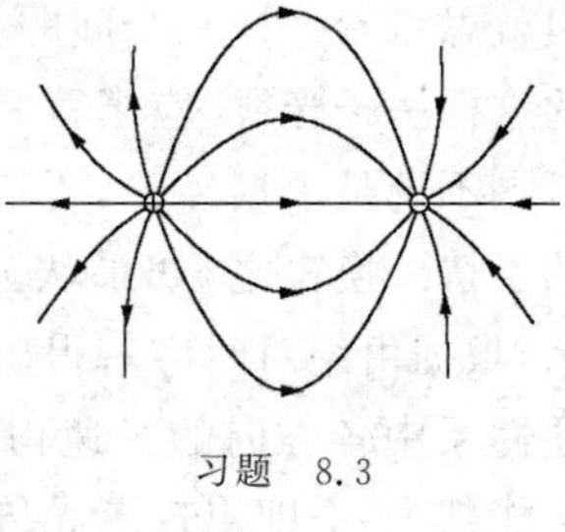

习题　8.3

8.4　如图为一无限长的圆柱形导体,其半径为 a, 电阻率为 ρ, 载有均匀分布的电流 I_0, 试求:

(1) 体内与轴线相距为 r 的 P 点的 E 和 H 的大小和方向;

(2) P 点的能流密度(坡印亭矢量)$\boldsymbol{S}$ 的大小和方向;

(3) 计算长为 L,半径为 r 的导体圆柱内消耗的能量,说明能量从何而来.

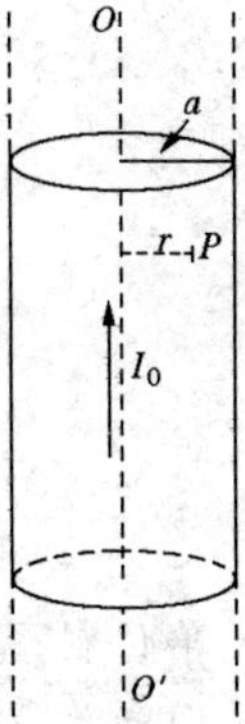

习题 8.4

附　录

附录一　电磁学单位制

· 单位制,基本单位和导出单位
· 国际单位制(SI)
· 量纲

● 单位制,基本单位和导出单位

物理量的测量包括:使用的单位和所得的数值.两者缺一不可.所谓单位就是人为规定的计量标准,把它与被测物理量比较所得倍数就是该物理量的数值.由于各物理量之间存在着规律性的联系,无需为每个物理量独立地规定单位.通常,选定几个物理量作为**基本量**,为每个基本量规定一个单位——称为**基本单位**,再由基本单位按照规定的顺序和物理公式导出所有其他物理量的单位——称为**导出单位**.由选定的基本单位以及它们的导出单位构成的计量体系称为**单位制**.

● 国际单位制(SI)

国际单位制(SI)是国际计量大会推荐给全世界的统一单位制.国际单位制是我国法定计量单位的基础,一切属于国际单位制的单位都是我国的法定计量单位.

SI 的基本单位见附表 1;包括 SI 辅助单位在内具有专门名称的 SI 导出单位见附表 2;用于构成倍数单位(十进倍数单位与分数单位)的 SI 词头见附表 3,词头不得单独使用.

附表 1　SI 基本单位

量的名称	单位名称	单位符号
长度	米	m
质量	千克(公斤)	kg
时间	秒	s
电流	安[培]	A
热力学温度	开[尔文]	K
物质的量	摩[尔]	mol
发光强度	坎[德拉]	cd

注：

1. 圆括号中的名称，是它前面的名称的同义词，下同.

2. 无方括号的量的名称与单位名称均为全称. 方括号中的字，在不致引起混淆、误解的情况下，可以省略. 去掉方括号中的字即为其名称的简称，下同.

3. 本标准所称的符号，除特殊指明外，均指我国法定计量单位中所规定的符号以及国际符号，下同.

4. 人民生活和贸易中，质量习惯称为重量.

附表 2　包括 SI 辅助单位在内的具有专门名称的 SI 导出单位

量的名称	SI 导出单位		
	名　称	符　号	用 SI 基本单位和导出单位表示
[平面]角	弧　度	rad	$1\ \text{rad}=1\ \text{m/m}=1$
立体角	球面度	sr	$1\ \text{sr}=1\ \text{m}^2/\text{m}^2=1$
频率	赫[兹]	Hz	$1\ \text{Hz}=1\ \text{s}^{-1}$
力	牛[顿]	N	$1\ \text{N}=1\ \text{kg}\cdot\text{m/s}^2$
压力，压强，应力	帕[斯卡]	Pa	$1\ \text{Pa}=1\ \text{N/m}^2$
能[量]，功，热量	焦[耳]	J	$1\ \text{J}=1\ \text{N}\cdot\text{m}$
功率，辐[射能]通量	瓦[特]	W	$1\ \text{W}=1\ \text{J/s}$
电荷[量]	库[仑]	C	$1\ \text{C}=1\ \text{A}\cdot\text{s}$
电压，电动势，电位(电势)	伏[特]	V	$1\ \text{V}=1\ \text{W/A}$
电容	法[拉]	F	$1\ \text{F}=1\ \text{C/V}$
电阻	欧[姆]	Ω	$1\ \Omega=1\ \text{V/A}$
电导	西[门子]	S	$1\ \text{S}=1\ \Omega^{-1}$
磁通[量]	韦[伯]	Wb	$1\ \text{Wb}=1\ \text{V}\cdot\text{s}$
磁通[量]密度，磁感应强度	特[斯拉]	T	$1\ \text{T}=1\ \text{Wb/m}^2$
电感	亨[利]	H	$1\ \text{H}=1\ \text{Wb/A}$
摄氏温度	摄氏度	℃	$1\ ℃=1\ \text{K}$
光通量	流[明]	lm	$1\ \text{lm}=1\ \text{cd}\cdot\text{sr}$
[光]照度	勒[克斯]	lx	$1\ \text{lx}=1\ \text{lm/m}^2$

附表 3 SI 词头

因数	词头名称		符号
	英文	中文	
10^{24}	yotta	尧[它]	Y
10^{21}	zetta	泽[它]	Z
10^{18}	exa	艾[可萨]	E
10^{15}	peta	拍[它]	P
10^{12}	tera	太[拉]	T
10^{9}	giga	吉[咖]	G
10^{6}	mega	兆	M
10^{3}	kilo	千	k
10^{2}	hecto	百	h
10^{1}	deca	十	da
10^{-1}	deci	分	d
10^{-2}	centi	厘	c
10^{-3}	milli	毫	m
10^{-6}	micro	微	μ
10^{-9}	nano	纳[诺]	n
10^{-12}	pico	皮[可]	p
10^{-15}	femto	飞[母托]	f
10^{-18}	atto	阿[托]	a
10^{-21}	zepto	仄[普托]	z
10^{-24}	yocto	幺[科托]	y

- **量纲**

反映某物理量与基本量之间幂次关系的公式称为该物理量的**量纲式**.

在一个单位制中,基本量选定之后,其他物理量都可以通过一定的物理关系与基本量相联系.例如在电磁学的 MKSA(即 SI)单位制中,基本量是长度 L、质量 M、时间 T 和电流 I,如果用 L,M,T,I 表示相应的量纲,那么任一物理量 Q 的量纲式为

$$[Q]=\mathrm{L}^{p}\mathrm{M}^{q}\mathrm{T}^{r}\mathrm{I}^{s},$$

式中 p,q,r,s 称为该物理量 Q 对相应基本量的**量纲指数**.例如,电量的量纲式为 $[q]=\mathrm{TI}$, 磁感应强度的量纲式为 $[B]=\mathrm{MT}^{-2}\mathrm{I}^{-1}$,

等等.

在一个表达式中,等号两边的量纲应相同,在加减运算式中的每一项应有相同的量纲,此即所谓量纲法则,可用作检验公式是否有错的手段.

同一个物理量在不同单位制中有时会具有不同的量纲,应该注意.

附表 4 给出常用电磁学量的符号和量纲.

附表 4　国际单位制(SI)中常用电磁学量的定义式,单位符号及量纲

名称	符号	定义式	单位符号	中文符号	量纲
电量	q	$q=It$	C	库	TI
电场强度	E	$E=\frac{F}{q_0}$	V/m	伏/米	$\mathrm{LMT^{-3}I^{-1}}$
电位移	D	$\oiint \boldsymbol{D}\cdot \mathrm{d}\boldsymbol{S}=q_0$	$\mathrm{C/m^2}$	库/米^2	$\mathrm{L^{-2}TI}$
电势	U	$U=\frac{A}{q}$	V	伏	$\mathrm{L^2MT^{-3}I^{-1}}$
电容	C	$C=\frac{q}{U}$	F	法	$\mathrm{L^{-2}M^{-1}T^4I^2}$
真空介电常量	ε_0	$F=\frac{1}{4\pi\varepsilon_0}\frac{q_1q_2}{r^2}$	F/m	法/米	$\mathrm{L^{-3}M^{-1}T^4I^2}$
电阻	R	$R=\frac{U}{I}$	Ω	欧	$\mathrm{L^2MT^{-3}I^{-2}}$
电阻率	ρ	$R=\int\rho\frac{\mathrm{d}l}{S}$	Ω·m	欧·米	$\mathrm{L^3MT^{-3}I^2}$
磁通量	Φ_m	$\mathscr{E}=-N\frac{\mathrm{d}\Phi_\mathrm{m}}{\mathrm{d}t}$	Wb	韦	$\mathrm{L^2MT^{-2}I^{-1}}$
磁感应强度	B	$B=\frac{\Phi_\mathrm{m}}{S}$	T	特	$\mathrm{MT^{-2}I^{-1}}$
载流环路的磁矩	p_m	$p_\mathrm{m}=IS$	$\mathrm{A\cdot m^2}$	安·米^2	$\mathrm{L^2I}$
磁场强度	H	$\oint \boldsymbol{H}\cdot\mathrm{d}\boldsymbol{l}=I_0$	A/m	安/米	$\mathrm{L^{-1}I}$
电感	L	$L=\frac{N\Phi_\mathrm{m}}{I}$	H	亨	$\mathrm{L^2MT^{-2}I^{-2}}$
真空磁导率	μ_0	$F=\frac{\mu_0 lI^2}{2\pi a}$	H/m	亨/米	$\mathrm{LMT^{-2}I^{-2}}$

附录二 矢量分析

· 矢量代数公式
· 标量场和矢量场
· 标量场的梯度
· 矢量场的通量和散度 高斯定理
· 矢量场的环量和旋度 斯托克斯定理
· ∇ 算符及相关公式
· 矢量场的分类

● 矢量代数公式

$$\left.\begin{array}{ll}
\text{加法} & \boldsymbol{A}+\boldsymbol{B}=\boldsymbol{B}+\boldsymbol{A} \\
 & \boldsymbol{A}+(\boldsymbol{B}+\boldsymbol{C})=(\boldsymbol{A}+\boldsymbol{B})+\boldsymbol{C} \\
\text{点乘(标积)} & \boldsymbol{A}\cdot\boldsymbol{B}=\boldsymbol{B}\cdot\boldsymbol{A} \\
 & \boldsymbol{A}\cdot(\boldsymbol{B}+\boldsymbol{C})=\boldsymbol{A}\cdot\boldsymbol{B}+\boldsymbol{A}\cdot\boldsymbol{C} \\
\text{叉乘(矢积)} & \boldsymbol{A}\times\boldsymbol{B}=-\boldsymbol{B}\times\boldsymbol{A} \\
 & \boldsymbol{A}\times(\boldsymbol{B}+\boldsymbol{C})=\boldsymbol{A}\times\boldsymbol{B}+\boldsymbol{A}\times\boldsymbol{C} \\
\text{三矢量混合积} & \boldsymbol{A}\cdot(\boldsymbol{B}\times\boldsymbol{C})=\boldsymbol{B}\cdot(\boldsymbol{C}\times\boldsymbol{A})=\boldsymbol{C}\cdot(\boldsymbol{A}\times\boldsymbol{B}) \\
\text{三矢量矢积} & \boldsymbol{A}\times(\boldsymbol{B}\times\boldsymbol{C})=(\boldsymbol{A}\cdot\boldsymbol{C})\boldsymbol{B}-(\boldsymbol{A}\cdot\boldsymbol{B})\boldsymbol{C}
\end{array}\right\} \quad ①$$

● 标量场和矢量场

物理量在一定空间范围的分布构成"场",按物理量是标量或矢量区分为**标量场** $\Phi(x,y,z)$ 或**矢量场** $\boldsymbol{A}(x,y,z)$. 标量场例如温度场、气压场、电势场等,可用**等值面**图示,它是 $\Phi(x,y,z)=$ 常数的轨迹,如等温面、等气压面、等势面等. 矢量场例如流速场、电场、磁场等,可用**场线**图示,它是有方向的曲线,其上每一点的切线方向为该点场矢量 $\boldsymbol{A}$ 的方向,如流线、电场线、磁感应线等.

● 标量场的梯度

标量场 $\Phi(x,y,z)$ 在 P 点沿任意方向 $\boldsymbol{l}$ 的变化率 $\dfrac{\partial\Phi}{\partial l}$ 称为它在 P 点沿 $\boldsymbol{l}$ 的方向微商. 标量场在同一点沿不同方向的变化率一般是不同的,可以证明, Φ 沿等值面法线方向 $\boldsymbol{n}$ 的方向微商 $\dfrac{\partial\Phi}{\partial n}$ 是各方

向微商中最大的. 矢量 $\frac{\partial \Phi}{\partial n}\boldsymbol{n}$（$\boldsymbol{n}$ 为单位矢量）称为标量场 Φ 的**梯度**，也可表为 $\nabla\Phi$ 或 $\mathrm{grad}\,\Phi$. 显然，梯度也是空间坐标的函数，因此标量场的梯度是个矢量场. 例如，电势 U（标量场）与电场强度 $\boldsymbol{E}$（矢量场）的关系为 $\boldsymbol{E}=-\nabla U$，它表明，场强的大小等于等势面法线方向的方向微商，场强的方向与等势面垂直并指向电势减少的方向.

• 矢量场的通量和散度　高斯定理

矢量场 $\boldsymbol{A}$ 沿曲面 S 的积分 $\iint\limits_{(S)}\boldsymbol{A}\cdot \mathrm{d}\boldsymbol{S}$ 称为**通量**，其中 $\mathrm{d}\boldsymbol{S}$ 的方向为面元的法线方向，若 S 为闭合曲面，应将 $\iint\limits_{(S)}$ 改为 $\oiint\limits_{(S)}$. 矢量场 $\boldsymbol{A}$ 在 P 点的**散度** $\nabla\cdot\boldsymbol{A}$ 或 $\mathrm{div}\boldsymbol{A}$ 定义为

$$\nabla\cdot\boldsymbol{A}=\lim_{\Delta V\to 0}\frac{1}{\Delta V}\oiint\limits_{(S)}\boldsymbol{A}\cdot \mathrm{d}\boldsymbol{S},$$

式中 ΔV 是闭合曲面 S 包围的体积. 矢量场的散度是标量场.

矢量场的高斯定理：矢量场 $\boldsymbol{A}$ 通过任意闭合曲面 S 的通量，等于该矢量场的散度在 S 所包围体积 V 内的积分，即

$$\oiint\limits_{(S)}\boldsymbol{A}\cdot \mathrm{d}\boldsymbol{S}=\iiint\limits_{(V)}\nabla\cdot\boldsymbol{A}\mathrm{d}V. \qquad ②$$

高斯定理是矢量场论的重要公式之一，利用它可以把面积分化为体积分，或反之将体积分化为面积分. 例如，利用②式，可由电场或磁场高斯定理的积分形式给出其微分形式.

• 矢量场的环量和旋度　斯托克斯定理

矢量场 $\boldsymbol{A}$ 沿闭合回路 L 的线积分 $\oint\limits_{(L)}\boldsymbol{A}\cdot \mathrm{d}\boldsymbol{l}$ 称为**环量**，其中 $\mathrm{d}\boldsymbol{l}$ 的方向为线元的切线方向，顺着回路的走向. 矢量场 $\boldsymbol{A}$ 在 P 点的**旋度** $\nabla\times\boldsymbol{A}$ 在 $\boldsymbol{n}$ 上的投影定义为

$$(\nabla\times\boldsymbol{A})_n=\lim_{\Delta S\to 0}\frac{1}{\Delta S}\oint\limits_{(L)}\boldsymbol{A}\cdot \mathrm{d}\boldsymbol{l},$$

式中 ΔS 是闭合回路 L 包围的面积，$\boldsymbol{n}$ 是 ΔS 的右旋单位法线矢量（即 $\boldsymbol{n}$ 与回路的走向符合右手法则）. $\nabla\times\boldsymbol{A}$ 也可表为 $\mathrm{curl}\boldsymbol{A}$ 或 $\mathrm{rot}\boldsymbol{A}$. 矢量场的旋度也是矢量场.

矢量场的斯托克斯定理：矢量场 $\boldsymbol{A}$ 在任意闭合回路 L 上的环量，等于该矢量场的旋度在以 L 为边界的曲面 S 上的积分，即

$$\oint_{(L)}\boldsymbol{A}\cdot\mathrm{d}\boldsymbol{l}=\iint_{(S)}(\nabla\times\boldsymbol{A})\cdot\mathrm{d}\boldsymbol{S}. \qquad ③$$

斯托克斯定理是矢量场论的又一重要定理，利用它可以把线积分化为面积分，或反之把面积分化为线积分. 例如，利用③式，可由电场或磁场环路定理的积分形式给出其微分形式.

应该指出，矢量场的高斯定理和斯托克斯定理是数学定理，只要求矢量场连续可微，与具体的物理内容无关. 电场、磁场的高斯定理或环路定理则是物理规律，只在一定的物理条件下才成立. 两者切勿混淆.

• ∇ 算符及相关公式

∇ 称为**劈形算符或纳布拉算符**，∇ 是一个**矢量微分算符**，既是矢量又具有微分运算的功能. $\nabla^2=\nabla\cdot\nabla$ 称为**拉普拉斯算符**. ∇, ∇^2, $\nabla\Phi$, $\nabla\cdot\boldsymbol{A}$, $\nabla\times\boldsymbol{A}$ 在直角坐标系中的表达式如④式；相关运算公式如⑤式.

$$\left\{\begin{aligned}
&\nabla=\boldsymbol{i}\frac{\partial}{\partial x}+\boldsymbol{j}\frac{\partial}{\partial y}+\boldsymbol{k}\frac{\partial}{\partial z},\\
&\nabla^2=\nabla\cdot\nabla=\frac{\partial^2}{\partial x^2}+\frac{\partial^2}{\partial y^2}+\frac{\partial^2}{\partial z^2},\\
&\nabla\Phi=\frac{\partial\Phi}{\partial x}\boldsymbol{i}+\frac{\partial\Phi}{\partial y}\boldsymbol{j}+\frac{\partial\Phi}{\partial z}\boldsymbol{k},\\
&\nabla\cdot\boldsymbol{A}=\frac{\partial A_x}{\partial x}+\frac{\partial A_y}{\partial y}+\frac{\partial A_z}{\partial z},\\
&\nabla\times\boldsymbol{A}=\left(\frac{\partial A_z}{\partial y}-\frac{\partial A_y}{\partial z}\right)\boldsymbol{i}+\left(\frac{\partial A_x}{\partial z}-\frac{\partial A_z}{\partial x}\right)\boldsymbol{j}\\
&\qquad\qquad+\left(\frac{\partial A_y}{\partial x}-\frac{\partial A_x}{\partial y}\right)\boldsymbol{k}.
\end{aligned}\right. \qquad ④$$

$$\left\{\begin{aligned}
&\nabla(\Phi\Psi)=\Phi\nabla\Psi+\Psi\nabla\Phi,\\
&\nabla\cdot(\Phi\boldsymbol{A})=\boldsymbol{A}\cdot\nabla\Phi+\Phi\nabla\cdot\boldsymbol{A},\\
&\nabla\times(\Phi\boldsymbol{A})=\nabla\Phi\times\boldsymbol{A}+\Phi\nabla\times\boldsymbol{A},\\
&\nabla(\boldsymbol{A}\cdot\boldsymbol{B})=(\boldsymbol{A}\cdot\nabla)\boldsymbol{B}+(\boldsymbol{B}\cdot\nabla)\boldsymbol{A}+\boldsymbol{A}\times(\nabla\times\boldsymbol{B})\\
&\qquad\qquad+\boldsymbol{B}\times(\nabla\times\boldsymbol{A}),\\
&\nabla\cdot(\boldsymbol{A}\times\boldsymbol{B})=\boldsymbol{B}\cdot(\nabla\times\boldsymbol{A})-\boldsymbol{A}\cdot(\nabla\times\boldsymbol{B}),\\
&\nabla\times(\boldsymbol{A}\times\boldsymbol{B})=\boldsymbol{A}\nabla\cdot\boldsymbol{B}-\boldsymbol{B}\nabla\cdot\boldsymbol{A}+(\boldsymbol{B}\cdot\nabla)\boldsymbol{A}-(\boldsymbol{A}\cdot\nabla)\boldsymbol{B},\\
&\nabla\times\nabla\times\boldsymbol{A}=\nabla(\nabla\cdot\boldsymbol{A})-\nabla^2\boldsymbol{A},\\
&\nabla\times\nabla\Phi=0,\\
&\nabla\cdot(\nabla\times\boldsymbol{A})=0.
\end{aligned}\right. \tag{⑤}$$

- **矢量场的分类**

散度为零的矢量场称为**无散场或无源场**；散度不为零的矢量场称为**有散场或有源场**. 因 $\nabla\cdot(\nabla\times\boldsymbol{A})=0$，故 $(\nabla\times\boldsymbol{A})$ 为无散场，即任何无散场可表为另一矢量场的旋度. 例如，磁场 $\boldsymbol{B}$ 无散，$\nabla\cdot\boldsymbol{B}=0$，可表为 $\boldsymbol{B}=\nabla\times\boldsymbol{A}$，$\boldsymbol{A}$ 称为磁矢势.

旋度为零的矢量场称为**无旋场**；旋度不为零的矢量场称为**有旋场**. 因 $\nabla\times\nabla\Phi=0$，故 $\boldsymbol{A}=\nabla\Phi$ 为无旋场，即任何无旋场 $\boldsymbol{A}$ 可表为标量场 Φ 的梯度，Φ 称为 $\boldsymbol{A}$ 的势（或位）函数. 无旋场又称**势（或位）场**. 例如，静电场 $\boldsymbol{E}$ 无旋，$\nabla\times\boldsymbol{E}=0$，可表为 $\boldsymbol{E}=-\nabla U$，U 为电势，静电场是势场.

散度与旋度均为零的矢量场称为**谐和场**. 谐和场也是势场. 由 $\nabla\cdot\boldsymbol{A}=0$，$\nabla\times\boldsymbol{A}=0$ 及 $\boldsymbol{A}=\nabla\Phi$，得

$$\nabla\cdot\nabla\Phi=\nabla^2\Phi=0, \tag{⑥}$$

⑥式是谐和场的势函数满足的拉普拉斯方程.

既有旋又有散的矢量场 $\boldsymbol{A}$ 可分解为无旋场（势场）$\boldsymbol{A}_{势}$ 与无散场（有旋场）$\boldsymbol{A}_{旋}$ 之和，即

$$\boldsymbol{A}=\boldsymbol{A}_{势}+\boldsymbol{A}_{旋}. \tag{⑦}$$

例如，非恒定情形的电场包括电荷产生的电场（有散场即势场）与变化磁场产生的涡旋电场（有旋场）两部分，为有旋有散场.

习题答案

第 1 章

1.1 （1）$F=7.64\times10^{2}$ N；　（2）$a=1.14\times10^{29}$ m/s^2

1.2 距点电荷 q 为$(\sqrt{2}-1)l$处

1.3 $l=0.46$ m，　$N=1.96\times10^{-3}$ N

1.4 （1）$F=\dfrac{qQ}{2\pi\varepsilon_0}\dfrac{x}{\left(\dfrac{l^2}{4}+x^2\right)^{3/2}}$

（2）若 q 与 Q 同号，Q 受斥力，Q 沿两电荷连线的中垂线背离中点 O 方向作加速运动；若 q 与 Q 异号，Q 受指向 O 点的引力，Q 作往复振动，振幅为 x

1.5 $E_r=\dfrac{1}{4\pi\varepsilon_0}\cdot\dfrac{2p\cos\theta}{r^3}$，$E_\theta=\dfrac{1}{4\pi\varepsilon_0}\cdot\dfrac{p\sin\theta}{r^3}$

1.6 $\boldsymbol{p}/\!/QO$：$\boldsymbol{F}=-\dfrac{1}{4\pi\varepsilon_0}\dfrac{2Q\boldsymbol{p}}{r^3}$，$L=0$

$\boldsymbol{p}\perp QO$：$\boldsymbol{F}=\dfrac{Q\boldsymbol{p}}{4\pi\varepsilon_0 r^3}$，$\boldsymbol{L}=\dfrac{Q\boldsymbol{p}\times\boldsymbol{r}}{4\pi\varepsilon_0 r^3}$，其中，$\boldsymbol{r}$ 为从 Q 到偶极子中心的矢径

1.7 略

1.8 （1）$E_P=\dfrac{A}{4\pi\varepsilon_0}\left[\dfrac{l}{b}+\ln\dfrac{b}{l+b}\right]$；　（2）$E_P=\dfrac{Al}{4\pi\varepsilon_0}$

1.9 （1）$\boldsymbol{E}=\dfrac{\sigma}{2\varepsilon_0}\left(\dfrac{1}{|x|}-\dfrac{1}{\sqrt{R^2+x^2}}\right)\boldsymbol{x}$

（2）σ 不变：$R\to0$，$E\to0$，或 $R\to\infty$，$E\to\dfrac{\sigma}{2\varepsilon_0}$

（3）Q 不变：$R\to0$，$E=\dfrac{Q}{4\pi\varepsilon_0 x^2}$，$R\to\infty$，$E\to0$

1.10 $E=\dfrac{\sigma}{4\varepsilon_0}$

1.11 $\boldsymbol{E}=-\dfrac{\sigma_0}{2\varepsilon_0}\boldsymbol{i}$

1.12 $E_P=\frac{\sigma}{2\varepsilon_0}\frac{r}{\sqrt{R^2+r^2}}$

1.13 $A=\frac{Q}{2\pi a^2}$

1.14 $E=\frac{1}{4\pi\varepsilon_0}\left(\frac{2}{a_0^2}+\frac{2}{a_0 r}+\frac{1}{r^2}\right)q_e e^{-2r/a_0}$

1.15 （1）$r<R_1$：$E=0$；　（2）$R_1<r<R_2$：$E=\frac{R_1\sigma}{\varepsilon_0 r}$

（3）$r>R_2$：$E=\frac{\sigma}{\varepsilon_0 r}(R_1-R_2)$

1.16 $\boldsymbol{E}=\frac{\rho}{2\varepsilon_0}\boldsymbol{a}$

1.17 两平面之间：$E=\frac{\sigma}{\varepsilon_0}$；两平面之外：$E=0$

1.18 平板内：$E=\frac{\rho}{\varepsilon_0}x$，$x$ 为场点到平板中央面的垂直距离

平板外：$E=\frac{\rho}{2\varepsilon_0}d$

1.19 （1）$A_{\overset{\frown}{CDE}}=\frac{q}{6\pi\varepsilon_0 l}$；　（2）$A_{E\infty}=\frac{q}{6\pi\varepsilon_0 l}$

1.20 略

1.21 $U=\frac{Q}{2\pi R^2\varepsilon_0}(\sqrt{R^2+x^2}-|x|)$

1.22 $U(r)=\frac{\lambda_1}{2\pi\varepsilon_0}\ln\frac{R_2}{r}$，$R_1<r<R_2$

1.23 $U=\frac{1}{2\varepsilon_0}\left(\sigma_1 R_1+\frac{\sigma_2 R_2^2}{r}\right)$，$R_2<r<R_1$；$U=\frac{\sigma_1 R_1+\sigma_2 R_2}{2\varepsilon_0}$，$r<R_2$

1.24 13.6 eV，　2.18×10^{-18} J

1.25 $U_P=\frac{\eta}{4\pi\varepsilon_0}\ln\frac{(x+a)^2+y^2}{(x-a)^2+y^2}$

1.26 （1）$U_r=\frac{q}{4\pi\varepsilon_0 l}\ln\frac{l+\sqrt{l^2+r^2}}{r}$，$E_r=\frac{q}{4\pi\varepsilon_0 r\sqrt{r^2+l^2}}$

（2）$U_r=\frac{q}{8\pi\varepsilon_0 l}\ln\left|\frac{r+l}{r-l}\right|$　（$|r|>l$）

$$E_r=\frac{\pm q}{4\pi\varepsilon_0(r^2-l^2)}\begin{pmatrix}+号: & r>l\\ -号: & r<-l\end{pmatrix}$$

(3) $U=\frac{q}{8\pi\varepsilon_0 l}\ln\frac{2l+\sqrt{r^2+4l^2}}{r}$, $E_r=\frac{q}{4\pi\varepsilon_0 r\sqrt{r^2+4l^2}}$

第 2 章

2.1 略

2.2 (1) $q_B=-1.0\times10^{-7}$ C, $q_C=-2.0\times10^{-7}$ C

(2) $U_A=2.3\times10^3$ V

2.3 (1) $R_1<r<R_2$: $U=120$ V

(2) $r<R_1$: $U=300$ V; (3) 不变

2.4 (1) $q_{内}=-q$, $q_{外}=q$, $U_{壳}=\frac{q}{4\pi\varepsilon_0 R_3}$

(2) $q_{内}=-q$, $q_{外}=0$, $U_{壳}=0$

(3) $q_{内}=-\frac{qR_1R_2}{R_1R_2+R_2R_3-R_1R_3}$, $U_{内}=0$

$$U_{壳}=-\frac{q}{4\pi\varepsilon_0}\frac{R_2-R_1}{R_1R_2+R_2R_3-R_1R_3}$$

2.5 $R_1<r<R_2$: $U=U_2+(U_1-U_2)\ln\left(\frac{R_1}{r}\right)$

2.6 $C=\frac{\varepsilon_0 S}{2}\left(\frac{1}{d-t}+\frac{1}{d}\right)$

2.7 (1) $U_{14}=\frac{Q}{4\pi\varepsilon_0}\left(\frac{1}{R_1}-\frac{1}{R_2}+\frac{1}{R_3}-\frac{1}{R_4}\right)$

(2) $C=\frac{4\pi\varepsilon_0}{\frac{1}{R_1}-\frac{1}{R_2}+\frac{1}{R_3}-\frac{1}{R_4}}$

2.8 (1) $C=2\pi\varepsilon_0 l\frac{\ln(c/a)}{\ln(b/a)\ln(c/b)}$

(2) $C=4.4\times10^{-10}$ F$=4.4\times10^2$ pF

2.9 先将 2 μF 和 8 μF 的电容并联,再与 10 μF 的电容串联

2.10 略

2.11 $\sigma' = \varepsilon_0 E_0 \cos\theta\left(1-\frac{1}{\varepsilon_r}\right)$

2.12 (1) $E=\frac{U}{\varepsilon_r d+(1-\varepsilon_r)t}$, $P=\frac{\varepsilon_0(\varepsilon_r-1)U}{\varepsilon_r d+(1-\varepsilon_r)t}$

$D=\frac{\varepsilon_0\varepsilon_r U}{\varepsilon_r d+(1-\varepsilon_r)t}$

(2) 极板上的电量 $Q=\frac{\varepsilon_0\varepsilon_r US}{\varepsilon_r d+(1-\varepsilon_r)t}$

(3) 空气间隙中 $E=\frac{\varepsilon_r U}{\varepsilon_r d+(1-\varepsilon_r)t}$

(4) 电容 $C=\frac{Q}{U}=\frac{\varepsilon_0\varepsilon_r S}{\varepsilon_r d+(1-\varepsilon_r)t}$

2.13 (1) $r<R$ ：$D=0$，$E=0$

$R<r<a$：$D=\frac{Q}{4\pi r^2}$，$E=\frac{Q}{4\pi\varepsilon_0 r^2}$

$a<r<b$：$D=\frac{Q}{4\pi r^2}$，$E=\frac{Q}{4\pi\varepsilon_0\varepsilon_r r^2}$

$r>b$ ：$D=\frac{Q}{4\pi r^2}$，$E=\frac{Q}{4\pi\varepsilon_0 r^2}$

(2) 介质内 ：$P=\frac{Q}{4\pi r^2}\frac{\varepsilon_r-1}{\varepsilon_r}$

$\sigma'|_{r=a}=-\frac{(\varepsilon_r-1)Q}{4\pi\varepsilon_r a^2}$，$\sigma'|_{r=b}=\frac{(\varepsilon_r-1)Q}{4\pi\varepsilon_r b^2}$；

(3) $\rho e'=0$

2.14 (1) 介质内：$D=\frac{\lambda}{2\pi r}$，$E=\frac{\lambda}{2\pi\varepsilon_0\varepsilon_r r}$，$P=\frac{(\varepsilon_r-1)\lambda}{2\pi\varepsilon_r r}$

(2) $\Delta U=\frac{\lambda}{2\pi\varepsilon_0\varepsilon_r}\ln\left(\frac{R_2}{R_1}\right)$

(3) $\sigma'|_{r=R_1}=-\frac{(\varepsilon_r-1)\lambda}{2\pi\varepsilon_r R_1}$，$\sigma'|_{r=R_2}=\frac{(\varepsilon_r-1)\lambda}{2\pi\varepsilon_r R_2}$

(4) $C=\frac{2\pi\varepsilon_0\varepsilon_r L}{\ln(R_2/R_1)}$，$\frac{C}{C_0}=\varepsilon_r$

2.15 (1) 内层介质(油纸)先被击穿

(2) $U_{max}=4.5\times10^4$ V

2.16 $W_e=\frac{1}{4\pi\varepsilon_0}\left(\frac{12e^2}{a}+\frac{12e^2}{\sqrt{2}a}+\frac{4e^2}{\sqrt{3}a}-\frac{32e^2}{\sqrt{3}a}\right)=\frac{0.344e^2}{\varepsilon_0 a}$

2.17 $\Delta W=\frac{Q^2}{8\pi\varepsilon_0 R}\left(\frac{1}{2^{2/3}}-1\right)$

2.18 （1）$W=7.9\times10^2$ MeV；　（2）$\delta W=2.9\times10^2$ MeV

（3）$\Delta W=\frac{m}{\mu}N_A\delta W=7.4\times10^{26}$ MeV

2.19 （1）$\Delta W=\frac{dQ^2}{2\varepsilon_0 S}$；　（2）$A=\Delta W=\frac{dQ^2}{2\varepsilon_0 S}$

2.20 （1）$W=\frac{Q^2}{4\pi\varepsilon_0\varepsilon_r L}\ln\frac{b}{a}$　（2）略

2.21 （1）$E_1=E_2=\frac{U_0}{d}=E_0$，$D_1=\varepsilon_0\varepsilon_r\frac{U_0}{d}$，$D_2=\varepsilon_0\frac{U_0}{d}$

$\sigma_1=\varepsilon_0\varepsilon_r\frac{U_0}{d}$，$\sigma_2=\varepsilon_0\frac{U_0}{d}$

（2）$\Delta W=\frac{\varepsilon_0(\varepsilon_r-1)SU_0^2}{4d}$；　（3）$A_{电源}=\frac{\varepsilon_0(\varepsilon_r-1)SU_0^2}{2d}$

第 3 章

3.1 （1）$E_1=\frac{I}{\sigma_1 S}$，$E_2=\frac{I}{\sigma_2 S}$；　（2）$U_{AB}=\frac{Id_1}{\sigma_1 S}$，$U_{BC}=\frac{Id_2}{\sigma_2 S}$

（3）$\sigma_A=\frac{\varepsilon_0 I}{\sigma_1 S}$，$\sigma_B=\frac{\varepsilon_0 I}{S}\left(\frac{1}{\sigma_2}-\frac{1}{\sigma_1}\right)$，$\sigma_C=-\frac{\varepsilon_0 I}{\sigma_2 S}$

3.2 （1）$R=\int_0^l\frac{\mathrm{d}x}{\sigma(x)S(x)}$；　（2）$R=\frac{l}{\pi\sigma ab}$

3.3 （1）$R=2.0\times10^{-4}\ \Omega$；　（2）$I=5.0\times10^2$ A

（3）$j=1.4\times10^6\ \mathrm{A/m^2}$；　（4）$E=2.5\times10^{-2}$ V/m

（5）$P=50$ W；　（6）$W=1.8\times10^5$ J

（7）$\bar{u}=1.05\times10^{-4}$ m/s

3.4 （1）114 Ω；　（2）11 Ω

3.5 $R_{AB}=\frac{5}{6}\Omega$

3.6 （1）$I_3=0.81$ A；　（2）$R_2=25\ \Omega$

3.7 （1）$I_1=3.0\ \text{A}$，$I_2=0$；（2）$R_3=2.0\ \Omega$

3.8 $U_{AB}=-1.5\ \text{V}$

3.9 $I_1=2.0\ \text{A}$，$I_2=3.0\ \text{A}$，$I_3=1.0\ \text{A}$

3.10 （1）$I_1=\frac{3}{7}\text{A}=0.43\ \text{A}$；（2）$P=\frac{12}{49}\text{W}=0.24\ \text{W}$；

（3）$P_{供}=\frac{38}{49}\ \text{W}=0.78\ \text{W}$

3.11 $x=20\ \text{km}$

第 4 章

4.1 $4\times10^{-5}\ \text{T}$

4.2 $B_A=0$，$B_B=10^{-4}\ \text{T}$，方向水平向左

4.3 0

4.4 略

4.5 $B_0=\frac{\mu_0 I}{4a}$

4.6 $B_P=3.2\times10^{-5}\ \text{T}$

4.7 $B_0=\frac{\mu_0 IN}{3R}\left(取\ n=\frac{N}{R}\right)$

4.8 （1）12.5 T；（2）$\frac{e}{2m_e}$

4.9 （1）$B=\frac{\mu_0\sigma\omega}{2}\left[\frac{R^2+2x^2}{\sqrt{R^2+x^2}}-2x\right]$；（2）$\boldsymbol{p}_m=\frac{1}{4}\pi\sigma R^4\ \boldsymbol{\omega}$

4.10 略

4.11 （1）$r<a$：$B_1=0$；（2）$a<r<b$：$B_2=\frac{\mu_0 I(r^2-a^2)}{2\pi r(b^2-a^2)}$

（3）$r>b$：$B_3=\frac{\mu_0 I}{2\pi r}$

4.12 $0<r<r_1$：$B_1=\frac{\mu_0 Ir}{2\pi r_1^2}$；$r_1<r<r_2$：$B_2=\frac{\mu_0 I}{2\pi r}$

$r_2<r<r_3$：$B_3=\frac{\mu_0 I(r_3^2-r^2)}{2\pi r(r_3^2-r_2^2)}$

$r>r_3$：$B_4=0$

4.13　(1) $B=\frac{\mu_0 NI}{2\pi r}$；　　(2) 略

4.14　$B=\frac{\mu_0 i}{2}$

4.15　(1) 0.35 A；　　(2) 当 $I>\frac{mg}{lB}$ 时，导线向上运动

4.16　$B=\frac{2\rho Sg}{I}\tan\alpha=9.4\times10^{-3}$ T

4.17　(1) $F=1.28\times10^{-3}$ N；　　(2) 略

4.18　7.9×10^{-2} N·m，方向向上

4.19　$I=\frac{Mg\sin\theta}{2NlB\sin(\theta+\varphi)}$

4.20　(1) 0.50 N/mm^2；　　(2) 不会熔断

4.21　(1) $B=0.48$ T；　　(2) $n=100$ 周

4.22　(1) 略；　(2) $q/m=4.4\times10^6$ (C/kg)；　(3) $x=24$ cm

4.23　(1) $U_{AA'}=-2.2\times10^{-5}$ V；　　(2) 无影响

第 5 章

5.1　$B_1=\mu_0 M$，$B_2=B_3=0$，$B_4=B_5=B_6=B_7=\mu_0 M/2$

$H_1=H_2=H_3=0$，$H_4=H_7=M/2$，$H_5=H_6=-M/2$

5.2　$B_1=B_2=B_3=\mu_0 M$，$H_1=M$，$H_2=H_3=0$

5.3　(1) $r<R_1$：$H=\frac{Ir}{2\pi R_1^2}$，$B=\frac{\mu_0 Ir}{2\pi R_1^2}$

$R_2>r>R_1$：$H=\frac{I}{2\pi r}$，$B=\frac{\mu_0\mu_r I}{2\pi r}$

$r>R_2$：$H=\frac{1}{2\pi r}$，$B=\frac{\mu_0 I}{2\pi r}$

(2) $r=R_1$：$i'=\frac{(\mu_r-1)I}{2\pi R_1}$；$r=R_2$：$i'=-\frac{(\mu_r-1)I}{2\pi R_2}$

5.4　略

5.5　(1) $B=2.0\times10^{-2}$ T；　(2) $H=32$ A/m

(3) $M=1.59\times10^4$ A/m；　(4) $\chi_m=497$，$\mu_r=498$

5.6　(1) $H=2.0\times10^3$ A/m；　(2) $M=7.94\times10^5$ A/m

(3) $\mu_r = 398$

5.7 $I \geqslant 0.40\ \text{A}$

5.8 $5'36''$； $89°53'$

第 6 章

6.1 $\mathscr{E} = 1.5\ \text{V}$； 方向 $A—B—C—D—A$

6.2 $\mathscr{E}(t) = 6.6\cos(100\pi t)\ \text{V}$

6.3 (1) $\Phi = \frac{\mu_0 I_0 l}{2\pi}\ln\frac{b}{a}\sin\omega t$； (2) $\mathscr{E} = -\frac{\mu_0 I_0 l\omega}{2\pi}\ln\frac{b}{a}\cos\omega t$

6.4 (1) $\Phi = \frac{\pi\mu_0 I R^2 r^2}{2(R^2+x^2)^{3/2}}$； (2) $\mathscr{E} = \frac{3\pi\mu_0 I R^2 r^2 x v}{2(R^2+x^2)^{5/2}}$

6.5 $E_1 = 5.0\times10^{-4}\ \text{V/m}$，$E_2 = 1.25\times10^{-3}\ \text{V/m}$

$E_3 = 2.5\times10^{-3}\ \text{V/m}$，$E_4 = 1.25\times10^{-3}\ \text{V/m}$

6.6 $\overline{W} = 4.3\times10^2\ \text{eV}$；$N = 2.3\times10^5$周；$L = 1.2\times10^3\ \text{km}$

6.7 $U_{DA} = \mathscr{E}_{AD} = \frac{3\sqrt{3}+\pi}{12}kR^2$

6.8 $L_0 = 7.4\times10^{-4}\ \text{H}$；$L = 3.7\ \text{H}$

6.9 $M = 6.28\times10^{-6}\ \text{H}$；$\mathscr{E} = 3.14\times10^{-4}\ \text{V}$

6.10 $L_1 = 0.90\ \text{H}$，$L_2 = 0.40\ \text{H}$，$M = 0.30\ \text{H}$

6.11 $w_m = 1.75\times10^5\ \text{J/m}^3$

6.12 略

6.13 (1) $0 \leqslant r \leqslant a$：$w_{m1} = \frac{\mu_0 I^2 r^2}{8\pi^2 a^4}$；$a < r < b$：$w_{m2} = \frac{\mu_0 I^2}{8\pi^2 r^2}$

$b < r < c$：$w_{m3} = \frac{\mu_0 I^2 (c^2 - r^2)^2}{8\pi^2 r^2 (c^2 - b^2)^2}$；$r > c$：$w_{m4} = 0$；

(2) $W_m = 1.72\times10^{-5}\ \text{J/m}$

6.14 (1) $L = \frac{\mu_0}{\pi}\ln\frac{d-a}{a}$； (2) $A = \frac{\mu_0 I^2}{2\pi}\ln 2$，正功

(3) $\Delta W = \frac{\mu_0 I^2}{2\pi}\ln 2$

系统储能增加，原因是移动导线时，产生感应电动势，使导线中电流减少，为维持电流 I 不变，电源需克服感应电

动势做功，为系统补充能量，电源所做总功为 $A_{电源}=\frac{\mu_0 I^2}{\pi}\ln 2=A+\Delta W$

6.15 (1) $\left.\frac{\mathrm{d}i}{\mathrm{d}t}\right|_{t=0}=4.0\ \mathrm{A/s}$； (2) $\left.\frac{\mathrm{d}i}{\mathrm{d}t}\right|_{t=0.2\ \mathrm{s}}=2.7\ \mathrm{A/s}$

(3) $\frac{\mathrm{d}i}{\mathrm{d}t}=2.0\ \mathrm{A/s}$

6.16 (1) $U_{AB}=\frac{R_0\mathscr{E}}{R+R_0}[1-\mathrm{e}^{-\frac{R+R_0}{L}t}]$, $U_{BC}=\frac{\mathscr{E}}{R+R_0}[R+R_0\mathrm{e}^{-\frac{R+R_0}{L}t}]$

(2) $U_{BC}=18\ \mathrm{V}$, $U_{AB}=2.0\ \mathrm{V}$

(3) $I_{K_1}=0.33\ \mathrm{A}$, $e\to f$

6.17 (1) $\frac{\mathrm{d}q}{\mathrm{d}t}=9.55\times10^{-7}\ \mathrm{C/s}$； (2) $1.08\times10^{-6}\ \mathrm{J/s}$

(3) $2.74\times10^{-6}\ \mathrm{W}$； (4) $3.82\times10^{-6}\ \mathrm{W}$

第 7 章

7.1 $U_{10}=U_{20}=311\ \mathrm{V}$, $U_1=U_2=220\ \mathrm{V}$, $f_1=f_2=50\ \mathrm{Hz}$,

$T_1=T_2=0.02\ \mathrm{s}$

$\varphi_1=-2\pi/3$, $\varphi_2=-4\pi/3$, $\Delta\varphi=\varphi_1-\varphi_2=2\pi/3$, u_1 超前 u_2

7.2 (1) $U_C=60\ \mathrm{V}$, $U_R=80\ \mathrm{V}$； (2) $\varphi=\varphi_u-\varphi_i=-36°52'$

7.3 (1) $U=37\ \mathrm{V}$； (2) $\varphi=\varphi_u-\varphi_i=-\frac{\pi}{8}=-22.5°$

7.4 (1) $\Delta\varphi=\varphi_{i2}-\varphi_{i1}=3\pi/4$； (2) $\Delta\varphi=\varphi_U-\varphi_{U_C}=\pi/4$

7.5 $i_3=56\cos(\omega t+88°45')\ \mathrm{A}$

7.6 (1) $\tilde{Z}_1=3-\mathrm{j}$, $\tilde{Z}_2=1+2\mathrm{j}$, $Z=1.7\ \Omega$, $\varphi=30°58'$, 电感性

(2) $I_1=0.63\ \mathrm{A}$, $\varphi_1=48°26'$, $I_2=0.89\ \mathrm{A}$, $\varphi_2=-33°26'$,

$I=1.17\ \mathrm{A}$, $\varphi=-58'$

7.7 $f=50\ \mathrm{Hz}$

7.8 $R_1C_1=R_2C_2$

7.9 $r_x=\frac{R_1}{R_2}R$, $L_x=\frac{R_1}{R_2}L$

7.10 $C_x=0.205\ \mu\mathrm{F}$, $r_x=4.88\ \Omega$

7.11 (1) $f=113$ Hz；$I=0.733$ A，$V_1=220$ V

$V_2=V_3=130$ V，$V_4=0$，$V=220$ V

(2) $I=0.502$ A，$V_1=151$ V，$V_2=39.4$ V，$V_3=200$ V，

$V_4=160$ V，$V=220$ V

(3) $P_{谐振}=161$ W，$P_{市电}=75.6$ W

7.12 $N_1=275$ 盏；$N_2=440$ 盏

7.13 (1) $C=181\ \mu$F，$P=917$ W

(2) $C=157\ \mu$F 或 $73.8\ \mu$F，$P=330$ W

(3) 略

7.14 (1) $\bar{P}_1=313$ W，$\bar{P}_2=154$ W；(2) $r=19.6\ \Omega$

7.15 (1) $\bar{P}_1=97$ W，$\bar{P}_2=105$ W； (2) $r=21.7\ \Omega$

7.16 (1) $I_l=22$ A，$\bar{P}=8.7$ kW； (2) $I_l'=66$ A，$\bar{P}'=26$ kW

第 8 章

8.1 (1) $I_D=0.28$ A； (2) $B_R=5.6\times10^{-7}$ T

8.2 (1) $j_D=\varepsilon_0 E_0\omega\cos\omega t$； (2) $B_r=1.26\times10^{-11}$ T

8.3 由周围各处的能流密度方向决定能量的流向，能量来自周围的电磁场

8.4 (1) $E=\dfrac{\rho I_0}{\pi a^2}$，$\boldsymbol{E}$ 方向与电流相同；

$H=\dfrac{I_0 r}{2\pi a^2}$，$\boldsymbol{H}$ 方向与电流成右手螺旋关系

(2) $S=\dfrac{\rho I_0^2 r}{2\pi^2 a^4}$，垂直指向轴线 OO'

(3) $W_{耗}=S\cdot 2\pi Lrt$，$W_{耗}$ 等于 t 时间间隔内从圆柱侧面流入的能量，能量来自圆柱周围的电磁场